清洁能源发电企业
安全性评价与生产管理评价细则

燃气发电篇

北京京能清洁能源电力股份有限公司　编著

中国电力出版社
CHINA ELECTRIC POWER PRESS

内 容 提 要

本书依据国家、行业的现行标准、反事故措施，结合燃气发电领域安全生产管理的实践经验，对燃气发电企业设备管理、生产管理和安全管理各项技术和管理要求进行分类汇编，明确了相关专业安全生产管理的各项要求。

本书可作为专业人员对燃气发电企业开展安全生产评价的查评依据，也可作为燃气发电企业一线生产人员开展具体工作的指导文件。

图书在版编目（CIP）数据

清洁能源发电企业安全性评价与生产管理评价细则. 燃气发电篇 / 北京京能清洁能源电力股份有限公司编著. —北京：中国电力出版社，2020.8
ISBN 978-7-5198-4725-8

Ⅰ. ①清… Ⅱ. ①北… Ⅲ. ①燃气轮机-发电厂-安全评价-细则-中国②燃气轮机-发电厂-生产管理-细则-中国 Ⅳ. ①TM62-81

中国版本图书馆 CIP 数据核字（2020）第 102286 号

出版发行：中国电力出版社
地　　址：北京市东城区北京站西街 19 号
邮政编码：100005
网　　址：http://www.cepp.sgcc.com.cn
责任编辑：刘汝青（010-63412382） 马雪倩
责任校对：黄　蓓　朱丽芳
装帧设计：赵姗姗
责任印制：吴　迪

印　　刷：三河市百盛印装有限公司
版　　次：2020 年 8 月第一版
印　　次：2020 年 8 月北京第一次印刷
开　　本：880 毫米×1230 毫米　横 16 开本
印　　张：19
字　　数：638 千字
印　　数：0001—2000 册
定　　价：80.00 元

《清洁能源发电企业安全性评价与生产管理评价细则　燃气发电篇》

编 写 委 员 会

主　　　　任	张凤阳	
副　　主　　任	曹满胜	
编　　　　委	唐任宗　张章奎	
编 写 组 长	唐任宗	
编 写 副 组 长	张章奎　刘　磊　陈森森　王文敬　张　添	

编 写 成 员　张振兴　靳江波　安　克　张德新　陆雪峰　张伟东　何冬林　潘　伟　左　川　高爱国

付宏伟　司派友　曹红加　刘　苗　李永立　刘双白　程文旭　赵淑敏　李金晶　张　洁

史　扬　赵　焱　韩福坤　李和平　李　庆　徐小天　赵卫东　赵海廷　刘蔚蔚　张红侠

张洪江　刘　磊

外审专家组成员名单

顾　　　问　黄幼茹

组　　　长　佟义英

副　组　长　王金萍

审　　　委　陈冀平　蔡文河　王劲松　孟玉婵　张仁伟　曾　芳　张　维　秦　来　华志刚　李晓斐

　　　　　　孟庆庆　尹华群　党海勤　刘建伟　姚红宾　宋召杰

校　　　核　张　添　卫述蓉　王玉国　王圣萱　冯金成

内审专家组成员名单

专业	组长	成员					
燃机专业	靳江波（组长）	杨承佐	冷刘喜	刘军峰	钱小军	韩超 王宝义 井宇
汽机专业	靳江波（组长）	杨承佐	冷刘喜	刘军峰	钱小军	韩超 王宝义 井宇
锅炉专业	靳江波（组长）	赵国权	马德海	韩超	涂三波	
电气一次	刘磊（组长）	张毅	王少勇	张晓巍		
电气二次	张德新（组长）	张树权	段宏全	王昊成		
热控专业	陈森森（组长）	韩洋	杨丽华			
信息专业	张伟东（组长）	刘欣	霍晓晨	孙耀平		
化学专业	陆雪峰（组长）	胡明明	郭海滨	李军		
环保专业	陆雪峰（组长）	胡明明	郭海滨	李军		
金属专业	靳江波（组长）	高立新	韩超	伏守用		
生产管理	张添（组长）	刘磊	陈森森	安克	张德新	张伟东
劳动安全与作业环境	王文敬（组长）	张振兴	陆雪峰	何冬林	潘伟	胡殿金 王莹 陈挚
消防安全管理	王文敬（组长）	张振兴	陆雪峰	何冬林	潘伟	胡殿金 王莹 陈挚
安全管理	王文敬（组长）	张振兴	陆雪峰	何冬林	潘伟	胡殿金 王莹 陈挚

前 言

近年来，随着国家能源结构的调整，燃气发电、风力发电和光伏发电等清洁能源发电得到了大力发展，截至 2019 年底，我国清洁能源发电装机占比已达 45.3%。大力发展清洁能源发电，是我国进行环保治理的重要手段，也是实现"绿水青山"的必然选择。

北京京能清洁能源电力股份有限公司（简称京能清洁能源公司）是北京能源集团有限责任公司（简称京能集团）控股的上市企业，长期致力于清洁能源发电领域的建设和运营，总装机容量超过 1000 万 kW。

京能清洁能源公司在燃气发电领域，拥有西门子、GE、三菱和安萨尔多四家主流供应商的燃气轮机，建成投产运营华北地区第一台 F 级燃气机组，燃气发电装机容量超过 500 万 kW；在风力发电领域，有着十五年以上的运营经验，拥有 GE、Vestas、金风、远景、明阳、上海电气等众多主机厂商的风力发电设备，风力发电装机容量超过 245 万 kW；在光伏发电领域，厚积薄发，近五年来取得了飞跃式发展，光伏发电装机容量超过 225 万 kW。通过十五年以来的安全生产和运营管理实践，积累了大量管理经验，也形成了一套完整的安全管理和生产管理评价体系。

为规范京能清洁能源公司燃气发电、风力发电和光伏发电企业的安全生产评价体系，指导相关发电企业专业技术人员现场工作，依据国家、行业有关法律法规和导则、规程规定、反事故技术措施等，结合京能清洁能源公司在安全管理和生产管理中的具体要求，对燃气发电、风力发电和光伏发电企业的安全管理和生产管理各个环节进行了全面细致的梳理。

本套丛书可以作为对燃气发电、风力发电和光伏发电企业开展安全管理和生产管理评价的依据，也能作为指导现场专业技术人员的规范性文件，对提高相关发电企业安全生产管理水平有着积极的推动作用。

在本套丛书的审定过程中，得到了华北电力科学研究院有限责任公司专家大量的帮助和具体指导，在此表示感谢！另外，为使本套丛书的编制更加科学、准确，还广泛听取了京能集团内部和外部专家的意见，在此一并表示感谢！

由于时间仓促，并限于作者水平，书中难免存在疏漏与不足之处，敬请各位读者给予批评指正。

编写委员会
2020 年 7 月

目　录

1　总则

1.1　总体要求

1.1.1　为了规范北京京能清洁能源电力股份有限公司（简称京能清洁能源公司）所属燃气发电企业安全性评价与生产管理工作，确保各发电企业安全、稳定运行，依据国家、行业的有关法律法规和导则、规程规定、反事故措施（简称反措）等，结合京能清洁能源公司安全生产实际情况，制定《清洁能源发电企业安全性评价与生产管理评价细则　燃气发电篇》（简称细则）。本细则涵盖了北京能源集团有限责任公司（简称京能集团）安全管理体系的检查和评价标准、反措管理，以及京能清洁能源公司生产管理、技术监督管理有关要求，本细则适用于京能清洁能源公司所属燃气发电企业。

1.1.2　安全性评价和生产管理工作坚持以人为本，推进依法治安，以落实安全职责、明确生产管理职责、夯实基础管理、深化风险管控为重点，以防范安全事故、减少不安全事件、提升安全管理成效和生产管理绩效为目标。

1.1.3　本细则内容包括生产设备系统（燃气轮机及天然气燃料供应、汽轮机设备及系统、余热锅炉及附属系统、电气一次设备、电气二次设备及其他、热工设备、信息网络安全、电站化学、环境保护设备及系统、金属材料及承压设备）、生产管理、劳动安全与作业环境、消防安全管理、安全管理。生产管理内容包括设备管理、运行管理、检修管理、技术监督管理、技术改造管理、节能管理、文明生产和科技管理，从日常维护管理、技术管理、运行管理和检修管理四个管理维度进行分类，目的是规范和落实生产管理责任。

1.1.4　安全性评价和生产管理实行闭环动态管理，应结合生产管理实际和

安全性评价内容，按照"评价、分析、评估、整改"的过程循环推进，即按照本细则开展自评价或专家评价，对过程中发现的问题进行原因分析，根据危害程度对存在的问题进行评估和分类，建立安全性评价和生产管理动态问题库，按照评估结论对存在问题制定并落实整改措施，建立风险分析管控长效机制。

1.1.5　本细则查评依据为国家、行业现行标准、反措以及京能集团和京能清洁能源公司安全管理和生产管理文件要求，当有关标准、反措、文件要求更新后，应按照新要求执行。

1.2　评价方法

1.2.1　评价工作采用自评价和专家评价相结合的方式进行。各单位应建立安全性评价常态化机制，结合日常安全生产工作、机组设备运行及检修，开展自评价工作，及时发现不符合本细则的安全管理问题和设备隐患。京能清洁能源公司结合安全生产工作需要按照评价周期组织专家评价。

1.2.2　查评方法是由本细则中评价项目的性质和内容决定的，要综合运用多种方法，如现场检查、查阅和分析资料、现场考问、实物检查或抽样检查、仪表指示观测和分析、调查和询问、现场试验或测试等，对评价项目做出全面、准确的评价。

1.3　评分方法

1.3.1　为了量化问题的严重程度，本细则对每一查评项目设定了标准分，并确定了相应的评分办法，在评价工作中应掌握评分标准，力求公平准确。

1.3.2　对有多台机组的企业，当问题发生在某台或某几台机组时，均按照标准分扣分（即按照问题的严重程度扣分，而不是按照问题的重复程度扣分）；因设备系统差异原因造成部分项目不能查评的，该项目标准分不计入总分，用相对得分率（安全基础指数）来衡量系统的安全性（危险性），相对得分率＝（实

得分/应得分）×100%。

1.3.3　根据评价项目的不同，本细则设定的评分标准主要有以下几种类型：

1.3.3.1　根据规定的、概念明确的评分标准直接扣分；

1.3.3.2　按不合格设备台数、考核指标合格率程度、抽检不合格率扣分；

1.3.3.3　按定性分类评分，根据查评问题的严重程度扣分，一般分为一般、较严重和严重三档。

1.3.4　按不合格设备台数或考核指标不合格率扣分时，当扣分累计超过查评项目本项标准分时，以扣完本项标准分为止。

2　生产设备系统

2.1　燃气轮机及天然气燃料供应

序号	评价项目	标准分	查评方法及内容	评分标准	查评依据
2.1	燃气轮机及天然气燃料供应	**1000**			
2.1.1	燃气轮机本体	400			
2.1.1.1	技术管理	260			
2.1.1.1.1	气缸：通常含压气机进气缸、压气机缸、压气机排气缸和透平缸、透平排气缸、透平各级护环（复环）等	50	（1）查阅大修总结、检修记录、检验报告、设备台账等，查阅检修记录、缺陷记录和检修报告。 （2）现场了解情况，查阅运行记录，查看有无因气缸变形、裂纹出现的漏气、转动部件找中不良、机组冷热部件胀缩不正常，或机组振动大等迹象。 （3）检查在上期检修揭缸检查中有无按工艺规程要求对气缸产生的变形和裂纹做认真检查、分析和必要处理	（1）报告不完整的机组，缺一项扣 2 分，最高扣 10 分。 （2）燃气轮机保温和设计不符，扣 5 分；现场发现超温处，每处扣 1 分，最高扣 5 分。 （3）气缸存在裂纹，未按照要求进行处理或处理不彻底，扣 10 分。 （4）气缸存在变形，已超出规程要求范围，未按照要求进行处理或处理不彻底，扣 30 分。 （5）气缸存在漏气而未按照要求进行处理或处理不彻底，扣 30 分。 （6）透平缸上护环（复环）存在轴向、径向、圆周趋势闭合的崩落裂纹和贯穿性裂纹，烧蚀现象严重，而未及时处理的，扣 30 分。 （7）检查压气机进气锥口是否存在漏油、结垢现象，未按照要求进行处理或者处理不彻底，扣 10 分	（1）制造厂有关规定； （2）检修规程

续表

序号	评价项目	标准分	查评方法及内容	评分标准	查评依据
2.1.1.1.2	转子：包括压气机转子、透平转子和联轴器以及盘车装置某些型号的机组还包括启动电动机（启动装置）、液力变扭器、辅助齿轮箱和辅助联轴器等	50	（1）查阅大修总结、检修记录、检验报告、设备台账等。 （2）现场了解情况，查阅运行日志和运行记录，查看有无因转子部件或辅助装置设备故障或人员操作错误，造成机组不能正常启、停或转子弯曲等情况发生	（1）转子或联轴器存在裂纹等缺陷，未按照要求进行处理或处理不彻底，扣30分。 （2）因与转子有关的启动装置、盘车装置、液力变扭器等部件任何故障造成机组不能正常启停，每次扣10分。 （3）由于机组启、停操作不当造成转子弯曲，致使燃气轮机无法正常运行的，不得分	（1）Q/BEH-211.10-18—2019《防止电力生产事故的重点要求及实施导则》； （2）制造厂有关规定； （3）检修规程； （4）运行规程
2.1.1.1.3	压气机进口可转导叶、压气机静叶、压气机动叶和透平静叶、动叶	40	（1）查阅OEM检修报告；查阅中修、大修总结、检修记录、检验报告、设备台账等。 （2）查阅每次大修是否对压气机前级叶片进行目视检查和必要的处理。 （3）查阅定期孔探仪检查或其他专项检查报告	（1）压气机进口可转导叶、压气机动、静叶片表面磨损，涂层脱落、有腐蚀坑（麻点）或产生裂纹、金属脱落等，超出厂家标准未及时处理的，扣10分。 （2）透平静叶裂纹、变形、烧蚀及金属脱落超标，轮间密封和轴封烧蚀，超出厂家标准未及时处理的，扣20分。 （3）透平动叶片裂纹、凹痕、热腐蚀及金属脱落超标，超出厂家标准未及时处理的，扣20分。 （4）未按厂家要求进行孔探仪检查或专项检查，扣10分	制造厂有关规定
2.1.1.1.4	燃烧装置	50	（1）查阅OEM检修报告。 （2）查阅检修记录、运行记录、检修质量验收单、设备台账等。 （3）了解燃烧装置部件检查、清洗、修理、更换等情况。 （4）查阅运行日志、运行记录等，查看有无发生点火不成功或因燃烧不稳定引起机组跳闸停机。 （5）检查是否定期进行燃烧装置部件的检查。 （6）检查是否定期进行燃烧装置孔探仪检查和专项检查。 （7）检查燃烧装置的各类检修报告、运行记录、运行数据是否齐全	（1）发生爆裂、裂纹、变形超出厂家标准而未及时处理的，扣20分。 （2）点火器存在缺陷影响点火，扣10分。 （3）火焰探测器存在缺陷，未处理扣10分。 （4）机组排气温度分散度超差报警，扣5分。 （5）存在因燃烧不稳定而影响机组出力，每次扣10分。 （6）存在因燃烧装置问题出现燃气轮机出口氮氧化物排放超过厂家性能保证值，每次扣10分。 （7）燃烧装置及系统存在泄漏，未按照要求进行处理或处理不彻底，扣5分	（1）Q/BEH-211.10-18—2019《防止电力生产事故的重点要求及实施导则》第13.1.2.10、13.1.2.16条； （2）制造厂有关规定； （3）运行规程； （4）检修规程

序号	评价项目	标准分	查评方法及内容	评分标准	查评依据
2.1.1.1.5	轴承及推力轴承	40	（1）查阅检修记录、检验报告和总结，运行及缺陷记录等。 （2）现场检查机组运行中各轴瓦金属温度、推力瓦温度、各轴承的顶轴油压、轴振动和轴承振动等。 （3）查阅是否存在轴瓦表面磨损、脱胎、龟裂等尚留有未彻底处理的缺陷。 （4）查阅轴承间隙及紧力、推力轴承瓦块厚度差等是否超标。 （5）查阅相关油管是否有缺陷未处理	（1）检修报告、检修记录不完整的机组，缺一项扣2分，最高扣10分。 （2）主要参数有连续报警的，每项扣2分，最高扣10分。 （3）轴承存在缺陷应处理未处理的，每项扣5分，最高扣20分。 （4）轴承间隙、紧力或厚度差超标，扣2分。 （5）相关油管道存在缺陷未处理的，扣2分	（1）Q/BEH－211.10－18—2019《防止电力生产事故的重点要求及实施导则》第14.1条； （2）制造厂相关规定； （3）运行规程； （4）检修规程
2.1.1.1.6	燃气轮机振动及振动保护	30	（1）现场查看相关记录，机组监测仪表。 （2）检查主轴和主轴承的振动值是否合格，振动保护是否全程正常投入	（1）任一台机组任一轴承主机轴振或轴承振动超过报警值的机组，扣20分。 （2）振动保护未正常投入的机组，不得分	（1）GB/T 6075.4—2015《在非旋转机械部件上测量和评价机器的机械振动 第4部分：不包括航空器类的燃气轮机驱动装置》对应ISO 10816－4—2009； （2）GB/T 11348.4—2015《机械振动 在旋转轴上测量评价机器的振动 第4部分：具有滑动轴承的燃气轮机组》； （3）运行规程； （4）制造厂相关规定
2.1.1.2	运行管理	50			
2.1.1.2.1	燃气轮机轴系振动监测	30	（1）查阅有关资料、记录。 （2）检查燃气轮机正常启动过程振动监测曲线，以及正常启动、运行情况下各轴承的振动值记录（包括临界转速和定速后及满负荷）。 （3）检查是否定期开展振动分析并提出分析报告	（1）资料不完善，每项扣2分，最高扣10分。 （2）振动监测系统未连续投入，扣10分。 （3）无定期分析报告，扣5分	（1）Q/BEH－211.10－18—2019《防止电力生产事故的重点要求及实施导则》； （2）Q/BJCE－219.17－18—2019《旋转设备振动管理规定》； （3）运行规程
2.1.1.2.2	燃气轮机启停记录	20	查阅有关资料、启停机记录，检查是否有正常情况下停机的惰走时间记录	（1）数据不完整，每项扣2分。 （2）惰走曲线未列入运行规程者，不得分	

序号	评价项目	标准分	查评方法及内容	评分标准	查评依据
2.1.1.3	检修管理	90			
2.1.1.3.1	检修项目、计划	15	主要检查各专业检修项目及计划执行情况： （1）检查检修计划是否合理，检修目标、进度、备件、材料、人工和费用安排是否合理。 （2）检查检修项目是否完善，是否有缺项、漏项。 （3）检查检修前、检修后试验项目，是否有缺项、漏项和不合格项。 （4）检查重大检修项目的专用工器具台账，是否在存在工器具应检未检项目	（1）检修计划不完善，检修目标、进度、材料、人工和费用安排不合理，每发现一处扣2分。 （2）检修项目不完善，存在缺项、漏项和不合格，每发现一处扣2分。 （3）检修前、检修后试验项目，存在缺项、漏项和不合格项，每发现一处扣2分。 （4）专用工器具存在工器具应检未检项目，每发现一处扣2分	Q/BJCE-218.17-45—2019《燃气发电企业检修管理规定》或燃气轮机主机厂检修相关规定或长期供需协作合同（简称长协合同）
2.1.1.3.2	检修质量管理	15	查看设备检修管理制度及标准作业文件，是否满足以下要求： （1）实行标准化检修管理，编制检修作业文件包，对重大项目制定安全组织措施、技术措施及施工方案。 （2）严格工艺要求和质量标准	（1）对重大项目未制定安全组织措施、技术措施及施工方案，每项扣5分。 （2）质量控制未严格执行验收制度，每项扣5分；执行不到位和验收资料不完整，每项扣2分	Q/BJCE-218.17-45—2019《燃气发电企业检修管理规定》或燃气轮机主机厂检修相关规定或长协合同
2.1.1.3.3	检修记录	15	（1）检查检修记录是否覆盖设备解体、检查、修理和复装的全过程。 （2）检查检修记录是否内容详尽、字迹清晰、数据真实、测量分析准确、所有记录做到完整、正确、简明、实用	（1）设备检修记录不完善，每项扣2分；重要节点未能需要提供原始记录，扣5分。 （2）检修记录应书写清晰、数据真实，否则每项扣5分，最高扣10分	Q/BJCE-218.17-45—2019《燃气发电企业检修管理规定》或燃气轮机主机厂检修相关规定或长协合同
2.1.1.3.4	施工现场管理	20	（1）检查施工人员是否正确使用合格的劳保用品和工器具。 （2）检查施工现场的井、坑、沟及开凿的地面孔洞，是否设牢固围栏、照明及警示标志。 （3）检查施工现场是否落实易燃易爆危险物品和防火管理。 （4）检查现场作业是否履行工作票手续	（1）施工人员使用不合格的劳保用品和工器具，每项扣10分。 （2）施工现场无安全防护措施，不得分；安全措施不完善，每项扣5分。 （3）施工现场储存易燃易爆危险物品，不得分；施工现场有吸烟或有烟头，每例扣10分。 （4）现场施工未使用工作票不得分；工作时工作负责人（监护人）不在现场不得分	Q/BJCE-218.17-45—2019《燃气发电企业检修管理规定》或燃气轮机主机厂检修相关规定或长协合同
2.1.1.3.5	检修后试验及调试	15	检查机组A级检修（是指对发电机组进行全面的解体检查和修理，以保持、恢复或提高设备性能，简称A修）（或燃烧器检修、机组热通道检修、其他专项检修）后是否按相关要求进行燃气轮机冷热态调试，机组调试后应无影响机组安全运行的缺陷和隐患	（1）未按相关要求进行燃机冷热态调试，该项工作不合格或未进行，不得分。 （2）机组调试后存在影响机组安全运行的缺陷和隐患，每项扣10分。 （3）机组燃料阀修后未做关闭时间测试不得分，试验不合格扣10分。 （4）试验记录不完整，每项扣2分，最高扣10分	Q/BJCE-218.17-45—2019《燃气发电企业检修管理规定》或燃气轮机主机厂检修相关规定或长协合同

续表

序号	评价项目	标准分	查评方法及内容	评分标准	查评依据
2.1.1.3.6	修后设备技术资料管理	10	现场检查档案室对修后设备的技术资料归档情况	（1）修后技术资料未及时归档，每项扣2分。 （2）未在规定时间内完成设备更新录入，每项扣2分	Q/BJCE－218.17－45—2019《燃气发电企业检修管理规定》或燃气轮机主机厂检修相关规定或长协合同
2.1.2	燃气轮机主要辅机及附属设备	310			
2.1.2.1	技术管理	310			
2.1.2.1.1	燃气轮机本体冷却系统	20	（1）查阅设备台账，检验报告检修及缺陷记录。 （2）现场检查有关设备是否处于良好状态，能否确保电厂安全运行、生产	（1）存在未处理C类缺陷不得分。 （2）存在未处理B类缺陷扣10分。 （3）存在未处理A类缺陷扣5分	（1）制造厂有关规定； （2）检修规程； （3）运行规程
2.1.2.1.2	防喘放气系统	20	（1）查阅设备台账，检验报告检修及缺陷记录。 （2）现场检查有关设备是否处于良好状态，能否确保电厂安全运行、生产	（1）存在未处理C类缺陷不得分。 （2）存在未处理B类缺陷扣10分。 （3）存在未处理A类缺陷扣5分	（1）制造厂有关规定； （2）检修规程； （3）运行规程
2.1.2.1.3	燃气轮机进气系统	50	（1）查阅运行记录、检修及缺陷记录、现场检查。 （2）主要检查空气过滤器的前后压降、过滤功能是否正常，反清吹效果，进气道的严密性，有无变形、泄漏。 （3）进气系统热工仪表是否正常	（1）进气滤网前后压降超过报警运行扣20分。 （2）燃气轮机进气系统密封性无检查记录扣10分。 （3）进气加热系统不能正常投入扣10分。 （4）进气系统热工仪表不正常，每处扣5分	（1）制造厂有关规定； （2）检修规程； （3）运行规程
2.1.2.1.4	罩壳通风冷却系统	20	（1）查阅设备台账，检验报告检修及缺陷记录。 （2）现场检查，有关设备是否处于良好状态，能否确保电厂安全运行、生产	（1）存在未处理C类缺陷不得分。 （2）存在未处理B类缺陷扣10分。 （3）存在未处理A类缺陷扣5分	
2.1.2.1.5	燃气轮机排气系统	20	（1）查阅运行日志、检修记录、缺陷记录及现场检查询问。 （2）检查排气烟道有无变形或漏气，以及超温现象，有关辅助设备是否处于正常工作状态	（1）燃气轮机排气烟道存在漏气、变形、裂纹现象扣10分。 （2）燃气轮机排气烟道存在超温现象，每处扣5分，最高扣20分。 （3）膨胀滑销有卡涩现象，扣10分	（1）DL/T 5072—2019《发电厂保温油漆设计规程》； （2）制造厂有关规定； （3）检修规程； （4）运行规程
2.1.2.1.6	密封空气系统	20	（1）查阅设备台账，检验报告检修及缺陷记录。 （2）现场检查，有关设备是否处于良好状态，能否确保电厂安全运行、生产	（1）存在未处理C类缺陷扣20分。 （2）存在未处理B类缺陷扣10分。 （3）存在未处理A类缺陷扣5分	（1）制造厂有关规定； （2）检修规程； （3）运行规程

续表

序号	评价项目	标准分	查评方法及内容	评分标准	查评依据
2.1.2.1.7	润滑顶轴油系统	30	（1）查阅设备台账、检验报告检修及缺陷记录。 （2）现场检查交/直流润滑油泵、顶轴油泵及其启动装置等是否完好，油系统及设备（油箱、油位计、冷油器、油净化装置等）是否正常，系统无泄漏。 （3）检查交流润滑油泵事故连锁启动交流润滑油泵、交流润滑油泵事故连锁启动直流润滑油泵、润滑油压力低连锁启动交/直流润滑油泵功能是否正常，连锁动作过程中润滑油压力下降最低值应能保证机组轴系安全	（1）任一台油泵存在未处理 C 类缺陷不得分。 （2）任一台油泵存在未处理 B 类缺陷扣 10 分。 （3）任一台油泵存在未处理 A 类缺陷扣 5 分。 （4）任一台油泵存在处理 B 类缺陷时退出备用时间超过 24h 扣 2 分。 （5）存在泄漏点，每处扣 1 分。 （6）润滑油系统油泵、油压连锁功能不符合要求，扣 10 分	（1）Q/BJCE－218.17－14—2019《燃气发电企业设备缺陷管理规定》； （2）制造厂家标准
2.1.2.1.8	密封油系统	30	（1）查阅设备台账、检修及缺陷记录。 （2）现场检查氢冷发电机氢油差压阀、平衡阀能否全行程投入、压差应保持在规定的范围内。 （3）检查发电机内是否存在漏油现象	（1）设备台账、检修及缺陷记录不完整的机组缺一项扣 2 分，最高扣 10 分。 （2）存在未处理 C 类缺陷扣 20 分，B 类缺陷扣 10 分，A 类缺陷扣 2 分。 （3）存在处理 B 类缺陷时退出备用时间超过 24h 扣 2 分。 （4）存在泄漏点，每处扣 1 分	（1）制造厂有关规定； （2）检修规程； （3）运行规程
2.1.2.1.9	燃料控制系统	25	（1）查阅液压控制油控制和保护系统的缺陷记录、检修记录、运行日志等。 （2）现场检查执行元件工作情况，油路是否通畅，油质是否良好，能否保证机组在各种工作状态下都保持正常工作	（1）燃料控制系统存在卡涩不得分，甩负荷试验不合格不得分。 （2）存在未处理 C 类缺陷不得分。 （3）存在未处理 B 类缺陷扣 10 分。 （4）存在未处理 A 类缺陷扣 5 分。 （5）系统滤芯未定期更换，每次扣 2 分	（1）制造厂的相关规定； （2）检修规程； （3）运行规程
2.1.2.1.10	水洗系统	10	（1）查阅设备台账，检验报告检修及缺陷记录。 （2）现场检查，有关设备是否处于良好状态，能否确保电厂安全运行、生产。 （3）检查水洗系统投运记录	存在未处理缺陷，每项扣 5 分	（1）制造厂有关规定； （2）检修规程； （3）运行规程
2.1.2.1.11	二氧化碳消防及危险气体检测系统	40	查阅运行日志、检修记录、缺陷记录、试验记录及现场检查	（1）二氧化碳灭火系统投入不正常，扣 10 分；二氧化碳罐压力低于规定值，每处扣 2 分。 （2）危险气体探测报警系统存在缺陷扣 20 分。 （3）二氧化碳消防系统未按规定周期和检验项目进行检验，每次扣 10 分。 （4）危险气体探头存在零位漂移等缺陷，每项扣 5 分	（1）GB 50263—2007《气体灭火系统施工及验收规范》； （2）制造厂有关规定

序号	评价项目	标准分	查评方法及内容	评分标准	查评依据
2.1.2.1.12	调节保护系统	25	（1）查阅试验记录、资料，查阅运行规程。 （2）了解主保护系统试验的项目、试验要求、评价期内试验结果等	（1）试验记录不完整，每项扣2分，最高扣10分。 （2）燃气轮机主保护试验未按规程进行，不得分	（1）Q/BEH–211.10–18—2019《防止电力生产事故的重点要求及实施导则》； （2）制造厂有关规定； （3）运行规程
2.1.3	天然气供应系统	290			
2.1.3.1	技术管理	240			
2.1.3.1.1	系统管道及阀门	50	（1）查阅缺陷记录。 （2）现场检查，主要检查管道、阀门。 （3）检查测试表计的配置情况是否达到规定要求，检查管道的外保温情况，以及管道上有无泄漏点。 （4）天然气管线应安装跨接线	（1）管道保温破损或缺失，每处扣2分。 （2）保温层外表温度超过标准，每处扣2分。 （3）存在泄漏点，每处扣10分。 （4）阀门状态不正确，每处扣10分。 （5）安全阀、压力表未定期校验，每项扣5分。 （6）天然气管线无跨接线，每项扣5分	（1）GB 50251—2015《输气管道工程设计规范》； （2）DL/T 5174—2003《燃气–蒸汽联合循环电厂设计规定》； （3）DL/T 5072—2019《发电厂保温油漆设计规程》； （4）CJJ 95—2013《城镇燃气埋地钢质管道腐蚀控制技术规程》； （5）检修规程； （6）运行规程
2.1.3.1.2	天然气管路路由及间距	10	（1）现场检查，查阅缺陷记录。 （2）检查管路基础设置是否坚固符合安全操作要求等。 （3）查阅、核对图纸、现场检查。 （4）主要检查管路布置、防火距离、防火防爆措施等	现场有和设计规范、要求不符的，不得分	（1）GB 50251—2015《输气管道工程设计规范》； （2）GB/T 24259—2009《石油天然气工业 管道输送系统》； （3）DL/T 5174—2003《燃气–蒸汽联合循环电厂设计规定》； （4）制造厂有关规定； （5）检修规程； （6）运行规程
2.1.3.1.3	天然气放散系统	20	（1）现场检查，查阅图纸、缺陷记录。 （2）检查天然气放散系统设置是否合理，能否随时投入放散工作状态，能否确保放散时的安全要求。 （3）现场查看天然气放散口的安装位置、高度以及附属装置是否符合要求。 （4）重点检查排放口与空气接触点的位置是否在室外，及离建筑物顶部的高度	（1）资料记录不完整，每项扣2分。 （2）天然气放散系统存在未处理缺陷，每处扣2分。 （3）天然气放散口位置、高度不符合要求，每项扣5分。 （4）放散管道出口无风向标识，每项扣5分	GB 50251—2015《输气管道工程设计规范》

续表

序号	评价项目	标准分	查评方法及内容	评分标准	查评依据
2.1.3.1.4	紧急切断阀	10	现场检查，查阅缺陷记录，检查切断阀设置部位是否合理，切断阀能否正常投入工作，及其定期检验情况等	（1）调压站入口及至每条支路上未设置紧急切断阀不得分。 （2）紧急切断阀存在未处理缺陷扣5分。 （3）紧急切断阀未按规程定期活动扣5分	DL/T 5174—2003《燃气－蒸汽联合循环电厂设计规定》
2.1.3.1.5	氮气置换、吹扫系统	20	（1）现场检查，查阅图纸、缺陷记录。 （2）检查氮气置换、吹扫系统配置是否完善，是否完成各项规定的调试项目，能否正常投入工作。 （3）检查氮置换、吹扫系统与天然气系统是否有明显的物理断开点	（1）资料记录不完整，每项扣2分。 （2）氮气置换、吹扫系统存在未处理缺陷，每处扣2分。 （3）氮置换、吹扫系统与天然气系统没有明显的物理断开点，每项扣5分	DL/T 5174—2003《燃气－蒸汽联合循环电厂设计规定》
2.1.3.1.6	天然气系统排污	20	（1）检查排污点位置设置是否正确。 （2）检查是否进行定期排污或清理工作	（1）天然气系统排污系统不符合设计规范要求，每处扣5分。 （2）未进行定期排污或清理工作，每项扣5分	DL/T 5174—2003《燃气－蒸汽联合循环电厂设计规定》
2.1.3.1.7	系统严密性试验	20	（1）查阅检修、运行记录。 （2）检查天然气管道、阀门有无按规定要求完成严密性试验	（1）新投运系统或系统进行大修后，未进行气体严密性试验，不得分。 （2）气体严密性试验不符合要求，每项扣5分	（1）GB 50973—2014《联合循环机组燃气轮机施工及质量验收规范》； （2）DL/T 5174—2003《燃气－蒸汽联合循环电厂设计规定》
2.1.3.1.8	天然气预处理装置	10	（1）现场检查，查阅运行记录、缺陷记录。 （2）检查天然气进气是否配置有除湿干燥和加热装置，装置能否随时处于正常工作状态。 （3）检查配置的测试仪表是否按规定要求进行标定，压力容器是否定期检验	（1）除湿干燥装置存在缺陷影响除湿或退出运行，扣5分。 （2）加热器存在缺陷影响加热效果或退出运行，扣5分。 （3）压力容器及其附件未定期检验，每项扣2分	（1）GB 50251—2015《输气管道工程设计规范》； （2）DL/T 5174—2003《燃气－蒸汽联合循环电厂设计规定》
2.1.3.1.9	天然气增压机系统	20	（1）现场检查，查阅图纸、缺陷记录。 （2）检查天然气增压机系统运行状态是否正常	（1）增压机出口未设置安全阀或未定期校验，扣10分。 （2）增压机及其附属系统存在缺陷未处理，每项扣5分。 （3）氮气密封气纯度低于98%，每次扣5分	（1）DL/T 5174—2003《燃气－蒸汽联合循环电厂设计规定》； （2）制造厂有关规定
2.1.3.1.10	天然气防雷及防静电设施	20	现场检查，查阅检测记录，了解防雷、防静电设施是否达到规范要求，是否按时、按规定进行测试	（1）防雷保护范围不够，不得分。 （2）未按规定测接地电阻，扣20分。 （3）接地电阻超过规定，每处扣5分。 （4）无静电释放装置或达不到规定要求，每处扣5分	（1）DL/T 5174—2003《燃气－蒸汽联合循环电厂设计规定》； （2）Q/BEH-211.10-18—2019《防止电力生产事故的重点要求及实施导则》

续表

序号	评价项目	标准分	查评方法及内容	评分标准	查评依据
2.1.3.1.11	天然气泄漏报警装置	20	现场检查、询问，了解泄漏报警配置情况及其功能能否达到规定要求	（1）无泄漏报警装置，不得分。 （2）泄漏报警装置存在缺陷未处理，每处扣5分	（1）DL/T 5174—2003《燃气–蒸汽联合循环电厂设计规定》； （2）Q/BEH–211.10–18—2019《防止电力生产事故的重点要求及实施导则》
2.1.3.1.12	天然气调压站及管线标识	20	（1）检查输气管线沿线所有里程桩、转角桩、交叉和警示牌等标志是否符合规定要求。 （2）检查天然气调压站入口是否在醒目位置设置标志牌	如未按规定要求执行或不规范、不齐全者，每项扣2分	（1）GB 50251—2015《输气管道工程设计规范》； （2）SY 5225—2019《石油天然气钻井、开发、储运防火防爆安全生产技术规程》； （3）Q/BEH–211.10–18—2019《防止电力生产事故的重点要求及实施导则》； （4）Q/BJCE–217.17–39—2019《易燃易爆危险品管理办法》
2.1.3.2	运行管理	50			
2.1.3.2.1	天然气区域进出管理制度	15	（1）查阅管理制度是否健全。 （2）现场是否按照制度要求设置设施。 （3）现场是否严格执行	（1）无管理制度，不得分。 （2）未设置火种箱、去静电装置、门锁、签到表单等，每项扣5分。 （3）制度未严格执行，每次扣2分	（1）GB 12801—2008《生产过程安全卫生要求总则》； （2）Q/BJCE–217.17–39—2019《易燃易爆危险品管理办法》
2.1.3.2.2	天然气区域点、巡检管理	15	（1）查阅管理制度是否健全。 （2）检查现场是否严格执行	（1）无管理制度，不得分。 （2）未严格执行制度，每项扣2分	（1）GB/T 12801—2008《生产过程安全卫生要求总则》； （2）Q/BJCE–217.17–39—2019《易燃易爆危险品管理办法》； （3）Q/BJCE–217.17–10—2019《消防安全管理规定》
2.1.3.2.3	设备、管道、压力表标识牌	20	检查管道、阀门、压力表标志，管道介质流向标志是否齐全	每项不符合规定扣2分	DL/T 1123—2009《火力发电企业生产安全设施配置》

2.2　汽轮机设备及系统

序号	评价项目	标准分	查评方法及内容	评分标准	查评依据
2.2	**汽轮机设备及系统**	**1500**			
2.2.1	汽轮机本体系统	820			
2.2.1.1	日常维护管理	40			
2.2.1.1.1	设备保养管理	40	查阅设备维护标准，缺陷记录、运行日志以及现场检查	（1）没有设备维护标准，本项目不得分。 （2）设备维护项目内容不全，每缺一项扣 2 分。 （3）无设备维护记录，扣 10 分；记录不全，每处扣 2 分	Q/BJCE－218.17－13—2019《燃气发电企业日常维护管理规定》
2.2.1.2	技术管理	370			
2.2.1.2.1	设备技术台账情况	25	（1）检查设计、制造、监造、安装、调试单位移交的运行维护说明书、逻辑图、调试报告。 （2）检查检修记录、技术数据。 （3）检查设备及系统故障现象、原因分析及采取的技术措施、试验记录。 （4）检查各项试验报告。 （5）检查巡检记录。 （6）检查运行参数。 （7）检查计算机系统及应用软件备份。 （8）检查仪表校验记录	（1）未建立技术档案的，扣 25 分。 （2）技术档案内容不全的，每遗漏一项扣 5 分，最高扣 25 分。 （3）技术档案存在明显错误的，每错一处扣 5 分，最高扣 25 分	（1）DL/T 1055—2007《发电厂汽轮机、水轮机技术监督导则》； （2）DL/T 338—2010《并网运行汽轮机调节系统技术监督导则》
2.2.1.2.2	（1）转子（含接长轴及SSS 离合器）； （2）对轮（含连接螺栓）； （3）盘车装置	60	（1）查阅检修记录、检验报告和总结，缺陷记录等。 （2）现场检查机组运行记录，特别注意机组的振动、胀差、轴位移、轴瓦金属温度、推力瓦温度的均匀性和机组在不同负荷下各安全参数的变化情况。 （3）检查轴子弯曲（弯曲的最大晃度值、最大弯曲的轴向位置及圆周方向的相位）、对轮（连接前后）晃度（对轮连接后晃度不大于 0.05mm）。 （4）检查检修记录，大轴表面、中心孔及盘车装置是否存在缺陷，挠度及振动测量装置是否准确可靠，测量相对轴振动的传感器是否装于主轴承上。	（1）检修记录、检验报告不完整的机组，缺一项扣 2 分，最高扣 10 分。 （2）转子主要参数有连续报警的，每项扣 2 分，最高扣 10 分。 （3）转子弯曲记录缺任一项数据扣 2 分，对轮连接后晃度超标扣 3 分。 （4）转子检修记录中有未处理缺陷扣 3 分。	Q/BEH－211.10－18—2019《防止电力生产事故的重点要求及实施导则》

序号	评价项目	标准分	查评方法及内容	评分标准	查评依据
2.2.1.2.2	（1）转子（含接长轴及SSS离合器）； （2）对轮（含连接螺栓）； （3）盘车装置	60	（5）检查是否在每台机组大轴外露部分用明显方式标识键相位置。 （6）检查通流部分最小轴向间隙值及汽封径向间隙值记录。 （7）安装或拆卸过程中，使用加热棒对螺栓中心孔加热的螺栓，应对中心孔进行宏观检查，必要时使用内窥镜检查中心孔内壁是否存在过热或烧伤	（5）因盘车装置故障造成机组不能正常启动、停运，每次扣10分。 （6）通流部分最小轴向间隙值及汽封径向间隙值不满足规定要求，扣5分	Q/BEH–211.10–18—2019《防止电力生产事故的重点要求及实施导则》
2.2.1.2.3	隔板、叶片（含叶根及与之相配的叶轮根槽）、围带、拉筋等	40	（1）查阅检修记录、检验报告和总结，运行及缺陷记录等依据金属检验报告的相关内容，确定缺陷的严重程度。 （2）检查机组检修中是否对汽轮机隔板的纵向位移、变形等情况，一旦出现异常，是否及时评估隔板的缺陷情况。 （3）机组每次小修应对汽轮机低压缸末级叶片进行宏观检查	（1）检修记录、检验报告不完整的机组缺一项扣1分，最高扣10分。 （2）应检验未检验的不得分；检验中存在缺陷未处理，每项扣10分。 （3）汽轮机隔板的纵向位移、变形等情况出现异常，未对隔板的缺陷情况进行评估，扣10分。 （4）机组每次小修未对汽轮机低压缸末级叶片进行宏观检查，每次扣10分	汽轮机制造厂有关规定
2.2.1.2.4	（1）主汽门、调节汽门、再热主汽门、再热调节汽门； （2）连接导汽管、M32以上螺栓和工作温度大于400℃以上螺栓	25	（1）查阅检修记录、检验报告和总结，运行及缺陷记录等。 （2）现场检查门杆是否存在汽流激振现象，汽门间连接导汽管是否存在缺陷。 （3）安装前对螺栓表面进行外观检验，特别注意对中心孔表面的加工粗糙度；对国外引进材料制造的螺栓，若无国家或行业标准，应检查制造厂企业标准	（1）检验报告、检修记录不完整的机组缺一项扣1分，最高扣5分。 （2）汽门间连接导汽管及连接螺栓存在隐患未处理，扣10分。 （3）应检验未检验的，不得分；检验中存在缺陷未处理，每项扣5分	（1）DL/T 439—2018《火力发电厂高温紧固件技术导则》第4.1、4.2条； （2）制造厂相关标准
2.2.1.2.5	超速保安装置（含自动主汽门、再热主汽门、电超速保护、OPC等）	30	（1）查阅检修及试验资料及有关记录，查阅检修后超速、OPC等试验报告。 （2）检查超速保安装置（含自动主汽门、再热主汽门、电超速保护等）是否存在隐患，或不能正常投入。 （3）机组重要运行监视表计，尤其是转速表显示是否正确。 （4）OPC工作是否正常	（1）检修及试验资料及有关记录不完整的机组缺一项扣2分，最高扣10分。 （2）超速保安系统存在缺陷，或不能正常投入的机组，不得分。 （3）超速保安系统不符合反措要求，不得分	Q/BEH–211.10–18—2019《防止电力生产事故的重点要求及实施导则》第10.1.1.2、10.1.1.3条

序号	评价项目	标准分	查评方法及内容	评分标准	查评依据
2.2.1.2.6	转速测量装置	10	（1）查阅检修资料及现场查看转速测量装置是否满足反措要求。 （2）检查同步自换挡离合器（synchro self shifting，SSS）是否设另一套转速测量装置	（1）转速测量装置不能满足反措要求，不得分。 （2）SSS 离合器未设另一套转速测量装置，不得分	Q/BEH－211.10－18—2019《防止电力生产事故的重点要求及实施导则》第 10.1.1.9 条
2.2.1.2.7	调节系统（含调速汽门、调压抽汽门）	30	（1）查阅缺陷记录、检修记录、机组运行日志等及现场查询。 （2）检查所有试验记录是否符合 DL/T 824—2002《汽轮机电液调节系统性能验收导则》的要求。 （3）检查调节系统是否存在卡涩或锈蚀缺陷，导致出现负荷摆动、不能定速、带不满负荷等调节系统故障	（1）缺陷记录、检修记录不完整的机组缺一项扣 2 分，最高扣 10 分。 （2）不能满足导则要求的，扣 10 分。 （3）调节系统存在缺陷未处理，每项扣 5 分，最高扣 30 分	DL/T 824—2002《汽轮机电液调节系统性能验收导则》
2.2.1.2.8	DEH 控制系统	30	（1）查阅缺陷记录、检修记录以及现场查询。 （2）检查所有试验记录是否符合 DL/T 824—2002《汽轮机电液调节系统性能验收导则》的要求。 （3）现场检查电液伺服阀（包括各种类型电液转换器）是否泄漏。 （4）检查抗燃油（EH 油）管材质及管道安装是否符合设计要求。 （5）检查 EH 油系统改造后是否进行耐压试验。 （6）检查具备热应力监测系统功能的机组该系统能否正常投入	（1）缺陷记录、检修记录不完整的机组缺一项扣 2 分，最高扣 10 分。 （2）不能满足导则要求的，扣 10 分。 （3）电液伺服阀泄漏，扣 5 分。 （4）不符合设计要求，每项扣 5 分，最高扣 20 分。 （5）EH 油系统管道改造后无耐压试验记录，扣 10 分。 （6）有热应力监测系统的机组，此功能未投入，扣 10 分	
2.2.1.2.9	（1）高温高压主汽、高温再热汽管道； （2）给水和疏水管道、三通、阀门、其他机外管道	30	检查支吊架是否定期检查、工作是否正常、有无影响管道膨胀的现象存在等，高温高压主汽、高温再热汽、给水和疏水管道、三通、阀门及其他机外管道是否符合防磨防爆要求，是否按标准要求进行监督、检验和更换，管道膨胀、振动等有无异常	（1）资料、记录不完整的机组缺一项扣 2 分，最高扣 10 分。 （2）支吊架未定期检查扣 5 分；支吊架存在问题，每处扣 2 分，最高扣 10 分。 （3）管道膨胀、振动等有异常，每处扣 2 分，最高扣 10 分	Q/BEH－211.10－18—2019《防止电力生产事故的重点要求及实施导则》

序号	评价项目	标准分	查评方法及内容	评分标准	查评依据
2.2.1.2.10	主轴承和推力轴承	30	（1）查阅检修记录、检验报告和总结，运行及缺陷记录等。 （2）现场检查机组运行中各轴瓦金属温度、推力瓦温度、各轴承的顶轴油压、轴振动和轴承振动等。 （3）检查是否存在轴瓦表面磨损、脱胎、龟裂等尚留有未彻底处理的缺陷。 （4）检查轴承间隙及紧力、推力轴承瓦块厚度差等是否超标。 （5）相关油管道是否有缺陷未处理	（1）检验报告、检修记录不完整的机组缺一项扣2分，最高扣10分。 （2）主要参数有连续报警的，每项扣2分，最高扣10分。 （3）轴承存在缺陷应处理未处理的，每项扣5分，最高扣20分。 （4）间隙、紧力或厚度差超标，扣2分。 （5）相关油管道存在缺陷未处理的，扣2分	（1）Q/BEH–211.10–18—2019《防止电力生产事故的重点要求及实施导则》第14.1条； （2）制造厂相关规定； （3）运行规程； （4）检修规程
2.2.1.2.11	轴封系统	30	（1）查阅设备台账、图纸资料、检修记录等。 （2）查看机组运行中各个轴端漏汽情况，轴封系统的调节参数是否在设计范围内如参数有较大偏差，是否有相应的解决方案和临时技术措施。 （3）查看轴封间隙是否能满足设计要求；轴封动静部分是否存在异常磨损；轴封供汽系统及调节装置是否存在缺陷	（1）设备台账、图纸资料、检修记录不完整的机组缺一项扣2分，最高扣10分。 （2）轴封存在端部漏汽现象的，每处扣2分，最高扣10分。 （3）轴封间隙超标，扣2分	（1）制造厂家相关规定； （2）运行规程； （3）检修规程
2.2.1.2.12	疏水阀门内外漏监测	10	（1）查看阀门内外漏检查记录。 （2）现场检查	（1）记录不规范或记录错误，每处扣1分。 （2）每发现一处阀门内外漏，扣1分	DL/T 1052—2016《电力节能技术监督导则》第6.2.4.14条
2.2.1.2.13	设备保温及油漆	20	（1）查看保温测量记录。 （2）现场检查保温和设备油漆情况	（1）保温测量记录不规范或记录错误，每处扣1分。 （2）汽缸及现场管道保温不完整、保温表面温度超过有关规程规定值，每处扣2分。 （3）现场设备油漆缺少或脱落严重，每处扣2分	（1）DL/T 934—2005《火力发电厂保温工程热态考核测试与评价规程》第9.1.1条； （2）Q/BJCE–218.17–16—2019《设备及管道保温管理规定》
2.2.1.3	运行管理	290			
2.2.1.3.1	典型启动曲线和停机曲线	20	检查各种状态下厂家提供的典型启动曲线和停机曲线是否编入机组运行规程	（1）典型启动曲线和停机曲线未列入规程者，扣20分。 （2）曲线不全，每项扣2分	（1）Q/BJCE–218.17–16—2019《燃气发电企业运行管理规定》第5.5.2条； （2）Q/BJCE–218.17–01—2019《规程及系统图管理规定》第4.2、5.2条
2.2.1.3.2	机组启、停工况	20	（1）查阅运行规程及相关标准、机组启、停记录。 （2）检查出现异常情况是否按运行规程和有关反事故技术措施正确处理，并记录完整	（1）资料、机组启、停机记录不完整的机组缺一项扣2分，最高扣10分。 （2）出现异常情况未按运行规程和有关反事故技术措施正确处理，导致机组非正常停运或设备损坏的，不得分	运行规程

序号	评价项目	标准分	查评方法及内容	评分标准	查评依据
2.2.1.3.3	长时间在恶劣或异常工况下运行的机组	10	（1）查阅运行规程、制造厂家说明书是否有对应措施。 （2）检查是否有问题分析报告	（1）无针对性的技术措施及有效的监测手段不得分。 （2）出现问题无具体分析报告不得分	汽轮机制造厂有关规定
2.2.1.3.4	正常运行工况	15	（1）查阅运行规程及相关标准、机组运行记录。 （2）检查出现异常情况是否按运行规程和有关反事故技术措施正确处理，并记录完整。 （3）检查是否按运行规程中正常运行控制数值的要求对设备进行监控	（1）资料、机组运行记录不完整的机组缺一项扣2分，最高扣10分。 （2）出现异常情况未按运行规程和有关反事故技术措施正确处理，导致机组非停或设备损坏的，不得分。 （3）规程规定的主要数据达到报警值，未及时消除扣2分，若有数据达到跳闸值而未按规程停运设备，不得分	集控运行规程
2.2.1.3.5	各种工况下汽缸上、下缸温差	15	查阅运行日报、相关记录及启停机记录并与规程的启、停机曲线进行对比，查看各种工况下汽缸上、下缸温差是否合格	任一工况下温差超标，不得分	（1）制造厂家相关规定； （2）集控运行规程
2.2.1.3.6	相关压力、温度	30	查看相关压力、温度是否出现超标或异常有无分析报告	（1）任一压力或温度超过规程允许值，扣15分。 （2）主要压力或温度超过正常运行范围无分析报告的，每项扣5分	集控运行规程
2.2.1.3.7	主轴承和推力轴承金属温度和进油、回油温度	30	（1）查阅运行相关记录。 （2）检查主轴承和推力轴承金属温度和进、回油温度是否超限或接近限值，各个推力瓦块之间温度是否均匀，同一轴承上的金属温度差值是否正常，轴向位移是否正常	（1）资料、记录不完整的机组缺一项扣2分，最高扣10分。 （2）达到停机值未停机不得分；推力瓦块之间温度相差10℃应有分析报告，无分析报告不得分。 （3）轴位移超报警值扣10分	集控运行规程
2.2.1.3.8	汽轮机振动在线监测及启动及运行过程中振动记录	30	（1）现场查看机组振动监测系统及振动保护投入情况。 （2）查看汽轮发电机组振动管理台账，查阅运行记录、机组启动过程中测量振动报告等	（1）振动保护未正常投入的机组，不得分；振动监测系统未连续投入，不得分。 （2）振动管理台账不完善，扣5分。 （3）任一台机组的轴振轴承振动超过报警值，扣10分。 （4）无机组实测临界转速值，扣10分。 （5）无定期分析报告，扣5分	（1）Q/BEH-211.10-18—2019《防止电力生产事故的重点要求及实施导则》第10.2.2.1.1、10.2.2.1.2条； （2）Q/BJCE-219.17-18—2019《旋转设备振动理规定》第4.5.4、4.5.5条
2.2.1.3.9	盘车电流值（应注明记录时的油温、顶轴油压等）	10	查阅有关资料、记录，检查是否记录盘车电流值（包括记录时的油温、顶轴油压等）	数据不完整，每项扣2分	Q/BEH-211.10-18—2019《防止电力生产事故的重点要求及实施导则》第11.2.1.1.4条

序号	评价项目	标准分	查评方法及内容	评分标准	查评依据
2.2.1.3.10	停机的惰走时间	10	查阅有关资料、记录，检查是否有正常情况下停机的惰走时间记录（注明真空、顶轴油泵开启时间等）	（1）数据不完整，每项扣 2 分。 （2）惰走曲线未列入运行规程者，扣 10 分	Q/BEH-211.10-18-2019《防止电力生产事故的重点要求及实施导则》第 11.2.1.1.5 条
2.2.1.3.11	缸温记录	10	查阅有关资料、记录，检查是否有停机后汽缸各主要金属温度测点的温度下降曲线或温度记录（应标明上下缸温差值）	数据不完整，每项扣 2 分（应记录到停盘车工况）	Q/BEH-211.10-18-2019《防止电力生产事故的重点要求及实施导则》第 11.2.1.1.9 条
2.2.1.3.12	机组绝对膨胀值及胀差值	10	查阅启停机记录、运行记录	（1）单台机组胀差超标，扣 5 分。 （2）单台机组膨胀受阻，扣 5 分	（1）运行规程； （2）制造厂相关规定
2.2.1.3.13	机组启停过程中主要参数和状况记录	10	检查机组启停过程中主要参数和状况记录	表单记录不规范或数据不完整，每项扣 1 分	运行规程
2.2.1.3.14	旁路系统	20	现场调查分析，检查旁路系统是否正常投入，调整是否灵活，旁路保护、自动、联锁能否正常投入	（1）旁路系统不能正常投入，扣 20 分。 （2）有缺陷未处理，每项扣 2 分	Q/BEH-211.10-18-2019《防止电力生产事故的重点要求及实施导则》第 10.2.1.18 条
2.2.1.3.15	电超速保护模拟试验	10	查阅试验记录、资料是否按规定进行试验，定期试验是否符合要求	（1）存在严重问题及未按规定周期执行，不得分。 （2）执行不严格，存在问题，扣 5 分。 （3）试验记录不完整，每项扣 2 分，最高扣 5 分	（1）DL/T 338-2010《并网运行汽轮机调节系统技术监督导则》附录 A； （2）运行规程
2.2.1.3.16	主汽门、调节汽门严密性试验	15	查阅试验记录、资料，检查是否按规定周期进行主汽门、调节汽门严密性试验，试验是否符合要求	（1）未按规定周期进行试验不得分。 （2）试验不合格，且缺陷未彻底消除不得分。 （3）执行不严格，存在问题扣 10 分。 （4）试验记录不完整，每项扣 2 分，最高扣 10 分	（1）DL/T 338-2010《并网运行汽轮机调节系统技术监督导则》附录 A； （2）制造厂家相关规定； （3）运行规程
2.2.1.3.17	汽门活动试验	10	查阅试验记录、资料，检查试验方法是否按规程进行，记录的试验数据是否完整准确	（1）未按规程进行试验或未见技术措施不得分。 （2）试验发现卡涩未处理不得分。 （3）执行不严格，存在问题扣 5 分。 （4）试验记录不完整，每项扣 2 分，最高扣 5 分	（1）DL/T 338-2010《并网运行汽轮机调节系统技术监督导则》附录 A； （2）制造厂相关规定； （3）运行规程

续表

序号	评价项目	标准分	查评方法及内容	评分标准	查评依据
2.2.1.3.18	真空度严密性试验	15	（1）检查是否定期进行真空度严密性试验，数据是否合格。 （2）检查凝汽器真空度是否正常。 （3）检查凝结水过冷度平均值不应大于2℃	（1）真空度严密性试验结果高于100Pa/min，扣5分；真空度严密性试验执行操作不严格按规定进行扣10分。 （2）试验记录不完整，每项扣2分，最高扣5分。 （3）凝汽器真空度不正常扣5分。 （4）过冷度不正常扣5分	（1）DL/T 932—2019《凝汽器与真空系统运行维护导则》第5.2条； （2）DL/T 1052—2016《电力节能技术监督导则》第6.2.4.8、6.2.4.11条； （3）Q/BJCE－219.17－14—2019《节能技术监督导则》第5.3.4.8条
2.2.1.4	检修管理	120			
2.2.1.4.1	检修项目、计划	20	主要检查各专业检修项目及计划执行情况： （1）检查检修计划是否合理，检修目标、进度、备件、材料、人工和费用安排是否合理。 （2）检查检修项目是否完善，是否有缺项、漏项。 （3）检查检修前、检修后试验项目，是否有缺项、漏项和不合格项。 （4）检查重大检修项目的专用工器具台账，是否存在工器具应检未检项目	（1）检修计划不完善，检修目标、进度、材料、人工和费用安排不合理，每发现一处扣2分。 （2）检修项目不完善，存在缺项、漏项和不合格，每发现一处扣2分。 （3）检修前、检修后试验项目，存在缺项、漏项和不合格项，每发现一处扣2分。 （4）专用工器具存在工器具应检未检项目，每发现一处扣2分	Q/BJCE－218.17－45—2019《燃气发电企业检修管理规定》
2.2.1.4.2	检修质量管理	20	查看设备检修管理制度及标准作业文件。 （1）实行标准化检修管理，编制检修作业文件包，对重大项目制定安全组织措施、技术措施及施工方案。 （2）严格工艺要求和质量标准，实行检修质量控制和监督三级验收制度，严格检修作业中停工待检点和见证点的检查签证	（1）未编制检修作业文件包，每项扣2分。 （2）检修作业文件包编制不完整或者内容粗糙，每项扣2分。 （3）对重大项目未制定安全组织措施、技术措施及施工方案，每项扣5分。 （4）质量控制未严格执行三级验收制度，每项扣5分；执行不到位和验收资料不完整，每项扣2分	（1）Q/BJCE－218.17－45—2019《燃气发电企业检修管理规定》； （2）Q/BJCE－218.17－40—2019《燃气发电企业检修作业文件管理规定》
2.2.1.4.3	检修记录	20	（1）检查检修记录是否覆盖设备解体、检查、修理和复装的全过程。 （2）检修记录应内容详尽、字迹清晰、数据真实、测量分析准确，所有记录做到完整、正确、简明、实用。 （3）检查设备解体时应做好标记和记录，保证复装顺序和位置正确、连接可靠、动作灵活	（1）设备检修记录不完善，每项扣2分，重要节点未能需要提供原始记录，扣5分。 （2）检修记录应书写清晰、数据真实，否则每项扣5分，最高扣10分	（1）Q/BJCE－218.17－45—2019《燃气发电企业检修管理规定》； （2）Q/BJCE－218.17－40—2019《燃气发电企业检修作业文件管理规定》

序号	评价项目	标准分	查评方法及内容	评分标准	查评依据
2.2.1.4.4	施工现场管理	20	（1）检查施工人员是否正确使用合格的劳保用品和工器具。 （2）检查施工现场的井、坑、沟及开凿的地面孔洞，是否设牢固围栏、照明及警示标志。 （3）检查施工现场是否落实易燃易爆危险物品和防火安全管理。 （4）检查现场作业是否履行工作票手续	（1）施工人员使用不合格的劳保用品和工器具，每项扣10分。 （2）施工现场无安全防护措施，不得分；安全措施不完善，每项扣5分。 （3）施工现场储存易燃易爆危险物品，不得分；施工现场有吸烟或有烟头，每例扣10分。 （4）现场施工未使用工作票，不得分；工作时工作负责人（监护人）不在现场，不得分	（1）Q/BJCE-218.17-24-2019《工作票管理规定》； （2）Q/BEIH-219.10-08-2013《ERP系统工作票、操作票管理实施细则》
2.2.1.4.5	检修后调节系统试验及其他试验	20	（1）检查机组A级检修后是否按规程要求进行调节系统静止试验或仿真试验，以确定调节系统工作正常。 （2）检查机组A修后是否做模拟甩负荷试验并动作正常，是否按规定测取由遮断和OPC动作驱动的汽门关闭时间。 （3）检查对新投产的机组或调节系统经重大改造后的机组是否按规定进行甩负荷试验	（1）A修后机组单台未进行调节系统静止试验或仿真试验或试验，不合格、未处理不得分。 （2）机组A修未进行模拟甩负荷试验不得分，动作不正确扣10分，机组A修后未做汽门关闭时间测试不得分，试验不合格扣10分。 （3）未按规定做甩负荷试验或50%试验不成功不得分。 （4）评价期内甩负荷后造成电超速保护动作，缺陷尚未消除的扣15分。 （5）A修未按规定完成热力性能试验扣10分。 （6）试验记录不完整，每项扣2分，最高扣10分	（1）DL/T 711-2019《汽轮机调节保安系统试验导则》第7.1条； （2）DL/T 1270-2013《火力发电建设工程机组甩负荷试验导则》； （3）Q/BEH-211.10-18-2019《防止电力生产事故的重点要求及实施导则》第10.2.1.23条； （4）DL/T 838-2017《燃煤火力发电企业设备检修导则》； （5）Q/BJCE-219.17-45-2019《燃气发电企业检修管理规定》
2.2.1.4.6	检修后设备技术资料管理	20	（1）现场检查档案室对检修后设备的技术资料归档情况。 （2）检查30天内的设备管理软件更新情况	（1）修后技术资料未及时归档，每项扣2分。 （2）未在规定时间内完成设备更新录入，每项扣2分	Q/BJCE-218.17-45-2019《燃气发电企业检修管理规定》
2.2.2	汽轮机主要辅机及附属设备	460			
2.2.2.1	日常维护管理	40			
2.2.2.1.1	设备保养管理	40	查阅设备给油脂标准、设备维护标准、设备缺陷记录、设备运行日志以及现场检查	（1）没有设备给油脂、设备维护标准，本项不得分。 （2）设备维护项目内容不全，每缺一项扣2分。 （3）无设备维护记录扣10分；缺陷记录不全，每处扣2分	Q/BJCE-218.17-13-2019《燃气发电企业日常维护管理规定》

序号	评价项目	标准分	查评方法及内容	评分标准	查评依据
2.2.2.2	技术管理	320			
2.2.2.2.1	设备技术台账情况	25	（1）检查设计、制造、监造、安装、调试单位移交的运行维护说明书、逻辑图、调试报告。 （2）检查检修记录、技术数据。 （3）检查设备及系统故障现象、原因分析及采取的技术措施、试验记录。 （4）查阅各项试验报告。 （5）查阅巡检记录。 （6）查阅运行参数。 （7）检查计算机系统及应用软件备份情况。 （8）查阅仪表校验记录	（1）未建立技术档案的，扣25分。 （2）技术档案内容不全的，每遗漏一项扣 5分，最高扣25分。 （3）技术档案存在明显错误的，每错一处扣5分，最高扣25分	（1）DL/T 1055—2007《发电厂汽轮机、水轮机技术监督导则》； （2）DL/T 338—2010《并网运行汽轮机调节系统技术监督导则》
2.2.2.2.2	密封油系统及管道	30	（1）现场检查，查阅机组的运行日志及补氢记录。 （2）检查轴承（密封瓦）及油系统是否漏油。 （3）检查汽缸及管道保温是否被油污染。 （4）检查发电机补氢量是否正常	（1）存在未处理C类缺陷不得分。 （2）存在未处理B类缺陷扣10分。 （3）存在未处理A类缺陷扣5分。 （4）油污染保温未处理扣10分。 （5）轴承（密封瓦）及油系统漏油，每项扣2分，最高扣10分。 （6）发电机补氢量超过设计值扣10分	Q/BEH-211.10-18—2019《防止电力生产事故的重点要求及实施导则》第1.1.3.5 条
2.2.2.2.3	油系统管道	20	（1）检查油管道是否符合反措要求。 （2）现场查看油管路的膨胀情况。 （3）现场检查热体附近油管道是否采取隔热防火措施，热体保温是否完整并包好铁皮	（1）发现 1 处不符合要求扣 5 分。 （2）管道膨胀受阻的扣 5 分。 （3）发现 1 处不符合要求扣 5 分	Q/BEH-211.10-18—2019《防止电力生产事故的重点要求及实施导则》第 1.1.3.6、1.1.3.9 条
2.2.2.2.4	压力油管道及阀门	15	查阅设备台账、检修及缺陷记录，现场检查压力油管道是否存在尚未消除的缺陷	（1）存在未处理 C 类缺陷不得分。 （2）存在未处理 B 类缺陷扣 10 分。 （3）存在未处理 A 类缺陷扣 5 分	Q/BEH-211.10-18—2019《防止电力生产事故的重点要求及实施导则》
2.2.2.2.5	主油箱（包括调节用透平油、润滑油及密封油）	20	现场查看及查阅相关技术资料： （1）检查事故放油门配置是否符合反事故技术措施规定：串联设置两个钢制截止阀，操作手轮设在距油箱 5m 以外的地方，且有两个以上通道，手轮应挂有"事故放油阀，禁止操作"标识牌，手轮不应加锁，事故情况下是否方便操作。 （2）油系统出现故障有无相关反事故技术措施	（1）事故放油门配置不符合反事故技术措施要求，不得分；操作不便的，扣 5 分。 （2）无油系统反事故技术措施不得分，反事故技术措施不全面扣 5 分	Q/BEH-211.10-18—2019《防止电力生产事故的重点要求及实施导则》第 11.1.2.2 条

序号	评价项目	标准分	查评方法及内容	评分标准	查评依据
2.2.2.2.6	（1）给水泵； （2）给水泵驱动设备，如电动机、液力耦合器等	30	（1）查阅设备台账、检修及缺陷记录。 （2）现场检查设备状态	（1）记录不完整的机组缺一项扣2分，最高扣10分；设备台账更新不及时，扣2分。 （2）存在未处理C类缺陷不得分，B类缺陷扣10分，A类缺陷扣2分。 （3）在处理B类缺陷时退出备用时间超过24h，扣2分	（1）Q/BJCE-218.17-14—2019《燃气发电企业设备缺陷管理规定》； （2）制造厂家标准
2.2.2.2.7	（1）循环水泵； （2）循环水泵电动机； （3）循环水系统其他设备，如循环水泵及出口蝶阀、冷却水循环泵和空冷器、水塔、滤网及二次滤网等	20	（1）查阅设备台账、检修及缺陷记录。 （2）现场检查设备状态	（1）记录不完整的机组缺一项扣2分，最高扣10分；台账更新不及时，扣2分。 （2）存在未处理C类缺陷不得分，B类缺陷扣10分，A类缺陷扣2分。 （3）在处理B类缺陷时退出备用时间超过24h，扣2分	（1）Q/BJCE-218.17-14—2019《燃气发电企业设备缺陷管理规定》； （2）制造厂家标准
2.2.2.2.8	（1）凝结水泵； （2）凝结水泵电动机； （3）凝结水系统其他设备，如凝结水泵、疏水泵等（含氢冷发电机定子水系统）	20	（1）查阅设备台账、检修及缺陷记录。 （2）现场检查设备状态	（1）记录不完整的机组缺一项扣2分，最高扣10分；设备台账更新不及时，扣2分。 （2）存在未处理C类缺陷不得分，B类缺陷扣10分，A类缺陷扣2分。 （3）在处理B类缺陷时退出备用时间超过24h，扣2分	（1）Q/BJCE-218.17-14—2019《燃气发电企业设备缺陷管理规定》； （2）制造厂家标准
2.2.2.2.9	（1）真空系统及其他设备； （2）真空泵及其电动机	20	（1）查阅设备台账、检修及缺陷记录。 （2）现场检查设备状态	（1）记录不完整的机组缺一项扣2分，最高扣10分；台账更新不及时，扣2分。 （2）存在未处理C类缺陷不得分，B类缺陷扣10分，A类缺陷扣2分。 （3）在处理B类缺陷时退出备用时间超过24h，扣2分	（1）Q/BJCE-218.17-14—2019《燃气发电企业设备缺陷管理规定》； （2）制造厂家标准
2.2.2.2.10	（1）控制油泵； （2）交直流润滑油泵； （3）顶轴油泵； （4）油系统及其他设备（油箱、油位计、冷油器、油净化装置等）； （5）控制油、润滑油管道上滤网	30	（1）查阅设备台账、检修及缺陷记录。 （2）现场检查设备状态	（1）记录不完整的机组缺一项扣2分，最高扣10分；设备台账更新不及时，扣2分。 （2）存在未处理C类缺陷不得分，B类缺陷扣10分，A类缺陷扣2分。 （3）在处理B类缺陷时退出备用时间超过24h，扣2分	（1）Q/BJCE-218.17-14—2019《燃气发电企业设备缺陷管理规定》； （2）制造厂家标准

序号	评价项目	标准分	查评方法及内容	评分标准	查评依据
2.2.2.2.11	（1）氢冷发电机氢油差压阀、平衡阀； （2）交直流密封油泵、冷油器等	20	（1）查阅设备台账、检修及缺陷记录。 （2）现场检查氢冷发电机氢油差压阀、平衡阀能否全行程投入、压差应保持在规定的范围内。 （3）检查发电机内是否存在漏油现象	（1）记录不完整的机组缺一项扣2分，最高扣10分；设备台账更新不及时，扣2分。 （2）存在未处理C类缺陷不得分，B类缺陷扣10分，A类缺陷扣2分。 （3）在处理B类缺陷时退出备用时间超过24h，扣2分	（1）Q/BJCE－218.17－14—2019《燃气发电企业设备缺陷管理规定》； （2）制造厂家标准
2.2.2.2.12	（1）凝汽器； （2）胶球清洗装置	30	（1）查阅设备台账、检修记录及缺陷记录等，现场查看设备的运行表计及运行日志。 （2）查看凝汽器热交换管是否泄漏，堵管数是否在允许范围内。 （3）查看凝汽器端差是否正常（根据循环水温度制定不同的考核值；当循环水入口温度小于或等于14℃时，端差不大于9℃；当循环水入口温度大于14℃且小于30℃时，端差不大于7℃；当循环水入口温度大于或等于30℃时，端差不大于5℃；背压机组不考核，循环水供热机组仅考核非供热期）。 （4）查看胶球清洗装置是否正常投入，胶球收球率、投入数是否满足要求	（1）记录不完整的机组缺一项扣2分，最高扣10分；设备台账更新不及时，扣2分。 （2）凝汽器管发生泄漏未处理扣10分，热交换管每堵1%扣2分。 （3）凝汽器端差不正常，扣5分。 （4）胶球清洗装置不能正常投入，扣2分。 （5）胶球收球率低于90%，扣5分。 （6）胶球投入数不满足规定，扣5分	（1）DL/T 1052—2016《电力节能技术监督导则》第6.2.4.10、6.2.4.12、6.2.4.13条； （2）Q/BJCE－219.17－14—2019《节能技术监督导则》第5.3.4.7、5.3.4.9、5.3.4.10条
2.2.2.2.13	旋转设备振动管理	20	（1）查看旋转设备振动管理制度，振动管理台账，振动记录。 （2）检查设备的振动值是否合格是否定期开展振动分析并提出分析报告	（1）振动管理台账不完善，扣5分；振动记录不全或存在错误，每处扣2分。 （2）任一台设备的任一轴承振动超过报警值的，扣10分。 （3）无定期分析报告，扣5分	Q/BJCE－219.17－18—2019《旋转设备振动管理规定》第5.3条
2.2.2.2.14	设备保温及油漆	20	现场检查保温和设备油漆情况	（1）保温缺少或脱落严重，每处扣2分。 （2）油漆缺少或脱落严重，每处扣2分	Q/BJCE－218.17－16—2019《设备及管道保温管理规定》
2.2.2.3	运行管理	70			
2.2.2.3.1	设备定期工作	40	（1）检查运行记录，定期轮换及试验管理台账，确认备用旋转辅机是否定期试转或轮换。 （2）检查防寒防冻管理记录及相关台账	（1）不按管理制度进行扣10分。 （2）无故未执行设备定期轮换或试转扣10分。 （3）定期工作记录不全扣5分。 （4）防寒防冻管理不到位导致设备故障扣5分	Q/BJCE－218.17－09—2019《燃气发电企业设备定期轮换与试验管理规定》

序号	评价项目	标准分	查评方法及内容	评分标准	查评依据
2.2.2.3.2	设备、管道、压力表标识牌	30	（1）检查管道、阀门标识、管道介质流向标志是否齐全。 （2）检查转动设备联轴器上是否加装牢固的红色保护罩，保护罩上应标注设备转向、并应与电动机转向一致，颜色为白色	（1）管道、阀门标识及介质流向不符合要求，每项不符合规定扣3分，最高扣15分。 （2）转动机械标识不符合要求，每项不符合规定扣3分，最高扣15分	DL/T 1123—2009《火力发电企业生产安全设施配置》
2.2.2.4	检修管理	30			
2.2.2.4.1	主要辅助设备检修	30	查阅检修规程及制度，是否包含主要设备检修的内容	（1）相关规程中无辅助设备检修的内容，本项不得分。 （2）内容有缺失，每缺项扣2分。 （3）未按规定修编，扣2分	（1）DL/T 838—2017《燃煤火力发电企业设备检修导则》； （2）Q/BJCE-219.17-24—2019《燃气发电企业检修管理规定》第4.2.1条
2.2.3	热网系统	190			
2.2.3.1	技术管理	190			
2.2.3.1.1	供热抽汽系统	40	（1）查阅设备台账、检修、运行及缺陷记录等及现场检查。 （2）查阅运行记录、现场运行参数，检查抽汽口前叶片的前后压差控制或中压缸进出口压力是否符合汽轮机制造厂要求。 （3）检查采暖抽汽管路上是否安装快关阀；采暖抽汽快关阀、止回门是否动作可靠；在投入运行前，是否进行关闭时间试验，关闭时间是否符合要求	（1）记录不完整的机组缺一项扣2分，最高扣10分；设备台账更新不及时，扣2分。 （2）抽汽口前叶片的前后压差控制或中压缸进出口压力不符合汽轮机制造厂要求不得分。 （3）采暖抽汽管路上未安装快关阀不得分；采暖抽汽快关阀和抽汽止回门未进行关闭时间试验扣5分；关闭时间不符合要求扣5分	（1）DL/T 338—2010《并网运行汽轮机调节系统技术监督导则》； （2）制造厂家标准； （3）运行规程
2.2.3.1.2	热网加热器	40	（1）查阅运行记录、设备台账、缺陷记录、现场检查。 （2）检查具有检验资质的单位出具的检验报告。 （3）检查热网加热器汽侧和水侧安全阀。 （4）检查热网加热器水位自动保护装置	（1）记录不完整的机组缺一项扣2分，最高扣10分；设备台账更新不及时扣2分。 （2）不具有资质单位出具的检验报告不得分。 （3）安全阀未定期试验不得分，安全阀因存在缺陷监督使用的扣5分。 （4）未在每台加热器装设水位自动保护装置扣10分	（1）制造厂相关规定； （2）运行规程； （3）检修规程

序号	评价项目	标准分	查评方法及内容	评分标准	查评依据
2.2.3.1.3	热网加热器疏水系统	40	（1）查阅设备台账及现场检查。 （2）热网加热器应设有紧急疏水放水阀，可远方操作并可根据疏水水位自动开启。 （3）现场检查热网疏水泵及其系统	（1）记录不完整的机组缺一项扣2分，最高扣10分；设备台账更新不及时，扣2分。 （2）加热器未装紧急疏水放水阀，装有紧急疏水放水阀，但不能远方操作，扣5分；不能根据疏水水位自动开启的扣5分。 （3）存在未处理C类缺陷不得分，B类缺陷扣10分，A类缺陷扣2分。 （4）在处理B类缺陷时退出备用时间超过24h，扣2分	（1）Q/BEH-211.10-18-2019《防止电力生产事故的重点要求及实施导则》； （2）Q/BJCE-218.17-14-2019《燃气发电企业设备缺陷管理规定》
2.2.3.1.4	热网循环水系统	30	（1）查阅设备台账及缺陷记录。 （2）现场检查热网循环泵及系统	（1）记录不完整的机组缺一项扣2分，最高扣10分；设备台账更新不及时扣2分。 （2）存在未处理C类缺陷不得分，B类缺陷扣10分，A类缺陷扣2分。 （3）在处理B类缺陷时退出备用时间超过24h，扣2分	Q/BJCE-218.17-14-2019《燃气发电企业设备缺陷管理规定》
2.2.3.1.5	热网补水系统	20	（1）查阅设备台账及缺陷记录。 （2）现场检查热网补水系统	（1）记录不完整的机组缺一项扣2分，最高扣10分；设备台账更新不及时扣2分。 （2）存在未处理C类缺陷不得分，B类缺陷扣10分，A类缺陷扣2分。 （3）在处理B类缺陷时退出备用时间超过24h，扣2分	Q/BJCE-218.17-14-2019《燃气发电企业设备缺陷管理规定》
2.2.3.1.6	设备保温及油漆	10	现场检查保温和设备油漆情况	（1）保温缺少或脱落严重，每处扣2分。 （2）油漆缺少或脱落严重，每处扣2分	Q/BJCE-218.17-16-2019《设备及管道保温管理规定》
2.2.3.1.7	设备、管道、压力表标识牌	10	（1）管道、阀门标识、管道介质流向标志是否齐全。 （2）转动设备联轴器上是否加装牢固的红色保护罩，保护罩上应标注设备转向，并应与电动机转向一致，颜色为白色	（1）管道、阀门标识及介质流向不符合要求，每项不符合规定扣2分。 （2）转动机械标识不符合要求，每项不符合规定扣2分	DL/T 1123-2009《火力发电企业生产安全设施配置》
2.2.4	旋转设备振动管理	30			
2.2.4.1	技术监督制度	30	（1）检查是否建立了本单位的旋转设备振动管理制度。 （2）技术管理专责人明确，按京能清洁能源公司旋转设备振动管理制度有关规定开展工作	（1）无本单位制度不得分，制度内容不全或有明显错误的，每项扣5分。 （2）每缺一级责任制扣5分，每一级责任制不落实扣5分	Q/BJCE-219.17-11-2019《旋转设备振动管理规定》

2.3 余热锅炉及附属系统

序号	评价项目	标准分	查评方法及内容	评分标准	查评依据
2.3	**余热锅炉及附属系统**	**900**			
2.3.1	日常维护管理	50			
2.3.1.1	设备保养管理	50	（1）查阅设备给油脂标准、设备维护标准、缺陷记录、运行日志以及现场检查。 （2）查看停（备）用防锈蚀情况及停炉防锈蚀相关记录，例如：余热烘干，干风干燥，热风吹干，氨水碱化烘干，氨、联氨钝化烘干，充气相缓蚀剂，干燥剂去湿，充氮，充保护液等。 （3）查阅锅炉防寒防冻和防潮防水记录。 （4）查保温检查记录，必要时可现场勘查	（1）没有设备给油脂、维护标准，本条不得分。 （2）设备维护项目内容不全，每缺一项扣 2 分，最高扣 10 分。 （3）锅炉有停（备）用工况，无停（备）用防锈蚀相关记录的扣 10 分；记录不全的，每缺一项扣 2 分，最高扣 10 分。 （4）锅炉停（备）用工况保养操作违反 DL/T 956—2017《火力发电厂停（备）用热力设备防锈蚀导则》规定的，每发现一处扣 2 分，最高扣 10 分。 （5）无维护记录扣 10 分；记录不全，每处扣 2 分，最高扣 10 分。 （6）无锅炉挡板管理措施扣 5 分。 （7）管道保温外壁温度与环境温度之差超过 25℃的，每一处扣 2 分，最高扣 10 分。 （8）烟气系统外表面温度超过 50℃或与环境温度之差超过 25℃的，每处扣 2 分，最高扣 10 分	（1）GB/T 8174—2008《设备及管道绝热效果的测试与评价》第 9.1 条； （2）DL/T 956—2017《火力发电厂停（备）用热力设备防锈蚀导则》； （3）Q/BJCE—218.17—13—2019《燃气发电企业日常维护管理规定》
2.3.2	技术管理	500			
2.3.2.1	技术档案归档情况	40	查阅技术档案归档情况，具体如下： （1）产品质量证明文件。 （2）主要零件理化检验报告。 （3）使用说明书，锅炉热力、阻力和强度计算书。 （4）管道的设计参数与工作参数。 （5）管道和阀门的材质和规格、质量、尺寸等。 （6）管道保温设计与保温的物理参数。 （7）管端的附加位移，管道对设备接口的推力与力矩。 （8）各管系最大应力点位置与应力值。 （9）支吊架的冷、热荷载及热位移汇总表等。	（1）未建立技术档案的，扣 25 分。 （2）技术档案内容不全的，每遗漏一项扣 5 分，最高扣 25 分。	（1）DL/T 939—2016《火力发电厂锅炉受热面监督检验技术导则》第 6.5 条； （2）TSG G0001—2012《锅炉安全技术监察规程》第 8.1.1 条；

序号	评价项目	标准分	查评方法及内容	评分标准	查评依据
2.3.2.1	技术档案归档情况	40	（10）简明的吊点分布单线立体图及管系尺寸分段图。 （11）全厂统一的支吊架编号、型号规格、热位移及荷载的支吊装置检查记录表。 （12）同一管系不同保温结构标志与尺寸图	（3）技术档案存在明显错误的，每项扣5分，最高扣25分	（3）DL/T 616—2006《火力发电厂汽水管道与支吊架维修调整导则》第5.3条； （4）DL/T 612—2017《电力行业锅炉压力容器安全监督规程》第4.5、4.6条
2.3.2.2	反措及事故预案	30	查阅锅炉设备反事故措施及事故预案、事故记录、事故分析报告等	发生事故（如：受热面爆管，汽包满水或严重缺水，承压部件失效，机组停运）后原因不明，或防止对策、措施不正确、不落实的，扣30分	Q/BEH－211.10－18—2019《防止电力生产事故的重点要求及实施导则》附录3、附录8、附录33
2.3.2.3	受热面	100	（1）检查受热面、承压部件的损坏、受热面吊板磨损、失效及缺陷处理情况记录。 （2）查阅受热面设备台账、外观检查记录等。 （3）查阅受热面割管检查情况、检修和更换记录、割管检测和状态评估报告等。	（1）无受热面外观检查记录的，扣10分。 （2）管子外表面（含焊缝）有宏观裂纹或明显鼓包，未及时更换的，扣10分。 （3）受热面光管段管壁有明显减薄且未测量剩余壁厚的，或剩余壁厚小于运行至下一个检修期强度计算所需最小壁厚的，扣10分。 （4）按照DL/T 939—2016《火力发电厂锅炉受热面监督检验技术导则》规定，锅炉运行5万h后，无受热面结垢、氧化层、管径、壁厚、力学性能、金相组织检查报告的，扣10分。 （5）受热面管材有下列情形之一，未及时更换的，扣10分： 1）水冷壁（蒸发器）、省煤器、低温段过热器、再热器和高温段过热器壁厚不满足GB/T 16507.4—2013《水管锅炉　第4部分：受压元件强度计算》计算或设计允许的最小厚度。 2）管子晶界氧化裂纹深度超过5个晶粒或晶界出现蠕变裂纹。 3）低合金耐热钢管金相组织老化达到DL/T 438—2016《火力发电厂金属技术监督规程》规定，未进行材质评定和寿命评估的。 （6）水冷壁管（蒸发器）内壁结垢量达到DL/T 794—2012《火力发电厂锅炉化学清洗导则》规定的范围，未及时进行化学清洗工作的，扣10分。 （7）锅炉运行5万h后，无异种钢接头无损检测报告的，或无损检测抽查比例低于10%的，扣10分。 （8）受热面管子更换后未对焊缝进行100%射线或超声波探伤的，扣10分。	（1）GB/T 16507.4—2013《水管锅炉　第4部分：受压元件强度计算》第9章； （2）DL/T 939—2016《火力发电厂锅炉受热面监督检验技术导则》第6.1.3、6.1.4、6.6.1、6.6.4、6.6.6条； （3）DL/T 438—2016《火力发电厂金属技术监督规程》第9.3.1、9.3.2、9.3.4、9.3.14、9.3.18、9.3.19、9.3.21条； （4）DL/T 1751—2017《燃气－蒸汽联合循环机组余热锅炉运行规程》第6.1条； （5）DL/T 794—2012《火力发电厂锅炉化学清洗导则》第3.5条； （6）DL/T 612—2017《电力行业锅炉压力容器安全监督规程》第6.5.1条；

序号	评价项目	标准分	查评方法及内容	评分标准	查评依据
2.3.2.3	受热面	100	（4）查阅受热面无损检测情况、无损检测记录等。 （5）检查受热面实际性能，查阅设备设计资料、运行数据，必要时可现场勘查	（9）受热面实际性能达不到设计值的，例如锅炉热效率、工质温升、工质阻力、工质温度偏差等，每一项扣5分，最高扣25分。 （10）受热面与钢箱梁、限位及止晃装置、支吊架等相配合的拉钩或焊件脱落后未及时补焊的，每处扣5分，最高扣15分。 （11）受热面管卡、夹持管、固定滑块、吊板等发生拉裂和引起管子相互碰撞及磨损，后未及时修复的，每处扣5分，最高扣15分。 （12）发生受热面爆管事故的，扣25分	（7）Q/BJCE-219.17-06-2019《燃气发电企业金属技术监督导则》； （8）锅炉厂设计资料
2.3.2.4	锅炉范围内管道及扩容器	90	查阅锅炉范围内管道及扩容器设备台账、检修记录、检修总结、检验报告等，必要时可现场勘察	（1）无管道外观检查记录的，扣10分。 （2）蒸汽管道存在任何部位裸露运行的，扣10分。 （3）主管道保温层外表面无焊缝位置标志的，每一处扣2分，最高扣10分。 （4）管道振动超过DL/T 292-2011《火力发电厂汽水管道振动控制导则》的规定，未采取有效措施治理的，扣10分。 （5）管道出现较大振幅的低频振（晃）动，未经计算就通过强制约束来限制振动的，扣25分。 （6）发生管道泄漏的，扣25分。 （7）发生疏水扩容器超压的，每次扣10分，导致疏水扩容器损坏的，扣25分	（1）GB/T 8174-2008《设备及管道绝热效果的测试与评价》第9.1条； （2）DL 647-2004《电站锅炉压力容器检验规程》第12.8条； （3）DL/T 292-2011《火力发电厂汽水管道振动控制导则》第6章
2.3.2.5	汽包（锅筒）和集箱	90	（1）查阅设备台账、检修记录、检修总结、检验报告等。 （2）查阅余热锅炉本体膨胀检查记录，现场检查管束变形和膨胀受阻情况。 （3）查阅汽包水位、壁温、压力测点状况，必要时可现场勘查	（1）汽包（锅筒）和集箱检修质量不符合DL/T 748.2-2016《火力发电厂锅炉机组检修导则 第2部分：锅炉本体检修》规定的，每处扣5分，最高扣20分。 （2）每年度未对低压汽包内部进行宏观检查的，无检查记录的，扣5分。 （3）机组启停未按规定进行余热锅炉膨胀检查和记录的，或频繁启停机组未定期开展膨胀检查和记录的，扣20分。 （4）膨胀指示器指示位置超出设计允许范围的，每出现一处扣5分，最高扣20分。 （5）汽包水位测量系统不符合DL/T 612-2017《电力行业锅炉压力容器安全监督规程》规定的，每项扣5分，最高扣20分。 （6）汽包壁温、压力测点不符合DL/T 612-2017《电力行业锅炉压力容器安全监督规程》规定的，每项扣5分，最高扣20分。 （7）发生汽包满水或严重缺水事故的扣20分	（1）DL/T 748.2-2016《火力发电厂锅炉机组检修导则 第2部分：锅炉本体检修》第4、5条； （2）DL/T 612-2017《电力行业锅炉压力容器安全监督规程》第6.12、10.2~10.4、13.3.2条； （3）DL/T 939-2016《火力发电厂锅炉受热面监督检验技术导则》第6.2条

续表

序号	评价项目	标准分	查评方法及内容	评分标准	查评依据
2.3.2.6	烟气系统	40	（1）查阅设备台账、维护记录、检修总结等，必要时现场勘察。 （2）检查烟气系统实际性能，查阅设备设计资料、运行数据，必要时可现场勘查。 （3）检查烟气系统事故，查阅设备台账、事故预案、分析报告等，必要时现场勘察。 （4）检查烟气系统检修质量，查阅设备台账、检修记录、检修总结等	（1）未建立设备检查记录的，扣10分；检查记录不全的，每处扣2分，最高扣10分。 （2）发生烟气泄漏的，每处扣5分，最高扣10分；需要立即停炉的，扣20分。 （3）烟气系统实际性能达不到设计值的，例如烟气阻力、进/出口烟温、烟温偏差等，每一项扣5分，最高扣25分。 （4）本体、烟囱发生大面积锈蚀的，扣20分；原因不明，或防止对策、措施不正确、不落实的，该项不得分。 （5）烟气系统检修质量不符合DL/T 748.2—2016《火力发电厂锅炉机组检修导则 第2部分：锅炉本体检修》和DL/T 748.5—2001《火力发电厂锅炉机组检修导则 第5部分：烟风系统检修》中相关检修规定的，每处扣5分，最高扣20分。 （6）炉墙出现较大振幅的低频振（晃）动，未经计算就通过强制约束来限制振动的，扣25分	（1）DL/T 748.2—2016《火力发电厂锅炉机组检修导则 第2部分：锅炉本体检修》第15.1、15.4条； （2）DL/T 292—2011《火力发电厂汽水管道振动控制导则》第6章； （3）Q/BEH-211.10-18—2019《防止电力生产事故的重点要求及实施导则》附录1、附录33； （4）DL/T 748.5—2001《火力发电厂锅炉机组检修导则 第5部分：烟风系统检修》； （5）锅炉厂设计资料
2.3.2.7	阀门及相关附件	70	（1）检查阀门及相关附件设备台账、检修记录、检修总结、无损检测记录/报告等。 （2）检查阀门和减温器实际性能，查阅设备设计资料，运行数据，必要时可现场勘查。 （3）查阅热紧螺栓记录或维护记录，必要时可现场勘察。	（1）运行时间每超过5万h，无对应的外观检查或无损检测记录的，扣15分。 （2）每次A级检修或B级检修，未对上次检修中发现异常的部件进行复检的，每处扣5分，最高扣15分。 （3）阀壳有明显减薄且未测量剩余壁厚的，或剩余壁厚小于运行至下一个检修期强度计算所需最小壁厚的，扣15分。 （4）阀门检修质量不符合DL/T 748.3—2001《火力发电厂锅炉机组检修导则 第3部分：阀门与汽水系统检修》规定的，每处扣5分，最高扣15分。 （5）设备实际性能达不到设计值的，例如安全阀总排汽量（DL/T 959—2014《电站锅炉安全阀技术规程》），减温器前后工质温差（DL/T 1849—2018《电站减温减压装置订货、验收导则》），调节阀调节特性（DL/T 1536—2016《电站调节阀选用导则》），截止阀、闸阀严密性	（1）DL/T 748.3—2001《火力发电厂锅炉机组检修导则 第3部分：阀门与汽水系统检修》第4.1～4.5、4.10条； （2）DL/T 959—2014《电站锅炉安全阀技术规程》第5.4条； （3）DL/T 1536—2016《电站调节阀选用导则》第7.1.4、7.3.1、8.1条； （4）DL/T 1849—2018《电站减温减压装置订货、验收导则》第5.6.1、5.5.2.1、5.5.2.3条； （5）DL/T 748.2—2016《火力发电厂锅炉机组检修导则 第2部分：锅炉本体检修》第11.1条； （6）DL/T 1698—2017《燃气-蒸汽联合循环机组余热锅炉启动试验规程》第11.6.2条； （7）DL/T 959—2014《电站锅炉安全阀技术规程》第8.2条；

序号	评价项目	标准分	查评方法及内容	评分标准	查评依据
2.3.2.7	阀门及相关附件	70	（4）检查相关记录并现场对锅炉事故放水阀、定期排污阀等重点阀门进行测温，检查是否存在重点阀门内漏未处理	（DL/T 531—2016《电站高温高压截止阀闸阀技术条件》）等，每项扣5分，最高扣10分。 （6）减温器检修内容不符合 DL/T 748.2—2016《火力发电厂锅炉机组检修导则 第2部分：锅炉本体检修》中相关规定的，或检查发现异常未及时更换的，每处扣5分，最高扣15分。 （7）阀门解体检修后，机组启动无热紧螺栓记录的，扣15分。 （8）热紧螺栓记录不全的，或阀门连接螺栓有松动或缺失的，每处扣5分，最高扣15分。 （9）存在阀门内漏且未进行处理的，每处扣5分。 （10）发生设备误动、拒动的，扣10分；导致机组停运的，扣20分	（8）DL/T 531—2016《电站高温高压截止阀闸阀技术条件》
2.3.2.8	管系和支吊架	40	查阅设计资料、设备台账、检修记录、定期分析报告、水压试验记录、支吊架维护记录、检修总结等，必要时可现场勘察内容包括： （1）管部零部件、承载结构与根部辅助钢结构是否有明显变形，主要受力焊缝是否有宏观裂纹。 （2）变力弹簧支吊架的荷载标尺指示或恒力弹簧支吊架的转体位置是否正常。 （3）支吊架活动部件是否卡死、损坏或异常；吊杆及连接配件是否损坏或异常。 （4）刚性支吊架结构状态是否损坏或异常。 （5）限位装置、固定支架等是否损坏或异常。 （6）减振器结构状态是否正常，阻尼器油系统与形成是否正常。	（1）主蒸汽管道和再热蒸汽管道支吊架每年至少开展一次冷、热态目视宏观检查，未进行的扣15分，支吊架检查数量或内容相比 DL/T 616—2006《火力发电厂汽水管道与支吊架维修调整导则》规定有遗漏的，每处扣5分，最高扣15分。 （2）支吊架弹簧、吊杆、滑动与导向装置的活动部分被包在保温层内的，每处扣5分，最高扣15分。 （3）支吊架有松脱、偏斜、卡死或损坏的，每处扣5分，最高扣15分。 （4）液压阻尼器有漏油、液位或工作行程异常，未及时处理的，每处扣5分，最高扣25分。 （5）机组或锅炉运行3万～4万h后，每次大修时未按 DL/T 616—2006《火力发电厂汽水管道与支吊架维修调整导则》规定开展四大管道等重要管道支吊架全面检查的，扣15分。 （6）检查支吊架数量或检查内容有遗漏的，每处扣5分，最高扣15分。 （7）发现损坏未及时修复或发现异常未采取措施消除的，每处扣5分，最高扣15分。	（1）DL/T 616—2006《火力发电厂汽水管道与支吊架维修调整导则》第3.1.10、3.5.3、3.7.4、3.7.5、4.1.7、4.1.10～4.1.13、4.4.3、4.5.6、4.5.7、5.3条；

序号	评价项目	标准分	查评方法及内容	评分标准	查评依据
2.3.2.8	管系和支吊架	40	（7）支吊架保护和解除保护情况。 （8）支吊架实际状态或性能与设计偏离的情况	（8）机组或锅炉运行 8 万 h 后，未开展支吊架全面检查的，扣 15 分。 （9）检查支吊架数量或检查内容有遗漏的，每处扣 5 分，最高扣 15 分。 （10）发现损坏未及时修复的，或发现异常未采取措施消除的，每处扣 5 分，最高扣 15 分。 （11）大修时维护的液压或机械阻力器数量少于总数的 50%的，或维护内容少于制造厂规定的，每处扣 5 分，最高扣 25 分；管道更换新保温材料容重与原材料相差 10%及以上时，未对支吊架进行全面检查和调整的，扣 10 分。 （12）蒸汽吹管、蒸汽管道水压试验前，未采取临时锁定弹性支吊架弹簧、临时加固、增设临时支吊架等保护措施，或采取保护措施前未经计算核准的，扣 10 分。 （13）蒸汽吹管、蒸汽管道水压试验后，未及时解除临时保护措施就点火启动的，扣 10 分。 （14）更换管道元件或大面积更换保温前，未采取临时锁定弹性支吊架弹簧、临时加固、增设临时支吊架等保护措施，扣 10 分。 （15）更换管道元件或大面积更换保温后，未及时解除临时保护措施就点火启动的，扣 10 分。 （16）管系与技术档案不符的，例如管系材料、规格、尺寸、安装位置，保温材料、结构等，每处扣 5 分，最高扣 15 分。 （17）支吊架与管道接触面损伤管道表面的，或水平管道支吊点定位与设计偏差超过 50mm 的，或垂直管道支吊点定位与设计偏差超过 100mm 的，或支吊点定位与设计偏差引起根部辅助钢结构或承载结构超设计规定的应力水平或偏心受载的，每处扣 5 分，最高扣 15 分。 （18）因管道出现水击、汽锤冲击等造成管道接口焊缝出现裂纹，固定支架的混凝土支墩损坏，与管道连接的设备出现明显变形或非正常位移时，未检查和评估受影响范围内支吊架状况的，检查和评估不全面的，每漏查一处扣 5 分，最高扣 15 分；导致设备损坏或机组停运的，扣 15 分	（2）DL/T 612—2017《电力行业锅炉压力容器安全监督规程》第 8.3.5 条； （3）制造厂设计资料

序号	评价项目	标准分	查评方法及内容	评分标准	查评依据
2.3.3	运行管理	200			
2.3.3.1	设备、逻辑传动管理	30	联锁保护传动，查阅保护传动记录	（1）无保护传动记录或锅炉启动前未定期开展汽包压力、水位保护联锁保护传动的，扣10分。 （2）设置有烟气（含烟囱）挡板，无烟气挡板传动记录的，扣10分；记录不全的，每处扣5分，最高扣10分。 （3）无阀门传动试验记录的，扣20分；记录不全的，每处扣5分，最高扣20分	DL/T 1751—2017《燃气－蒸汽联合循环机组余热锅炉运行规程》第5.1条
2.3.3.2	联锁保护定值及保护的投、退	40	查阅联锁保护定值清单和保护投、退记录	（1）无联锁保护定值清单，或无保护投、退记录的，扣10分。 （2）联锁保护定值设置不合理，或保护投、退未按保护管理制度或标准执行的，每处扣5分	DL/T 1751—2017《燃气－蒸汽联合循环机组余热锅炉运行规程》第4.2条
2.3.3.3	运行参数控制	60	（1）查阅运行规程及相关标准、机组启停机记录、投运时间、累计运行时间、启停次数，事故、超温、超压情况。 （2）检查出现异常情况是否按运行规程和有关反事故技术措施正确处理，并记录完整。 （3）查阅运行、维护记录或控制逻辑或报警记录查看重要压力、温度超标或异常有无分析报告	（1）无记录文件的，扣25分；记录不全的，每处扣5分，最高扣25分。 （2）低压省煤器进水温度不满足省煤器防腐要求的，或超过运行压力下的汽化温度的，每发生一次扣5分，最高扣25分。 （3）汽包上下壁温差超出正常运行限值的，每发生一次扣5分，最高扣30分。 （4）任一汽包水位超出水位报警限值的，每发生一次扣5分，最高扣30分。 （5）压力、温度或升降速率超过规程允许范围的，每次扣2分，最高扣10分。 （6）主要压力或温度超过规程允许范围无分析报告的，扣5分。 （7）导致设备损坏或机组停运的，扣20分	（1）DL/T 1751—2017《燃气－蒸汽联合循环机组余热锅炉运行规程》第6.1、8.4.1、8.4.2条； （2）DL/T 1698—2017《燃气－蒸汽联合循环机组余热锅炉启动试验规程》第13.1.1条
2.3.3.4	蒸汽管道疏水	30	查阅运行、维护记录或控制逻辑或报警记录	（1）锅炉启动初期或停运后期投入减温水的，或运行中由于减温水过量喷入导致蒸汽温度低于制造厂规定的下限值的，每发生一次扣5分，最高扣20分。 （2）蒸汽管道发生水击的，每发生一次扣5分，最高扣20分	DL/T 1751—2017《燃气－蒸汽联合循环机组余热锅炉运行规程》第5.4、7.3条

序号	评价项目	标准分	查评方法及内容	评分标准	查评依据
2.3.3.5	设备、管道、压力表标识牌	40	（1）检查管道、阀门标识、介质流向标志是否齐全。 （2）检查转动设备联轴器上是否加装牢固的红色保护罩，保护罩上应标注设备转向、并应与电动机转向一致，颜色为白色。 （3）检查压力表是否在刻度盘上划出明显标记，指示该测压点允许的最高工作压力	（1）管道、阀门标识及介质流向不符合要求，每项不符合规定扣 3 分，最高扣 15 分。 （2）转动机械标识不符合要求，每项不符合规定扣 3 分，最高扣 15 分。 （3）压力表没有划出明显标识，每项不符合规定扣 3 分，最高扣 10 分	（1）DL/T 1123—2009《火力发电企业生产安全设施配置》； （2）DL/T 612—2017《电力工业锅炉压力容器监察规程》第 10.2.2 条
2.3.4	检修管理	120			
2.3.4.1	检修项目、计划	20	主要检查各专业检修项目及计划执行情况： （1）检查检修计划是否合理，检修目标、进度、备件、材料、人工和费用安排是否合理。 （2）检修项目是否完善，是否有缺项、漏项。 （3）检查修前、修后试验项目，是否有缺项、漏项和不合格项。 （4）检查重大检修项目的专用工器具台账，是否在存在工器具应检未检项目	（1）检修计划不完善，检修目标、进度、材料、人工和费用安排不合理，每发现一处扣 2 分。 （2）检修项目不完善，存在缺项、漏项和不合格，每发现一处扣 2 分。 （3）修前、修后试验项目，存在缺项、漏项和不合格项，每发现一处扣 2 分。 （4）专用工器具存在工器具应检未检项目，每发现一处扣 2 分	Q/BJCE－218.17－45—2019《燃气发电企业检修管理规定》
2.3.4.2	检修质量管理	20	查看设备检修管理制度及标准作业文件： （1）实行标准化检修管理，编制检修作业文件包，对重大项目制定安全组织措施、技术措施及施工方案。 （2）严格工艺要求和质量标准，实行检修质量控制和监督三级验收制度，严格检修作业中停工待检点和见证点的检查签证	（1）未编制设备检修作业文件包，每项扣 2 分。 （2）检修作业文件包编制不完整或者内容粗糙，每项扣 2 分。 （3）对重大项目未制定安全组织措施、技术措施及施工方案，每项扣 5 分。 （4）质量控制未严格执行三级验收制度，每项扣 5 分；执行不到位和验收资料不完整，每项扣 2 分	（1）Q/BJCE－218.17－45—2019《燃气发电企业检修管理规定》； （2）Q/BJCE－218.17－40—2019《燃气发电企业检修作业文件管理规定》
2.3.4.3	检修记录	20	（1）对照设备检修修记录，查阅总结文本；查阅设备台账、安全阀台账等。 （2）检查设备大小修记录是否完整，有关技术资料是否齐全；安全阀等设备是否定期检验	（1）设备检修记录不完善，每项扣 2 分；重要节点未能需要提供原始记录，扣 5 分。 （2）锅炉安全阀未按照相关要求进行检验检查或解体检修，每项扣 5 分；锅炉压力容器安全阀整定值不符合要求或数据不全，每项扣 2 分，单项最高扣 10 分。 （3）作业人员和单位资质不符合 TSG ZF001《安全阀安全技术监察规程》的规定的，每处扣 5 分，最高扣 10 分	（1）DL/T 838—2017《燃煤火力发电企业设备检修导则》； （2）DL/T 959—2014《电站锅炉安全阀技术规程》第 8.4.1、8.4.7 条； （3）制造厂有关规定； （4）TSG ZF001《安全阀安全技术监察规程》

序号	评价项目	标准分	查评方法及内容	评分标准	查评依据
2.3.4.4	施工现场管理	20	（1）检查施工人员是否正确使用合格的劳保用品和工器具。 （2）检查施工现场的井、坑、沟及开凿的地面孔洞，是否设牢固围栏、照明及警示标志。 （3）检查施工现场是否落实易燃易爆危险物品和防火管理。 （4）检查现场作业是否履行工作票手续	（1）施工人员使用不合格的劳保用品和工器具，每项扣10分。 （2）施工现场无安全防护措施，不得分；安全措施不完善，每项扣5分。 （3）施工现场储存易燃易爆危险物品，不得分；施工现场有吸烟或有烟头，每例扣10分。 （4）现场施工未使用工作票，不得分；工作时工作负责人（监护人）不在现场，不得分	（1）Q/BJCE-218.17-24—2019《工作票管理规定》； （2）Q/BEIH-219.10-08—2013《ERP系统工作票、操作票管理实施细则》
2.3.4.5	检修后试验	20	（1）查阅A级检修前后的锅炉热效率试验报告。 （2）查阅水压试验记录和报告等	（1）未按规定开展检修后试验的，每缺一项扣10分。 （2）锅炉实际性能达不到设计值的，例如锅炉热效率、工质温升、工质阻力、工质温度偏差等，每一项扣5分，最高扣10分。 （3）对锅炉安全状况有怀疑或检修需要时，应进行水压试验，未进行的扣10分。 （4）水压试验不符合DL/T 612—2017《电力行业锅炉压力容器安全监督规程》规定的，每处扣5分，最高扣10分	DL/T 612—2017《电力行业锅炉压力容器安全监督规程》第14.4条
2.3.4.6	修后设备技术资料管理	20	（1）现场检查档案室对修后设备的技术资料归档情况。 （2）检查30天内的设备管理软件更新情况	（1）修后技术资料未及时归档，每项扣2分。 （2）未在规定时间内完成设备更新录入，每项扣2分	Q/BJCE-218.17-45—2019《燃气发电企业检修管理规定》
2.3.5	特种设备管理	30			
2.3.5.1	技术监督制度	30	（1）检查是否建立了本单位的特种设备管理制度。 （2）技术管理专责人明确，按京能清洁能源公司特种设备管理制度有关规定开展工作	（1）无本单位制度不得分；制度内容不全或有明显错误的，每项扣5分。 （2）每缺一级责任制扣5分，每一级责任制不落实扣5分	Q/BJCE-219.17-08—2019《燃气发电企业压力容器及承压部件管理规定》

2.4　电气一次设备

序号	评价项目	标准分	查评方法及内容	评分标准	查评依据
2.4	电气一次设备	**1850**			
2.4.1	发电机	370			
2.4.1.1	发电机日常维护管理	100			
2.4.1.1.1	发电机设备台账记录	5	现场检查设备责任标志及检查设备分工台账： （1）是否建立设备台账。 （2）台账记录是否准确。 （3）新增设备台账责任人是否录入并已更新	（1）未建立设备台账，不得分。 （2）设备台账记录不准确，每处扣2分。 （3）新增设备验收后未在规定的时间内完成设备异动后设备分工和相关资料的录入，每缺少一处，扣2分	电监安全〔2011〕23号《发电企业安全生产标准化规范及达标评级标准》第5.6.1.2条
2.4.1.1.2	发电机转子绝缘	10	查阅检修和运行规程、检修和缺陷记录等： （1）发电机转子是否存在接地或严重匝间短路。 （2）如有缺陷是否有处理方案	（1）发电机转子存在接地或严重匝间短路，不得分。 （2）若对它们的处理未作处理方案，扣5分	（1）DL/T 1164—2012《汽轮发电机运行导则》第5.4.8条； （2）Q/BEH-211.10-18—2019《防止电力生产事故的重点要求及实施导则》第16.1.4、16.2.11条
2.4.1.1.3	氢冷发电机氢气系统	10	（1）查阅试验和测试记录及现场检查等。 （2）用氢安全措施和是否安装漏氢监测报警装置以及漏氢监测系统是否正常，确认氢气纯度在线监测与手工巡检对比的一致性；发电机气密试验是否合格	（1）若氢气在线监测不完善，扣5分。 （2）气密性试验不合格投运的，不得分。 （3）未定期进行漏氢检测探头校验，不得分。 （4）未定期用离线方法与氢气纯度在线监测进行比对，扣5分	（1）DL/T 1164—2012《汽轮发电机运行导则》第8.6、8.7条； （2）DL/T 607—2017《汽轮发电机漏水、漏氢的检验》第4条； （3）Q/BEH-211.10-18—2019《防止电力生产事故的重点要求及实施导则》第16.1.5、16.2.5、16.2.2.9条
2.4.1.1.4	氢气湿度仪表	10	（1）查阅发电机运行记录。 （2）查阅氢气湿度的仪表是否定期校验，氢气湿度是否已按露点温度标示，是否定期用离线方法核对在线氢湿表的测定值	（1）氢气湿度的仪表未定期校验，不得分。 （2）氢气湿度未按露点温度标示，扣5分。 （3）未定期用离线方法核对在线氢湿表的测定值，不得分	DL/T 651—2017《氢冷发电机氢气湿度技术要求》第6.1C）、7.2.2条
2.4.1.1.5	发电机轴密封	10	查阅运行记录、检修记录和专用记录，结合现场检查： （1）是否存有密封油向发电机内泄漏的问题。 （2）密封油平衡阀、压差阀是否调整灵活、可靠	（1）存在向发电机内大量漏油，不得分；存在一般漏油缺陷，扣5分。 （2）检查密封油平衡阀、压差阀的调整记录，如存在调整不灵活和不可靠运行的，扣5分；氢油差压、平衡油压存在问题，不得分	（1）DL/T 1164—2012《汽轮发电机运行导则》第8.2条； （2）Q/BEH-211.10-18—2019《防止电力生产事故的重点要求及实施导则》第16.2.2.11、16.2.5.2条

序号	评价项目	标准分	查评方法及内容	评分标准	查评依据
2.4.1.1.6	发电机封闭母线外壳接地	5	查阅试验和缺陷记录,检查封闭母线接地引线的接地导通试验报告,发电机封闭母线外壳接地是否良好	封闭母线接地引线导通电阻不合格,不得分	(1) DL/T 1164—2012《汽轮发电机运行导则》第3.6条; (2) DL/T 1769—2017《发电机封闭母线运行与维护导则》第6.2.3(c)、6.2.4条
2.4.1.1.7	封闭母线及外壳、发电机出口电流互感器运行温度	5	查阅运行、试验和缺陷记录,检查红外测温记录发电机封闭母线及外壳、发电机出口电流互感器有无过热等问题	(1) 发电机封闭母线及外壳、发电机出口电流互感器有过热问题,扣5分。 (2) 应进行红外测温的部位未测全,每少一处扣1分	(1) DL/T 664—2016《带电设备红外诊断应用规范》附录E; (2) DL/T 1769—2017《发电机封闭母线运行与维护导则》第6.2.2(a)、7.2.2条
2.4.1.1.8	发电机主要监测仪表	10	查阅运行记录、缺陷记录和现场检查等,除常规电气、化学等仪器仪表外,还应检查绝缘监测和振动监测是否齐全,其指示值及对应关系是否正常	未投或指示失常(含对应关系不正常),每块仪表扣2分,记录仪表每块扣3分(含只投指示部分),带超限报警仪表每块扣4分(含报警未投)	DL/T 1164—2012《汽轮发电机运行导则》第3.2条
2.4.1.1.9	封闭母线密封	10	查阅检查发电机定期工作记录和现场检查等: (1) 现场检查发电机微正压监测装置是否正常运行;检查封闭母线是否定期进行保压试验。 (2) 微正压系统是否有完善的排水设施;微正压系统是否定期排水。 (3) 是否定期检测气体湿度	(1) 发电机封闭母线微正压装置存在缺陷退出运行,或封闭母线及附属设备打开检修后未进行保压试验,运行中保压时间不合格,微正压系统上、下限压力值不符合规程要求,扣5分。 (2) 微正压系统排水设施不完善或未定期排水,扣3分。 (3) 微正压系统未定期检测气体湿度,扣2分	(1) DL/T 1769—2017《发电机封闭母线运行与维护导则》第6.2.3条; (2) Q/BEH—211.10—18—2019《防止电力生产事故的重点要求及实施导则》第16.1.15.1、16.1.15.3条
2.4.1.1.10	定、转子运行温度	10	查阅检修、缺陷记录和现场查询等: (1) 重点检查发电机各测点温度是否有异常,定、转子有无局部过热。 (2) 检查测温元件是否准确	(1) 若有局部过热或其他危及安全的缺陷,不得分。 (2) 测温元件不准确,扣5分	(1) GB/T 7064—2017《隐极同步电机技术要求》第7.4.3条; (2) Q/BEH—211.10—18—2019《防止电力生产事故的重点要求及实施导则》第16.1.8、16.1.3.1.7条
2.4.1.1.11	发电机红外测温	5	检查红外测温记录: (1) 是否定期用红外成像设备检测滑环及碳刷温度。 (2) 是否根据检测结果及时调整电刷,保证接触良好	(1) 未定期用红外成像设备检测滑环及碳刷温度,不得分。 (2) 测量位置不对或不符合规程要求,不得分。 (3) 未及时调整电刷,存在碳刷打火情况,扣2分	(1) Q/BEH—211.10—18—2019《防止电力生产事故的重点要求及实施导则》第16.1.13.6条; (2) DL/T 1524—2016《发电机红外测温方法和评定导则》第5.1条

序号	评价项目	标准分	查评方法及内容	评分标准	查评依据
2.4.1.1.12	缺陷及隐患	10	查阅缺陷记录和现场查询等,是否存在影响安全运行的其他隐患	(1) 存在一般隐患,扣 5 分。 (2) 存在重大隐患,不得分	(1) Q/BJCE-218.17-32—2019《燃气发电企业运行管理规定》; (2) Q/BJCE-218.17-14—2019《燃气发电企业设备缺陷管理规定》
2.4.1.2	发电机技术管理	70			
2.4.1.2.1	发电机设备技术档案	10	查阅有关设备的技术档案(产品技术文件、图纸、安装调试报告、试验报告、设备台账、异动报告、检修作业指导书等)是否齐全、及时归档,内容是否完整、正确	(1) 产品技术文件、图纸、安装调试报告、出厂及大修试验报告、异动报告、检修作业指导书未在规定时间内归档的,每份扣 5 分。 (2) 其他试验报告、设备台账、异动报告(部门保存)缺失或内容不完整的,每份扣 3 分	(1) DL/T 1054—2007《高压电气设备绝缘技术监督规程》第 8.1 条; (2) Q/BJCE-219.17-24—2019《电气绝缘技术监督导则》第 5.3.8 条
2.4.1.2.2	防止发电机非全相运行和非同期并网事故反措	10	查阅运行规程并现场检查和询问运行人员等,防止发电机非全相运行和非同期并网事故的反措是否已经落实	(1) 未制定防止发电机非全相运行和非同期并网的事故措施的,不得分。 (2) 制定的防止发电机非全相运行和非同期并网的事故措施不完善,扣 5 分	Q/BEH-211.10-18—2019《防止电力生产事故的重点要求及实施导则》第 16.2.6 条
2.4.1.2.3	发电机消防设施	10	查阅图纸和有关记录并现场查证等: (1) 发电机是否有可靠的灭火配置。 (2) 消防水、气的压力是否有保证。 (3) 消防管喷射孔的方向是否正确	(1) 空冷发电机机外没有配置消防设施或者不完善,不得分;发电机平台外部配置消防设备不满足数量要求,每项扣 2 分。 (2) 空冷发电机 A 修未检查消防管的喷射方向的,扣 5 分。 (3) 氢冷发电机二氧化碳母管上未接入足量二氧化碳瓶,扣 5 分	(1) DL 5027—2015《电力设备典型消防规程》第 6.2.5、10.1.2 条; (2) DL/T 1164—2012《汽轮发电机运行导则》第 3.1.8 条
2.4.1.2.4	发电机非正常和特殊运行的措施	10	查阅运行规程、反事故措施及发电机应急预案、试验报告等: (1) 发电机非正常和特殊运行的措施是否完善。 (2) 是否进行过进相试验,进相试验应符合电网公司的要求	(1) 没有发电机非正常和特殊运行的措施,扣 5 分;措施不完善,扣 3 分。 (2) 没有进行过进相试验或试验不符合要求(如用启动备用变压器代替高压厂用变压器),扣 5 分	(1) DL/T 970—2005《大型汽轮发电机非正常和特殊运行及维护导则》第 4 章; (2) DL/T 1164—2012《汽轮发电机运行导则》第 4.3.4 条; (3) Q/BEH-211.10-18—2019《防止电力生产事故的重点要求及实施导则》第 16.2.13.1 条
2.4.1.2.5	防止励磁系统故障引起发电机损坏事故措施	10	查阅运行规程并现场检查和询问运行人员等,防止励磁系统故障引起发电机损坏事故的措施是否已经落实	(1) 运行规程中无防止励磁系统故障措施的,不得分;防止励磁系统故障引起发电机损坏事故措施不完善,扣 5 分。 (2) 无本厂的具体措施或者未落实,不得分	Q/BEH-211.10-18—2019《防止电力生产事故的重点要求及实施导则》第 16.2.13 条

序号	评价项目	标准分	查评方法及内容	评分标准	查评依据
2.4.1.2.6	防止发电机漏水事故措施	10	查阅检修规程、运行规程，检修、缺陷记录和现场检查等，重点检查内冷水系统及氢冷却器漏氢监测情况	（1）无本厂的具体措施或者未落实，不得分。 （2）若执行不到位或运行中有异常现象，扣5分	Q/BEH－211.10－18—2019《防止电力生产事故的重点要求及实施导则》第16.1.3.2条
2.4.1.2.7	机组调峰运行技术措施	5	查阅运行规程、运行记录，若机组参与调峰运行，是否采取了必要的技术措施	（1）调峰发电机无调峰运行的技术措施，不得分。 （2）机组调峰运行技术措施不完善，扣2分	DL/T 1164—2012《汽轮发电机运行导则》第4.4、5.1.3 d）条
2.4.1.2.8	空冷发电机冷风室设施	5	现场查看冷风室设施是否符合DL/T 1164—2012《汽轮发电机运行导则》第9.1.1条的要求	空冷发电机冷风室设施不符合规程要求，不得分	DL/T 1164—2012《汽轮发电机运行导则》第9.1.1条
2.4.1.3	发电机运行管理	80			
2.4.1.3.1	发电机运行技术标准、资料	10	查阅有关企业运行技术标准资料；运行规程、系统图册有效、完善、齐全	（1）运行规程、系统图册不全，不得分。 （2）内容不全、存在严重错误，每处扣2分	电监安全〔2011〕23号《发电企业安全生产标准化规范及达标评级标准》第5.6.1.2条
2.4.1.3.2	发电机的绕组、铁芯、集电环和不与绕组接触的其他部件、冷却气体和内冷却水出水等的运行温度	10	查阅运行表单、缺陷记录并现场检查等，重点检查温度监测实时显示及历史趋势，测温元件显示异常，是否超过允许值，特别是检查定子线棒层间和出水温差的变化趋势	（1）若无同类温度互差比较和历史趋势分析，扣5分。 （2）测温元件显示异常，扣2分。 （3）存在超过允许值，不得分。 （4）发电机冷氢温度高于内冷水温，扣5分	（1）DL/T 1164—2012《汽轮发电机运行导则》第7.3.8条、附录C； （2）Q/BEH－211.10－18—2019《防止电力生产事故的重点要求及实施导则》第16.1.3.1.7、16.1.13.6条
2.4.1.3.3	发电机局部放电、超温报警、转子匝间短路等在线监测装置	5	现场检查：已安装的发电机局部放电、超温报警、转子匝间短路在线监测装置是否正常	发电机局部放电、超温报警、转子匝间短路在线监测装置不正常，不得分	（1）DL/T 1164—2012《汽轮发电机运行导则》第5.4.8条； （2）Q/BEH－211.10－18—2019《防止电力生产事故的重点要求及实施导则》第16.1.4、16.1.8.1、16.2.2.9条
2.4.1.3.4	氢冷发电机氢压、氢纯度	10	查阅运行、缺陷记录等，氢冷发电机是否存在低氢压运行、氢纯度不合格（氢气纯度频繁下降）的问题，漏氢量是否合格	（1）若存在低氢压运行、漏氢超标或氢纯度频繁下降，不得分。 （2）靠频繁充、排氢维持氢纯度，不得分。 （3）离线方法与在线值氢纯度互差1%以上，扣5分。 （4）没定期测发电机氢气系统含氧量，不得分。 （5）发电机氢气系统含氧量不合格，扣5分	（1）DL/T 1164—2012《汽轮发电机运行导则》第8.6、8.7条； （2）DL/T 607—2017《汽轮发电机漏水、漏氢的检验》第4章； （3）Q/BEH－211.10－18—2019《防止电力生产事故的重点要求及实施导则》第16.1.5、16.2.2.10条

序号	评价项目	标准分	查评方法及内容	评分标准	查评依据
2.4.1.3.5	氢冷发电机内氢气湿度、供氢湿度、氢气干燥器	10	查阅发电机运行记录、现场检查氢气干燥器运行状况氢冷发电机内氢气湿度和供氢湿度是否符合要求；氢气干燥器运行状况是否良好	（1）发电机氢气湿度经常达不到要求或严重超限的，不得分。 （2）供氢湿度不符合要求，扣5分。 （3）氢气干燥器运行异常，扣5分	（1）DL/T 651—2017《氢冷发电机氢气湿度的技术要求》第5条、附录C； （2）Q/BEH–211.10–18—2019《防止电力生产事故的重点要求及实施导则》第16.2.2.7、16.2.2.8条
2.4.1.3.6	水冷发电机内冷却水水质	10	查阅运行表单、定期测定记录等，检查水冷发电机内冷却水的水质（pH值、电导率、含铜量、溶氧量等）、压力、流量等是否稳定控制在合格范围以内，重点检查内冷水系统从发电机出水侧取样的含铜量不应大于20μg/L	（1）查阅运行表单、定期测定记录及现场检查发现经常不符合要求的，不得分。 （2）内冷水系统从发电机出水侧取样的含铜量大于20μg/L的，扣5分。 （3）现场在线指示与化验记录不一致的，每项扣5分	（1）GB/T 7064—2017《隐极同步电机技术要求》第6.2.4条； （2）DL/T 801—2010《大型发电机内冷却水质及系统技术要求》第3.1条； （3）DL/T 1164—2012《汽轮发电机运行导则》第7.2.3、7.2.4条； （4）DL/T 1039—2016《发电机内冷水处理导则》第4.1～4.3条
2.4.1.3.7	密封油	10	查阅运行规程、运行记录：检查密封油油质（含水量小于50mg/L）和差压阀工作压力（双流环0.08，单流环0.05MPa）	（1）密封油油质不合格，扣5分。 （2）差压阀工作压力不合格，扣5分	DL/T 1164—2012《汽轮发电机运行导则》第8.4.3、8.4.4条
2.4.1.3.8	发电机氢、油、二氧化碳、压缩空气和内冷水管路着色、介质流向标示	5	现场检查，是否对发电机氢、油、二氧化碳、压缩空气和内冷水管路按DL/T 1164—2012《汽轮发电机运行导则》第3.1.5条的要求着色、做好介质流向标示，并且把发电机定子水路反冲洗门关闭严密并上锁	（1）氢、油、二氧化碳、压缩空气和内冷水管路有一种着色不对或未着色，扣5分。 （2）有一种管路未标介质流向，扣5分。 （3）定子水路反冲洗门没关闭严密或没上锁，不得分	DL/T 1164—2012《汽轮发电机运行导则》第3.1.5条
2.4.1.3.9	发电机定期运行分析	10	查阅运行分析报告等，是否定期进行运行分析	（1）未定期进行分析的，不得分。 （2）分析内容不全、不完善的，扣5分	DL/T 1164—2012《汽轮发电机运行导则》第7.4.3条
2.4.1.4	发电机检修管理	120			
2.4.1.4.1	发电机设备检修规程	10	查阅检修规程是否正确、有效、完善、齐全	（1）无检修规程，不得分。 （2）与本厂设备实际不符，每处扣1分。 （3）检修规程工艺措施不对，每错一处扣1分	电监安全〔2011〕23号《发电企业安全生产标准化规范及达标评级标准》第5.6.1.2条

序号	评价项目	标准分	查评方法及内容	评分标准	查评依据
2.4.1.4.2	定子端部绕组（包括引线）及结构件	15	查阅检修、缺陷记录和现场查询等： （1）定子端部绕组（包括引线）及结构件的固定是否良好，有无松动、磨损、变形、螺栓断裂等问题。 （2）检查模态试验报告，200MW 及以上的大型汽轮发电机大修时，定子端部是否按规程进行振型模态试验。 （3）整体模态和引线固有频率按照 GB/T 20140—2016《隐极同步发电机定子绕组端部动态特性的测量及评定》的标准判断是否合格。 （4）定子端部模态试验不合格是否采取了防范措施	（1）若有固定不良、磨损或变形等问题，扣 5 分。 （2）未按 GB/T 20140—2016《隐极同步发电机定子绕组端部动态特性的测量及评定》进行模态试验，扣 10 分。 （3）定子端部模态、固有振动频率试验不合格，没采取防范措施，不得分	（1）GB/T 20140—2016《隐极同步发电机定子绕组端部动态特性的测量及评定》； （2）DL/T 735—2000《大型汽轮发电机定子绕组端部动态特性的测量及评定》； （3）Q/BEH-211.10-18—2019《防止电力生产事故的重点要求及实施导则》第 16.1.1、16.2.1 条
2.4.1.4.3	定子绕组的鼻部绝缘和手包绝缘	10	查阅检修、试验和缺陷记录，现场查询等： （1）定子绕组的鼻部绝缘和手包绝缘是否可靠。 （2）水内冷发电机定子绕组的鼻部绝缘和手包绝缘是否都进行了表面电位（或端部泄漏电流）测量。 （3）定子绕组的鼻部绝缘和手包绝缘表面电位（或端部泄漏电流）不合格的是否进行了处理并合格	（1）定子绕组的鼻部绝缘和手包绝缘有松散不实的，扣 5 分。 （2）未按规定规程要求对定子绕组端部进行手包绝缘试验的，不得分。 （3）定子绕组的鼻部绝缘和手包绝缘没做全，扣 5 分。 （4）定子绕组的鼻部绝缘和手包绝缘表面电位（或端部泄漏电流）不合格的没进行处理或仍有不合格的，扣 5 分	（1）GB 50150—2016《电气装置安装工程 电气设备交接试验标准》第 4.0.23 条； （2）DL/T 1768—2017《旋转电机预防性试验规程》表 1 第 19 项； （3）DL/T 1612—2016《发电机定子绕组手包绝缘施加直流电压测量方法及评定导则》； （4）Q/BEH-211.10-18—2019《防止电力生产事故的重点要求及实施导则》第 16.1.2 条
2.4.1.4.4	定子槽楔	10	查阅检修、缺陷、试验记录和现场查询等，定子槽楔是否存在松动现象，有无可靠的防松动措施	若紧固不好，无可靠的防松动措施，不得分	Q/BEH-211.10-18—2019《防止电力生产事故的重点要求及实施导则》第 16.2.2.7 条
2.4.1.4.5	定子铁芯	10	查阅检修、缺陷、试验记录和现场查询： （1）定子铁芯是否存在局部松动、铁芯片短缺、外表附着黑色油污等异常现象。 （2）发电机铁芯修理后，是否按要求做定子铁芯铁损试验	（1）若有松动、过热或断裂时，不得分。 （2）发电机铁芯修理后，未按要求做定子铁芯铁损试验的，不得分	Q/BEH-211.10-18—2019《防止电力生产事故的重点要求及实施导则》第 16.1.14 条
2.4.1.4.6	交接或预防性试验	10	查阅试验报告、缺陷记录等；是否存在交接或预防性试验漏项、降标或缺陷未能及时处理的问题，重点检查交、直流耐压和绝缘电阻及绕组直阻测量等试验项目	（1）试验不符合标准要求的，每项扣 2 分。 （2）若有漏项、降标或缺陷未处理问题，不得分。 （3）试验报告引用规程错误，扣 5 分	（1）GB 50150—2016《电气装置安装工程 电气设备交接试验标准》第 4 条； （2）DL/T 1768—2017《旋转电机预防性试验规程》表 1

序号	评价项目	标准分	查评方法及内容	评分标准	查评依据
2.4.1.4.7	防止内冷水路堵塞措施	10	（1）查阅检修规程、运行规程，检修、缺陷记录和现场检查等。 （2）防止内冷水路堵塞的反措是否健全和落实，重点检查反冲洗装置及滤网等，查阅发电机定子内冷水系统定期反冲洗记录	（1）检修规程中无防止发电机内冷水中堵塞的检修内容，不得分。 （2）无本厂的具体防止发电机内冷水堵塞的措施或者未落实，不得分。 （3）未定期对发电机进行反冲洗试验的，不得分。 （4）发电机运行中存在内冷水缺陷的未及时处理，不得分	Q/BEH-211.10-18—2019《防止电力生产事故的重点要求及实施导则》第16.1.3.1条
2.4.1.4.8	定子绕组和引线水流量试验	10	（1）查阅水流量试验报告。 （2）机组每次A级检修时，是否按规程要求进行定子绕组和引线水流量试验；关注水流量和压力测量记录及线棒和出水测温情况，重点检查定子绕组进出水温度	（1）定子绕组和引线水流量试验不符合规程要求，不得分。 （2）数据不符合规程要求，不得分	DL/T 1522—2016《发电机定子绕组内冷水系统水流量超声波测量方法及评定导则》
2.4.1.4.9	发电机水压试验	5	检查交接和检修水压试验报告；发电机交接和检修是否认真执行 DL/T 607—2017《汽轮发电机漏水、漏氢的检验》	水压试验不合格或降标，不得分	DL/T 607—2017《汽轮发电机漏水、漏氢的检验》第3.2条
2.4.1.4.10	防止异物进入发电机内措施	10	查阅检修规程、记录，现场检查等，检查防止异物进入发电机内的措施是否健全和落实，重点检查发电机检修现场安全措施规定和实施情况	（1）无本厂的具体措施或者未落实，不得分。 （2）若执行不到位或运行中有异常现象，扣5分	Q/BEH-211.10-18—2019《防止电力生产事故的重点要求及实施导则》第16.1.9条
2.4.1.4.11	定子线棒表面防晕层	10	（1）查阅检修、缺陷记录和现场查询等，检查发电机整机起晕试验报告。 （2）检查定子线棒表面防晕层是否存在严重缺陷，整机起晕电压是否符合规程或厂家规定或设备厂家要求	（1）发电机定子线棒表面或定子端部存在较为严重防晕层缺陷未处理或整机起晕电压不合格，不得分。 （2）A修未按DL/T 298—2011《发电机定子绕组端部电晕检测与评定导则》进行起晕电压试验，不得分。 （3）高海拔进行起晕电压试验没修正试验电压，扣5分。 （4）没定期测量测温元件对地电位，扣5分	（1）DL/T 298—2011《发电机定子绕组端部电晕检测与评定导则》； （2）Q/BEH-211.10-18—2019《防止电力生产事故的重点要求及实施导则》第6.2.2.6条
2.4.1.4.12	转子通风孔通风试验	10	查阅试验报告： （1）氢内冷转子A级检修时，是否按规程要求进行转子通风孔通风试验。 （2）试验结果是否符合规程要求。 （3）试验报告是否规范（使用判定标准正确、报告有风区示意图、风速进行换算、试验方法及仪器符合规程要求、试验结论明确）	（1）氢内冷转子A级检修时，未按相应标准进行转子通风孔通风试验，不得分。 （2）通风孔通风数据有低于标准的，扣5分。 （3）试验报告无转子风区图扣3分，试验数据没按规程要求整理扣5分	JB/T 6229—2014《隐极同步发电机转子气体内冷通风道检验方法及限值》

序号	评价项目	标准分	查评方法及内容	评分标准	查评依据
2.4.2	高压电动机及高压变频器	110			
2.4.2.1	高压电动机和高压变频器日常维护管理	25			
2.4.2.1.1	设备台账	5	（1）现场检查设备责任标志及检查设备分工台账。 （2）设备台账记录是否准确，新增设备验收后在规定的时间内完成设备异动后设备分工和相关资料的录入、更新工作	（1）未建立设备台账，不得分。 （2）设备台账记录不准确，每处扣2分。 （3）新增设备验收后未在规定的时间内完成设备异动后设备分工和相关资料的录入，每缺少一处扣2分	电监安全〔2011〕23号《发电企业安全生产标准化规范及达标评级标准》第5.6.1.2条
2.4.2.1.2	定期巡检和维护	10	（1）查阅巡检和维护记录。 （2）高压电动机及高压变频器是否按规定定期进行巡检和维护	（1）巡检和维护周期不符合要求，不得分。 （2）未按设备要求补充油脂，扣2分	电监安全〔2011〕23号《发电企业安全生产标准化规范及达标评级标准》第5.6.1.3条
2.4.2.1.3	运行缺陷	10	（1）查阅缺陷记录和现场查询等。 （2）发现缺陷是否及时记录。 （3）重大缺陷是否制定整改方案。 （4）缺陷是否按要求及时消除	（1）发现缺陷未及时记录，扣5分。 （2）重大缺陷未制定整改方案，不得分。 （3）缺陷未按要求及时消除，扣5分	（1）国家安监总局令第16号《安全生产事故隐患排查治理暂行规定》； （2）Q/BJCE-218.17-14-2019《燃气发电企业设备缺陷管理规定》
2.4.2.2	高压电动机和高压变频器技术管理	10			
2.4.2.2.1	高压电动机及高压变频器技术档案	10	查阅有关设备的技术档案（产品技术文件、图纸、安装调试报告、试验报告、设备台账、异动报告等）是否齐全、及时归档，内容是否完整、正确	（1）产品技术文件、图纸、安装调试报告、出厂及大修试验报告、异动报告未在规定时间内归档的，每份扣5分。 （2）其他试验报告、设备台账、异动报告（部门保存）缺失或内容不完整的，每份扣3分	（1）DL/T 1054-2007《高压电气设备绝缘技术监督规程》第8.1条； （2）Q/BJCE-219.17-24-2019《电气绝缘技术监督导则》第5.3.8条； （3）电监安全〔2011〕23号《发电企业安全生产标准化规范及达标评级标准》第5.6.1.2条
2.4.2.3	高压电动机和高压变频器运行管理	40			
2.4.2.3.1	高压电动机及高压变频器运行技术标准	10	查阅有关企业运行技术标准资料： （1）运行规程有效、完善、齐全。 （2）高压电动机运行规定内容符合标准要求	（1）运行规程不全，不得分。 （2）内容不全、存在严重错误，每处扣2分	GB/T 13957-2008《大型三相异步电动机基本系列技术条件》

续表

序号	评价项目	标准分	查评方法及内容	评分标准	查评依据
2.4.2.3.2	高压电动机运行工况	15	查阅运行记录、缺陷记录和现场查询等： （1）高压电动机运行工况（电压、出力、温度、振动、起动和防护等级等）是否符合要求。 （2）运行监视或巡检记录完善	（1）存在高压电动机运行工况（电压、出力、温度、振动、起动和防护等）不符合要求，每处扣5分。 （2）运行监视及巡视检查记录或内容不全，每项扣5分	GB/T 13957—2008《大型三相异步电动机基本系列技术条件》第4.1条
2.4.2.3.3	鼠笼电动机启动次数和间隔时间	5	（1）检查运行记录和启停次数记录。 （2）鼠笼电动机是否认真执行启动次数和间隔时间的规定	（1）若有超规定启动次数，每台次扣2分。 （2）无启动记录的，不得分。 （3）启动间隔时间不符合规定，每台扣2分。 （4）运行规程无高压鼠笼电动机启动次数和间隔时间规定，不得分	GB/T 21210—2016《单速三相笼型感应电动机起动性能》第6.3、9.3条
2.4.2.3.4	变频装置运行情况	10	查阅缺陷记录和现场查询等： （1）静态变频启动装置运行中是否出现过流、过压跳闸和其他故障情况。 （2）高压变频装置是否存在影响机组安全运行的缺陷	（1）静态变频启动装置故障导致机组36h内不能启动者，不得分；每发生一次影响机组正常启动事故，扣5分。 （2）其他高压变频器每发生一次故障停机，扣5分；每发生一次因高压变频器故障导致机组降出力者，扣2分	DL/T 994—2006《火电厂风机水泵用高压变频器》第6、7章
2.4.2.4	高压电动机和高压变频器检修管理	35			
2.4.2.4.1	高压电动机定子绕组缺陷	15	（1）查阅检修、缺陷记录和现场查询等。 （2）高压电动机是否存在定子绕组在槽内松动、端部绑扎不紧、鼻部固定不良以及引线固定不牢等紧固不良问题	若有固定不良、磨损或变形问题，不得分	
2.4.2.4.2	高压电动机转子缺陷	10	（1）查阅检修、缺陷记录和现场查询等。 （2）高压电动机是否存在转子笼条断裂和开焊的问题	若有严重断裂和开焊问题，每台扣5分	
2.4.2.4.3	100kW 以上电动机交接、预防性试验	10	（1）查阅试验报告、缺陷记录等。 （2）是否存在交接或预防性试验漏项、降标或缺陷未能及时处理的问题，重点检查交、直流耐压和绝缘电阻及绕组直阻测量等试验项目	（1）试验不规范的，每项扣2分。 （2）若有漏项、降标或缺陷未处理问题，不得分	（1）GB 50150—2016《电气装置安装工程 电气设备交接试验标准》第4章； （2）DL/T 1768—2017《旋转电机预防性试验规程》表1

序号	评价项目	标准分	查评方法及内容	评分标准	查评依据
2.4.3	变压器	270			
2.4.3.1	变压器日常维护管理	70			
2.4.3.1.1	变压器设备台账及更新	5	现场检查设备责任标志及检查设备分工台账： （1）变压器设备台账记录是否准确。 （2）新增设备验收后在规定的时间内完成设备异动后设备分工和相关资料的录入、更新工作	（1）未建立设备台账，不得分；设备台账记录不准确，每一处扣2分。 （2）新增设备验收后未在规定的时间内完成设备异动后设备分工和相关资料的录入，每缺少一处扣2分	电监安全〔2011〕23号《发电企业安全生产标准化规范及达标评级标准》第5.6.1.2条
2.4.3.1.2	变压器设备缺陷	5	（1）检查设备缺陷记录。 （2）检查变压器是否存在缺陷	（1）存在一般缺陷，扣2分。 （2）存在重要缺陷，不得分	Q/BJCE－218.17－14—2019《燃气发电企业设备缺陷管理规定》
2.4.3.1.3	变压器红外成像测温	10	检查红外测温记录，记录内容应包括环境温度、当时负荷、测点温度、使用仪器等： （1）是否建立定期测温规定，并定期开展红外成像测温检查。 （2）箱体、钟罩螺栓、潜油泵、套管、引线接头处、其他附件是否有过热现象。 （3）发现缺陷是否采取措施	（1）未建立定期测温规定或未开展测温工作的，不得分。 （2）未严格按照周期、设备范围、检测操作规范开展工作的，每发现一处扣2分。 （3）测温发现问题未执行相应措施的，每发现一处扣2分；严重问题未及时消除的，不得分。 （4）箱体、钟罩螺栓、潜油泵、套管、引线接头处是否测全，少一项扣2分。 （5）红外测温记录不符合规程要求，扣2分	DL/T 664—2016《带电设备红外诊断应用规范》表H.1
2.4.3.1.4	变压器铁芯接地线电流	5	查看变压器铁芯接地电流测量记录： （1）是否定期监测变压器铁芯接地线电流。 （2）当运行铁芯、夹件接地电流异常变化，应尽快查明原因，严重时应采取措施及时处理，电流一般控制在100mA以下	（1）在运行中未定期监测接地线电流的，不得分。 （2）发现铁芯与夹件接地电流测量不合格，存在缺陷未及时处理的，不得分	Q/BEH－211.10－18—2019《防止电力生产事故的重点要求及实施导则》第19.2.2.3.7条、表19－2
2.4.3.1.5	呼吸器情况	5	（1）查阅检修记录，现场检查硅胶变色情况。 （2）检查呼吸器运行和维护情况是否良好	（1）未按规定记录硅胶变色情况的，不得分。 （2）硅胶变色超过2/3未更换的，扣2分。 （3）呼吸器阻塞的，不得分	GB/T 6451—2015《油浸式电力变压器技术参数和要求》第7.2.4.3条
2.4.3.1.6	变压器的各部位密封	5	现场检查套管及本体，散热器、储油柜等部位是否存在渗漏油问题	（1）有渗油点，每处扣2分。 （2）有明显渗漏油问题的，不得分	DL/T 572—2010《电力变压器运行规程》第5.1.4条

序号	评价项目	标准分	查评方法及内容	评分标准	查评依据
2.4.3.1.7	有载分接开关	10	查阅试验报告、检修记录总结、现场检查： （1）有载分接开关接触是否良好，有分接载开关及操动机构有无重要隐患。 （2）有载分接开关的油是否与本体油之间有渗漏问题。 （3）有载分接开关的操动机构能否按规定进行检修	（1）无检修记录、试验报告的，不得分。 （2）有载分接开关有重要缺陷且未采取有效措施的，不得分。 （3）有载分接开关存在渗漏问题的，扣5分。 （4）有载分接开关的操动机构未按规定进行检修，扣5分	（1）DL/T 572—2010《电力变压器运行规程》第5.4条； （2）DL/T 574—2010《变压器分接开关运行维护导则》第7.2.1条
2.4.3.1.8	冷却系统（如潜油泵风扇等）	10	查阅缺陷记录：冷却系统（如潜油泵风扇等）是否存在缺陷，重点检查水冷却系统是否保持油压大于水压	（1）未按规定记录冷却系统运行情况的，不得分。 （2）水冷油器水压大于油压，不得分	DL/T 572—2010《电力变压器运行规程》第5.1.4条
2.4.3.1.9	室外油浸变压器释压阀、油流继电器、气体继电器、温度计防雨措施	5	现场检查变压器释压阀、油流继电器、气体继电器、温度计是否有完善的防雨措施	（1）释压阀、油流继电器、气体继电器、温度计无防雨措施的，每处扣2分。 （2）未将接线盒放入释压阀、油流继电器、气体继电器、温度计防雨罩内，每处扣2分	（1）DL/T 572—2010《电力变压器运行规程》第5.1.4条； （2）Q/BEH-211.10-18—2019《防止电力生产事故的重点要求及实施细则》第19.1.3.2条
2.4.3.1.10	主变压器低压侧与封闭母线连接的升高座定期排水	5	现场检查主变压器低压侧与封闭母线连接的升高座应设置排污装置，主变压器低压侧与封闭母线连接的是否定期排水	（1）无排水记录，不得分。 （2）未定期排水的，扣3分	Q/BEH-211.10-18—2019《防止电力生产事故的重点要求及实施导则》第16.1.15.3条
2.4.3.1.11	变压器储油（或挡油）和排油设施；事故油池	5	（1）查看图纸资料，现场检查。 （2）屋内装设的油量大于100kg和屋外装设的油量大于1000kg的变压器是否设有符合规定的储油（或挡油）和排油设施；事故油池是否符合要求	（1）任一台设备应设而未设储油（或挡油）设施，或排油设施不满足设计容量要求的，不得分。 （2）卵石层被土堵塞未定期清理或卵石规格不符合要求，扣3分。 （3）油水分离设备损坏的，不得分。 （4）事故油池的容量不满足要求的，不得分。 （5）非油水分离的事故油池不及时排水有大量积水，不得分	（1）DL/T 5352—2018《高压配电装置规范》第5.5条； （2）DL 5027—2015《电力设备典型消防规程》第10.3.6、10.3.7条； （3）DL/T 1123—2009《火力发电企业生产安全设施配置》第5.4.2.6条
2.4.3.2	变压器技术管理	55			
2.4.3.2.1	变压器档案管理	15	查阅有关设备的技术档案（产品技术文件、图纸、安装调试报告、试验报告、设备台账、异动报告等）是否齐全、及时归档，内容是否完整、正确	（1）产品技术文件、图纸、安装调试报告、出厂及大修试验报告、异动报告未在规定时间内归档的，每份扣5分。 （2）其他试验报告、设备台账、异动报告（部门保存）缺失或内容不完整的，每份扣3分	（1）DL/T 1054—2007《高压电气设备绝缘技术监督规程》第8.1条； （2）Q/BJCE-219.17-24—2019《电气绝缘技术监督导则》第5.3.8条

序号	评价项目	标准分	查评方法及内容	评分标准	查评依据
2.4.3.2.2	变压器反措	10	（1）检查是否制定并落实变压器、设备反事故措施、现场处置预案及演练记录。 （2）是否按 Q/BEH－211.10－18—2019《防止电力生产事故的重点要求及实施导则》并结合本厂设备实际制定并落实变压器设备年度反事故技术措施，并制定防止大型变压器损坏事故现场处置方案	（1）未制定防止大型变压器损坏事故措施，不得分。 （2）防止大型变压器损坏事故措施与本厂设备实际不符，每处扣2分。 （3）未结合本厂设备实际制订年度反措计划，不得分。 （4）未制定防止大型变压器损坏事故现场处置方案和无演练记录的，每缺少一项扣5分	Q/BEH－211.10－18—2019《防止电力生产事故的重点要求及实施导则》附录19
2.4.3.2.3	变压器抗短路能力	10	（1）查阅产品出厂资料和型式试验报告。 （2）变压器抗短路能力是否符合要求	突发性短路试验报告或短路能力计算报告缺失，不得分	Q/BEH－211.10－18—2019《防止电力生产事故的重点要求及实施导则》第19.1.1.1条
2.4.3.2.4	8MVA 及以上变压器胶囊、隔膜等密封技术措施	10	（1）查阅产品说明书，检修报告，现场检查。 （2）8MVA 及以上变压器是否采用胶囊、隔膜等密封技术措施	（1）任一台未采用密封技术措施，扣5分。 （2）存在严重缺陷（如胶囊破裂）未消除的，不得分。 （3）胶囊使用超15年未更换，不得分	Q/BEH－211.10－18—2019《防止电力生产事故的重点要求及实施导则》第19.1.2.7条
2.4.3.2.5	变压器铁芯、夹件接地情况	5	（1）现场查看变压器铁芯、夹件接地情况。 （2）检查铁芯、夹件通过小套管引出接地的变压器，是否将接地引线引至适当位置，以便在运行中监测接地线中有无环流	铁芯、夹件通过小套管引出接地的变压器，接地引线未分开引至变压器本体下部与本体连接的，不得分	Q/BEH－211.10－18—2019《防止电力生产事故的重点要求及实施细则》第19.1.2.18条
2.4.3.2.6	强迫油循环冷却装置的控制情况	5	（1）查阅运行规程，产品说明书，现场检查。 （2）检查强迫油循环冷却装置的投入和退出是否按油温的变化来控制，是否有两个独立的电源	（1）运行规程中无相关规定，不得分。 （2）未设两个独立电源且不能自动切换的，不得分	DL/T 572—2010《电力变压器的运行规程》第3.1.4条
2.4.3.3	变压器运行管理	35			
2.4.3.3.1	变压器运行技术标准、资料	10	（1）查阅变压器运行规程。 （2）检查变压器运行技术标准、资料是否齐全	（1）运行规程不全，不得分。 （2）内容不全、存在严重错误，每处扣2分	Q/BEH－211.10－02—2019《安全生产工作规定》
2.4.3.3.2	上层油温、绕组温度	10	检查相关规定及现场检查，重点检查最大负荷及最高运行环境温度下的运行记录： （1）上层油温、绕组温度是否超过规定值。 （2）温度计及远方测温装置指示是否正确	（1）油温、绕组温度超出规定值的，不得分。 （2）温度测量值不准，无远方测温装置，扣5分。 （3）远方与就地温度值相差超过5℃的，扣5分	（1）GB 1094.2—2013《电力变压器第2部分：液浸式变压器的温升》第6章； （2）DL/T 572—2010《电力变压器运行规程》第5.1、5.3.5条

续表

序号	评价项目	标准分	查评方法及内容	评分标准	查评依据
2.4.3.3.3	套管和储油柜的油面	10	(1) 查阅巡视记录,现场检查。 (2) 套管和储油柜的油面是否正常	(1) 套管油面不正常的,不得分;套管油位看不清,每处扣2分。 (2) 储油柜油面不正常的,扣5分	DL/T 572—2010《电力变压器运行规程》第5.1条
2.4.3.3.4	冷却装置两个独立电源自动切换试验	5	(1) 查阅运行规程、定期切换记录,现场检查。 (2) 冷却装置两个独立的电源是否定期进行自动切换试验	未进行自动切换试验的,不得分	(1) DL/T 572—2010《电力变压器的运行规程》第3.1.4条; (2) 电监安全〔2011〕23号《发电企业安全生产标准化规范及达标评级标准》第5.6.4.1.7条
2.4.3.4	变压器检修管理	110			
2.4.3.4.1	变压器检修规程	10	查阅变压器检修规程是否正确、有效、完善、齐全	(1) 无检修规程,不得分。 (2) 变压器检修规程不符合行标或与设备实际不符不得分,每缺一项扣2分	(1) 电监安全〔2011〕23号《发电企业安全生产标准化规范及达标评级标准》第5.6.1.4条; (2) Q/BEH-211.10-02-2019《安全生产工作规定》
2.4.3.4.2	变压器的检修资料	10	查阅检修总结、检修作业指导书、检修记录、缺陷记录、巡检记录、事故分析报告等是否及时、完整和规范	(1) 无检修总结、检修记录、缺陷记录、巡检记录、事故分析报告,不得分。 (2) 检修总结缺1台次,扣3分。 (3) 检修作业指导书缺项或W/H点设置不正确、检修记录、缺陷记录、巡检记录缺项,每处扣5分。 (4) 记录内容不完整,每处扣2分。 (5) 事故分析报告内容不完善,扣2分	(1) DL/T 573—2010《电力变压器检修导则》第8.2、14.1条,第16章; (2) DL/T 838—2017《燃煤火力发电企业设备检修导则》第4章; (3) 电监安全〔2011〕23号《发电企业安全生产标准化规范及达标评级标准》第5.6.1.4条; (4) Q/BJCE-219.17-24-2019《燃气发电企业检修管理规定》
2.4.3.4.3	现场抽真空工艺	5	(1) 查阅检修记录。 (2) 110kV电压等级及以上变压器(含套管)是否采用真空注油,现场抽真空工艺是否符合要求,静置时间是否符合要求	(1) 报告中没有明确现场抽真空工艺和静置时间,不得分。 (2) 抽真空工艺和静置时间不符合要求,扣3分	(1) DL/T 573—2010《电力变压器检修导则》第11.8.2条; (2) Q/BJCE-219.17-24-2019《燃气发电企业检修管理规定》
2.4.3.4.4	变压器油色谱、微水及含气量	20	(1) 查阅变压器油色谱、微水及含气量试验报告。 (2) 检查油的色谱分析、油中含水量是否超周期、含量指标是否合格;500kV及以上变压器油中含气量是否合格	(1) 绝缘油中色谱分析及油中含水量存在不合格的,未查明原因和制定措施的,每处扣5分。 (2) 500kV变压器未进行油中含气量试验不得分;含气量存在不合格的,扣5分。 (3) 超周期和检验项目缺项的,扣5分	(1) GB/T 7595—2017《运行中变压器油质量》表1; (2) GB/T 722—2014《变压器油中溶解气体分析和判断导则》第5、9、10章

序号	评价项目	标准分	查评方法及内容	评分标准	查评依据
2.4.3.4.5	变压器油的电气试验（击穿电压、90℃的介质损耗）	10	查阅有关试验报告：（1）油的电气试验是否按规程执行，是否超周期。（2）试验值（包括击穿电压、90℃的介质损耗）是否合格	（1）超周期和检验项目不符合规定的，扣5分。（2）试验值不合格未查明原因或严重超标，不得分	（1）GB/T 7595—2017《运行中变压器油质量》表1；（2）GB/T 14542—2017《变压器油维护管理导则》第6.1.4条中表5
2.4.3.4.6	变压器预防性试验	20	查阅变压器预防性试验计划、试验报告：（1）变压器预防性试验计划是否符合规程要求。（2）预防性试验是否完整、合格，试验是否超周期。（3）重要项目不合格是否采取加强监督的技术措施	（1）无预防性试验计划的，不得分。（2）任一台变压器预防性试验超周期或存在漏试项目，扣10分。（3）任一台变压器的重要项目不合格且未采取有效措施的，不得分	DL/T 596—1996《电力设备预防性试验规程》第6.1条
2.4.3.4.7	变压器局部放电试验	5	查阅有关试验报告：（1）变压器局部放电试验是否按规程执行，重点检查设备的交接和大修是否进行局部放电试验。（2）试验结果不合格是否采取有效监督措施	（1）未按规程执行的，不得分。（2）试验不合格的未分析原因且未采取有效措施，不得分	Q/BEH-211.10-18—2019《防止电力生产事故的重点要求及实施导则》第19.1.2.2、19.1.2.11、19.1.2.16条
2.4.3.4.8	变压器变形试验	5	查阅有关试验报告：在交接、每六年以及在发生出口短路或近区短路后，是否进行变压器变形试验	（1）未按规程执行的，不得分。（2）在近端发生短路后，未做相应试验，不得分	（1）DL/T 596—1996《电力设备预防性试验规程》；（2）电监安全〔2011〕23号《发电企业安全生产标准化规范及达标评级标准》第5.6.4.1.7条；（3）Q/BEH-211.10-18—2019《防止电力生产事故的重点要求及实施导则》第19.1.2.11条
2.4.3.4.9	变压器（150MVA以上升压变压器）绝缘老化试验	10	查阅缺陷记录及试验报告：（1）是否存在绝缘老化等其他缺陷。（2）运行10年以上的设备是否有糠醛试验报告	（1）有重要缺陷未消除的，不得分。（2）运行10年以上的设备未做糠醛试验或试验不合格的，不得分	Q/BEH-211.10-18—2019《防止电力生产事故的重点要求及实施导则》第19.1.2.13条
2.4.3.4.10	铁芯绝缘	10	查阅有关检修记录、检修总结报告、试验报告：（1）铁芯是否存在多点接地。（2）对铁芯绝缘存在问题的变压器是否采取措施和加强检测	（1）明确铁芯多点接地，未及时处理或采取措施的，不得分。（2）未缩短测量铁芯接地电流和铁芯对地绝缘的测量时间的，扣5分	（1）GB 50150—2016《电气装置安装工程 电气设备交接试验标准》第8.0.7条；（2）DL/T 596—1996《电力设备预防性试验规程》表5 第8项；（3）Q/BEH-211.10-18—2019《防止电力生产事故的重点要求及实施导则》第19.1.2.18条

序号	评价项目	标准分	查评方法及内容	评分标准	查评依据
2.4.3.4.11	温度计及远方测温装置	5	查阅温度计校验报告,温度计及远方测温装置是否齐全并定期校验	(1) 温度计无校验报告,不得分。 (2) 校验超周期,扣2分	DL/T 572—2010《电力变压器运行规程》第5.3.5条
2.4.4	母线、架构及设备外绝缘(含厂用系统)	170			
2.4.4.1	母线、架构及设备外绝缘日常维护管理	55			
2.4.4.1.1	设备台账(包括外绝缘台账)	5	现场检查设备责任标志及检查设备分工台账: (1) 设备台账记录是否准确(包括外绝缘台账)。 (2) 新增设备验收后是否在规定的时间内完成设备异动后设备分工和相关资料的录入、更新工作	(1) 未建立设备台账(包括外绝缘台账),不得分;设备台账记录不准确,每处扣2分。 (2) 新增设备验收后未在规定的时间内完成设备异动后设备分工和相关资料的录入,每缺少一处扣2分	电监安全〔2011〕23号《发电企业安全生产标准化规范及达标评级标准》第5.6.1.2条
2.4.4.1.2	定期测温工作	10	检查定期测温制度,查阅红外测试报告及缺陷记录: (1) 是否建立定期测温制度。 (2) 是否定期开展红外测温工作。 (3) 各类引线接头是否存在过热情况,对测温发现的缺陷是否采取加强监督措施	(1) 未建立定期测温制度或未开展测温工作的,不得分。 (2) 未严格按照周期、设备分类、检测操作规范开展工作的,每发现一处扣1分。 (3) 测温发现问题未执行相应措施的,每发现一处扣2分;严重问题未及时消除的,不得分	DL/T 664—2016《带电设备红外诊断应用规范》表H.1
2.4.4.1.3	架构等户外设施腐蚀及劣化情况	10	查阅相关规定,现场检查: 水泥架构(含独立避雷针)基础表面水泥有无脱落;钢筋有无外露;插入式基础有无锈蚀;基础周围保护土层有无流失、塌陷;架构、金具有无严重腐蚀	(1) 运行规程中无相关规定,不得分。 (2) 未按规定开展检查,不得分。 (3) 发现问题,未采取有效措施或措施采取不到位的,每发现一处扣2分。 (4) 存在严重问题,不得分	DL/T 741—2019《架空输电线路运行规程》第5.1.1条
2.4.4.1.4	厂区内以及邻近的外部环境	10	检查巡视记录、治理措施: 是否有威胁设备安全运行的异物(塑料布、彩钢板、锡箔纸、油毡纸、垃圾等),特殊气候条件下是否开展特巡	(1) 未按规定开展特巡,不得分。 (2) 发现问题,未采取有效措施或措施采取不到位的,每发现一处扣2分。 (3) 存在此类问题引起电气设备跳闸的,不得分	
2.4.4.1.5	隔离开关、母线支柱绝缘子瓷件及法兰	10	(1) 查看巡视检查记录及夜间巡视检查记录。 (2) 在运行巡视时,应注意隔离开关、母线支柱绝缘子瓷件及法兰无裂纹,夜间巡视时应注意瓷件无异常电晕现象	(1) 母线支柱绝缘子瓷件及法兰有裂纹,不得分。 (2) 未按规定进行夜间巡视的,扣5分	Q/BEH-211.10-18-2019《防止电力生产事故的重点要求及实施导则》第20.2.2.9条

序号	评价项目	标准分	查评方法及内容	评分标准	查评依据
2.4.4.1.6	设备外绝缘积污情况	5	（1）现场检查，查阅巡视记录。 （2）设备外绝缘是否存在严重积污及爬电现象；发现爬电现象是否采取防范措施	（1）存在严重积污及爬电现象，不得分。 （2）发现爬电现象未采取防范措施，扣2分	（1）电监安全〔2011〕23号《发电企业安全生产标准化规范及达标评级标准》第5.6.4.1.5条； （2）Q/BEH-211.10-18-2019《防止电力生产事故的重点要求及实施导则》表22-2
2.4.4.1.7	设备外绝缘清扫	5	（1）查阅盐密检测报告、清扫记录。 （2）设备外绝缘清扫应以盐密监测为指导,合理安排清扫周期	清扫周期不合理，扣2分	（1）电监安全〔2011〕23号《发电企业安全生产标准化规范及达标评级标准》第5.6.4.1.5条； （2）Q/BEH-211.10-18-2019《防止电力生产事故的重点要求及实施导则》表22-2
2.4.4.2	母线、架构及设备外绝缘技术管理	30			
2.4.4.2.1	设备外绝缘技术档案管理	10	查阅有关设备的技术档案（产品技术文件、图纸、安装调试报告、试验报告、设备台账、异动报告等）：设备外绝缘技术档案是否齐全、及时归档，内容是否完整、正确	（1）产品技术文件、图纸、安装调试报告、出厂及大修试验报告、异动报告未在规定时间内归档的，每份扣5分。 （2）其他试验报告、设备台账、异动报告（部门保存）缺失或内容不完整的，每份扣3分	（1）DL/T1054-2007《高压电气设备绝缘技术监督规程》第8.1条； （2）Q/BJCE-219.17-24-2019《电气绝缘技术监督导则》第5.3.8条
2.4.4.2.2	电瓷外绝缘（包括变压器套管、断路器及均压电容等）爬距配置	10	（1）查阅设备外绝缘台账、实测污秽度等有关资料，现场检查等。 （2）电瓷外绝缘（包括变压器套管、断路器及均压电容等）爬距配置是否不低于d级污区要求，外绝缘配置是否满足污区分布图要求及防覆冰（雪）闪络、大（暴）雨闪络要求，不满足要求的是否采用防污涂料、硅橡胶类防污闪产品或加强清扫等其他措施	（1）设备外绝缘配置不符合要求，不得分。 （2）已存在问题，未制定防污闪措施的，扣5分	Q/BEH-211.10-18-2019《防止电力生产事故的重点要求及实施导则》第22.2.1.1条
2.4.4.2.3	易发生黏雪、覆冰的区域,支柱绝缘子及套管防止黏雪、覆冰措施	10	（1）查阅设备外绝缘台账等有关资料，本厂或上级反措要求及现场检查等。 （2）易发生黏雪、覆冰的区域，支柱绝缘子及套管是否在采用大小间的防污伞形结构基础上，每隔一段距离采用一个超大直径伞裙（可采用硅橡胶增爬裙），以防止绝缘子上出现连续黏雪、覆冰	（1）应装设而未装设，且无安装计划的，不得分。 （2）已制订安装计划，未按计划实施的，扣5分	Q/BEH-211.10-18-2019《防止电力生产事故的重点要求及实施导则》第34.2.8.4条

序号	评价项目	标准分	查评方法及内容	评分标准	查评依据
2.4.4.3	母线、架构及设备外绝缘运行管理	55			
2.4.4.3.1	运行技术标准、资料	10	查阅有关企业运行技术标准资料；运行规程、厂用系统图册有效、完善、齐全	（1）运行规程、厂用系统图册不全，不得分。 （2）内容不全、存在严重错误，每处扣2分	（1）电监安全〔2011〕23号《发电企业安全生产标准化规范及达标评级标准》第5.6.1.2条； （2）Q/BEH-211.10-02—2019《安全生产工作规定》
2.4.4.3.2	主系统、厂用系统接线的运行方式是否存在重要隐患	20	（1）查阅主系统、厂用系统接线图，根据运行方式调查了解是否存在造成非同期并列或可能造成全厂停电的隐患。 （2）检查大型改造前，是否具备容量核算报告；检查是否根据容量核查报告制定相应技术措施。 （3）检查是否制定了母线、厂用系统非正常运行方式安全措施；检查母线或厂用系统检修期间安全措施执行情况	（1）有重要隐患的，不得分。 （2）大型改造前无容量核查报告的，不得分。 （3）未根据容量核查报告制定相应技术措施的，不得分。 （4）存在造成非同期并列或扩大事故范围的隐患，严重威胁全厂停电的隐患，不得分。 （5）未事先制定母线、厂用系统非正常运行方式安全措施的，扣10分。 （6）母线或厂用系统检修期间安全措施执行不到位或在工作结束后未尽快恢复运行方式，扣5分	（1）DL/T 5153—2014《火力发电厂厂用电设计技术规程》； （2）Q/BEH-211.10-18—2019《防止电力生产事故的重点要求及实施导则》第34.1.6条
2.4.4.3.3	保安电源情况	10	（1）查阅图纸资料，查阅相关规定（柴油发电机规定、UPS规定等）、记录，现场检查。 （2）保安电源是否可靠。 （3）柴油发电机组是否按规定定期做启动试验，UPS是否可靠，保安电源是否经常处于良好状态，供电质量合格	（1）200MW以上机组未按要求装设保安电源的，不得分。 （2）未配置柴油发电机不得分；有改造、负荷增加后，无保安电源（柴油发电机）容量核算记录扣5分。 （3）未进行柴油机带载试验的，扣5分；空载和带载记录不全，扣2分。 （4）UPS发生故障时，自动切换到本机组的交流安保母线段供电，如切换时影响负荷侧供电，不得分。 （5）无UPS切换记录的，不得分；记录不完整的，扣5分。 （6）无冗余配置的UPS分流定期检查记录的，扣5分。 （7）供油管上没有安装快速切断阀或回油快关阀，不得分	（1）GB 50229—2019《火力发电厂与变电站设计防火规范》第6.6.1条； （2）DL 5027—2015《电力设备典型消防规程》第7.1.21条； （3）DL/T 5153—2014《火力发电厂厂用电设计技术规程》第3.8条

序号	评价项目	标准分	查评方法及内容	评分标准	查评依据
2.4.4.3.4	电气一次系统（含高压厂用电系统）图	10	（1）现场检查电气一次系统图板及实际接线情况。 （2）电气一次系统（含高压厂用电系统）图是否完善，且同实际接线相符	（1）电气一次系统（含高压厂用电系统）图未及时更新，与现场实际接线存在严重问题的，不得分。 （2）存在其他问题的，每处扣5分	Q/BEH-211.10-18—2019《防止电力生产事故的重点要求及实施导则》第34.2.7.11条
2.4.4.3.5	常设标示牌	5	（1）现场检查。 （2）常设标示牌（如屋外架构上的"禁止攀登，高压危险"，屋内间隔门上的"止步，高压危险"等标示牌）是否齐全、完整	（1）常设标示牌（如屋外架构上的"禁止攀登，高压危险"，屋内间隔门上的"止步，高压危险"等标示牌）不齐全、完整的，每处扣2分。 （2）标示牌未按规范设置的，每处扣2分。 （3）标示牌不清晰，颜色不正确的，每处扣2分。 （4）高、低压设备没标或相色不全，不得分	DL/T 1123—2009《火力发电企业生产安全设施配置》第5.3.1、5.3.2条
2.4.4.4	母线、架构及设备外绝缘检修管理	30			
2.4.4.4.1	电瓷外绝缘防污闪涂料	10	查阅清扫记录、憎水性试验报告，现场检查： （1）因系统运行方式、设备检修周期等问题，户外绝缘进行了喷涂防污闪涂料工作，同时定期进行防污闪涂料憎水性试验。 （2）对憎水性不合格的设备应制订覆涂计划	（1）未开展防污闪涂料憎水性试验，扣5分。 （2）憎水性不合格，未制订覆涂计划，扣5分	Q/BEH-211.10-18—2019《防止电力生产事故的重点要求及实施导则》第22.1.8、22.1.10条
2.4.4.4.2	盐密测试	10	（1）查阅盐密测试记录和相关资料，调查了解，现场查问。 （2）是否定期监测污秽度，并记录完整，测试方法是否符合要求	（1）未按规定开展污秽度测试工作的，不得分。 （2）测试方法、测试时间不正确或记录不全的，扣5分。 （3）设置的盐密监测点不符合要求，扣5分	DL/T 596—1996《电力设备预防性试验规程》
2.4.4.4.3	悬式绝缘子串绝缘检测及支柱绝缘子检查	10	查阅相关规定、悬式绝缘子串绝缘检测报告及支柱绝缘子定期检查记录： （1）悬式绝缘子串是否按规定检测零值、低值绝缘子。 （2）是否定期对母线支柱绝缘子、母线隔离开关支柱绝缘子进行检查。 （3）对于新安装的隔离开关，是否对隔离开关的中间法兰和根部进行无损探伤；对运行10年以上的隔离开关，是否每5年对隔离开关中间法兰和根部进行无损探伤	（1）未按规定检测零值、低值绝缘子的，扣5分。 （2）未按规定检查母线支柱绝缘子、母线隔离开关支柱绝缘子的，扣5分。 （3）未按反措要求探伤，不得分	（1）DL/T 596—1996《电力设备预防性试验规程》； （2）Q/BEH-211.10-18—2019《防止电力生产事故的重点要求及实施导则》第22.1.9、20.2.2.12条、表22-2

序号	评价项目	标准分	查评方法及内容	评分标准	查评依据
2.4.5	高压开关设备（含GIS）及防误闭锁装置	275			
2.4.5.1	高压开关设备（含GIS）及防误闭锁装置日常维护管理	65			
2.4.5.1.1	设备台账	5	现场检查设备责任标志及检查设备分工台账： （1）设备台账记录准确。 （2）新增设备验收后在规定的时间内完成设备异动后设备分工和相关资料的录入、更新工作	（1）未建立设备台账，不得分；设备台账记录不准确，每一处扣2分。 （2）新增设备验收后未在规定的时间内完成设备异动后设备分工和相关资料的录入，每缺少一处扣2分	电监安全〔2011〕23号《发电企业安全生产标准化规范及达标评级标准》第5.6.1.2条
2.4.5.1.2	防误闭锁装置维护管理	10	查阅防误闭锁装置维护检修制度，防误闭锁装置缺陷记录： （1）防误闭锁装置的维修责任制是否明确。 （2）防误闭锁装置是否良好	（1）防误闭锁装置的维修责任制不明确，不得分。 （2）防误闭锁装置存在缺陷，扣3分	Q/BEH-211.10-18—2019《防止电力生产事故的重点要求及实施导则》表20-2
2.4.5.1.3	高压配电室、变压器室及低压动力中心防小动物措施	5	（1）现场检查。 （2）高压配电室、变压器室及低压动力中心防小动物措施是否完善	（1）高压配电室、变压器室及低压动力中心无防小动物措施的，不得分。 （2）措施不完善（如挡板高度不够或未及时复位），扣2分	（1）DL/T 572—2010《电力变压器运行规程》第5.5条； （2）Q/BEH-211.10-18—2019《防止电力生产事故的重点要求及实施导则》第20.2.3.8条
2.4.5.1.4	高压带电部分的固定遮栏尺寸、安全距离	5	检查相关规定，现场检查高压带电部分的固定遮栏尺寸、安全距离是否符合要求，是否齐全、完整、关严、上锁	（1）不满足要求的，不得分。 （2）措施不完善，每处扣2分	DL/T 5352—2018《高压配电装置设计规范》第5.1、5.4条
2.4.5.1.5	高压配电室、变压器室及低压动力中心漏雨、漏水情况	5	现场检查高压配电室、变压器室及低压动力中心内有无漏雨、漏水情况	（1）存在漏水及漏雨现象未采取措施，未列入整改计划的，不得分。 （2）现场检查发现一处，扣2分。 （3）高压配电室、变压器室及低压动力中心内有水管道通过，不得分	（1）DL/T 1123—2009《火力发电企业生产安全设施配置》第4.7.1条； （2）DL/T 5352—2018《高压配电装置设计规范》第6.1.11条
2.4.5.1.6	户外安装的密度继电器防雨、防潮	5	现场检查、查看整改计划、整改记录： 户外安装的密度继电器是否设置防雨罩，密度继电器防雨箱（罩）应能将表、控制电缆接线端子一起放入，防止指示表、控制电缆接线盒和充放气接口进水受潮	（1）未设置防雨罩的，不得分。 （2）防雨措施不完善，扣2分	Q/BEH-211.10-18—2019《防止电力生产事故的重点要求及实施导则》第20.2.1.5条

序号	评价项目	标准分	查评方法及内容	评分标准	查评依据
2.4.5.1.7	开关设备机构箱、汇控箱驱潮防潮、防冻措施	5	现场检查、查看整改计划、整改记录： 开关设备机构箱、汇控箱内是否有完善的驱潮防潮装置，防止凝露造成二次设备损坏	（1）没有驱潮防潮装置的，不得分。 （2）驱潮防潮措施不完善的，扣2分。 （3）防冻措施不完善的，扣2分	Q/BEH-211.10-18-2019《防止电力生产事故的重点要求及实施导则》第20.2.1.5条
2.4.5.1.8	防止开关柜火灾蔓延措施	5	现场检查、查看整改计划、整改记录： 为防止开关柜火灾蔓延，在开关柜的柜间、母线室之间及与本柜其他功能隔室之间是否采取有效的封堵隔离措施	（1）未执行反措要求的且未制订整改计划的，不得分。 （2）整改未按计划完成的，扣2分	Q/BEH-211.10-18-2019《防止电力生产事故的重点要求及实施导则》第20.2.3.6条
2.4.5.1.9	断路器和隔离开关缺陷	15	（1）查阅断路器和隔离开关缺陷记录； （2）断路器和隔离开关是否存在其他威胁安全运行的严重缺陷（如触头严重发热、严重漏油、SF_6系统泄漏超标、防慢分措施不落实，3～10kV小车开关柜绝缘距离不够，绝缘隔板材质不良等）	（1）任一台断路器存在严重缺陷，不得分。 （2）严重威胁升压站或厂用系统安全运行的，未采取有效治理措施，不得分	Q/BJCE-218.17-14-2019《燃气发电企业设备缺陷管理规定》
2.4.5.1.10	GIS、六氟化硫开关设备室安全防护	5	查阅有关规章制度，现场检查： （1）室内或地下布置的GIS、六氟化硫开关设备室，是否配置相应的六氟化硫泄漏检测报警、强力通风及氧含量检测系统。 （2）GIS室进出处是否有SF_6气体安全告知牌。 （3）是否配备有防毒面具、防护服、塑料手套等防护器具	（1）GIS室内通风设施工作不正常，不得分。 （2）无通风时间提示标志或SF_6气体安全告知牌的，扣2分。 （3）未安装六氟化硫气体浓度自动检测报警装置或报警装置失效，不得分。 （4）GIS室进出处未配备有防毒面具、防护服、塑料手套等防护器具，扣2分。 （5）氧量检测元件没安装在六氟化硫开关设备室内最低处，不得分	Q/BEH-211.10-18-2019《防止电力生产事故的重点要求及实施导则》表20-1，第20.2.1.10.2、33.1.9.7条，表33-2
2.4.5.2	高压开关设备及防误闭锁装置技术管理	75			
2.4.5.2.1	高压开关设备技术档案管理	10	查阅有关设备的技术档案（产品技术文件、图纸、安装调试报告、试验报告、设备台账、缺陷记录、异动报告等）是否齐全、及时归档，内容是否完整、正确	（1）产品技术文件、图纸、安装调试报告、出厂及大修试验报告、异动报告未在规定时间内归档的，每份扣5分。 （2）其他试验报告、设备台账、缺陷记录、异动报告（部门保存）缺失或内容不完整的，每份扣3分	（1）DL/T 1054-2007《高压电气设备绝缘技术监督规程》第8.1条； （2）Q/BJCE-219.17-24-2019《电气绝缘技术监督导则》第5.3.8条

序号	评价项目	标准分	查评方法及内容	评分标准	查评依据
2.4.5.2.2	高压开关设备选型及开关设备技术改造	10	查阅设计要求，查阅断路器说明书是否符合设计要求： （1）是否严格按照设计要求进行高压开关设备选型。 （2）对运行中不符合有关标准的开关应及时进行改造。 （3）在改造以前应加强对设备的运行监视和试验	（1）未严格按照设计要求进行高压开关设备选型的，不得分。 （2）对运行中不符合有关标准要求的开关未及时进行改造的，扣5分。 （3）在改造以前未加强对设备的运行监视和试验，扣5分	Q/BEH－211.10－18—2019《防止电力生产事故的重点要求及实施导则》第34.2.1.4条
2.4.5.2.3	断路器的容量和性能是否满足短路容量要求及切空载线路能力	10	（1）查阅断路器安装地点的短路容量与断路器铭牌的核算报告，是否满足短路容量要求。 （2）查阅断路器说明书切电容电流是否符合要求	（1）未按规定开展核算，系统接线变化、改造前，未开展核算的，不得分。 （2）短路容量核算不符合要求而未采取相应措施的，不得分。 （3）断路器切空载线路能力不符合要求，扣5分	Q/BEH－211.10－18—2019《防止电力生产事故的重点要求及实施导则》第34.2.1.4条
2.4.5.2.4	发电机－变压器组高压侧断路器（敞开式）防止非全相运行技术措施	10	（1）查阅发电机－变压器组高压侧断路器非全相保护设置是否满足要求。 （2）220kV及以下电压等级的机组并网的断路器是否采用三相机械联动式结构	（1）2014年4月后投运断路器未执行反措要求的，不得分。 （2）无整改计划和措施的，扣5分	Q/BEH－211.10－18—2019《防止电力生产事故的重点要求及实施导则》第20.2.1.13条
2.4.5.2.5	SF₆密度继电器	10	查阅SF₆断路器出厂说明，现场查看，查看SF₆密度继电器技术规范和校验报告： （1）在出现低温天气的地区，SF₆断路器是否满足低温运行条件；是否采用低温型SF₆密度继电器；SF₆密度继电器是否经过低温精度校验。 （2）密度继电器是否装设在与断路器或GIS本体同一运行环境温度的位置，以保证其报警、闭锁触点正确动作。 （3）SF₆密度继电器与开关设备本体之间的连接方式是否满足不拆卸校验密度继电器的要求，220kV及以上GIS分箱结构的断路器每相是否安装独立的密度继电器	（1）在出现低温天气的地区，SF₆断路器不满足低温运行条件的，不得分；未使用低温型密度继电器或低温型密度继电器无校验报告的，不得分。 （2）未执行反措要求的且未制订整改计划的，不得分	Q/BEH－211.10－18—2019《防止电力生产事故的重点要求及实施导则》第20.2.1.5条
2.4.5.2.6	同一间隔内的多台隔离开关的电动机电源设置情况	5	（1）现场检查，查看整改计划、整改记录。 （2）同一间隔内的多台隔离开关的电机电源，在端子箱内是否分别设置独立的开断设备，且标识清楚	（1）未执行反措要求的且未制订整改计划的，不得分。 （2）整改未按计划完成的，扣2分	Q/BEH－211.10－18—2019《防止电力生产事故的重点要求及实施导则》第20.2.2.3条

序号	评价项目	标准分	查评方法及内容	评分标准	查评依据
2.4.5.2.7	高压开关柜内避雷器、电压互感器接入方式	5	（1）现场检查，查看图纸资料、整改计划、整改记录。 （2）高压开关柜内避雷器、电压互感器等柜内设备是否经隔离开关（或隔离手车）与母线相连	（1）未执行反措要求的且未制订整改计划的，不得分。 （2）整改未按计划完成的，扣2分	Q/BEH-211.10-18-2019《防止电力生产事故的重点要求及实施导则》第20.2.3.10条
2.4.5.2.8	高压开关柜内的绝缘件阻燃情况	5	（1）查阅资料，现场检查，查看整改计划、整改记录。 （2）高压开关柜内的绝缘件（如绝缘子、套管、隔板和触头罩等）是否采用阻燃绝缘材料	（1）未执行反措要求的且未制订整改计划的，不得分。 （2）整改未按计划完成的，扣2分	Q/BEH-211.10-18-2019《防止电力生产事故的重点要求及实施导则》第20.2.3.4条
2.4.5.2.9	防误闭锁装置电源的直流电源	5	（1）查看防误闭锁装置图纸资料及现场检查。 （2）防误闭锁装置电源是否使用专用的、与继电保护直流电源分开的电源	（1）未与继电保护的直流电源分开的，不得分。 （2）防误闭锁装置电源图纸不全的，扣3分	Q/BEH-211.10-18-2019《防止电力生产事故的重点要求及实施导则》第2.1.10条
2.4.5.2.10	断路器或隔离开关电气闭锁回路	5	（1）查看图纸资料及现场检查。 （2）断路器或隔离开关电气闭锁回路是否直接用断路器或隔离开关的辅助触点	（1）断路器或隔离开关电气闭锁回路使用重动继电器类元器件的，或未使用断路器或隔离开关的辅助触点的，不得分。 （2）现场查看断路器或隔离开关位置应正确，与现场实际状态相符，否则不得分	Q/BEH-211.10-18-2019《防止电力生产事故的重点要求及实施导则》第2.1.6条
2.4.5.3	高压开关及防误闭锁装置设备运行管理	105			
2.4.5.3.1	设备运行技术标准、资料	10	查阅运行规程、系统图册有效、完善、齐全	（1）运行规程、系统图册不全，不得分；运行规程、系统图册与设备实际不符，不得分。 （2）内容不全、存在明显错误，每处扣2分	电监安全〔2011〕23号《发电企业安全生产标准化规范及达标评级标准》第5.6.1.2条
2.4.5.3.2	开关设备断口外绝缘	10	（1）查阅外绝缘台账、清扫记录，现场查看。 （2）开关设备断口外绝缘是否符合规定，否则应加强清扫工作或采用防污涂料等措施	断口外绝缘不符合规定且未采取措施，不得分	（1）电监安全〔2011〕23号《发电企业安全生产标准化规范及达标评级标准》第5.6.4.1.3条； （2）Q/BEH-211.10-18-2019《防止电力生产事故的重点要求及实施导则》第20.1.4条
2.4.5.3.3	隔离开关红外测温	5	查阅红外测试记录、缺陷记录： （1）是否定期对隔离开关接触部分用红外测温仪测量温度。 （2）对温度异常情况是否加强检测和处理	（1）未定期测量温度，不得分。 （2）对温度异常情况未加强检测，扣3分。 （3）对严重和危急缺陷未处理，不得分。 （4）红外测温记录不符合规程要求，扣2分	（1）DL/T 664-2016《带电设备红外诊断应用规范》； （2）电监安全〔2011〕23号《发电企业安全生产标准化规范及达标评级标准》第5.6.4.1.3条

续表

序号	评价项目	标准分	查评方法及内容	评分标准	查评依据
2.4.5.3.4	开关机构定期清扫、检查工作	5	查阅运行维护记录、缺陷记录： （1）定期清扫气动机构防尘罩、空气过滤器，排放储气罐内积水，定期检查液压机构回路有无渗漏油现象。 （2）发现缺陷应及时处理	（1）未按规定开展清扫、检查工作的，不得分。 （2）发现缺陷未及时处理，扣2分	电监安全〔2011〕23号《发电企业安全生产标准化规范及达标评级标准》第5.6.4.1.3条
2.4.5.3.5	隔离开关转动部件、接触部件、操动机构、机械及电气闭锁装置的检查和润滑	5	（1）查阅有关规定、运行维护记录、试验记录。 （2）检查是否按规定对隔离开关转动部件、接触部件、操动机构、机械及电气闭锁装置的检查和润滑，并进行操作试验	（1）运行规程中无相关规定的，不得分。 （2）未按规定对隔离开关相关部件进行检查和润滑并进行操作试验，不得分	电监安全〔2011〕23号《发电企业安全生产标准化规范及达标评级标准》第5.6.4.1.3条
2.4.5.3.6	SF_6气体管理、运行及设备的气体监测和异常情况分析，SF_6密度继电器的定期校验	5	查阅有关规定、运行维护记录、SF_6密度继电器校验报告： （1）是否按规定开展SF_6气体管理、运行及设备的气体监测和异常情况分析。 （2）SF_6密度继电器是否定期校验	（1）气体管理、运行及设备的气体监测和异常情况分析不到位，扣3分。 （2）SF_6密度继电器未定期校验，不得分。 （3）SF_6气体含水量检测超期或不合格，不得分	（1）DL/T 259—2012《六氟化硫气体密度继电器校验规程》； （2）DL/T 595—2016《六氟化硫电气设备气体监督导则》
2.4.5.3.7	户外35kV及以上开关设备防误闭锁装置	10	查阅闭锁接线图或功能框图及现场检查： （1）户外35kV及以上开关设备是否实现了"四防"（防误分、误合断路器，防带负荷拉合隔离开关，防带电挂接地线，带地线合断路器）。 （2）防误闭锁装置是否正常运行	主系统和厂用系统分别评分： （1）未装防误闭锁装置，且未全部加挂锁的，不得分。 （2）虽已装设闭锁或全部加锁，但使用不正常的，不得分	Q/BEH－211.10－18—2019《防止电力生产事故的重点要求及实施导则》表20－2
2.4.5.3.8	户内高压开关设备防误操作措施	10	查阅闭锁接线图或功能框图及现场检查： （1）户内高压开关设备是否安装防误闭锁装置，且全部挂锁。 （2）成套高压开关柜"五防"功能是否齐全，性能是否良好，出线侧是否装设具有自检功能的带电显示装置，并与线路侧接地刀闸实行联锁。 （3）母线室上方后盖是否有明显警示标识，以防止设备运行时误开后盖。 （4）低压厂用变压器挂接地线时是否与电源侧断路器有防误联锁功能。 （5）厂用电系统中如有保留带电部位（如：负荷侧反送电、双电源供电）的停电检修工作，是否制定专项安全措施	主系统和厂用系统分别评分： （1）未装防误闭锁装置，且未全部加挂锁的，不得分。 （2）虽已装设闭锁装置或全部加锁，但使用不正常的，不得分。 （3）母线室上方后盖无防止设备运行时误开后盖的明显警示标识，扣5分。 （4）低压厂用变压器无"本体挂接地线与电源侧断路器的防误闭锁功能"，扣5分。 （5）厂用电系统中进行保留带电部位的停电检修工作时，未制定专项安全措施，扣5分	Q/BEH－211.10－18—2019《防止电力生产事故的重点要求及实施导则》附录2

序号	评价项目	标准分	查评方法及内容	评分标准	查评依据
2.4.5.3.9	高压开关设备双重编号	10	现场检查: (1) 高压开关设备(断路器、隔离开关及接地开关等)是否装设了有双重编号(调度编号和设备、线路名称)的编号牌。 (2) 标志号牌是否清晰,颜色正确	(1) 有缺漏或错误的(包括室内开关柜后部应有的设备名称、编号),不得分。 (2) 标志不清晰或颜色错误的,每发现一处扣2分	(1) DL/T 1123—2009《火力发电企业生产安全设施配置》第 4.1.1、4.1.2 条; (2) Q/BEH-211.10-18—2019《防止电力生产事故的重点要求及实施导则》表 20-2 第 10 项
2.4.5.3.10	盘柜的设备标志	10	检查盘柜的设备标志: (1) 2台及以上集中排列安装的电气(柜)不能只装设一个设备标志牌,应根据每台盘(柜)的不同用途,采用编号加以区别,分别装设设备标志牌。 (2) 2台及以上集中排列安装的前后开门电气盘(柜),前后均应装设备标志牌,且同一盘柜前、后设备标志应一致	(1) 2台及以上集中排列安装的电气盘(柜)只装设一个设备标志牌,未根据每台盘(柜)的不同用途,采用编号加以区别的,不得分;电气盘(柜)前后未装设设备标志的,每一处扣2分。 (2) 前后开门电气盘(柜),且同一盘柜前、后设备标志不一致,扣3分	DL/T 1123—2009《火力发电企业生产安全设施配置》第 4.3.5 条
2.4.5.3.11	防误闭锁装置的运行管理	10	(1) 检查防误装置运行规程。 (2) 应制定和完善防误装置的运行规程。 (3) 加强防误闭锁装置的运行管理,确保防误闭锁装置正常运行	未制定和完善防误装置的运行规程的,不得分	Q/BEH-211.10-18—2019《防止电力生产事故的重点要求及实施导则》第 2.1.3 条
2.4.5.3.12	解锁工具(钥匙)使用和管理	15	检查现场集控室解锁工具是否封存管理和解锁钥匙的管理规定: (1) 建立完善的解锁工具(钥匙)使用和管理制度。 (2) 防误闭锁装置不能随意退出运行。 (3) 停用防误闭锁装置时应经本单位分管生产的副总经理或总工程师批准	(1) 未建立完善的解锁工具(钥匙)使用和管理制度的,不得分。 (2) 防误闭锁装置随意退出运行的,不得分。 (3) 停用防误闭锁装置时未经本单位分管生产的副总经理或总工程师批准的,不得分	Q/BEH-211.10-18—2019《防止电力生产事故的重点要求及实施导则》第 2.1.4 条
2.4.5.4	高压开关设备检修管理	30			
2.4.5.4.1	开关设备检修周期、检修项目	10	(1) 查阅高压开关设备检修计划及周期、检修报告,查阅断路器台账。 (2) 检查关设备是否按规定的检修周期、实际累计短路开断电流及状态进行检修。 (3) 检查断路器检修项目是否齐全无漏项,重要反措项目是否落实,是否超过了规定的期限(包括故障切断次数超限)	(1) 未制订检修计划的,不得分。 (2) 反措项目未落实或检修计划漏项严重的,不得分。 (3) 任一台断路器超过周期时间,或故障切断次数超限未修(经过诊断,且主管部门批准延期者除外),扣5分。 (4) 检修工作有漏项的,扣5分	

序号	评价项目	标准分	查评方法及内容	评分标准	查评依据
2.4.5.4.2	弹簧机构断路器机械特性试验	5	查看试验报告： （1）弹簧机构断路器是否定期进行机械特性试验。 （2）测试其行程曲线或速度特性是否符合厂家要求	（1）未按规定开展试验的，不得分。 （2）试验结果不合格未采取有效措施的，不得分	Q/BEH-211.10-18-2019《防止电力生产事故的重点要求及实施导则》第20.2.1.6.5条
2.4.5.4.3	高压开关设备预防性试验	15	查阅高压开关设备预防性试验计划、试验报告、SF$_6$气体、表计校验报告和缺陷记录： （1）是否按规程制订预防性试验计划。 （2）电气预防性试验项目中是否有超限或不合格项目	（1）无预防性试验计划的，不得分。 （2）任一台断路器超期6个月以上或存在漏试项目，扣5分。 （3）任一台断路器的重要项目不合格且未采取有效措施的，不得分	DL/T 596-1996《电力设备预防性试验规程》第8章
2.4.6	过电压、避雷器及接地装置	175			
2.4.6.1	过电压、避雷器及接地装置日常维护管理	25			
2.4.6.1.1	设备台账	5	现场检查设备责任标志及检查设备分工台账： （1）设备台账记录准确。 （2）新增设备验收后在规定的时间内完成设备异动后设备分工和相关资料的录入、更新工作	（1）未建立设备台账，不得分；设备台账记录不准确每一处，扣2分。 （2）新增设备验收后未在规定的时间内完成设备异动后设备分工和相关资料的录入，每缺少一处扣2分	电监安全〔2011〕23号《发电企业安全生产标准化规范及达标评级标准》第5.6.1.2条
2.4.6.1.2	避雷器设备	10	（1）现场查看，查阅缺陷记录。 （2）避雷器设备是否存在严重缺陷（瓷套基座、法兰裂纹，绝缘外表面有放电、均压环歪斜）	存在严重缺陷，不得分	（1）Q/BJCE-218.17-32-2019《燃气发电企业设备缺陷管理规定》； （2）Q/BJCE-218.17-32-2019《燃气发电企业运行管理规定》
2.4.6.1.3	接地引下线	5	（1）现场查看，查阅缺陷记录。 （2）接地引下线是否有开断、松脱或严重腐蚀等现象，如发现接地网腐蚀较为严重，是否及时进行处理。 （3）接地引下线的螺栓连接和焊接应符合标准要求	（1）接地引下线有开断、松脱或严重腐蚀，不得分。 （2）接地网腐蚀严重未处理或无制定改造措施，不得分。 （3）接地引下线的螺栓连接和焊接不符合标准要求，每处扣1分	（1）Q/BEH-211.10-18-2019《防止电力生产事故的重点要求及实施导则》第21.2.1.8条； （2）Q/BJCE-218.17-32-2019《燃气发电企业运行管理规定》
2.4.6.1.4	110~220kV 不接地变压器中性点过电压保护间隙	5	（1）现场查看，查阅缺陷记录。 （2）110~220kV 不接地变压器中性点过电压保护间隙动作后是否检查烧蚀情况并校核间隙距离	保护间隙存在烧蚀情况且未校核间隙距离，不得分	Q/BEH-211.10-18-2019《防止电力生产事故的重点要求及实施导则》第21.1.3.2条

序号	评价项目	标准分	查评方法及内容	评分标准	查评依据
2.4.6.2	过电压、避雷器及接地装置技术管理	90			
2.4.6.2.1	技术档案管理	10	查阅有关设备的技术档案(产品技术文件、图纸、安装调试报告、试验报告、设备台账、缺陷记录、异动报告等)是否齐全、及时归档,内容是否完整、正确	(1)产品技术文件、图纸、安装调试报告、出厂及大修试验报告、缺陷记录、异动报告未在规定时间内归档的,每份扣5分。 (2)其他试验报告、设备台账、异动报告(部门保存)缺失或内容不完整的,每份扣3分	(1)DL/T 1054—2007《高压电气设备绝缘技术监督规程》第8.1条; (2)Q/BEIH—216.09—34—2013《电气绝缘技术监督导则》第5.3.8条
2.4.6.2.2	防止接地网和过电压事故措施	10	检查是否按Q/BEH—211.10—18—2019《防止电力生产事故的重点要求及实施导则》并结合本厂设备实际制定并落实防止接地网和过电压事故措施	(1)未制定防止接地网和过电压事故措施,不得分。 (2)措施内容缺失,每处扣5分。 (3)措施制定不完善,每处扣2分。 (4)未制定防止接地网和过电压事故现场处置方案和无演练记录的,每缺少一项扣5分	Q/BEH—211.10—18—2019《防止电力生产事故的重点要求及实施导则》附录21
2.4.6.2.3	全厂的直击雷防护	10	(1)查阅户外设备直击雷保护范围图纸;现场查看户外配电装置、烟囱、冷却塔等防直击雷保护装置情况。 (2)检查全厂的直击雷防护是否满足有关规程要求,图纸资料是否齐全	(1)存在直击雷防护的空白点,或设计、安装不符合安全要求的,不得分。 (2)无图纸资料的,扣5分。 (3)未按规定加装防直击雷保护装置的,扣5分	GB/T 50064—2014《交流电气装置的过电压保护和绝缘配合设计规范》第5.4条
2.4.6.2.4	雷电侵入波保护	10	(1)查阅发电厂、变电所的过电压保护设计接线图及避雷器等保护装置的试验资料;现场查看防雷电波保护装置情况。 (2)雷电侵入波保护是否满足站内被保护设备、设施的安全运行要求。 (3)敞开式变电站是否按反措要求在110kV以上进出线间隔入口处加装金属氧化物避雷器	(1)无图纸或资料不全,不得分。 (2)未按规定加装金属氧化物避雷器的,不得分	(1)GB/T 50064—2014《交流电气装置的过电压保护和绝缘配合设计规范》第5.4条; (2)Q/BEH—211.10—18—2019《防止电力生产事故的重点要求及实施导则》第21.1.2.2条
2.4.6.2.5	暂态过电压、操作过电压保护	10	(1)查阅发电厂、变电所的过电压保护接线图及过电压保护装置的试验资料;现场查看暂态过电压、操作过电压保护装置情况。 (2)暂态过电压、操作过电压保护装置是否满足被保护设备的安全运行要求	(1)无图纸或资料不全,不得分。 (2)不符合要求存在严重缺陷的,不得分	

序号	评价项目	标准分	查评方法及内容	评分标准	查评依据
2.4.6.2.6	110kV 及以上变压器（含高压厂用备用变压器）中性点过电压保护	5	（1）查阅 110kV 及以上变压器图纸资料，现场检查变压器中性点过电压保护设备情况。 （2）检查 110kV 及以上变压器（含高压厂用备用变压器）中性点过电压保护是否完善	存在严重缺陷和问题（如棒间隙距离或避雷器规范不符合要求等）的，不得分	（1）DL/T 620—1997《交流电气装置的过电压保护和绝缘配合》第 3.1 条； （2）Q/BEH-211.10-18—2019《防止电力生产事故的重点要求及实施导则》第 21.1.3.2 条
2.4.6.2.7	变压器中性点接地引下线	5	（1）查阅资料，现场检查。 （2）检查变压器中性点有两根与主接地网不同地点连接的接地引下线，每根接地引下线均应符合热稳定要求	（1）变压器中性点未采取两根引下线接地，不得分。 （2）不符合热稳定的要求，扣 2 分	Q/BEH-211.10-18—2019《防止电力生产事故的重点要求及实施导则》表 21-1
2.4.6.2.8	重要设备及设备架构接地引下线	5	（1）查阅资料，现场检查。 （2）检查重要设备及设备架构等宜有两根与主接地网不同地点连接的接地引下线，且每根接地引下线均应符合热稳定要求，连接引线应便于定期进行检查测试	（1）重要设备及设备架构等未采取两根引下线接地，不得分。 （2）不符合热稳定的要求，扣 2 分	Q/BEH-211.10-18—2019《防止电力生产事故的重点要求及实施导则》表 21-1
2.4.6.2.9	接地装置（包括设备接地引下线）的热稳定容量校核	10	（1）查阅有关接地装置热稳定校验计算资料。 （2）现场检查。 （3）检查是否每年根据变电站短路容量的变化，校核接地装置（包括设备接地引下线）的热稳定容量，并结合短路容量变化情况和接地装置的腐蚀程度有针对性地对接地装置改造	（1）未开展热稳定性校核，不得分。 （2）导体截面不符合要求的，不得分。 （3）发现问题未采取有效改造措施，不得分。 （4）热稳定性校核电压等级不全、参数使用不对，每少、错一项扣 2 分	（1）GB/T 50065—2011《交流电气装置的接地设计规范》； （2）Q/BEH-211.10-18—2019《防止电力生产事故的重点要求及实施导则》表 21-2
2.4.6.2.10	高土壤电阻率地区的接地网	5	查阅接地电阻测试报告：对于高土壤电阻率地区的接地网，在接地电阻难以满足要求时，应有完善的均压及隔离措施	高土壤电阻率地区的接地网电阻不符合要求，而又未采取均压及隔离措施，不得分	Q/BEH-211.10-18—2019《防止电力生产事故的重点要求及实施导则》表 21-1
2.4.6.2.11	110kV 及以上金属氧化物避雷器在线泄漏电流检测装置	10	现场检查 110kV 及以上金属氧化物避雷器是否安装在线泄漏电流检测装置	未安装在线泄漏电流检测装置，不得分	Q/BEH-211.10-18—2019《防止电力生产事故的重点要求及实施导则》第 21.1.6.3 条
2.4.6.3	过电压、避雷器与接地装置运行管理	20			
2.4.6.3.1	设备运行技术标准、资料	10	查阅有关企业运行技术标准资料；运行规程、系统图册有效、完善、齐全	（1）运行规程、系统图册不全，不得分。 （2）内容不全、存在严重错误，每处扣 2 分	（1）Q/BEH-211.10-02—2019《安全生产工作规定》； （2）电监安全〔2011〕23 号《发电企业安全生产标准化规范及达标评级标准》第 5.6.1.2 条

续表

序号	评价项目	标准分	查评方法及内容	评分标准	查评依据
2.4.6.3.2	避雷器在线监测装置	10	（1）查阅巡检记录，现场查看。 （2）避雷器在线监测装置指示是否正常（应每天巡视一次，每半月记录一次）	（1）避雷器在线监测装置指示异常，每台扣2分。 （2）未按要求巡视、记录，不得分	Q/BEH−211.10−18−2019《防止电力生产事故的重点要求及实施导则》第21.1.6.3条
2.4.6.4	过电压与接地检修管理	40			
2.4.6.4.1	接地网接地电阻	5	查阅预防性试验报告、检测记录： （1）是否按规程要求定期测试接地网接地电阻值。 （2）接地电阻不合格未采取有效治理措施的	（1）未按要求检测接地网接地电阻，不得分。 （2）接地电阻试验不符合规程要求，未采取完善的均压及隔离措施的，扣5分	（1）DL/T 475−2017《接地装置特性参数测量导则》第4条； （2）DL/T 596−1996《电力设备预防性试验规程》表46
2.4.6.4.2	接地网的腐蚀情况	5	查阅接地网开挖检查记录： （1）是否定期通过开挖抽查等手段确定接地网的腐蚀情况（铜质材料接地体的接地网不必定期开挖检查）。 （2）新建、改扩建工程地网是否有隐蔽工程图像资料	（1）运行5年以上未开挖的，不得分。 （2）2014年4后新建、改扩建工程地网无隐蔽工程图像资料，扣5分	Q/BEH−211.10−18−2019《防止电力生产事故的重点要求及实施导则》第21.2.1.7、21.2.1.11条
2.4.6.4.3	接地装置引下线的导通检测	5	查阅接地导通试验报告： （1）每年进行一次接地装置引下线的导通检测工作。 （2）检测方法正确、规范。 （3）检测应使用专用的接地导通测试仪器。 （4）根据历年测量结果进行分析比较	（1）未按周期进行接地引下线的导通检测工作，不得分。 （2）测量时未正确设置参考点，扣2分。 （3）未使用专用的接地导通测试仪器，扣2分。 （4）测量结果分析不到位，扣2分。 （5）没按DL/T 475−2017《接地装置特性参数测量导则》第5.2条中a）、b）要求，测量变电站各电压等级的场区之间、各局域地网与主地网之间、厂房与主地网之间、各发电机单元与主地网之间导通电阻少一项，扣2分。 （6）有两根接地引下线的设备只测一根导通电阻，扣2分	（1）DL/T 596−1996《电力设备预防性试验规程》表46； （2）DL/T 475−2017《接地装置特性参数测量导则》第5.2条a）、b）； （3）Q/BEH−211.10−18−2019《防止电力生产事故的重点要求及实施导则》第21.2.1.11条
2.4.6.4.4	独立避雷针接地电阻	5	查阅接地电阻测试报告： （1）独立避雷针是否单独进行接地电阻测试。 （2）接地电阻是否符合要求	（1）独立避雷针未单独进行接地测试的，不得分。 （2）独立避雷针接地电阻不符合要求，每项扣2分。 （3）未测量独立避雷针与主地网的导通电阻，扣3分。 （4）独立避雷针与主地网的导通电阻测试方法和数值不正确，扣2分	（1）DL/T 596−1996《电力设备预防性试验规程》表46第9项； （2）DL/T 475−2017《接地装置特性参数测量导则》第5.2条

续表

序号	评价项目	标准分	查评方法及内容	评分标准	查评依据
2.4.6.4.5	避雷器交接及预防性试验	10	（1）检查试验报告。 （2）检查避雷器交接及预防性试验项目是否齐全，试验数据是否符合规程要求	（1）试验项目缺项，不得分。 （2）试验报告的不符合项，每项扣2分	DL/T 596—1996《电力设备预防性试验规程》第14条
2.4.6.4.6	110kV 及以上避雷器带电测试	10	检查避雷器带电测试报告： （1）是否每年雷雨季节前后开展 110kV 及以上避雷器运行中带电测试。 （2）试验结果是否符合要求	（1）未按要求进行测试，不得分。 （2）测试结果不符合要求，且未采取加强监督措施，扣5分	（1）DL/T 596—1996《电力设备预防性试验规程》表40第3条； （2）Q/BEH-211.10-18—2019《防止电力生产事故的重点要求及实施导则》表21-2、表21.1.6
2.4.7	互感器、耦合电容器和套管	150			
2.4.7.1	互感器、耦合电容器和套管日常维护管理	30			
2.4.7.1.1	设备台账	5	现场检查设备责任标志及检查设备分工台账： （1）设备台账记录准确。 （2）新增设备验收后在规定的时间内完成设备异动后设备分工和相关资料的录入、更新工作	（1）未建立设备台账，不得分；设备台账记录不准确，每处扣2分。 （2）新增设备验收后未在规定的时间内完成设备异动后设备分工和相关资料的录入，每缺少一处扣2分	电监安全〔2011〕23 号《发电企业安全生产标准化规范及达标评级标准》第5.6.1.2条
2.4.7.1.2	油浸式互感器和套管外观	5	（1）现场查看，查阅巡检和维护记录。 （2）检查油浸式互感器和套管外观是否完整无损、连接牢靠；外绝缘表面是否清洁、无裂纹和放电	每发现一处缺陷，扣2分	Q/BJCE-218.17-32—2019《燃气发电企业运行管理规定》
2.4.7.1.3	油浸式互感器和套管油位	5	（1）现场查看、查阅巡检，维护记录。 （2）检查油浸式互感器和套管油位是否正常、无渗油，金属膨胀器是否正常	每发现一处缺陷，扣2分	Q/BJCE-218.17-32—2019《燃气发电企业运行管理规定》
2.4.7.1.4	SF₆ 气体绝缘互感器压力表和气体密度继电器指示	5	（1）现场查看，查阅巡检和维护记录。 （2）检查 SF₆ 气体绝缘互感器压力表和气体密度继电器指示是否正常；SF₆ 气体年漏气率应小于 0.5%；按要求补气。 （3）检查室外安装的 SF₆ 密度继电器和压力表是否安装防雨罩	（1）存在压力表和密度继电器指示不正常，每发现一处扣2分。 （2）室外安装的 SF₆ 密度继电器和压力表未安装防雨罩，扣2分	Q/BJCE-218.17-32—2019《燃气发电企业运行管理规定》
2.4.7.1.5	环氧浇注互感器缺陷	5	（1）现场查看，查阅巡检和维护记录。 （2）检查环氧浇注互感器无过热、无异常振动和声响；外绝缘表面无积灰、开裂，无放电	每发现一处缺陷，扣2分	Q/BJCE-218.17-32—2019《燃气发电企业运行管理规定》

序号	评价项目	标准分	查评方法及内容	评分标准	查评依据
2.4.7.1.6	引线端子连接情况	5	（1）现场查看，查阅红外检测记录。 （2）检查引线端子是否过热，接头螺栓无松动	（1）红外测温和记录不符合规程要求，不得分。 （2）每发现一处缺陷，扣2分	Q/BJCE－218.17－32—2019《燃气发电企业运行管理规定》
2.4.7.2	互感器、耦合电容器、套管技术管理	40			
2.4.7.2.1	互感器、耦合电容器、套管等设备技术档案	10	（1）查阅有关设备的技术档案（产品技术文件、图纸、安装调试报告、试验报告、设备台账、缺陷记录、异动报告等）。 （2）检查互感器、耦合电容器、套管等设备技术档案是否齐全、及时归档，内容是否完整、正确	（1）产品技术文件、图纸、安装调试报告、出厂及大修试验报告、缺陷记录、异动报告未在规定时间内归档至档案室的，每份扣2分。 （2）其他试验报告、设备台账、异动报告（部门保存）缺失或内容不完整的，每份扣3分	（1）DL/T 1054—2007《高压电气设备绝缘技术监督规程》第8.1条； （2）Q/BJCE－219.17－24—2019《电气绝缘技术监督导则》第5.3.8条
2.4.7.2.2	油浸式互感器金属膨胀器	10	（1）查看厂家资料，查看整改计划、整改记录。 （2）检查油浸式互感器是否选用带金属膨胀器微正压结构形式	（1）未执行反措要求的且未制订整改计划的，不得分。 （2）整改未按计划完成的，扣5分	Q/BEH－211.10－18—2019《防止电力生产事故的重点要求及实施导则》第19.1.8.1.1条
2.4.7.2.3	电流互感器的动热稳定性能	10	（1）查看图纸及设计资料，查看整改计划、整改记录。 （2）检查所选用电流互感器的动热稳定性能是否满足安装地点系统短路容量的要求，一次绕组串联时是否满足安装地点系统短路容量的要求	（1）未执行反措要求的且未制订整改计划的，不得分。 （2）整改未按计划完成的，扣5分。 （3）未进行短路容量计算的，扣5分	Q/BEH－211.10－18—2019《防止电力生产事故的重点要求及实施导则》第19.1.8.1.2条
2.4.7.2.4	电容式电压互感器的中间变压器高压侧	5	（1）查看厂家资料，查看整改计划、整改记录。 （2）检查电容式电压互感器的中间变压器高压侧不应装设金属氧化物避雷器（MOA）	（1）未执行反措要求的且未制订整改计划的，不得分。 （2）整改未按计划完成的，扣2分	Q/BEH－211.10－18—2019《防止电力生产事故的重点要求及实施导则》第19.1.8.1.3条
2.4.7.2.5	110～500kV 互感器出厂试验	5	（1）查阅出厂试验报告。 （2）110～500kV 互感器在出厂试验时，应逐台进行全部出厂试验，不得以抽检方式代替，出厂试验包括高电压下的介质损耗、局部放电及耐压试验等	每一件不符合要求，扣1分	Q/BEH－211.10－18—2019《防止电力生产事故的重点要求及实施导则》第19.1.8.2.4条
2.4.7.3	互感器、耦合电容器和套管运行管理	40			
2.4.7.3.1	设备运行技术标准、资料	10	（1）查阅有关企业运行技术标准资料；运行规程、系统图册。 （2）检查设备运行技术标准、资料有效、完善、齐全	（1）运行规程、系统图册不全，不得分。 （2）内容不全，存在严重错误，每处扣2分	电监安全〔2011〕23 号《发电企业安全生产标准化规范及达标评级标准》第5.6.1.2条

序号	评价项目	标准分	查评方法及内容	评分标准	查评依据
2.4.7.3.2	互感器、耦合电容器和套管密封情况	10	（1）检查巡视记录及检修记录。 （2）检查互感器、耦合电容器和穿墙套管是否有渗漏油现象，油位指示清晰、正常。 （3）检查对运行中渗漏油的互感器，是否根据情况限期处理，必要时进行油样分析。 （4）检查油浸式互感器严重漏油及电容式电压互感器电容单元漏油的是否立即停止运行	（1）未按规定开展巡视的，不得分。 （2）发现问题，未采取有效措施，不得分	Q/BEH-211.10-18-2019《防止电力生产事故的重点要求及实施导则》第19.1.8.1.18条
2.4.7.3.3	互感器内部缺陷及异常情况	10	（1）检查现场检查，查看设备缺陷记录。 （2）检查如运行中互感器的膨胀器异常伸长顶起上盖，是否立即退出运行，当互感器出现异常响声时是否退出运行，当电压互感器二次电压异常时是否迅速查明原因并及时处理	（1）如运行中互感器的膨胀器异常伸长顶起上盖，未立即退出运行，当互感器出现异常响声未退出运行，当电压互感器二次电压异常时未迅速查明原因并及时处理等，不得分。 （2）存在一般缺陷未及时处理的，扣5分	Q/BEH-211.10-18-2019《防止电力生产事故的重点要求及实施导则》第19.1.8.1.20条
2.4.7.3.4	SF$_6$绝缘互感器压力	10	查阅缺陷记录，现场检查运行巡视检查记录；SF$_6$绝缘互感器压力是否正常	（1）未按规定开展巡视的，不得分。 （2）发现问题，未采取有效措施，不得分	Q/BEH-211.10-18-2019《防止电力生产事故的重点要求及实施导则》第19.1.8.2.11条
2.4.7.4	互感器、耦合电容器和套管检修管理	40			
2.4.7.4.1	绝缘油检测	10	查阅绝缘油检测报告： （1）是否按规定对绝缘油进行检测。 （2）当油中溶解气体色谱分析异常，含水量、含气量、击穿强度等项目试验不合格时，应分析原因并及时处理	（1）未按规定开展绝缘油检测工作，不得分。 （2）绝缘油试验项目存在不合格项，监测措施不到位，扣2分	（1）DL/T 722-2014《变压器油中溶解气体分析和判断导则》第5、9、10章； （2）DL/T 596-1996《电力设备预防性试验规程》第7、9章
2.4.7.4.2	预防性试验	10	（1）查阅预防性试验计划、预防性试验报告。 （2）检查预防性试验是否有超期、超限或不合格的项目，预防性试验应按照 DL/T 596-1996《电力设备预防性试验规程》规定及制造厂要求进行。 （3）SF$_6$密度继电器是否定期进行校验	（1）无预防性试验计划的，不得分。 （2）未按计划开展试验的，不得分。 （3）任一台设备项目不合格，超期6个月以上的，不得分。 （4）SF$_6$密度继电器没定期校验，扣5分	DL/T 596-1996《电力设备预防性试验规程》第7、9章
2.4.7.4.3	红外测温工作	10	查阅红外测试记录及缺陷记录： （1）是否按规定开展红外测温工作。 （2）红外测温发现的异常是否分析并采取加强监督措施	（1）红外测温和记录不符合规程要求，不得分。 （2）发现异常情况，监测措施不到位，扣2分	DL/T 664-2016《带电设备红外诊断应用规范》表I.1

序号	评价项目	标准分	查评方法及内容	评分标准	查评依据
2.4.7.4.4	互感器检修项目、内容、工艺及质量	10	（1）查阅检修作业文件包、检修记录。 （2）检查互感器检修项目、内容、工艺及质量是否符合 DL/T 727—2013《互感器运行检修导则》要求（110kV 及以上电压等级互感器不应进行现场解体检修）	（1）检修项目、内容、工艺及质量不符合 DL/T 727—2013《互感器运行检修导则》要求，不得分。 （2）检修作业指导书缺项或 W/H 点设置不正确，扣 5 分	DL/T 727—2013《互感器运行检修导则》第 9、10、11 章
2.4.8	电缆及电缆用构筑物（含热控电缆）	180			
2.4.8.1	电缆及电缆用构筑物日常维护管理	75			
2.4.8.1.1	电缆设备台账	5	现场检查设备责任标志及检查设备分工台账： （1）电缆设备台账记录是否准确。 （2）新增设备验收后在规定的时间内完成设备异动后设备分工和相关资料的录入、更新工作	（1）未建立设备台账，不得分；设备台账记录不准确，每处扣 2 分。 （2）新增设备验收后未在规定的时间内完成设备异动后设备分工和相关资料的录入，每缺少一处扣 2 分	电监安全〔2011〕23 号《发电企业安全生产标准化规范及达标评级标准》第 5.6.1.2 条
2.4.8.1.2	电缆日常巡查	5	（1）查阅巡查规定及巡查记录，现场核对性巡查，至少检查 1 个电缆夹层、1 条电缆主隧道和主厂房内 1 条架空电缆主通道。 （2）检查是否按规定周期对电缆进行巡查，并做完整记录	（1）未开展日常巡查，不得分。 （2）不规范或记录不完整的，扣 2 分。 （3）现场核查发现的问题，缺陷未记录的，每项扣 2 分	DL/T 1253—2013《电力电缆线路运行规程》第 7.2 条
2.4.8.1.3	控制室电缆孔洞封堵	5	现场检查控制室（包括主控、网控、单控、集控）的电缆夹层通向电缆竖井（含竖井内部）、仪表盘、控制室的电缆孔洞是否封堵严密，符合要求；样品数：4 台机组及以下的抽查 1 台，5~8 台机组的抽查 2 台	（1）发现一处不符合要求的，扣 2 分。 （2）存在严重问题的，不得分	Q/BEH-211.10-18-2019《防止电力生产事故的重点要求及实施导则》第 1.1.2.6 条
2.4.8.1.4	电缆隧道、电缆沟排水及清洁情况	5	现场检查电缆隧道、电缆沟堵漏及排水设施是否完好，不积水、积油、积灰、积粉及杂物；电缆各沟道盖板及电缆夹层、竖井、电缆沟的门是否保持完好	（1）发现一处问题，扣 2 分。 （2）存在严重问题的，不得分	Q/BEH-211.10-18-2019《防止电力生产事故的重点要求及实施导则》第 1.1.2.14 条
2.4.8.1.5	电缆夹层、电缆隧道照明情况	5	（1）检查图纸资料。 （2）现场检查电缆夹层、电缆隧道照明是否齐全、良好；高度低于 2.5m 的夹层、隧道是否采用安全电压供电	（1）无照明系统图纸资料，不得分。 （2）使用电压不符合要求或照明发现严重问题的，不得分。 （3）照明不完善的，每项扣 1 分	DL/T 5390—2014《发电厂和变电站照明设计技术规定》表 6.0.1-1

续表

序号	评价项目	标准分	查评方法及内容	评分标准	查评依据
2.4.8.1.6	电缆终端过电压保护及金属屏蔽层接地	5	查阅设备台账,现场检查电缆终端过电压保护是否正确完好;统包型电缆的金属屏蔽层、金属护层两端是否直接接地	电缆终端过电压保护及金属屏蔽层接地不符合要求的,不得分	国能安全〔2014〕161号《防止电力生产事故的二十五项重点要求》第17.1.7条
2.4.8.1.7	电缆终端预试和清扫	5	查阅检修记录、预试报告: (1)现场检查电缆终端套管外绝缘是否符合环境污秽等级要求,是否定期清扫。 (2)电缆终端是否定期进行预试。 (3)电缆终端保护层保护器是否按规程要求进行试验	(1)现场检查无清扫记录的,不得分。 (2)未定期清扫的,扣3分。 (3)检查电缆的试验及检查记录存在缺项,扣2分。 (4)电缆终端保护层保护器没按规程要求进行试验,不得分	(1)DL/T 596—1996《电力设备预防性试验规程》第11章; (2)Q/BEH-211.10-18—2019《防止电力生产事故的重点要求及实施导则》第1.1.2.13、1.1.2.14条,表1-2
2.4.8.1.8	控制室电缆夹层附近及架空电缆附近堆放易燃、可燃物品情况	5	现场检查规定制度,控制室电缆夹层附近及架空电缆附近是否堆放易燃、可燃物品	(1)没有相关规定的,不得分。 (2)发现一处不符合要求的,扣5分	Q/BEH-211.10-18—2019《防止电力生产事故的重点要求及实施导则》表1-2
2.4.8.1.9	靠近高温管道、阀门等热体的电缆隔热措施,靠近带油、氢、天然气、氨区设备的电缆沟盖板密封情况	5	现场检查: (1)靠近高温管道、阀门等热体的电缆的隔热措施。 (2)靠近带油、氢、天然气、氨区设备的电缆沟盖板是否密封措施	(1)发现有高温管道、阀门等热体的电缆无隔热措施的,不得分。 (2)靠近带油、氢、天然气和氨区设备的电缆沟盖板无密封措施的,不得分。 (3)隔热和密封措施不完善,每处扣2分	Q/BEH-211.10-18—2019《防止电力生产事故的重点要求及实施导则》第1.1.2.15条
2.4.8.1.10	电缆防火涂料涂刷情况	5	现场检查电缆防火涂料涂刷情况	电缆未按要求涂刷防火涂料,不得分	(1)GB 50229—2019《火力发电厂与变电站防火设计规范》第6.8条; (2)DL 5027—2015《电力设备典型消防规程》第10.5条; (3)Q/BEH-211.10-18—2019《防止电力生产事故的重点要求及实施导则》表1-2
2.4.8.1.11	电缆及电缆用构筑物定期巡视检查制度	5	(1)查阅电缆巡视检查制度。 (2)检查是否建立电缆及电缆用构筑物定期巡视检查制度,明确责任人员、检查周期、标准、线路,发现问题的处置方案	未制定电缆巡视检查制度,不得分	

序号	评价项目	标准分	查评方法及内容	评分标准	查评依据
2.4.8.1.12	电缆红外测温	10	（1）查看红外测温规定；电缆红外测温记录；现场检查使用的红外测温设备。 （2）应加强电缆线路负荷和温度的检（监）测，防止过负荷运行，多条并联的电缆应分别进行测量巡视过程中应检测电缆附件、接地系统等的关键接点的温度	（1）未制定红外测温规定的，不得分。 （2）红外测温和记录不符合规程要求，不得分。 （3）使用的红外测温设备为非红外热像设备，扣5分。 （4）发现测温超标但未及时处理和制定措施的，每条扣5分。 （5）红外测温记录内容缺失，或未及时存档的，扣5分	（1）DL/T 1253—2013《电力电缆线路运行规程》； （2）国能安全（2014）161号《防止电力生产事故的二十五项重点要求》第17.1.15条
2.4.8.1.13	电缆标牌、标识	10	（1）现场检查所有电缆标牌是否齐全，起、终点名称正确。 （2）检查直埋电缆沿线是否装设永久标识或路径感应标识	（1）现场检查通向电缆夹层、电缆沟道、电缆桥架的电缆的标牌不齐全的，电缆未标有起、终点名称的，每处扣2分。 （2）直埋电缆沿线未装设永久标识或路径感应标识的，每处扣2分	Q/BEH-211.10-18—2019《防止电力生产事故的重点要求及实施导则》表2-1、表2-2
2.4.8.2	电缆及电缆用构筑物技术管理	85			
2.4.8.2.1	电缆技术档案	5	查阅电缆图纸资料，技术改造资料，具体电缆清册是否齐全、完整，清册内容是否有每根电缆编号、起止点、形式、电压、芯数、长度等，防火阻燃措施方案、设计安装图是否齐全	（1）无电缆清册、防火阻燃措施方案或电缆设计安装图的，不得分。 （2）电缆清册、防火阻燃措施方案或电缆设计安装图不完善，每处扣3分	
2.4.8.2.2	电缆最大负荷核算	5	查阅有关核算资料；设备增容后电缆最大负荷是否超过电缆设计及环境温度、土壤热阻、多根电缆并行等系数后的允许载流量	（1）未进行核算的（以计算书为准，并有负责人签字），不得分。 （2）发现重要问题，或发现问题但无整改措施的，不得分	DL/T 5222—2005《导体和电器选择设计技术规定》第7.8条
2.4.8.2.3	电缆竖井和电缆沟防火隔离措施	10	现场抽查电缆竖井和电缆沟是否分段做防火隔离；敷设在隧道和厂房内构架上的电缆是否采取分段阻燃措施，样品数：4台机组及以下的抽查1台，5~8台机组的抽查2台	（1）发现一处不符合要求的，扣5分。 （2）存在严重问题的，不得分。 （3）基建期电缆竖井和电缆沟防火隔离遗留缺陷难以整改，没加强巡视检查，不得分	Q/BEH-211.10-18—2019《防止电力生产事故的重点要求及实施导则》第1.1.2.9条
2.4.8.2.4	特别重要电缆（如操作直流、主保护、直流油泵等电缆）耐火隔离措施	5	检查电缆清册，现场检查蓄电池引至直流母线的电缆、直流润滑油泵、密封油泵电缆等是否采取耐火隔离措施或更换难燃电缆；样品数：4台机组及以下的抽查1台，5~8台机组的抽查2台	（1）现场检查特别重要电缆未采取耐火隔离措施的，不得分。 （2）按抽查样品数：4台机组及以下的抽查1台，5~8台机组的抽查2台，存在不合格的，不得分	（1）GB 50229—2019《火力发电厂与变电站防火设计规范》； （2）DL 5027—2015《电力设备典型消防规程》； （3）Q/BEH-211.10-18—2019《防止电力生产事故的重点要求及实施导则》表1-1

续表

序号	评价项目	标准分	查评方法及内容	评分标准	查评依据
2.4.8.2.5	电缆敷设情况	5	现场检查：电缆敷设是否符合规程要求，是否布线整齐，各类电缆是否分层布置，电缆的弯曲半径是否符合要求，是否存在任意交叉情况，抽查样品数同上	（1）发现一处不符合要求的，扣2分。 （2）存在严重问题的，不得分	Q/BEH–211.10–18—2019《防止电力生产事故的重点要求及实施导则》表1–1
2.4.8.2.6	控制电缆和动力电缆分层分竖井布置及设置耐火隔板情况	5	现场检查，抽查样品数同上： （1）控制电缆和动力电缆间是否分层分竖井布置。 （2）二者之间是否设置耐火隔板	（1）发现一处不符合要求的，扣5分。 （2）存在严重问题的，不得分。 （3）基建期电缆竖井和电缆沟防火隔离遗留缺陷难以整改，没加强巡视检查，不得分	Q/BEH–211.10–18—2019《防止电力生产事故的重点要求及实施导则》表1–1
2.4.8.2.7	通信电缆沟与一次动力电缆沟相隔离情况	5	现场检查，抽查样品数同上： （1）通信电缆沟是否与一次动力电缆沟相分离。 （2）如不具备条件，是否采取电缆沟内部分隔等措施进行有效隔离	（1）现场检查通信电缆与动力电缆相混敷设，不得分。 （2）未采取电缆沟内部分隔等措施进行有效隔离的，不得分	
2.4.8.2.8	单机容量为200MW及以上机组，主厂房到网控楼或主控楼的每条电缆沟所容纳电缆回路数	5	检查图纸资料、现场检查： 单机容量为200MW及以上机组，主厂房到网控楼或主控楼的每条电缆沟所容纳电缆回路是否未超过1台机组的电缆	（1）无电缆敷设图纸的，不得分。 （2）现场检查存在每一处不符合要求，未采取措施的，扣2分	Q/BEH–211.10–18—2019《防止电力生产事故的重点要求及实施导则》表1–1
2.4.8.2.9	单机容量为200MW以下，100MW、125MW及以上机组，主厂房到网控楼或主控楼的每条电缆沟，所容纳电缆回路数	5	检查图纸资料、现场检查： 单机容量为200MW以下，100、125MW及以上机组，主厂房到网控楼或主控楼的每条电缆沟，所容纳电缆回路是否未超过2台机组的电缆	（1）无电缆敷设图纸的，不得分。 （2）现场检查存在每一处不符合要求，未采取措施的，扣2分	Q/BEH–211.10–18—2019《防止电力生产事故的重点要求及实施导则》表1–1
2.4.8.2.10	单机容量为100MW以下机组，主厂房到网控楼或主控楼的每条电缆沟，所容纳电缆回路数	5	检查图纸资料、现场检查： 单机容量为100MW以下机组，主厂房到网控楼或主控楼的每条电缆沟，所容纳电缆回路是否未超过3台机组的电缆	（1）无电缆敷设图纸的，不得分。 （2）现场检查存在每一处不符合要求，未采取措施的，扣2分	Q/BEH–211.10–18—2019《防止电力生产事故的重点要求及实施导则》表1–1
2.4.8.2.11	同一机组双套辅机电缆，工作电源和备用电源电缆分通道敷设情况	5	检查图纸资料、现场检查： 同一机组双套辅机电缆，工作电源和备用电源电缆，是否分通道敷设	（1）无电缆敷设图纸的，不得分。 （2）现场检查存在每一处不符合要求，未采取措施的，扣2分	Q/BEH–211.10–18—2019《防止电力生产事故的重点要求及实施导则》表1–1
2.4.8.2.12	全厂性重要公用负荷电缆，分通道敷设情况	5	检查图纸资料、现场检查： 全厂性重要公用负荷电缆，是否分通道敷设	（1）无电缆敷设图纸的，不得分。 （2）现场检查存在每一处不符合要求，未采取措施的，扣2分	Q/BEH–211.10–18—2019《防止电力生产事故的重点要求及实施导则》表1–1

序号	评价项目	标准分	查评方法及内容	评分标准	查评依据
2.4.8.2.13	多个电缆头并排安装时，电缆头间隔板或填充阻燃材料情况	5	现场检查： 　多个电缆头并排安装时，电缆头间是否有隔板或填充阻燃材料	（1）现场检查未采取措施的，不得分。 （2）现场检查存在每一处不符合要求，扣2分	Q/BEH-211.10-18-2019《防止电力生产事故的重点要求及实施导则》表1-1
2.4.8.2.14	电缆中间接头耐火防爆槽盒情况	5	（1）检查电缆中间接头台账，现场检查。 （2）检查电缆中间接头是否采用耐火防爆槽盒进行封闭	（1）未建立台账，不得分。 （2）记录不规范或现场发现不符合要求的，每处扣2分	Q/BEH-211.10-18-2019《防止电力生产事故的重点要求及实施导则》表1-1
2.4.8.2.15	主厂房内架空电缆与热体管路间距	5	现场检查主厂房内架空电缆与热体管路是否保持足够距离，控制电缆不应小于0.5m，动力电缆不应小于1m	主厂房内架空电缆与热体管路距离不够（控制电缆不应小于0.5m，动力电缆不应小于1m）每处扣2分	Q/BEH-211.10-18-2019《防止电力生产事故的重点要求及实施导则》表1-1
2.4.8.2.16	运行在潮湿或浸水环境中的110kV及以上电压等级电缆纵向阻水功能及电缆附件密封防潮情况	5	现场检查是否存在运行在潮湿或浸水环境中的110kV及以上电压等级电缆，是否具有纵向阻水功能，电缆附件是否密封防潮	发现运行在潮湿或浸水环境中的110kV及以上电压等级电缆不具有纵向阻水功能，电缆附件不能密封防潮的，每处扣2分	国能安全（2014）161号《防止电力生产事故的二十五项重点要求》第17.1.6条
2.4.8.3	电缆及电缆用构筑物检修管理	20			
2.4.8.3.1	电缆定期检修、检验制度	5	查阅电缆检修、检验制度： （1）是否建立电缆定期检修、检验制度。 （2）检修检验周期、检修检验标准是否符合要求	（1）无电缆检修检验制度，不得分。 （2）制度内容不符合要求，扣2分	
2.4.8.3.2	2kV以上电力电缆预防性试验	5	查阅电缆预防性试验计划、试验记录和试验报告：110kV及以上全数查评；2kV及以上且35kV及以下抽查10%，不少于10条	（1）无计划，不得分。 （2）发现1条超过0.5个周期未试验的，不得分。 （3）记录和报告不规范，发现一条扣1分	DL/T 596-1996《电力设备预防性试验规程》第11章
2.4.8.3.3	1kV以下动力电缆预防性试验	5	查阅有关动力电缆预防性试验计划（可含在主辅设备检修计划中）和试验记录，抽查20条电缆	（1）无计划，不得分。 （2）发现一条超过0.5个周期未试验的，不得分。 （3）记录和报告不规范，每项扣1分	DL/T 596-1996《电力设备预防性试验规程》第11章
2.4.8.3.4	检修检验时，打开的电缆孔洞在人员离开时临时封堵情况	5	（1）现场检查电缆孔洞临时封堵情况。 （2）检修检验时，打开的电缆孔洞在人员离开时是否进行了临时封堵	打开的电缆孔洞在人员离开时未进行临时封堵，不得分	DL 5027-2015《电力设备典型消防规程》第10.5.4条

序号	评价项目	标准分	查评方法及内容	评分标准	查评依据
2.4.9	电气一次设备检修管理	110			
2.4.9.1	检修项目、计划	25	检查各专业检修项目及计划执行情况： （1）检查检修计划是否合理，检修目标、进度、备件、材料、人工和费用安排是否合理。 （2）检修项目是否完善，是否有缺项、漏项。 （3）检查修前、修后试验项目，是否有缺项、漏项和不合格项。 （4）检查重大检修项目的专用工器具台账，是否存在工器具应检未检项目	（1）检修计划不完善，检修目标、进度、材料、人工和费用安排不合理，每发现一处扣2分。 （2）检修项目不完善，存在缺项、漏项和不合格，每发现一处扣2分。 （3）修前、修后试验项目，存在缺项、漏项和不合格项，每发现一处扣2分。 （4）专用工器具存在工器具应检未检项目，每发现一处扣2分	Q/BJCE－218.17－45—2019《燃气发电企业检修管理规定》
2.4.9.2	检修质量管理	25	查看设备检修管理制度及标准作业文件： （1）实行标准化检修管理，编制检修作业文件包，对重大项目制定安全组织措施、技术措施及施工方案。 （2）严格工艺要求和质量标准，实行检修质量控制和监督三级验收制度，严格检修作业中停工待检点和见证点的检查签证	（1）未编制检修作业文件包，每项扣2分。 （2）检修作业文件包编制不完整或者内容粗糙，每项扣2分。 （3）对重大项目未制定安全组织措施、技术措施及施工方案，每项扣5分。 （4）质量控制未严格执行三级验收制度，每项扣5分；执行不到位和验收资料不完整，每项扣2分	（1）Q/BJCE－218.17－45—2019《燃气发电企业检修管理规定》； （2）Q/BJCE－218.17－40—2019《燃气发电企业检修作业文件管理规定》
2.4.9.3	检修记录	20	（1）对照检修记录，查阅总结文本，查阅设备台账、安全阀台账等。 （2）检查设备大小修记录是否完整，有关技术资料是否齐全；安全阀等设备是否定期检验	（1）设备检修记录不完善，每项扣2分，重要节点未能需要提供原始记录，扣5分。 （2）锅炉安全阀未按照相关要求进行检验检查或解体检修，每项扣5分；锅炉压力容器安全阀整定值不符合要求或数据不全，每项扣2分，单项最高扣10分。 （3）作业人员和单位资质不符合TSG ZF001《安全阀安全技术监察规程》的规定的，每处扣5分，最高扣10分	（1）DL/T 838—2017《燃煤火力发电企业设备检修导则》； （2）DL/T 959—2014《电站锅炉安全阀技术规程》第8.4.1、8.4.7条； （3）制造厂有关规定； （4）TSG ZF001《安全阀安全技术监察规程》
2.4.9.4	施工现场管理	25	（1）检查施工人员是否正确使用合格的劳保用品和工器具。 （2）检查施工现场的井、坑、沟及开凿的地面孔洞，是否设牢固围栏、照明及警示标志。 （3）检查施工现场是否落实易燃易爆危险物品和防火管理。 （4）检查现场作业是否履行工作票手续	（1）施工人员使用不合格的劳保用品和工器具，每项扣10分。 （2）施工现场无安全防护措施不得分；安全措施不完善，每项扣5分。 （3）施工现场储存易燃易爆危险物品不得分；施工现场有吸烟或有烟头，每项扣10分。 （4）现场施工未使用工作票不得分，工作时工作负责人（监护人）不在现场不得分	（1）Q/BJCE－218.17－24—2019《工作票管理规定》； （2）Q/BEIH－219.10－08—2013《ERP系统工作票、操作票管理实施细则》

续表

序号	评价项目	标准分	查评方法及内容	评分标准	查评依据
2.4.9.5	修后设备技术资料管理	15	（1）现场检查档案室对修后设备的技术资料归档情况。 （2）检查30天内的设备管理软件更新情况	（1）修后技术资料未及时归档，每项扣2分。 （2）未在规定时间内完成设备更新录入，每项扣2分	Q/BJCE-218.17-45-2019《燃气发电企业检修管理规定》
2.4.10	绝缘技术监督	40			
2.4.10.1	技术监督细则	30	（1）检查是否建立了本单位的绝缘监督细则。 （2）检查各级绝缘监督岗位责任制是否明确，责任制是否落实	（1）无本单位制度不得分，制度内容不全或有明显错误的，每项扣5分。 （2）每缺一级责任制扣5分，每一级责任制不落实扣5分	Q/BJCE-219.17-16-2019《电气绝缘技术监督导则》
2.4.10.2	技术监督会议	10	组织召开本单位绝缘监督会议（每年至少1次）	未召开会议或无会议记录，每项扣5分	Q/BJCE-219.17-16-2019《电气绝缘技术监督导则》

2.5 电气二次设备及其他

序号	评价项目	标准分	查评方法及内容	评分标准	查评依据
2.5	电气二次设备及其他	**1600**			
2.5.1	励磁系统	280			
2.5.1.1	日常维护管理	50			
2.5.1.1.1	功率整流柜	10	查阅运行、试验记录和现场检查，励磁系统功率整流柜是否发生异常、过热、报警等现象	（1）整流柜有异常、过热、报警记录扣5分。 （2）整流柜出现过严重损坏造成发电机非停事故不得分	DL/T 843-2010《大型汽轮发电机励磁系统技术条件》第6.4.1条
2.5.1.1.2	功率整流装置的风机工作电源	10	检查设备台账和现场检查，风冷功率整流装置风机的电源应采用互为备用的双电源工作电源，工作电源故障时，备用电源应能自动投入	（1）风机电源存在异常但未造成发电机停机扣2分。 （2）风机电源切换功能存在异常，造成发电机非停事故不得分	DL/T 843-2010《大型汽轮发电机励磁系统技术条件》第6.4.5条
2.5.1.1.3	转子过电压、整流设备交/直流等保护	10	检查技术资料、故障和报警记录，转子过电压保护、整流设备的交、直流保护不应发生异常、过热等现象	（1）转子过电压、整流设备交/直流保护等有异常但未造成发电机停机扣5分。 （2）转子过电压、整流设备交/直流保护等有异常且发生设备损坏造成发电机非停事故不得分	DL/T 843-2010《大型汽轮发电机励磁系统技术条件》第6.4.2条

序号	评价项目	标准分	查评方法及内容	评分标准	查评依据
2.5.1.1.4	励磁系统设备的日常巡视	10	查阅日常巡视相关规定、巡检记录，检查内容至少包括：励磁变压器温度应在允许范围内；滤网无堵塞；发电机转子碳刷磨损情况在允许范围内，滑环火花不影响机组正常运行等	(1) 没有相关规定不得分。 (2) 巡检记录没有不得分。 (3) 励磁变压器温度超过允许范围不得分。 (4) 滤网没有定期清理扣 2 分。 (5) 转子碳刷磨损严重未及时更换扣 2 分	Q/BEH－211.10－18—2019《防止电力生产事故的重点要求及实施导则》第 24.2.4.6 条
2.5.1.1.5	励磁系统的灭磁装置	10	检查技术资料、故障和报警记录，励磁系统的灭磁装置应能在各种工况下正常工作	(1) 有异常但未造成发电机跳闸扣 5 分。 (2) 有异常且发生设备损坏不得分	DL/T 843—2010《大型汽轮发电机励磁系统技术条件》第 6.8.3 条
2.5.1.2	技术管理	100			
2.5.1.2.1	国家、行业及企业相关标准、"反措"文件	10	检查班组中应有和机组容量、类型相适应的励磁系统国家、行业及企业标准及"反措"文件的纸质或电子版	国家标准、行业标准、"反措"文件不全扣 5 分	Q/BEH－211.10－18—2019《防止电力生产事故的重点要求及实施导则》第 24.1 条
2.5.1.2.2	励磁系统图纸	10	检查班组中应有符合实际的完整图纸即正式竣工图纸，应包含原理示意图，一、二次系统电气连接图，端子排图及外部设备接口图等	(1) 励磁系统图纸与实际设备不符，扣 5 分。 (2) 励磁系统图纸不完整，扣 5 分	DL/T 279—2012《发电机励磁系统调度管理规程》第 4.4 条
2.5.1.2.3	励磁系统主要设备参数、励磁系统模型参数及整定值	10	检查应有必备的技术资料，包含发电机、励磁变压器、可控硅整流器、灭磁装置、过电压保护和励磁调节器等的使用维护说明书、用户手册等；应提供完整的励磁系统模型参数确认报告，包括励磁系统主要设备参数表、励磁系统模型和整定参数表	(1) 无主要设备参数、发电机及励磁系统模型参数及整定值不得分。 (2) 技术资料中主要设备参数、发电机及励磁系统模型参数及整定值不完整扣 5 分	DL/T 279—2012《发电机励磁系统调度管理规程》第 4.5 条
2.5.1.2.4	励磁系统的静差率、调节范围	10	检查励磁系统应保证发电机电压静差率小于 1%；自动电压调节器应能在发电机额定空载电压的 70%～110%范围内进行稳定平滑地调节，满足标准要求	(1) 静差率不满足要求扣 5 分。 (2) 调节范围不满足要求扣 5 分	DL/T 843—2010《大型汽轮发电机励磁系统技术条件》第 5.7、5.14.1 条
2.5.1.2.5	调节器中的电压/频率限制、过励限制、低励限制、无功电流补偿、PSS 功能	10	查阅试验报告检修记录等：过励限制不应超过发电机承受能力；电压/频率限制应与机组保护协调一致；低励限制应依据进相试验结果进行整定；无功电流补偿应正常投入，且极性正确；PSS 性能应满足电网及标准要求	(1) 未投入正常运行、定值不合理扣 5 分。 (2) 试验项目不全扣 2 分。 (3) PSS 性能不满足电网要求扣 5 分	DL/T 843—2010《大型汽轮发电机励磁系统技术条件》第 5.18、6.5.8、6.5.10、6.5.11、6.5.12、6.5.14 条

序号	评价项目	标准分	查评方法及内容	评分标准	查评依据
2.5.1.2.6	励磁系统的强励能力（强励电流倍数、强励电压倍数、强励持续时间等）	10	查阅 AVR 参数设置：自并励静止励磁系统强励电压倍数在发电机额定电压时不低于 2.25 倍，强励电流倍数为 2 倍，当强励电压倍数不超过 2 倍时，励磁励磁系统的强励能力应满足国家及行业标准的要求，系统强励电流倍数与强励电压倍数相同当强励电压倍数大于 2 倍时，强励电流倍数为 2 倍励磁系统强励持续时间不低于 10s	未达到要求不得分	DL/T 843—2010《大型汽轮发电机励磁系统技术条件》第 5.3、5.4、5.5 条
2.5.1.2.7	AVR 的各项限制功能	10	检查 AVR 定值清单，查阅试验报告：转子接地保护应正常投入；励磁变压器过流保护的动作值应能躲过可能的最大负荷电流；失磁保护应与低励限制相配合，应能和发电机组保护（包括过流、转子接地、励磁变压器过流、失磁保护等）正确协调配合，整定定值正确	（1）AVR 的各限制功能与发电机组保护不协调，扣 5 分。 （2）AVR 的各限制功能与发电机组保护发生不协调造成机组非停，不得分	DL/T 843—2010《大型汽轮发电机励磁系统技术条件》第 5.18 条
2.5.1.2.8	励磁系统的二次回路、监视回路、信号回路	10	现场检查，监视、操作等二次回路应正确、完整、可靠	（1）未进行相关二次回路、监视回路、信号回路的检查，扣 5 分。 （2）二次回路、监视回路、信号回路存在异常，但未造成机组非停，扣 5 分。 （3）二次回路、监视回路、信号回路存在异常，且造成机组非停，不得分	DL/T 843—2010《大型汽轮发电机励磁系统技术条件》表 3 第 13 项
2.5.1.2.9	自并励静止励磁系统中励磁变压器温度报警功能	10	检查现场设置，应正常投入	（1）励磁变压器温度报警功能未正常投入，不得分。 （2）励磁变压器温度报警定值不满足运行要求，扣 5 分	
2.5.1.2.10	设备标识牌	10	检查相关的屏柜、箱体、接线盒、元器件、端子排、压板、交流直流空气开关和熔断器是否设置恰当的标志	未按要求设置标识牌的，每处扣 2 分	GB/T 50976—2014《继电保护及二次回路安装及验收规范》第 4.5.1 条
2.5.1.3	运行管理	50			
2.5.1.3.1	励磁调节器的运行情况	10	励磁调节器不应长期手动运行，检查运行记录是否存在长期手动现象	（1）存在长期手动运行（手动运行连续时间超过 24h），不得分。 （2）年自动方式投入率低于 99%，扣 5 分	DL/T 843—2010《大型汽轮发电机励磁系统技术条件》第 5.23 条
2.5.1.3.2	运行人员对励磁系统的运行规程掌握情况及紧急事故状态下的处理方法	10	查阅运行记录及现场询问：正常运行时，运行人员是否了解 AVR 有关功能投入情况；出现励磁系统的特殊运行方式时，运行人员能否采取必要的应急措施	（1）运行人员不了解正常运行方式扣 5 分。 （2）运行人员不了解特殊运行方式下的应急措施扣 5 分	DL/T 843—2010《大型汽轮发电机励磁系统技术条件》第 6.5.13 条

序号	评价项目	标准分	查评方法及内容	评分标准	查评依据
2.5.1.3.3	励磁系统运行可靠性	10	查阅运行日志、缺陷记录等，应符合标准要求	因故障励磁系统（含一、二次设备）在4年内造成机组停机超过一次的，不得分	DL/T 843—2010《大型汽轮发电机励磁系统技术条件》第5.22条
2.5.1.3.4	AVR和静止变频启动设备	10	AVR和静止变频启动设备应能协调配合，平稳运行；现场检查运行日志、缺陷记录等	AVR与静止变频设备协调配合异常无法正常启动一年内出现一次，扣5分；一年内出现2次及以上，不得分	
2.5.1.3.5	发电机励磁系统运行规程	10	应有符合本厂实际情况的励磁系统运行规程	（1）无运行规程不得分。 （2）运行规程不完善扣5分	
2.5.1.4	检修管理	80			
2.5.1.4.1	设备改造、异动、更换图纸和技术报告	10	检查设备改造、异动、更换的记录文件，应提供设备改造、异动、更换后的设计图纸和符合要求的技术报告	（1）设备改造、异动、更换后无图纸、技术报告不得分。 （2）设备改造、异动、更换后的图纸、技术报告不完善扣5分	
2.5.1.4.2	励磁系统设备的检修规程	10	应有符合本厂实际情况的发电机励磁系统检修规程；应制订符合标准要求并结合本厂实际设备工况的检修计划；检修周期符合规程要求	（1）无检修规程、检修计划不得分，未明确检修周期不得分。 （2）检修规程不完善扣2分，检修计划不完善扣2分。 （3）检修周期不符合规程要求或厂家规定扣2分	DL/T 843—2010《大型汽轮发电机励磁系统技术条件》表3
2.5.1.4.3	检修试验记录、试验措施、试验报告（包括录波图）	10	查阅相应的试验记录、试验报告、试验措施应有试验项目齐全且数据完整、录波图齐全、分析结论正确的投产交接试验报告、检修试验报告	（1）无试验记录、试验措施、试验报告不得分。 （2）试验记录不完善扣2分，试验措施不完善扣2分，试验报告不完善扣2分	DL/T 843—2010《大型汽轮发电机励磁系统技术条件》表3
2.5.1.4.4	励磁系统参数修改审批	10	励磁系统参数修改应履行审批手续，检查相关规定和审批记录	（1）没有审批规定不得分。 （2）未履行审批手续不得分	Q/BEH-211.10-18—2019《防止电力生产事故的重点要求及实施导则》第24.1.7条
2.5.1.4.5	新投入或大修后的励磁系统的试验	10	查阅试验报告中录波图：空载阶跃试验阶跃量为5%，超调量不大于阶跃量的30%，振荡次数不超过3次，调整时间不超过5s，电压上升时间不大于0.5s 发电机零起升压时，端电压超调量不大于10%额定值灭磁应采用逆变和开关两种灭磁方式，灭磁时转子电压不应超过转子出厂工频耐压试验电压幅值的60%	（1）未做试验不得分。 （2）试验内容不全扣5分。 （3）动态特性不满足要求扣5分	DL/T 843—2010《大型汽轮发电机励磁系统技术条件》第5.10、5.12、6.8.4条

续表

序号	评价项目	标准分	查评方法及内容	评分标准	查评依据
2.5.1.4.6	新投入或大修后励磁系统的灭磁开关	10	灭磁开关应能正常工作，在额定工作电压的80%时应可靠合闸，在65%时应能可靠分闸，低于30%时不应动作	（1）未对灭磁开关合闸电压、分闸电压进行检查，不得分。 （2）灭磁开关合闸电压、分闸电压不符合标准要求，扣5分	DL/T 843—2010《大型汽轮发电机励磁系统技术条件》第6.8.5条
2.5.1.4.7	新投入或大修后励磁调节器通道之间的切换	10	通过试验录波图，检查调节器自动/手动及通道之间的切换是否平稳，切换过程应无扰动	（1）未进行试验不得分。 （2）通道不能正常切换不得分。 （3）通道切换过程中扰动大扣5分	DL/T 843—2010《大型汽轮发电机励磁系统技术条件》第6.5.16条
2.5.1.4.8	检修人员熟练掌握励磁系统基本原理和图纸及快速处理事故的能力	10	检修维护人员应熟练掌握励磁系统基本原理和图纸，具备快速处理事故的能力	（1）检修维护人员不熟悉基本原理和图纸，扣5分。 （2）检修维护人员不具备快速处理事故能力，扣5分	
2.5.2	继电保护及安全自动装置	345			
2.5.2.1	日常维护管理	40			
2.5.2.1.1	需定期检查技术参数的保护（如微机保护的差流）	10	查阅现场测试记录，是否按规定进行检查，检查数据和记录应齐全正确	（1）发现一套未查扣5分。 （2）无检查记录不得分	DL/T 587—2016《继电保护和安全自动装置运行管理规程》第5.2条
2.5.2.1.2	继电保护及自动装置定值整定和定值变更管理	20	检查是否有定值管理制度并应认真执行，是否依据制度执行，是否依据定值通知单进行整定和变更，检查检验报告和定值单，抽查各类保护的定值	（1）没有定值管理制度，不得分。 （2）未执行定值管理制度，每项扣5分。 （3）主系统保护和自动装置的定值与实际不符，扣10分。 （4）作废保护定值单未加盖"作废"章，扣2分	Q/BJCE－219.17－09—2019《继电保护及安全自动装置技术监督导则》
2.5.2.1.3	保护装置的备品、备件	10	查阅有关资料、台账、运行日志、缺陷记录，现场检查	（1）无备品备件台账扣5分。 （2）因备品备件影响保护装置的正常运行和缺陷及时处理扣5分	Q/BEH－211.10－18—2019《防止电力生产事故的重点要求及实施导则》第17.2.5.8条

续表

序号	评价项目	标准分	查评方法及内容	评分标准	查评依据
2.5.2.2	技术管理	140			
2.5.2.2.1	发电机–变压器组保护、220kV及以上线路及主系统保护装置及自动装置、3kV及以上厂用电保护的配置	40	对照现场实际设备检查： （1）100MW及以上的发电机–变压器组保护、220kV及以上电压等级的线路、母线等设备的主保护，必须按双重化配置。 （2）200MW及以上容量的发电机–变压器组应配置专用故障录波器。 （3）300MW及以上容量的发电机，应配置启、停机保护和断路器断口闪络保护。 （4）同期系统应设置同期闭锁回路，应有独立于自动准同期装置之外的同期检定元件。 （5）厂用切换、厂用电保护等配置应满足运行要求	（1）100MW以上的发电机–变压器组、220kV及以上电压等级的线路、母线等设备的主保护未按双重化配置，缺少一套扣10分。 （2）200MW及以上容量的发电机未配置专用故障录波器，扣10分。 （3）300MW及以上发电机未配置启、停机及闪络保护，扣10分。 （4）同期系统未设置同期闭锁回路，扣5分。 （5）厂用切换、厂用电保护配置不能满足运行要求，扣5分	（1）GB/T 14285—2006《继电保护和安全自动装置技术规程》第4.2、4.3、4.6、4.7条； （2）Q/BEH–211.10–18—2019《防止电力生产事故的重点要求及实施导则》第17.2.2条
2.5.2.2.2	保护装置和安全自动装置	20	（1）检查保护定值单各项手续应完备，应有计算、审核及执行人等。 （2）检查继电保护班组应有发变组保护整定计算书，且各项审批手续完备。 （3）现场检查各保护压板的投入应符合整定方案的要求及装置运行情况。 （4）查阅保护定值，应满足设备安全运行的要求，定值整定无误。 （5）查阅保护定值核算书及更新后定值单。 （6）保护定值应根据系统阻抗变化及厂用系统变化情况进行相应保护定值的核算工作	（1）缺少保护整定计算书，或计算书内容不完整、保护定值单手续不完备扣5分。 （2）主系统主保护一套未投入运行扣5分。 （3）发现一处定值计算或整定错误扣8分。 （4）未根据系统阻抗变化及厂用系统变化情况进行全厂保护定值核算工作扣2分	Q/BEH–211.10–18—2019《防止电力生产事故的重点要求及实施导则》第17.2.6.1条
2.5.2.2.3	防止继电保护"三误"（误碰、误接线、误整定）事故的反事故措施	10	查阅本厂防"三误"事故措施文件，现场检查运行记录	（1）未制定本厂防"三误"措施文件不得分。 （2）措施执行不到位造成机组非停不得分	Q/BEH–211.10–18—2019《防止电力生产事故的重点要求及实施导则》第17.2.5.1条
2.5.2.2.4	继电保护及自动装置检修规程	10	（1）检查专业班组是否具备保护及自动装置检修规程。 （2）查阅检修规程是否与实际设备相符	（1）任一种保护和自动装置无检验规程不得分。 （2）检验规程与实际设备不符扣2分	Q/BJCE–219.17–09—2019《继电保护及安全自动装置技术监督导则》
2.5.2.2.5	主系统和主设备的电流互感器10%误差	10	查阅检验报告和厂家有关资料，应对主系统和主设备电流互感器10%误差进行核对	（1）系统保护及安全自动装置使用的电流互感器未进行10%误差核对，不得分。 （2）核对方法不正确或数据不准确，扣5分	DL/T 995—2016《继电保护及电网安全自动装置检验规程》第5.3.1.2条b）

序号	评价项目	标准分	查评方法及内容	评分标准	查评依据
2.5.2.2.6	继电保护及自动装置的设备台账及图纸以及厂家装置说明书	10	查阅专业班组有关的继电保护二次图纸及保护装置厂家说明书、台账及图纸，设备改造、异动、更换应有设计图纸和技术报告	（1）没有台账不得分。 （2）台账不全扣2分。 （3）缺少主系统保护及重要自动装置原理图扣2分。 （4）图纸管理不规范、不齐全、不符合实际扣2分。 （5）缺少保护装置厂家说明书，每套扣2分。 （6）设备改造、异动、更换无相应的图纸、技术报告不得分。 （7）设备改造、异动、更换相应的图纸、技术报告不完善扣2分	Q/BJCE-219.17-09-2019《继电保护及安全自动装置技术监督导则》
2.5.2.2.7	继电保护技术监督制度及监督岗位	15	查阅有关管理文件并调查了解	（1）无技术监督岗位扣5分。 （2）无技术监督制度扣5分。 （3）岗位、制度不完善扣5分	Q/BJCE-219.17-09-2019《继电保护及安全自动装置技术监督导则》
2.5.2.2.8	继电保护及安全自动装置的时钟对时	15	现场检查，全厂应统一时钟对时	未统一时钟的，每项扣5分	DL/T 587-2016《继电保护和安全自动装置运行管理规程》第5.16条
2.5.2.2.9	设备标识牌	10	检查相关的屏柜、箱体、接线盒、元器件、端子排、压板、交流直流空气开关和熔断器是否设置恰当的标志	未按要求设置标识牌的，每处扣2分	GB/T 50976-2014《继电保护及二次回路安装及验收规范》第4.5.1条
2.5.2.3	运行管理	90			
2.5.2.3.1	继电保护及自动装置的运行工况	15	（1）运行中的主系统主保护及自动装置是否存在一般缺陷未处理。 （2）是否存在因保护装置缺陷处理不当导致保护长期退出运行的现象。 （3）运行中的保护及自动装置是否存在严重缺陷未处理	（1）主系统主保护及自动装置存在一般缺陷扣3分。 （2）主系统后备保护存在严重缺陷扣3分。 （3）厂用系统保护存在严重缺陷扣3分。 （4）因系统主保护装置缺陷处理不当导致保护退出运行24h不得分	Q/BJCE-219.17-09-2019《继电保护及安全自动装置技术监督导则》
2.5.2.3.2	继电保护及自动装置的运行规程	20	（1）检查已投入运行的继电保护装置是否具有现场运行规程。 （2）检查现场运行规程内容是否与实际设备相符，能够满足运行要求。 （3）检查运行规程审批手续是否完备	（1）运行规程中每少一种保护装置扣8分。 （2）规程不符合实际、不满足运行要求扣8分。 （3）审批手续不完备扣4分	Q/BJCE-219.17-09-2019《继电保护及安全自动装置技术监督导则》

序号	评价项目	标准分	查评方法及内容	评分标准	查评依据
2.5.2.3.3	接入 220kV 及以上电压等级发电机－变压器组的电气量保护及非电气量保护	20	（1）检查接入 220kV 及以上电压等级的发电机－变压器组电气量保护是否设置了启动断路器失灵保护回路，对双母线接线的电厂，还应检查发电机－变压器组保护启动失灵保护时，是否有解除电压闭锁的回路。 （2）检查启动失灵保护回路中的零序或负序电流定值是否满足要求。 （3）检查非电气量保护不应启动失灵保护	（1）一台没有启动断路器失灵保护的回路，不得分。 （2）有启动失灵保护回路，零序或负序电流定值不合理，扣 10 分。 （3）若存在非电气量保护启动失灵保护的现象，扣 5 分	GB/T 14285—2006《继电保护和安全自动装置技术规程》第 4.9 条
2.5.2.3.4	故障录波器	10	（1）查阅装置的定值，试验报告、故障录波分析报告。 （2）根据设计图纸和调度要求，现场检查录波量是否满足要求，是否按电网调度机构的要求正常投入运行，模拟量和开关量全部接入，运行工况是否良好	（1）发现一套装置未正常投入运行扣 5 分。 （2）装置运行工况不良或录波量未全部接入扣 2 分	（1）GB/T 14285—2006《继电保护和安全自动装置技术规程》第 5.8 条； （2）Q/BEH－211.10－18—2019《防止电力生产事故的重点要求及实施导则》第 17.2.3.6 条
2.5.2.3.5	电气主设备、主系统、厂用电系统的保护及自动装置的动作统计及事故分析	20	查阅最近 1 年的保护及自动装置动作统计和分析资料，是否认真、准确，是否存在发生不正确动作现象	（1）发生一次不正确动作导致停机或原因不明的不正确动作，不得分。 （2）发生一次不正确动作但未造成停机，扣 5 分。 （3）对装置的动作统计及事故分析不认真、不准确，扣 5 分	DL/T 587—2016《继电保护和安全自动装置运行管理规程》第 6.6 条
2.5.2.3.6	开关场的变压器、断路器、隔离开关和电流、电压互感器等设备至开关场就地端子箱之间的二次电缆	5	检查内容： （1）开关场的变压器、断路器、隔离开关和电流、电压互感器等设备至开关场就地端子箱之间的二次电缆的屏蔽层在就地端子箱处单端使用截面积不小于 4mm² 多股铜质软导线可靠连接至接地铜排上，在一次设备的接线盒（箱）处不接地。 （2）保护室的保护装置至开关场就地端子箱之间的二次电缆的屏蔽层应在保护装置和端子箱分别接地（两端接地）。 （3）电缆套管封堵应满足要求	有一处不满足要求扣 1 分	Q/BEH－211.10－18—2019《防止电力生产事故的重点要求及实施导则》第 17.2.7 条
2.5.2.4	检修管理	75			
2.5.2.4.1	快切、备用电源自动投入装置的定期传动试验	5	检查相关规定、运行日志及检修记录，是否定期进行传动试验	（1）没有规定不得分。 （2）没有进行传动试验不得分。 （3）结合检修进行试验或每年一次，试验不规范扣 2 分	Q/BEH－211.10－18—2019《防止电力生产事故的重点要求及实施导则》第 17.2.5.5 条

序号	评价项目	标准分	查评方法及内容	评分标准	查评依据
2.5.2.4.2	继电保护及自动装置的年度定检计划和项目	10	（1）查阅是否制订保护和自动装置年度定检计划。 （2）检查年度计划是否完整规范	（1）无定检计划不得分。 （2）计划不完整、不规范扣5分	DL/T 995—2016《继电保护和电网安全自动装置检验规程》第4.2、4.3条
2.5.2.4.3	按期完成继电保护及自动装置的定检计划	20	（1）查阅保护和自动装置检验完成情况的统计资料。 （2）抽查检验报告，检查试验日期是否与定检计划相符，无超周期未定检的情况	（1）主系统保护未按要求开展定检，每项扣5分。 （2）其他保护未按期完成定检计划，每项扣2分。 （3）因电网原因造成超周期除外	DL/T 995—2016《继电保护和电网安全自动装置检验规程》第5.1.2.2条
2.5.2.4.4	电压互感器的二次绕组和三次绕组的电压参数的检验	10	（1）查阅检测和定相试验报告，"Y"绕组的电压测试及定相试验数据应正确。 （2）开口三角电压测试数据应在允许的范围之内	（1）发现一台电压互感器未进行检测和定相试验，不得分。 （2）检验和定相检验记录不齐全、不规范或数据不正确，扣2分	DL/T 995—2016《继电保护和电网安全自动装置检验规程》第5.5.2条
2.5.2.4.5	差动保护和方向性保护工作电压和电流的检验	10	（1）查阅检验报告，是否用负荷电流进行了相量测试。 （2）分析相量测试数据是否正确	（1）两类保护任一套装置未按规定进行接线正确性检验或检验结论有错误，不得分。 （2）检验报告不规范、检验数据不够齐全，扣2分	DL/T 995—2016《继电保护和电网安全自动装置检验规程》第5.5.2条
2.5.2.4.6	电流互感器二次具有星形接线的各组电流幅值、相位及二次中性线不平衡电流的检查	10	查阅有关检验报告中电流回路的测试记录（保护装置初次投运前或二次回路有变动时）	（1）有两组及以上未做，此项目不得分。 （2）发现有一组电流互感器未做中性线电流检测，扣5分	DL/T 995—2016《继电保护和电网安全自动装置检验规程》第5.5.2.3条
2.5.2.4.7	断路器的防跳回路	10	检查试验报告，是否对断路器防跳回路进行了传动试验	（1）结合检修进行试验，未进行断路器的防跳回路试验不得分。 （2）试验方法不正确扣5分	DL/T 995—2016《继电保护和电网安全自动装置检验规程》第5.3.6.3条
2.5.3	直流系统	260			
2.5.3.1	日常维护管理	20			
2.5.3.1.1	蓄电池的浮充端电压的检测	20	（1）查阅测试计划及测试记录，蓄电池的浮充端电压的偏差是否处于蓄电池组平均浮充端电压的允许范围内。 （2）查阅测试记录，检查是否按一个月周期进行全部蓄电池浮充端电压的测量。 （3）检查测试记录格式是否规范，数据是否齐全、准确	（1）测试计划及测试记录不全或不准确，每处扣1分。 （2）蓄电池存在缺陷、浮充端电压偏差超过规定要求，每组扣4分。 （3）未按一个月周期进行测量及测量数据不准或使用仪表不合格，每次扣5分	DL/T 724—2000《电力系统用蓄电池直流电源装置运行与维护技术规程》第6.3.1条

序号	评价项目	标准分	查评方法及内容	评分标准	查评依据
2.5.3.2	技术管理	180			
2.5.3.2.1	直流系统图、直流接线图	10	（1）查阅班组及有关管理部门，检查是否具有符合实际的直流系统图和接线图。 （2）检查运行现场，是否具有直流系统图（现场张贴）和接线图	（1）直流系统图和接线图不规范、不符合实际，每处扣2分。 （2）无直流系统图、接线图，不得分	DL/T 724—2000《电力系统用蓄电池直流电源装置运行与维护技术规程》第4.15条 d)
2.5.3.2.2	直流系统的检修规程和运行规程	20	（1）查阅直流系统的检修规程和运行规程，检查是否齐全、规范并符合实际。 （2）检查上述规程的审批手续是否严格、完备	（1）缺少一种规程，扣5分。 （2）规程版本不规范或与实际不符，每处扣2分。 （3）审批手续不完善，扣2分	DL/T 724—2000《电力系统用蓄电池直流电源装置运行与维护技术规程》第4.2条
2.5.3.2.3	升压站直流系统与机组直流系统的独立性	20	（1）查阅有关图纸资料，检查升压站与机组的直流系统是否相互独立。 （2）现场检查直流系统是否独立、分开，是否存在交叉使用情况	（1）升压站直流系统与机组直流系统未分开不得分。 （2）存在交叉使用的情况，每处扣5分	Q/BEH－211.10－18—2019《防止电力生产事故的重点要求及实施导则》第34.2.4.2条
2.5.3.2.4	直流系统设计配置	20	检查直流系统的蓄电池、充电装置、直流屏（柜）、接线方式、网络设计、保护与监测接线及电缆的设计配置是否满足规程和反措要求，包括： （1）查阅产品说明书、图纸、台账。 （2）根据电厂出线电压等级，检查直流蓄电池的配置。 （3）直流充电、浮充电装置的配置。 （4）直流屏（柜）、接线方式、网络设计	（1）设备说明书、图纸、台账、不全或不完整，每处扣1分。 （2）蓄电池的配置不满足要求扣10分。 （3）直流充电、浮充电装置的配置不满足要求扣10分。 （4）直流屏（柜）接线方式、网络设计等不满足要求扣5分	Q/BEH－211.10－18—2019《防止电力生产事故的重点要求及实施导则》第34.2.4条
2.5.3.2.5	直流屏（柜）上各元件的标识及馈线开关	15	（1）现场检查屏（柜）上的开关、隔离开关、熔断器、继电器表计的标识是否齐全、正确。 （2）检查馈线开关是否采用直流开关	（1）有一处标识不齐全、不规范、不清晰、不正确，扣1分。 （2）直流系统若使用交流开关的，不得分	Q/BEH－211.10－18—2019《防止电力生产事故的重点要求及实施导则》第34.2.4.8条
2.5.3.2.6	直流系统备品备件	15	（1）现场检查备件清单及备件库，检查各种备件是否齐全，应做到定点存放、规范、有序。 （2）检查备件存放是否满足要求	（1）备件规格不齐全、数量不足扣5分。 （2）备件标志不清，每处扣1分。 （3）没有备件清单扣5分	DL/T 724—2000《电力系统用蓄电池直流电源装置运行与维护技术规程》第4.15条
2.5.3.2.7	反措的计划和落实	10	（1）查阅年度反措实施计划和完成进度记录，是否按期完成反措计划。 （2）现场检查实际落实情况	（1）反措计划不规范或未按计划完成，每项扣2分。 （2）未制订反措计划，不得分	Q/BEH－211.10－18—2019《防止电力生产事故的重点要求及实施导则》第34.2.4条

序号	评价项目	标准分	查评方法及内容	评分标准	查评依据
2.5.3.2.8	直流电源系统绝缘监测装置功能和运行	20	（1）查阅产品说明书、设备出厂试验报告。 （2）查阅试验记录，检查是否存在超周期检验的情况。 （3）现场检查绝缘监察装置的运行工况是否正常。 （4）检查绝缘监测装置是否采用模拟接地故障的方法进行检验。 （5）检查绝缘监测装置是否具备交流窜直流故障的测记和报警功能	（1）产品说明书、设备出厂试验报告不全的，每处扣1分。 （2）任一套绝缘监测装置超周期未检验扣5分。 （3）任一套未正常投入运行扣5分。 （4）绝缘监测装置不具备交流窜直流故障的测记和报警功能扣5分	Q/BEH－211.10－18—2019《防止电力生产事故的重点要求及实施导则》第34.2.4.25条
2.5.3.2.9	充电装置的性能	10	（1）查阅厂家说明书、出厂试验报告，是否满足有关规定和反措要求。 （2）现场检查充电装置运行是否正常	（1）厂家说明书、出厂试验报告不全，每处扣1分。 （2）装置的性能和功能不满足要求，每台扣2分。 （3）装置的运行工况不正常，每台扣2分	（1）DL/T 724—2000《电力系统用蓄电池直流电源装置运行与维护技术规程》第7.1条； （2）Q/BEH－211.10－18—2019《防止电力生产事故的重点要求及实施导则》第34.2.4.2条
2.5.3.2.10	直流系统极差配合	20	现场检查，查阅级差配合图表	（1）无级差配合图表，不得分。 （2）级差配合图表与实际不符，每项扣5分	Q/BEH－211.10－18—2019《防止电力生产事故的重点要求及实施导则》第34.2.4.7条
2.5.3.2.11	现场端子箱、机构箱二次电缆的配置安装	10	（1）查阅图纸。 （2）现场检查端子箱内是否有交、直流混装情况，机构箱内交、直流接线是否有隔离措施	现场端子箱内每发现一处交、直流混装情况，扣2分	Q/BEH－211.10－18—2019《防止电力生产事故的重点要求及实施导则》第34.2.4.24条
2.5.3.2.12	设备标识牌	10	检查相关的屏柜、箱体、接线盒、元器件、端子排、压板、交流直流空气开关和熔断器是否设置恰当的标志	未按要求设置标识牌的，每处扣2分	GB/T 50976—2014《继电保护及二次回路安装及验收规范》第4.5.1条
2.5.3.3	运行管理	30			
2.5.3.3.1	蓄电池室运行环境	10	（1）现场检查蓄电池室的通风、照明、事故照明及采暖设备是否良好，室温是否满足15～30℃范围内的要求。 （2）检查蓄电池室内的防火、防震措施是否符合设计规定。 （3）检查蓄电池室内的防爆措施是否符合设计规定（含蓄电池巡检测量回路）	（1）任一种通风、采暖、照明设备不良，扣2分。 （2）室温不满足要求，每处扣2分。 （3）防火、防震措施不符合设计规定，每处扣2分。 （4）防爆措施不符合设计规定，每处扣5分	DL/T 5044—2014《电力工程直流电源系统设计技术规程》第8.1条

序号	评价项目	标准分	查评方法及内容	评分标准	查评依据
2.5.3.3.2	直流母线电压	10	（1）检查直流系统运行规定及蓄电池厂家资料。 （2）现场检查直流母线的实际运行电压数值，应在蓄电池组浮充电压的要求范围内	（1）缺少运行规定或运行规定错误不得分 （2）发现母线电压超出规定范围不得分	DL/T 724—2000《电力系统用蓄电池直流电源装置运行与维护技术规程》第6.1.1条
2.5.3.3.3	直流系统对地绝缘	10	（1）查阅日常记录的直流系统对地绝缘情况。 （2）现场检查直流系统实际对地绝缘情况是否良好	（1）记录不准确，扣5分。 （2）现场发现绝缘下降的，扣5分	DL/T 724—2000《电力系统用蓄电池直流电源装置运行与维护技术规程》第5.4.1条
2.5.3.4	检修管理	30			
2.5.3.4.1	直流屏（柜）和充电装置的测量表计	10	（1）查阅校验计划及校验记录，是否按仪表监督规定对直流屏（柜）和充电装置的测量表计定期检验。 （2）现场检查，测量表计是否符合有关规定和反措要求，并合格有效	（1）校验计划及校验记录不全或不准确，每处扣1分。 （2）表计未进行定期校验，每块扣1分。 （3）测量表计不合格，每块扣1分。 （4）未编制计划，不得分	DL/T 5044—2014《电力工程直流电源系统设计技术规程》第6.2.5条
2.5.3.4.2	定期进行全容量核对性放电及均衡充电	20	（1）查阅测试计划及测试记录，检查蓄电池是否定期进行全容量核对性放电。 （2）查阅记录，检查全容量核对性放电试验是否规范。 （3）查阅均衡充电计划及记录	（1）测试计划及测试记录不全或不准确，每处扣1分。 （2）超周期未进行放电试验、蓄电池电池容量严重不足不得分。 （3）未按规定进行均衡充电不得分	Q/BEH-211.10-18-2019《防止电力生产事故的重点要求及实施导则》第28.2.1.13条
2.5.4	通信	265			
2.5.4.1	日常维护管理	150			
2.5.4.1.1	缺陷管理和隐患排查治理	10	查阅消缺记录和隐患排查治理资料，主要检查： （1）通信设备缺陷管理和隐患排查治理制度是否健全。 （2）消缺是否及时，隐患排查治理是否彻底。 （3）对严重影响通信运行安全的故障是否进行调查分析和制定安全技术措施，措施是否已经落实	（1）缺陷管理和隐患排查治理制度不健全扣5分。 （2）消缺不及时，隐患排查治理不彻底扣5分。 （3）对严重影响通信运行安全的故障未能及时调查分析和制定安全技术措施扣5分，整改措施不落实扣3分	Q/BEH-211.10-18-2019《防止电力生产事故的重点要求及实施导则》第27.2.5.6条

序号	评价项目	标准分	查评方法及内容	评分标准	查评依据
2.5.4.1.2	通信机房运行环境	10	检查通信机房运行环境、安全防护措施，查阅相关资料，主要检查： （1）通信机房（含电源机房和蓄电池室）是否有良好的环境保护控制设施，防止灰尘和不良气体侵入；机房空调工作是否正常，室内温度、湿度是否符合要求。 （2）通信机房防火、防盗、防震、防小动物等安全措施是否完备，相关资料是否齐全。 （3）通信机房（含电源和蓄电池室）是否有可靠的工作照明和事故照明。 （4）蓄电池室的防爆、防晒措施是否符合规定	（1）发现一处不符合要求扣2分。 （2）缺少任何一项安全措施扣2分。 （3）机房环境存在一般问题扣5分；存在严重问题，此项不得分	（1）DL/T 544—2012《电力通信运行管理规程》第10.2条； （2）Q/BEH-211.10-18—2019《防止电力生产事故的重点要求及实施导则》第27.1.5、27.2.1.9条
2.5.4.1.3	通信机房防雷措施	10	查阅相关资料、记录，检查通信机房防雷措施落实情况，主要检查： （1）通信机房的防雷措施是否符合 DL/T 548—2012《电力系统通信站过电压防护规程》的有关要求。 （2）通信机房内所有设备的金属外壳，金属框架，各种电缆的金属外皮以及其他金属构件是否良好接地；采用螺栓连接的部位是否采取防止松动和锈蚀的措施；机房接地网汇流排是否符合要求；接地点对应处是否标有明显的接地标志，是否有通信机房接地系统示意图。 （3）每年雷雨季节前是否对通信机房防雷接地系统、防雷装置进行了检查和维护检查连接处是否紧固、接触是否良好、接地引下线有无锈蚀、接地体附近地面有无异常，必要时应开挖地面抽查地下隐蔽部分锈蚀情况。 （4）每年雷雨季节前是否对通信机房接地网的接地电阻进行了测量，是否有记录	（1）发现一处防雷措施不符合要求扣2分，对发现问题处理不及时扣2分。 （2）未对接地系统、防雷装置进行检查扣3分。 （3）未对接地电阻进行有效测量扣3分，没有测试记录扣5分，测试记录不完整扣2分	（1）DL/T 548—2012《电力系统通信站过电压防护规程》； （2）Q/BEH-211.10-18—2019《防止电力生产事故的重点要求及实施导则》第27.1.5、27.2.1.6、27.2.1.7、27.2.1.8、27.2.1.10条
2.5.4.1.4	通信光缆的检查	10	查阅光缆路由资料和现场检查，主要检查： （1）是否定期对厂区内电力特种光缆引入通信机房光缆和普通光缆进行巡视检查（重点检查厂内及线路光缆的外观、接续盒固定线夹、接续盒密封垫等）。 （2）对检查出的问题是否及时进行了处理	（1）未进行检查不得分。 （2）对检查出的问题未及时处理扣5分	DL/T 544—2012《电力通信运行管理规程》第11.2.3条

序号	评价项目	标准分	查评方法及内容	评分标准	查评依据
2.5.4.1.5	光传输设备	10	查阅光传输设备运行维护测试记录等相关资料和现场检查设备运行情况，主要检查： （1）光传输设备运行情况是否正常。 （2）业务端口告警是否正常。 （3）运行资料是否齐全	（1）设备运行情况不正常，每一处扣5分。 （2）业务端口告警不正常，每一处扣6分。 （3）运行资料不齐全，每一处扣2分	DL/T 547—2010《电力系统光纤通信运行管理规程》第6.5.3条
2.5.4.1.6	脉冲编码调制（PCM）及业务接入设备	10	查阅相关资料和现场检查设备运行情况，主要检查： （1）PCM及业务接入设备运行情况是否正常，标识是否清晰准确，业务端口告警是否正常，运行资料是否齐全。 （2）承载继电保护、安控等重要业务的设备是否采用与其他设备有明显区分的标识	（1）设备运行情况不正常、业务端口告警不正常、标识不清晰准确或运行资料不齐全，每一处扣2分。 （2）承载继电保护、安控等重要业务的PCM设备标志未明显区分扣2分	（1）DL/T 544—2012《电力通信运行管理规程》第11.1.2条； （2）DL/T 547—2010《电力系统光纤通信运行管理规程》第6.2.5条
2.5.4.1.7	调度交换和录音设备	10	现场检查调度交换机、调度台的配置和工况，抽查调度录音系统记录情况和音质情况，主要检查： （1）调度交换机运行是否正常。 （2）调度交换机数据发生更改前后，是否做了数据备份。 （3）主要生产指挥场所的通信调度台及调度电话单机的工况是否稳定、可靠。 （4）调度录音系统运行是否可靠、音质是否良好；录音时间是否与调度时钟校准，是否每月检查，有无记录。 （5）调度台、录音系统是否接入不间断电源（UPS）	（1）调度交换设备运行不正常、存在安全隐患扣10分，发现问题未及时处理扣5分。 （2）调度交换机未做数据备份的扣5分。 （3）主要生产指挥场所的通信调度台及调度电话单机的工况不良扣5分。 （4）录音系统音质差或时间不准确扣5分。 （5）调度台、录音系统未接入UPS电源，每一处扣5分	Q/BEH－211.10－18—2019《防止电力生产事故的重点要求及实施导则》第27.1.18、27.2.1.3、27.2.1.4、27.2.2.2条
2.5.4.1.8	通信监测及告警设备	10	现场检查通信监测及各类告警设备情况，查阅故障处理记录，主要检查： （1）通信机房内主要设备的告警信号（声、光）及装置是否正常、可靠。 （2）通信动力环境和无人值班机房内主要设备的告警信号是否接到有人值班的地方或接入通信综合监测系统	（1）通信监测或告警设备存在严重问题的，本项不得分。 （2）告警信号不正常，每处扣5分。 （3）告警信号未接到有人值班的地方或接入通信综合监测系统，扣5分	（1）DL/T 544—2012《电力通信运行管理规程》第10.2条e）款； （2）Q/BEH－211.10－18—2019《防止电力生产事故的重点要求及实施导则》第27.2.1.5条

序号	评价项目	标准分	查评方法及内容	评分标准	查评依据
2.5.4.1.9	交流电源设备	20	检查通信机房交流电源供电方式及相关资料,主要检查: (1) 通信机房输入交流电源是否采用双路自动切换供电方式,切换是否可靠,是否有定期切换记录。 (2) 交流配电柜是否配置稳压和过电压保护装置	(1) 通信机房不具备两套独立的交流供电电源、双路自动切换存在问题扣10分;无定期切换记录扣5分。 (2) 交流配电柜未配置稳压和过电压保护装置的扣10分	(1) DL/T 544—2012《电力通信运行管理规程》第10.2条 a) 款; (2) Q/BEH-211.10-18—2019《防止电力生产事故的重点要求及实施导则》第27.2.2.1条
2.5.4.1.10	不间断电源(UPS)设备	10	实地检查 UPS 电源供电方式及相关资料,主要检查: (1) 是否根据厂内通信设备供电需要配置了 UPS 电源。 (2) UPS 电源提供的供电时间是否不少于 1h。 (3) 是否定期对 UPS 电源进行切换试验,是否有记录	(1) 未按需求配置 UPS 电源设备的,本项不得分。 (2) UPS 电源设备存在问题扣10分。 (3) UPS 电源提供的供电时间少于 1h 扣 10分。 (4) 未定期对 UPS 电源进行切换试验、无记录扣10分	Q/BEH-211.10-18—2019《防止电力生产事故的重点要求及实施导则》第27.2.2.2条
2.5.4.1.11	通信直流电源设备	20	现场检查通信电源系统,查阅相关运行资料,主要检查: (1) 通信机房是否配置了 -48V 通信专用直流电源系统。 (2) 通信电源的整流模块配置、整流容量及蓄电池容量应符合相关技术要求。 (3) 当交流电源中断时,通信专用蓄电池组独立供电时间能否不小于 8h	(1) 未按要求配置通信专用直流电源系统的,本项不得分。 (2) 整流模块配置不合理扣 5 分,整流模块异常未及时修复且影响运行安全扣10分。 (3) 蓄电池浮充电压、电流设置等不符合要求扣5分。 (4) 蓄电池组正常独立供电时间小于 8h 扣15分	Q/BEH-211.10-18—2019《防止电力生产事故的重点要求及实施导则》第27.2.2.1条
2.5.4.1.12	通信专用蓄电池	10	现场检查蓄电池外观,查阅蓄电池测量记录和充放电记录,主要检查: (1) 蓄电池有无壳体变形、电解液渗出等现象。 (2) 是否按规程定期对蓄电池组进行核对性放电试验,放电容量能否达到规定值;试验后是否按规定进行了均衡充电	(1) 蓄电池外观存在壳体变形、电解液渗出现象扣2分。 (2) 未定期测量蓄电池单体电压,无测试记录扣2分。 (3) 未对蓄电池做核对性放电试验扣5分。 (4) 对检查出的问题未及时处理扣5分	(1) DL/T 724—2000《电力系统用蓄电池直流电源装置运行与维护技术规程》第6.3条; (2) Q/BEH-211.10-18—2019《防止电力生产事故的重点要求及实施导则》第27.2.2.3条
2.5.4.1.13	供电开关	10	现场检查通信设备供电电源接线图和实际接线情况,主要检查: (1) 各种通信设备是否均采用一台设备由一个分路开关或熔断器控制。 (2) 用于直流系统的馈出开关是否都符合要求。 (3) 各级开关的容量配置是否满足级差配合要求。 (4) 分路开关到设备的连接线是否符合安全要求,且各种标识规范、牢固、清晰	(1) 发现一处两台设备共用一个分路开关或熔断器的扣5分。 (2) 发现一处用于直流系统的馈出开关采用了交流开关扣2分。 (3) 级差配合不符合安全要求扣2分。 (4) 分路开关到设备的连接线不符合安全要求,每项扣2分;各种标识不规范、不牢固、不清晰,每项扣2分	Q/BEH-211.10-18—2019《防止电力生产事故的重点要求及实施导则》第27.1.12、27.2.2.4 条

续表

序号	评价项目	标准分	查评方法及内容	评分标准	查评依据
2.5.4.2	技术管理	105			
2.5.4.2.1	通信专责人员岗位设置及职责	10	查阅岗位设置相关文件、资料，主要检查： （1）是否配备了必要的通信专责人员。 （2）通信专责人员是否职责明确、技术熟练、熟悉通信系统、通信设备和承载业务通道的运行方式，熟悉通信设备异常及告警状况的判断处理流程，发现问题能及时处理故障	（1）未设置通信专责人员岗位，不得分。 （2）岗位职责不明确、通信专责人员的技术水平不能满足日常运维管理要求，扣5分	（1）DL/T 544—2012《电力通信运行管理规程》第5.1.1、5.2.2条a）； （2）Q/BEH-211.10-18-2019《防止电力生产事故的重点要求及实施导则》第27.2.5.3条
2.5.4.2.2	规程规定的执行	10	查阅相关资料，询问通信专责人员，主要检查： （1）是否贯彻国家及电力行业颁发的各项管理规程和标准。 （2）是否严格执行所在电网通信管理机构制定的各项通信运行管理规程、规定和反事故措施	（1）未贯彻国家及电力行业颁发的各项管理规程和标准，扣5分。 （2）未严格执行所在电网通信管理机构制定的各项通信运行管理规程、规定和反事故措施，每项扣2分	（1）DL/T 544—2012《电力通信运行管理规程》第5.2.2条； （2）Q/BEH-211.10-18-2019《防止电力生产事故的重点要求及实施导则》第27.2.5.5条
2.5.4.2.3	巡视检查制度	10	查阅巡检制度和记录，主要检查： （1）是否制定了巡视检查制度，是否明确了巡视周期、巡检范围、巡检内容（应包括机房环境、通信电源及设备运行状况），并编制了巡检记录表。 （2）巡检记录表是否内容完整、记录真实	（1）未制定巡视检查制度此项不得分。 （2）未明确巡视周期、巡检范围、巡检内容，每项扣2分，巡检内容每缺一项扣1分。 （3）未编制巡检记录表或无巡检记录扣5分，记录不完整或记录不真实扣3分	DL/T 544—2012《电力通信运行管理规程》第11.1.4条
2.5.4.2.4	运行资料	10	现场检查、查阅资料；检查下列通信技术资料是否齐全、规范： （1）设备原理图及操作手册。 （2）通信系统接线图。 （3）电源系统接线图及操作说明。 （4）配线资料（光纤、数据、音频）。 （5）通信运行方式单（包括继电保护、安控、自动化、调度电话等业务）。 （6）日常运行记录、检测记录、故障及缺陷处理记录。 （7）工程竣工验收资料	（1）设备原理图、操作手册、通信系统接线图、电源系统接线图及操作说明、配线资料、通信运行方式单等技术资料，每缺一项扣5分。 （2）日常运行记录、检测记录、故障及缺陷处理记录不全或不规范，每一项扣5分。 （3）工程竣工验收资料不全扣5分。 注：如在其他通信评价项目中已对资料或记录不全扣过分的，本评价项目不再重复扣分	（1）DL/T 544—2012《电力通信运行管理规程》第10.5条； （2）Q/BEH-211.10-18-2019《防止电力生产事故的重点要求及实施导则》第27.2.5.7条
2.5.4.2.5	应急预案的制定	10	查阅各项应急预案及有关资料，主要检查： （1）是否根据本单位实际情况制定了通信系统应急预案。 （2）应急预案是否覆盖传输、电源、交换等系统，是否包括抢修、协调、技术保障等内容。 （3）应急预案是否及时补充、修订	（1）未制定通信系统应急预案，不得分。 （2）应急预案覆盖面不全或内容不完善，每处扣2分。 （3）应急预案未及时补充、修订，扣5分	（1）DL/T 544—2012《电力通信运行管理规程》第13.3、13.5条； （2）Q/BEH-211.10-18-2019《防止电力生产事故的重点要求及实施导则》第27.1.19条

序号	评价项目	标准分	查评方法及内容	评分标准	查评依据
2.5.4.2.6	对外传输通道	10	查阅对外传输通道组织图、所并网的电网通信机构下发的电路方式单等资料，主要检查：发电厂至所并网的电网调度机构之间是否具有两种及以上独立路由的通信传输通道	（1）由于本端原因致使对外通信通道存在问题扣5分；存在严重问题，此项不得分。 （2）未绘制对外通道组织图扣2分	Q/BEH－211.10－18－2019《防止电力生产事故的重点要求及实施导则》第27.1.2条
2.5.4.2.7	厂内缆线路由	10	查阅厂内光缆、电缆连接图等资料，实地检查通信机房、电缆竖井、电缆沟道、电缆夹层等，主要检查： （1）通信光缆或电缆是否采用不同路由的电缆沟（竖井）进入通信机房和主控室。 （2）通信线路是否与一次动力电缆分沟（架）布放或采取了有效的隔离措施；是否采取了防火阻燃、阻火分隔、防小动物封堵等安全措施。 （3）直埋光缆是否有路径示意图，地面是否有明显标志	（1）通信缆线未经不同路径的电缆沟道、竖井进入通信机房和主控室扣5分。 （2）通信缆线与一次动力电缆未分沟布放，同沟布放的未采取防火、阻燃等安全措施扣5分。 （3）直埋光缆无路径示意图，地面无明显标志扣5分	Q/BEH－211.10－18－2019《防止电力生产事故的重点要求及实施导则》第27.1.3条
2.5.4.2.8	220kV 及以上线路保护、安控通道	20	查阅继电保护和安控通道通信方式图，检查相关通信设备，主要检查： （1）继电保护和安控通道及相关通信设备是否符合所并网的上级调度部门的管理规定。 （2）是否执行了"同一条 220kV 及以上电压等级线路的两套继电保护通道、同一系统的有主/备关系的两套安全自动装置通道应采用两条完全独立的路由均采用复用通道的，应由两套独立的通信传输设备分别提供，且传输设备均应由两套电源（含一体化电源）供电，满足"双路由、双设备、双电源"的要求的反事故措施	（1）不符合所并网的上级调度部门的管理规定的，每项扣10分，存在严重问题的不得分。 （2）反事故措施执行存在问题的，每项扣10分，存在严重问题的不得分	Q/BEH－211.10－18－2019《防止电力生产事故的重点要求及实施导则》第27.2.3条
2.5.4.2.9	调度自动化业务通道	10	（1）查阅调度自动化业务通道资料。 （2）检查发电厂与所并网的电网调度机构的自动化实时业务通道是否为两条不同路由的通道，其中至少有一条应是数据网络通道	（1）因本端原因不符合两条不同路由的主、备通道要求，每一处扣2分。 （2）因本端原因没有开通数据网络通道扣5分	Q/BEH－211.10－18－2019《防止电力生产事故的重点要求及实施导则》第27.1.4条
2.5.4.2.10	设备标识牌	5	相关的屏柜、箱体、接线盒、元器件、端子排、压板、交流直流空气开关和熔断器是否设置恰当的标志	未按要求设置标识牌的，每处扣1分	GB/T 50976—2014《继电保护及二次回路安装及验收规范》第4.5.1条

续表

序号	评价项目	标准分	查评方法及内容	评分标准	查评依据
2.5.4.3	检修管理	10			
2.5.4.3.1	通信检修	10	查阅通信检修申请与审批相关资料，现场询问通信专业人员，主要检查内容： （1）通信专业人员是否熟悉本企业和所并网的电网通信机构发布的并网通信设备检修管理规定。 （2）涉网通信检修工作是否按检修管理规定办理了相关手续，是否按照申请、审核、审批、开（竣）工、延期、终结等流程进行。 （3）检修相关手续等资料是否保存完整	（1）通信专责人员不熟悉并网通信设备检修管理规定扣 10 分。 （2）发生过无票操作、违反检修管理规定的，每次扣 5 分。 （3）检修相关手续等资料保存不全的扣 5 分	（1）DL/T 544—2012《电力通信运行管理规程》第 8 章； （2）Q/BEH－211.10－18－2019《防止电力生产事故的重点要求及实施导则》第 27.1.14 条
2.5.5	调度自动化	230			
2.5.5.1	日常维护管理	30			
2.5.5.1.1	自动化设备机柜	10	（1）现场检查设备机柜安装状况、设备机柜标识牌和自动化设备二次回路电缆/光缆（线）的连接情况，是否牢固接在机柜的接地铜排上。 （2）检查自动化设备信号电缆（线）/光缆两端标示牌情况。 （3）检查自动化设备是否可靠接地	（1）设备机柜没有标识牌，每缺少一个扣 1 分，设备底部未密封扣 1 分，屏、柜体与接地系统未可靠连接扣 1 分。 （2）信号/控制电缆屏蔽层没有牢固接在机柜的接地铜排上扣 1 分。 （3）二次回路电缆未经端子排与设备内电气部分连接扣 1 分，电缆（线）/光缆两端无标识牌扣 2 分。 （4）设备的接地端未可靠接地，每项扣 1 分，最高扣 5 分	（1）Q/BEH－211.10－18－2019《防止电力生产事故的重点要求及实施导则》第 25.2.3、25.2.17、25.2.18 条； （2）GB 50169—2016《电气装置安装工程　接地装置施工及验收规范》第 4.2.9 条
2.5.5.1.2	自动化设备交流供电电源	5	（1）现场检查自动化设备交流供电源设备电缆装备防冲击（浪涌）设施情况。 （2）检查自动化设备与通信线路间装备防雷（强）电击保护器（或光电隔离装置）设施情况	（1）自动化设备的交流供电电源未采取防冲击（浪涌）措施，扣 2 分。 （2）设备与通信线路间未装防雷（强）电击保护器、光电隔离器，扣 3 分	Q/BEH－211.10－18－2019《防止电力生产事故的重点要求及实施导则》第 25.1.1.5、25.2.19 条
2.5.5.1.3	自动化设备的备品备件	5	现场检查设备（如设备电源部件、MODEM、遥测/遥信采集测控元件）备品备件配备情况，查阅备品备件等资料	（1）未配置必要的备品备件，不得分。 （2）因备品备件原因影响设备运行和延误主要缺陷处理的，每次扣 2 分	（1）DL/T 516—2017《电力调度自动化系统运行管理规程》第 5.2.9 条； （2）Q/BEH－211.10－18－2019《防止电力生产事故的重点要求及实施导则》第 25.2.22 条

序号	评价项目	标准分	查评方法及内容	评分标准	查评依据
2.5.5.1.4	电厂至调度主站数据通信通道	5	现场检查自动化设备至调度主站通信通道配置情况，应具有两路不同路由的通信通道（如：双路网络通道；或一路网络通道，一路专线通道）	（1）没有采用两路不同路由的通信通道，不得分。 （2）双网络通道不满足两个不同方向接入调度数据网络，扣1分。 （3）根据电厂所在电网网架结构现状，暂不具有两种及以上独立路由的光缆通道，且满足电网调度机构安排的通信运行方式，不扣分	（1）GB/T 31464—2015《电网运行准则》第5.3.4.6条； （2）DL/T 516—2017《电力调度自动化系统运行管理规程》第9.7条； （3）Q/BEH−211.10−18—2019《防止电力生产事故的重点要求及实施导则》第25.1.1.7、25.2.5条
2.5.5.1.5	机房的运行环境	5	现场检查设备机房环境和按规定配备的消防器材，机房内不能存放易燃易爆物品	（1）机房存放易燃易爆物品，不得分。 （2）存放与运行设备无关的物品，扣1分	Q/BEH−211.10−18—2019《防止电力生产事故的重点要求及实施导则》第25.2.21条
2.5.5.2	技术管理	145			
2.5.5.2.1	电厂自动化设备的图纸、资料	5	现场核查自动化设备台账、图纸技术资料应齐全（包括：设备原理/操作说明书、竣工图纸、工厂/现场验收报告等）；图纸资料应与实际运行设备相符；应有自动化设备的设备台账；应建立规范的图纸、技术资料档案	（1）没有自动化设备配套的图纸资料技术档案，不得分；设备图纸资料不全、不规范，扣1分；图纸资料与实际运行设备不符，每种设备扣1分。 （2）没有自动化设备的设备台账，扣2分；未建立图纸、技术资料档案，扣1分；图纸、技术资料档案不全、不规范，扣1分	（1）DL/T 516—2017《电力调度自动化系统运行管理规程》第5.2.6、7.7、7.8、7.9条； （2）Q/BEH−211.10−18—2019《防止电力生产事故的重点要求及实施导则》第25.2.27条
2.5.5.2.2	自动化设备的相关资料	5	（1）现场检查自动化设备定期巡检、测试、检修、消缺等记录资料。 （2）查阅自动化设备安全应急预案与措施资料	（1）没有自动化设备定期巡检、测试、检修、消缺等记录扣3分；有记录但不完整扣1分。 （2）没有编制自动化设备安全应急预案和故障处置措施扣2分；有应急预案和故障处置措施但不完备扣1分	（1）GB/T 31464—2015《电网运行准则》第6.15.1、6.1.2条； （2）DL/T 516—2017《电力调度自动化系统运行管理规程》第5.2.2、5.2.5、5.6条； （3）Q/BEH−211.10−18—2019《防止电力生产事故的重点要求及实施导则》第25.1.1.11、25.2.11、25.2.12条
2.5.5.2.3	自动化设备（子站）质量	5	（1）现场查阅自动化设备［自动化子站设备主要包括：厂站监控系统（NCS）或远动装置（RTU）、相量测量装置（PMU）、电能量远方终端、时间同步装置（TMU）、自动发电控制（AGC）、自动电压控制（AVC）、电力调度数据网络接入设备——交换机、路由器，电力监控系统安全防护设备等］是否具有国家资质的电力设备检测部门颁发的质量检测合格证，入网有效合格证书以及入网设备质量认证等。 （2）检查自动化设备配置状况，设备性能和质量；检查设备运行情况，查阅设备运行记录	（1）任一种自动化设备缺少国家资质的电力设备检测部门颁发的质量检测合格证明、入网有效合格证书以及入网设备的质量认证，扣1分。 （2）设备配置不合理扣2分；每一种设备运行不稳定扣2分	（1）GB/T 31464—2015《电网运行准则》第4.2.9.1 b）、5.3.4.1条； （2）DL/T 516—2017《电力调度自动化系统运行管理规程》第3.4、3.6条； （3）Q/BEH−211.10−18—2019《防止电力生产事故的重点要求及实施导则》第25.1.1.6、25.2.4条

序号	评价项目	标准分	查评方法及内容	评分标准	查评依据
2.5.5.2.4	自动化设备供电电源	5	（1）现场检查设备供电电源系统配置情况，以及UPS供电维护记录等资料。 （2）查阅电源系统试验与运行记录。 （3）应采用直流电源系统或不间断电源（UPS）供电；UPS在交流供电电源消失后，其带满负荷运行时间应大于1h；设备供电电源应采用分路独立空气开关（或熔断器）的供电方式	（1）未采用直流电源或UPS电源供电，不得分。 （2）UPS在交流供电电源消失后，其带负荷运行时间低于1h，扣1分。 （3）设备供电电源盘不是采用分路独立空气开关（或熔断器）供电方式，扣1分	（1）国家电网设备〔2018〕979号《国家电网有限公司关于印发十八项电网重大反事故措施（修订版）的通知》第16.1.1.5条； （2）Q/BEH-211.10-18-2019《防止电力生产事故的重点要求及实施导则》第25.1.1.5、25.2.3、25.2.20条
2.5.5.2.5	电厂上传调度信息数据要求	10	（1）查阅电厂上传调度信息内容和信息资料清单，并与调度机构核实。 （2）查阅自动化设备上传调度主站的信息参数文档，并与调度机构核实。 （3）上传调度机构的信息参数应与调度主站系统信息参数一致；应满足调度机构各类主站系统信息数据采集规范要求	（1）上送调度主站系统信息不满足所在电网调度机构信息采集规范要求，不得分。 （2）上传调度机构的信息参数与主站系统信息参数不一致，每处扣1分。 （3）没有参数、信息序位文档（文件文档或电子文档），扣2分	（1）GB/T 31464-2015《电网运行准则》附录A2.4 c）条； （2）DL/T 516-2017《电力调度自动化系统运行管理规程》第5.2.6、7.10条； （3）Q/BEH-211.10-18-2019《防止电力生产事故的重点要求及实施导则》第25.2.27条
2.5.5.2.6	电厂上传调度主站的测量数据准确度	5	（1）现场抽查测量数据精度，查阅测量精度试验报告。 （2）查阅自动化设备交流采样装置检定与测试报告	（1）测量精度（电压、电流测量精度不低于0.2级，功率测量精度不低于0.5级，电量测量精度不低于0.2级；模拟量输出值精度不低于0.2级）不符合规定要求，每路测量扣1分；没有测量精度试验数据报告，扣2分。 （2）未定期对交流采样装置（或变送器）进行检定，扣3分；对交流采样装置（或变送器）进行检定，没有检定报告，扣1分	（1）DL/T 516-2017《电力调度自动化系统运行管理规程》第7.4条； （2）Q/BEH-211.10-18-2019《防止电力生产事故的重点要求及实施导则》第25.2.23、25.2.24条
2.5.5.2.7	自动化设备开关状态量的遥信传动试验	10	（1）现场查阅遥信传动试验记录；查阅电厂侧事故跳闸时，遥信状态信号及事件顺序记录，SOE应反映正确（要求遥信动作正确率100%）。 （2）检查电厂自动化设备统一时钟源时间同步系统设备与配置	（1）没有遥信传动试验记录，不得分。 （2）电厂侧事故掉闸时，遥信状态信号不正确，每拒/误动1个/次，不得分（考核周期以年为单位）；SOE事件记录反映不正确，扣2分。 （3）电厂内自动化设备没有采用统一时钟源时间同步系统，扣5分	Q/BEH-211.10-18-2019《防止电力生产事故的重点要求及实施导则》第25.1.1.12、25.2.12、25.2.16、25.2.25条

续表

序号	评价项目	标准分	查评方法及内容	评分标准	查评依据
2.5.5.2.8	相量测量装置（PMU）或其他监测装置的信号接入量	10	（1）现场核查自动化设备相量测量装置（PMU）或其他监测装置参数、信息文档。 （2）机组励磁系统和PSS的关键信号（电压给定值、PSS输出信号、励磁调节器输出电压、发电机励磁电压、励磁电流、机端电压、机端电流、PSS投入/退出信号、励磁调节器自动/手动运行方式及各类限制器动作信号等）应接入相量测量装置（PMU）或其他监测装置。 （3）机组调速系统的关键信号（机组转速、总阀位指令、燃料指令、调速系统功率给定值、锅炉系统输出指令、一次调频投入/退出信号等）接入PMU装置或其他监测装置；应将机组AGC、AVC系统的关键信号（远方AVC指令、同步发电机组的AGC指令和AVC指令等）接入PMU装置或其他监测装置	（1）无法提供上传调度机构信息点表的，不得分。 （2）未将机组励磁系统和PSS的关键信号接入相量测量装置（PMU）或其他监测装置，扣3分；接入的关键信号不完备、不准确，扣1分。 （3）未将机组调速系统的关键信号接入相量测量装置（PMU）或其他监测装置，扣3分；接入的关键信号不完备、不准确，扣1分。 （4）未将机组AGC、AVC系统的关键信号接入相量测量装置（PMU）或其他监测装置，扣4分；接入的关键信号不完备、不准确，扣2分	DL/T 1870—2018《电力系统网源协调技术规范》第5.1、6.6.1、6.6.2、6.6.4条
2.5.5.2.9	电厂自动化子站设备月可用率	5	现场检查自动化设备运行情况，并与所在电网调度机构核实	（1）自动化子站远动设备月可用率（若所在电网调度机构考核要求，远动设备月可用率应达到99.5%以上）未达到99.5%，每降低0.1个百分点，扣1分；子站PMU设备（若所在电网调度机构考核要求，PMU设备月可用率应达到98%以上）月可用率未达到98%，每降低0.1个百分点，扣1分。 （2）电厂自动化设备连续故障（远动数据中断）时间超过4h，扣1分。 （3）相量测量装置（PMU）连续故障（相量数据中断）时间超过4h，扣1分	DL/T 516—2017《电力调度自动化系统运行管理规程》附录A.1，附录C.2、C.3
2.5.5.2.10	电厂电力监控系统	10	（1）查看电厂电力监控系统安全防护方案，网络结构图及清单等资料，抽查系统设备、网络设备、网络接线等现场实际设施情况；应满足国家和行业的相关要求。 （2）查阅电厂电力监控系统及自动化设备接入电力调度数据网等相关资料，安全防护方案、网络拓扑图应全面准确；接入电力调度数据网的技术方案和电厂电力监控系统安全防护方案应经所在电网调度机构审核	（1）没有电厂电力监控系统安全防护方案不得分；电厂电力监控系统安全防护方案分区不合理，扣2分；隔离措施不完备，扣2分；电力监控系统设备、网络设备、网络接线与安全防护方案系统网络拓扑结构图、清单不一致，每发现一处扣1分。 （2）电厂接入电力调度数据网的技术方案和电厂电力监控系统安全防护方案未经所在电网调度机构审核，扣5分	（1）DL/T 516—2017《电力调度自动化系统运行管理规程》第10.8条； （2）国家发展改革委令第14号《电力监控系统安全防护规定》第二章、第十五条； （3）Q/BEH-211.10-18—2019《防止电力生产事故的重点要求及实施导则》第25.1.1.3、25.2.15条

续表

序号	评价项目	标准分	查评方法及内容	评分标准	查评依据
2.5.5.2.11	生产控制大区内部的系统与设备配置	10	现场检查电厂电力监控系统安全防护系统配置，查阅相关技术资料，应符合规定要求，并严格遵守电力监控系统安全防护要求	（1）生产控制区内部使用 E-mail 服务或通用网络服务，不得分。 （2）各业务系统直接互通的，或者监控主机无用的软驱、光驱、USB 接口、串行口未关闭或未拆除的，扣 5 分。 （3）使用硬件防火墙的功能、性能、电磁兼容未经国家认证的，或者无电力系统电磁兼容检测证明的，扣 5 分。 （4）使用硬件防火墙为进口产品，扣 5 分	（1）国家发展改革委令第 14 号《电力监控系统安全防护规定》第十三条； （2）Q/BEH-211.10-18—2019《防止电力生产事故的重点要求及实施导则》第 25.2.15 条
2.5.5.2.12	电厂电力监控系统安全防护安全区的定义	10	现场检查电厂电力监控系统安全防护系统配置，查阅国家指定部门检测认证机构的认证文件等资料： （1）生产控制大区一、二区之间应实现逻辑隔离。 （2）连接生产控制大区和管理信息大区间应安装横向隔离装置。 （3）横向隔离装置应经过国家指定部门检测认证机构的认证	（1）安全区定义不正确，扣 2 分。 （2）生产控制大区一、二区之间未实现逻辑隔离，扣 2 分。 （3）生产控制大区和管理信息大区间未进行横向隔离的，不得分。 （4）横向隔离装置不是经过国家指定部门检测认证机构认证，扣 5 分	（1）国家发展改革委令第 14 号《电力监控系统安全防护规定》第九条； （2）Q/BEH-211.10-18—2019《防止电力生产事故的重点要求及实施导则》第 25.2.15 条
2.5.5.2.13	电厂至电力调度数据网之间的纵向加密认证装置	10	（1）现场检查电厂电力监控系统安全防护系统配置。 （2）查阅国家指定部门检测认证机构的认证文件等资料	（1）电厂至电力调度数据网之间应装但未安装纵向加密认证装置，不得分，采用硬件防火墙或网络设备的访问控制技术临时代替，扣 5 分。 （2）纵向加密认证装置不是经过国家指定部门检测认证机构认证，扣 5 分	（1）国家发展改革委令第 14 号《电力监控系统安全防护规定》第十条； （2）Q/BEH-211.10-18—2019《防止电力生产事故的重点要求及实施导则》第 25.2.15 条
2.5.5.2.14	生产控制大区监控系统的访问服务的安全防护	10	现场检查电力监控系统等自动化设备是否有与设备厂商和其他服务企业远程访问接口等情况	存在下列情况之一者，均不得分： （1）电力监控系统网络非法外联（与互联网直联）。 （2）设备厂商和其他服务企业等远程进行电力监控系统的控制、调节和运维操作	（1）国家发展改革委令第 14 号《电力监控系统安全防护规定》第十一、十三条； （2）Q/BEH-211.10-18—2019《防止电力生产事故的重点要求及实施导则》第 29.2.8.2 条
2.5.5.2.15	生产控制大区主要监控系统安全管理	10	核查主要监控系统数据备份的安全管理工作情况：应对生产控制大区主要监控系统 [如厂站监控系统（NCS）、自动发电控制（AGC）、自动电压控制（AVC）等] 做好数据备份的安全管理工作，保护系统和数据安全，做好备份和恢复策略、措施	（1）主要监控系统没有数据备份，扣 3 分。 （2）没有备份和恢复措施的管理工作，扣 2 分	Q/BEH-211.10-18—2019《防止电力生产事故的重点要求及实施导则》第 29.2.5、29.2.5.1、29.2.7 条

序号	评价项目	标准分	查评方法及内容	评分标准	查评依据
2.5.5.2.16	电力监控系统安全防护管理制度	10	现场查阅电力监控系统安全防护管理等制度资料，包括权限密码制度、门禁管理和机房人员登记等制度	（1）未制定电力监控系统安全防护管理等制度，不得分。 （2）制定的电力监控系统安全防护管理等制度，不完善、不规范，每个制度扣2分	（1）国家发展改革委令第 14 号《电力监控系统安全防护规定》第十四条； （2）Q/BEH－211.10－18—2019《防止电力生产事故的重点要求及实施导则》第29.2.1条
2.5.5.2.17	电力监控系统安全防护应急预案	5	（1）查阅电厂电力监控系统安全防护应急预案资料。 （2）现场提问有关技术人员掌握电力监控系统安全防护应急预案的情况，是否熟练掌握预案内容	（1）电厂未编制电厂电力监控系统安全防护应急预案，不得分；编制的电厂电力监控系统安全防护应急预案不完善、不规范，扣1分。 （2）相关人员不能熟练掌握应急预案内容，扣1分	（1）国家发展改革委令第 14 号《电力监控系统安全防护规定》第十七条； （2）Q/BEH－211.10－18—2019《防止电力生产事故的重点要求及实施导则》第29.2.1、29.2.2条
2.5.5.2.18	定期开展电力监控系统安全防护安全评估工作	5	现场查阅电厂电力监控系统安全防护安全评估实施记录及工作报告等资料，评估内容主要包括安全体系、安全设备部署及性能、安全管理措施等评估；应有电力监控系统安全防护安全评估报告	（1）没有定期开展电力监控系统安全防护安全评估工作，不得分。 （2）开展了评估工作，没有评估报告，扣2分	（1）国家发展改革委令第 14 号《电力监控系统安全防护规定》第十六条； （2）Q/BEH－211.10－18—2019《防止电力生产事故的重点要求及实施导则》第29.1.2、29.2.2条
2.5.5.2.19	设备标识牌	5	相关的屏柜、箱体、接线盒、元器件、端子排、压板、交流直流空气开关和熔断器是否设置恰当的标志	未按要求设置标识牌的，每处扣1分	GB/T 50976—2014《继电保护及二次回路安装及验收规范》第4.5.1条
2.5.5.3	运行管理	55			
2.5.5.3.1	自动化专业运维人员情况	5	现场核实专职（兼职）自动化专业运维人员定编定职情况，电厂应保持人员相对稳定，按电网调度机构要求备案	（1）未配备专职（兼职）自动化专业技术人员，扣2分。 （2）专业技术人员情况未按要求在所在电网调度机构专业管理部门备案，扣1分	（1）DL/T 516—2017《电力调度自动化系统运行管理规程》第 3.7、3.8条； （2）Q/BEH－211.10－18—2019《防止电力生产事故的重点要求及实施导则》第25.2.28条
2.5.5.3.2	自动化专业运行管理制度	5	现场检查自动化专业运行管理制度等资料，包括：自动化专业岗位职责、工作标准，设备运行维护、机房安全防火、文明生产制度等	（1）未制定自动化专业运行管理制度，不得分。 （2）有运行管理制度，每缺少一种制度，扣1分；管理制度不完善、不规范，扣1分	（1）DL/T 516—2017《电力调度自动化系统运行管理规程》第 3.8、4.2、4.6、5.1条； （2）Q/BEH－211.10－18—2019《防止电力生产事故的重点要求及实施导则》第25.1.1.10、25.2.10条

续表

序号	评价项目	标准分	查评方法及内容	评分标准	查评依据
2.5.5.3.3	基建、改（扩）建工程自动化设备的验收与投运	5	（1）基建、改（扩）建工程自动化设备应与一次设备同步完成建设、调试、验收与投运。 （2）查阅电厂基建、改（扩）建工程，关于自动化设备工程实施记录，抽查设备验收报告。 （3）查阅电厂相应的基建、改（扩）建工程自动化专业管理制度、办法	（1）自动化设备未与一次设备同步投运，不得分。 （2）专职（兼职）自动化专业技术人员没参加自动化设备安装投运验收工作，扣1分。 （3）电厂没有改（扩）建工程自动化专业管理制度、办法，扣2分；有管理制度、办法，但不完善，扣1分	（1）DL/T 516—2017《电力调度自动化系统运行管理规程》第4.3条； （2）Q/BEH-211.10-18—2019《防止电力生产事故的重点要求及实施导则》第25.1.1.9、25.2.6条
2.5.5.3.4	自动化设备故障处理	5	（1）查阅自动化设备运行日志、记录和设备故障处理记录等资料。 （2）查阅自动化设备故障处置情况统计分析及报告等资料	（1）专业人员未按规定时间到达现场进行故障处置，一次扣2分；处理设备故障，无故障记录，扣1分。 （2）对自动化设备故障情况未定期进行分析，扣1分；统计分析报告不完善、不规范，扣1分	DL/T 516—2017《电力调度自动化系统运行管理规程》第5.2.2、5.2.5条
2.5.5.3.5	自动化设备的运行维护	10	现场检查自动化设备运行与维护记录，并核实电网调度机构相关考核情况	（1）未经调度机构同意，中断自动化设备信息采集、传输通道，不得分；未经调度机构同意，在自动化设备及其二次回路上工作和操作，扣2分。 （2）没严格执行调度机构设备《检修申请制度》等相关规定，扣2分	DL/T 516—2017《电力调度自动化系统运行管理规程》第5.2.7、5.2.8条
2.5.5.3.6	机组AVC（子站）	10	（1）现场查阅"AVC机组系统试验报告""运行定值""调节参数"等资料。 （2）查阅AVC机组运行记录	（1）没有AVC系统试验报告扣2分；AVC机组调整性能与运行参数不满足调度机构规定的要求，不得分。 （2）AVC机组运行定值/调节参数均未按调度机构"机组AVC运行规定"运行，不得分；其中任一项参数不满足，扣2分。 （3）未经调度机构批准，电厂自行修改AVC机组的调节参数，不得分	（1）GB/T 31464—2015《电网运行准则》第5.4.2.3.5条； （2）DL/T 1870—2018《电力系统网源协调技术规范》第6.5.3、6.5.8、6.5.9条； （3）Q/BEH-217.10-18—2019《防止电力生产事故的重点要求及实施导则》第25.1.1.8、25.2.9条
2.5.5.3.7	机组AVC上传调度机构的状态信号	10	现场检查自动化设备AVC投入/退出/闭锁等状态信号接入与运行情况，应正确	电厂AVC机组上传调度机构的AVC状态信号（如AVC投入/退出/闭锁等信号）均不正确，不得分；信号不稳定、可靠，扣2分	（1）GB/T 31464—2015《电网运行准则》第5.4.2.3.5条； （2）DL/T 1870—2018《电力系统网源协调技术规范》第6.6.4条； （3）Q/BEH-211.10-18—2019《防止电力生产事故的重点要求及实施导则》第25.1.1.8、25.2.9条

序号	评价项目	标准分	查评方法及内容	评分标准	查评依据
2.5.5.3.8	AVC月投入率、调节合格率	5	现场检查AVC运行统计记录，并与所在电网调度机构核实，运行指标应满足所在电网调度机构考核管理的要求（考核周期：以月为单位）	（若所在电网调度机构考核要求，AVC月可投入率应达到98%以上；调节合格率要求达到96%以上）电场AVC月可投入率未达到98%以上，每降低1个百分点，扣1分；调节合格率要求达到96%以上，每降低1个百分点，扣1分	GB/T 31464—2015《电网运行准则》第5.4.2.3.5条
2.5.6	电气二次设备检修管理	110			
2.5.6.1	检修项目、计划	25	检查各专业检修项目及计划执行情况： （1）检查检修计划是否合理，检修目标、进度、备件、材料、人工和费用安排是否合理。 （2）检修项目是否完善，是否有缺项、漏项。 （3）检查修前、修后试验项目，是否有缺项、漏项和不合格项。 （4）检查重大检修项目的专用工器具台账，是否存在工器具应检未检项目	（1）检修计划不完善，检修目标、进度、材料、人工和费用安排不合理；每发现一处扣2分。 （2）检修项目不完善，存在缺项、漏项和不合格，每发现一处扣2分。 （3）修前、修后试验项目，存在缺项、漏项和不合格项，每发现一处扣2分。 （4）专用工器具存在工器具应检未检项目，每发现一处扣2分	Q/BJCE－218.17－45－2019《燃气发电企业检修管理规定》
2.5.6.2	检修质量管理	25	查看设备检修管理制度及标准作业文件： （1）实行标准化检修管理，编制检修作业文件包，对重大项目制定安全组织措施、技术措施及施工方案。 （2）严格工艺要求和质量标准，实行检修质量控制和监督三级验收制度，严格检修作业中停工待检点和见证点的检查签证	（1）未编制检修作业文件包，每项扣2分。 （2）检修作业文件包编制不完整或者内容粗糙，每项扣2分。 （3）对重大项目未制定安全组织措施、技术措施及施工方案，每项扣5分。 （4）质量控制未严格执行三级验收制度，每项扣5分；执行不到位和验收资料不完整，每项扣2分	（1）Q/BJCE－218.17－45－2019《燃气发电企业检修管理规定》； （2）Q/BJCE－218.17－40－2019《燃气发电企业检修作业文件管理规定》
2.5.6.3	检修记录	20	（1）对照检修记录，查阅总结文本；查阅设备台账、安全阀台账等。 （2）检查设备大小修记录是否完整，有关技术资料是否齐全；安全阀等设备是否定期检验	（1）设备检修记录不完善，每项扣2分，重要节点未能需要提供原始记录，扣5分。 （2）锅炉安全阀未按照相关要求进行检验检查或解体检查每项扣5分；锅炉压力容器安全阀整定值不符合要求或数据不全，每项扣2分，单项最高扣10分。 （3）作业人员和单位资质不符合TSG ZF001的规定的，每处扣5分，最高扣10分	（1）DL/T 838—2017《燃煤火力发电企业设备检修导则》； （2）DL/T 959—2014《电站锅炉安全阀技术规程》第8.4.1、8.4.7条； （3）制造厂有关规定； （4）TSG ZF001《安全阀安全技术监察规程》

序号	评价项目	标准分	查评方法及内容	评分标准	查评依据
2.5.6.4	施工现场管理	25	（1）施工人员是否正确使用合格的劳保用品和工器具。 （2）施工现场的井、坑、沟及开凿的地面孔洞，是否设牢固围栏、照明及警示标志。 （3）施工现场是否落实易燃易爆危险物品和防火管理。 （4）现场作业是否履行工作票手续	（1）施工人员使用不合格的劳保用品和工器具，每项扣10分。 （2）施工现场无安全防护措施，不得分；安全措施不完善，每项扣5分。 （3）施工现场储存易燃易爆危险物品不得分；施工现场有吸烟或有烟头，每例扣10分。 （4）现场施工未使用工作票，不得分；工作时工作负责人（监护人）不在现场，不得分	（1）Q/BJCE-218.17-24-2019《工作票管理规定》； （2）Q/BEIH-219.10-08-2013《ERP系统工作票、操作票管理实施细则》
2.5.6.5	修后设备技术资料管理	15	（1）现场检查档案室对修后设备的技术资料归档情况。 （2）30天内的设备管理软件更新情况	（1）修后技术资料未及时归档，每项扣2分。 （2）未在规定时间内完成设备更新录入，每项扣2分	Q/BJCE-218.17-45-2019《燃气发电企业检修管理规定》
2.5.7	电测技术监督	40			
2.5.7.1	技术监督制度	30	（1）是否建立了本单位的电测监督制度。 （2）各级电测监督岗位责任制是否明确，责任制是否落实	（1）无本单位制度不得分，制度内容不全或有明显错误的，每项扣5分。 （2）每缺一级责任制扣5分，每一级责任制不落实扣5分	Q/BJCE-219.17-17-2019《电测技术监督导则》
2.5.7.2	技术监督管理	10	有完善的计量仪器仪表检定制度，重要电能计量装置有完整检定报告	计量仪器仪表检定制度不完善，扣5分；重要电能计量装置无完整报告，每项扣2分	Q/BJCE-219.17-17-2019《电测技术监督导则》
2.5.8	继电保护、励磁和自动装置及直流系统技术监督	40			
2.5.8.1	技术监督制度	30	（1）是否建立了本单位的继电保护监督制度。 （2）各级继电保护监督岗位责任制是否明确，责任制是否落实	（1）无本单位制度不得分，制度内容不全或有明显错误的，每项扣5分。 （2）每缺一级责任制扣5分，每一级责任制不落实扣5分	Q/BJCE-219.17-09-2019《继电保护及安全自动装置技术监督导则》
2.5.8.2	技术监督实施细则	10	结合本厂情况制定继电保护、励磁、自动装置的技术监督实施细则	无相关实施细则不得分；制定内容不完善每一项扣2分	Q/BJCE-219.17-09-2019《继电保护及安全自动装置技术监督导则》
2.5.9	电能质量技术监督	30			
2.5.9.1	技术监督制度	30	（1）是否建立了本单位的电能质量监督制度。 （2）各级电能质量监督岗位责任制是否明确，责任制是否落实	（1）无本单位制度不得分；制度内容不全或有明显错误的，每项扣5分。 （2）每缺一级责任制扣5分，每一级责任制不落实扣5分	Q/BJCE-219.17-18-2019《电能质量技术监督导则》

2.6 热工设备

序号	评价项目	标准分	查评方法及内容	评分标准	查评依据
2.6	**热工设备**	**1700**			
2.6.1	机网协调功能［自动发电控制（AGC）管理及性能指标）］	100			
2.6.1.1	AGC 指令设限是否合理以及是否擅自修改相关参数	20	AGC 指令是否超出机组或电厂规定范围的指令；AGC 的调节参数是否未经调度机构批准自行修改	（1）AGC 指令未设置限值，扣 10 分。 （2）擅自修改 AGC 调节参数，扣 10 分	Q/BEH-211.10-18-2019《防止电力生产事故的重点要求及实施导则》第 25.1.1.8 条
2.6.1.2	AGC 相关控制信号是否同源	10	上传调度 EMS 主站系统的 AGC 机组出力数据是否与 DCS 采用同一数据源；发电公司上传网调的 AGC 投入/退出等状态信号应正确	（1）信号不同源扣 10 分。 （2）AGC 投入/退出信号不正确扣 5 分	Q/BEH-211.10-18-2019《防止电力生产事故的重点要求及实施导则》第 25.2.26 条
2.6.1.3	机组是否符合 AGC 批准书要求投运 AGC	10	AGC 调节参数应按照所在电网调度机构"机组自动发电控制（AGC）投入批准书"的规定运行	未按程序投运 AGC 扣 10 分	Q/BEH-211.10-18-2019《防止电力生产事故的重点要求及实施导则》表 25-1
2.6.1.4	AGC 机组是否满足"当地控制/远方控制"两种方式间的手动和自动无扰切换	20	检查 AGC 投运前后信号跟踪是否满足要求	不符合无扰切换扣 20 分	DL/T 1040-2007《电网运行准则》第 5.4.2.2.4 条
2.6.1.5	AGC 指标	40	查阅试验报告及电网反馈考核数据，检查 AGC 的投入率、响应时间、负荷变化速率、负荷动态、静态偏差能否满足并网调度协议或其他有关规定的要求	每一项不满足要求扣 8 分	DL/T 1056-2019《发电厂热工仪表及控制系统技术监督导则》第 8.15 条
2.6.2	机网协调功能（一次调频管理及性能指标）	90			
2.6.2.1	总体性要求	10	（1）检查电厂是否具有符合本厂实际的机组一次调频运行管理制度。 （2）检查电厂是否设置专人管理一次调频,管理人员应深刻理解本区域电网关于发电机组一次调频运行管理的规定,掌握一次调频原理及一次调频设计原则	（1）无专人管理扣 5 分。 （2）无相应的管理制度扣 5 分。 （3）专职人员对相关规定不理解扣 5 分	GB/T 28566-2012《发电机组并网安全条件及评价》第 5.2.8.4 条

序号	评价项目	标准分	查评方法及内容	评分标准	查评依据
2.6.2.2	一次调频功能投/退	10	一次调频功能的投入、退出和参数更改是否得到调控机构的批准	不按规定要求随意投退调频功能扣 10 分	国网（调/4）910—2019《国家电网公司电力系统一次调频管理规定》第 22 章
2.6.2.3	一次调频的控制指标	30	查阅试验报告及电网反馈数据，检查一次调频的死区设置、转速不等率、调频限幅、动态指标是否满足规程要求	每项不符合扣 5 分	GB/T 30370—2013《火力发电机组一次调频试验及性能验收导则》第 5 章
2.6.2.4	一次调频日常运行维护	15	发电企业应加强一次调频系统运行维护工作，实时记录一次调频投入及运行情况，并保留一次调频系统运行统计结果与动作数据记录，做好技术分析和备案	每发现一处漏项或错项扣 3 分	国网（调/4）910—2019《国家电网公司电力系统一次调频管理规定》第 23 章
2.6.2.5	一次调频试验是否按规定开展	15	发电企业应对一次调频性能开展定期复核性试验，一般每五年复核一次；一次调频相关设备改造（如 DCS 控制系统升级改造等）或检修、参数变更后，均应开展一次调频性能验证工作，并委托有资质的电力试验单位进行一次调频试验	（1）未定期或按相关要求开展试验扣 10 分。 （2）无资质单位出具的一次调频试验报告扣 5 分	国网（调/4）910—2019《国家电网公司电力系统一次调频管理规定》第 21、24 章
2.6.2.6	一次调频相关控制逻辑及参数是否按要求修改	10	发电企业不得擅自更改一次调频死区、转速不等率、最大负荷限幅等关键参数，不得擅自更改与一次调频性能密切相关的控制逻辑	未向调度机构申请或无资质单位擅自修改相关内容扣 10 分	国网（调/4）910—2019《国家电网公司电力系统一次调频管理规定》第 22 章
2.6.3	分散控制系统（DCS）	595			
2.6.3.1	控制系统所处环境要求	10	（1）检查现场温、湿度条件。 （2）检查电子设备间、工程师站和控制室内的环境温度是否保持在 15～28℃；湿度 45%～70%	（1）每一个温、湿度表计未安装或不合格扣 2 分。 （2）环境指标不符合要求，每一项扣 2 分	DL/T 774—2015《火力发电厂热工自动化系统检修运行维护规程》第 4.3.2.1.5 条表 3
2.6.3.2	分散控制系统电源	200			
2.6.3.2.1	DCS 系统电源冗余、定期切换要求	20	（1）分散控制系统电源应设计有可靠的后备手段（如采用 UPS 电源等）备用电源的切换时间应保证控制器、操作员站不能初始化系统电源故障应在控制室内设有声光报警。 （2）每年至少进行一次切换试验，如机组连续运行超过一年，则下次启动前开展切换试验	（1）无双路冗余电源设计或设计不合理扣 20 分。 （2）未定期开展切换试验或无电源切换测试报告扣 10 分。 （3）切换不合格且无整改计划扣 10 分。 （4）控制室内未装设声光报警扣 2 分	Q/BEH–211.10–18—2019《防止电力生产事故的重点要求及实施导则》表 15–1

序号	评价项目	标准分	查评方法及内容	评分标准	查评依据
2.6.3.2.2	控制器内元器件是否有冗余备用电源	20	应保证控制器中所有控制单元、模件、驱动器件的工作电源为冗余供电，由 DPU 提供给现场的查询、驱动电源应为冗余供电任何一路电源失去或故障，应能够保证控制器在最大负荷下运行	无双路冗余电源扣 20 分	Q/BEH-211.10-18—2019《防止电力生产事故的重点要求及实施导则》表 15-1
2.6.3.2.3	人机接口站电源双路冗余情况、服务器和网络设备电源冗余情况	20	操作员站、工程师站、实时数据服务器、SIS 接口服务器和通信网络设备的电源，应采用两路电源供电并通过双电源模块接入，否则操作员站和通信网络设备的电源应合理分配在两路电源上	每一项不符合扣 5 分	Q/BEH-211.10-18—2019《防止电力生产事故的重点要求及实施导则》表 15-1
2.6.3.2.4	重要独立控制系统电源冗余情况	20	独立配置的重要控制子系统(如 ETS、TSI、DEH、火检、循环水泵等远程控制站及 I/O 站电源、循泵控制蝶阀、TCS 等)，须有两路互为冗余且一路电源失去时仍可保证系统连续正常工作的可靠电源供电，并设置电源故障声光报警	每一项不符合扣 5 分	Q/BEH-211.10-18—2019《防止电力生产事故的重点要求及实施导则》表 15-1
2.6.3.2.5	独立于分散控制系统之外的安全系统电源冗余情况	20	独立于分散控制系统的安全系统的电源切换功能，以及要求切换速度快的备用电源切换功能，不应纳入分散控制系统，而应采用硬接线回路	每一项不符合扣 5 分	Q/BEH-211.10-18—2019《防止电力生产事故的重点要求及实施导则》表 15-1
2.6.3.2.6	电源余量要求	20	(1) 检查电源设计容量资料。(2) 冗余电源的任一路电源单独运行时,应保证有不小于30%的分散控制系统的负载余量	每一项不符合扣 10 分	Q/BEH-211.10-18—2019《防止电力生产事故的重点要求及实施导则》表 15-1
2.6.3.2.7	公用系统电源冗余情况	20	公用分散控制系统电源，应分别取自两台机组，在正常运行中保证无扰切换	(1) 电源来自同一点扣 20 分。(2) 电源切换不正常扣 20 分	Q/BEH-211.10-18—2019《防止电力生产事故的重点要求及实施导则》表 15-1
2.6.3.2.8	交、直电源标识及布置	20	交、直流电源开关和接线端子应分开布置，直流电源开关和接线端子应有明显的标识	(1) 布置不合理扣 20 分。(2) 无明显正确的标识扣 5 分	Q/BEH-211.10-18—2019《防止电力生产事故的重点要求及实施导则》表 15-1
2.6.3.2.9	热工电源使用情况	20	(1) 重要的热工双路供电回路,应取消人工切换开关。(2) 所有的热工电源(包括机柜内检修电源)必须专用,不得用于其他用途	(1) 热工电源用于其他用途扣 20 分。(2) 重要回路切换配置人工开关扣 20 分	Q/BEH-211.10-18—2019《防止电力生产事故的重点要求及实施导则》表 15-1

序号	评价项目	标准分	查评方法及内容	评分标准	查评依据
2.6.3.2.10	ETS 系统电源可靠性以及监视功能	20	汽轮机紧急跳闸系统（ETS）和汽轮机监视仪表（TSI）所配电源必须可靠，电压波动值不得大于±5%机组检修时电气专业应对电源的质量进行测试，不得含有高次谐波，以保证输出继电器动作和触点可靠，同时应具备出口继电器电源监视报警功能	电源品质不满足要求扣20分，电源监视报警不正常扣5分	Q/BEH－211.10－18—2019《防止电力生产事故的重点要求及实施导则》表 15－1
2.6.3.3	接地要求	70			
2.6.3.3.1	分散控制系统的电源地、屏蔽地和逻辑地要求；接地电缆材质要求控制系统的接地网要求	20	（1）分散控制系统机柜的外壳不允许与建筑物钢筋直接相连，其外壳、电源地、屏蔽地和逻辑地应分别接到机柜各地线上，并将各机柜地线连接后，再用两根铜芯电缆引至接地极（体），其导线截面积应满足厂家要求，且两端采用压接的方式连接。 （2）分散控制系统的接地网若接入厂级接地网，需在一定范围内（该范围定值由分散控制系统厂家提供）不得有高电压强电流设备的安全接地和保护接地点。 （3）如果分散控制系统采用单独的接地网，则该接地网应满足一定的规格要求（具体范围的大小由分散控制系统厂家提供）避免动力设备接地对分散控制系统造成影响	（1）柜内屏蔽线接线方式不符合要求，每项扣 10 分。 （2）接地线材质或压接方式不符合，每项扣 2 分。 （3）接地网不满足接地点环境要求，每项扣 2 分	Q/BEH－211.10－18—2019《防止电力生产事故的重点要求及实施导则》表 15－1
2.6.3.3.2	控制系统"一点接地"要求	20	（1）具有"一点接地"要求的控制系统，整个接地系统最终只有一点接到地网上，并满足接地电阻指标的要求远程控制柜或I/O柜应就近独立接入电气接地网，并进行测试，确保接地满足要求。 （2）分散控制系统输入输出信号屏蔽线要求单端接地，信号端不接地的回路，屏蔽线应直接接在机柜接地铜排上；信号端接地的回路，屏蔽线应在信号端接地	（1）单端接地方式不符合要求，扣20分。 （2）接地电阻值不满足要求，扣5分	（1）DL/T 659—2016《火力发电厂分散控制系统验收测试规程》第 4.9 条； （2）Q/BEH－211.10－18—2019《防止电力生产事故的重点要求及实施导则》表 15－1
2.6.3.3.3	热工系统中的机柜、金属接线盒、汇线槽、导线穿管、铠装电缆的铠装层、用电仪表和设备外壳、配电盘等接地方式	15	热工系统中的机柜、金属接线盒、汇线槽、导线穿管、铠装电缆的铠装层、用电仪表和设备外壳、配电盘等都需要采用保护接地	每一项不满足要求，扣2分	Q/BEH－211.10－18—2019《防止电力生产事故的重点要求及实施导则》表 15－1

序号	评价项目	标准分	查评方法及内容	评分标准	查评依据
2.6.3.3.4	接入同一接地网设备间连接要求；接入不同接地网设备间连接要求	15	（1）对于接入同一接地网的热工设备可以采用电缆连接，但需要保证接地网的接地电阻满足要求，实现等电位连接。（2）对于分开等电位连接的（未接入同一接地网）本地分散控制系统机柜和远程分散控制系统机柜之间的信号传输应使用无金属的纤维光缆或其他非导电系统	每一项不满足要求扣2分	Q/BEH-211.10-18—2019《防止电力生产事故的重点要求及实施导则》表15-1
2.6.3.4	分散控制系统人机接口	80			
2.6.3.4.1	DCS控制站配置要求	10	当DEH系统（燃机控制系统）采用与分散控制系统不同硬件类型的控制系统时应单独配备操作员站、工程师站和历史数据站	不符合要求扣10分	Q/BEH-211.10-18—2019《防止电力生产事故的重点要求及实施导则》表15-1
2.6.3.4.2	DCS控制周期要求	10	从操作员的操作信号发出到分散控制系统的I/O输出变化的时间定义为系统操作时间,其值不应超过2.0s	不符合要求扣10分	Q/BEH-211.10-18—2019《防止电力生产事故的重点要求及实施导则》表15-1
2.6.3.4.3	服务器配置要求	10	操作员站如果是C/S结构,则至少配备2台服务器,客户端可以在2台服务器之间无扰切换	不符合要求扣10分	Q/BEH-211.10-18—2019《防止电力生产事故的重点要求及实施导则》表15-1
2.6.3.4.4	DCS系统时钟统一要求	10	分散控制系统应具备GPS或其他时钟接入功能,各种类型的历史数据必须具有统一时标与全厂时钟系统保持同步	未接入DCS系统或时钟不统一扣10分	Q/BEH-211.10-18—2019《防止电力生产事故的重点要求及实施导则》表15-1
2.6.3.4.5	盘台按钮配置要求	10	操作员站及少数重要操作按钮的配置应能满足机组各种工况下的操作要求,特别是紧急故障处理的要求紧急停机停炉按钮设计配置合理,应采用与分散控制系统软逻辑分开的单独硬回路,手动停机信号应直接动作于跳闸电磁阀,不得通过ETS的I/O通道,以确保ETS系统故障时手动打闸成功	配置盘台紧急按钮不全或按钮设计不符合要求扣10分	Q/BEH-211.10-18—2019《防止电力生产事故的重点要求及实施导则》表15-1
2.6.3.4.6	操作员站各种功能是否正常	10	检查显示、操作、数据存储、打印等功能	每项功能不满足要求扣5分	DL/T 659—2016《火力发电厂分散控制系统验收测试规程》第5.3.1条
2.6.3.4.7	工程师站各种功能是否正常	10	检查内容有控制和保护系统的组态、修改和下载,CRT画面的生成、修改和下载,数据库的生成、修改等	每项功能不满足要求扣5分	DL/T 659—2016《火力发电厂分散控制系统验收测试规程》第5.3.1条

续表

序号	评价项目	标准分	查评方法及内容	评分标准	查评依据
2.6.3.4.8	控制站之间的闭锁功能是否正常	10	（1）检查工程师站和操作员站之间的闭锁和保护功能是否正常。 （2）检查两台（套）机组公用系统控制操作员站之间的闭锁功能是否正常	有一项不合格扣 5 分	DL/T 659—2016《火力发电厂分散控制系统验收测试规程》第 5.3.1 条
2.6.3.5	分散控制系统控制器	60			
2.6.3.5.1	主从控制器无扰切换要求	20	（1）检查主要控制器的冗余配置必须是热备用方式，即后备控制器必须与主控制器同步更新数据，保证后备控制器切换为主控制器时不对输出产生扰动。 （2）检查是否每年至少进行一次切换试验,如机组连续运行超过一年，则下次启动前开展切换试验	（1）无冗余控制器配置或配置不合理扣 20分。 （2）未定期开展切换试验或无控制器切换测试报告扣 10 分。 （3）切换不合格且无整改计划扣 10 分	Q/BEH－211.10－18—2019《防止电力生产事故的重点要求及实施导则》表 15－1
2.6.3.5.2	控制器扫描周期要求	10	检查分散控制系统控制器处理模拟量控制的扫描周期一般要求为 250ms，对于要求快速处理的控制回路可为 125ms，对于温度等慢过程控制对象，扫描周期可为 500～750ms；处理开关量控制的扫描周期一般要求为 100ms，汽机保护（ETS）、燃机保护控制部分的逻辑，扫描周期不应大于 50ms，执行汽轮机超速保护控制（OPC）和超速跳闸保护（OPT）部分的逻辑，扫描周期不应大于 20ms	每一项不符合要求扣 2 分	Q/BEH－211.10－18—2019《防止电力生产事故的重点要求及实施导则》表 15－1
2.6.3.5.3	控制器负荷率要求	10	检查 CPU 负荷率是否控制在设计指标之内并根据不同的分散控制系统特性留有适当裕度分散控制系统厂家应提供 CPU 负荷率计算及检验的方法一般情况下要求控制器在极端工况下负荷率不得大于 60%	控制器负荷率不满足要求，每个扣 2 分	Q/BEH－211.10－18—2019《防止电力生产事故的重点要求及实施导则》表 15－1
2.6.3.5.4	控制器重要功能独立性配置原则	10	检查同系统同功能相同类型设备是否分配在不同控制器监控，是否严格遵循机组重要功能分开的独立性原则配置	系统测点分配不符合要求，每项扣 2 分	Q/BEH－211.10－18—2019《防止电力生产事故的重点要求及实施导则》表 15－1
2.6.3.5.5	DCS 系统的抗射频干扰是否合格，检修时测试	10	检查是否用功率为 5W，频率为 40.0～50.0MHz 的步话机作干扰源，距敞开柜门的分散控制系统机柜 1.5m 处工作时，DCS 应正常运行每年至少进行一次测试，如机组连续运行超过一年，则下次启动前开展测试	（1）未定期开展测试或无测试报告扣 10 分。 （2）测试结果不合格且无整改计划扣 5 分。 （3）测试方法不规范扣 5 分	DL/T 659—2016《火力发电厂分散控制系统验收测试规程》第 7.2 条

续表

序号	评价项目	标准分	查评方法及内容	评分标准	查评依据
2.6.3.6	分散控制系统过程输入输出	30			
2.6.3.6.1	DCS 系统 I/O 卡件设计余量要求	10	每个机柜每种类型的测点都应保持总量 10%~15%的设计余量	每项不符合扣 1 分	Q/BEH–211.10–18—2019《防止电力生产事故的重点要求及实施导则》表 15–1
2.6.3.6.2	重要冗余信号的卡件分配要求	10	（1）重要参数、参与机组或设备保护点及重要 I/O 点的检测元件应为三取二（开关量）或三取中（模拟量），同时应考虑采用非同一板件的原则配置。 （2）重要输入/输出模件（I/O 模件）的冗余配置信号参见京能清洁能源公司《热工技术监督导则》附录 A	每项不符合扣 2 分	Q/BEH–211.10–18—2019《防止电力生产事故的重点要求及实施导则》表 15–1
2.6.3.6.3	SOE 信号设计及性能要求	10	（1）分散控制系统应设计必要的 SOE 测点，其分辨率不应大于 1ms。 （2）安装在不同 DPU 控制器中的 SOE 模件应有可靠的时间同步措施，保证系统 SOE 的分辨率不大于 1ms 触发时序正确；机组检修后应做 SOE 试验，验证 SOE 系统的可靠性	（1）SOE 测点设计不全面扣 1 分。 （2）未按照规程要求定期开展 SOE 测试或无测试报告扣 10 分。 （3）SOE 测试指标不合格且无整改计划扣 5 分	（1）Q/BEH–211.10–18—2019《防止电力生产事故的重点要求及实施导则》表 15–1； （2）DL/T 774—2015《火力发电厂热工自动化系统检修运行维护规程》附录 A
2.6.3.7	分散控制系统定期试验	85			
2.6.3.7.1	模拟量控制系统功能检查及性能试验	15	模拟量控制系统自动状态退出时应报警提示模拟量控制系统定期扰动试验周期不宜超过半年；试验报告中应填写试验日期、试验人员、审核人及试验数据填写完整、规范，并附趋势曲线	（1）未设计自动状态退出报警，每项扣 0.5 分。 （2）未定期开展扰动试验或无试验报告扣 15 分。 （3）试验内容不全或指标不合格，每项扣 0.5 分。 （4）试验报告不规范扣 1 分	DL/T 1056—2019《发电厂热工仪表及控制系统技术监督导则》第 8.11 条
2.6.3.7.2	热工保护系统设计完备情况	15	燃机主保护、余热锅炉主保护、汽轮机主保护项目是否完备	保护项目每缺少一项扣 5 分	Q/BEH–211.10–18—2019《防止电力生产事故的重点要求及实施导则》表 15–1
2.6.3.7.3	热工保护联锁系统试验方式要求	15	保护联锁试验应尽量采用物理方法进行，不能采用物理方法的可在测量设备校验准确的前提下，在现场信号源点处模拟试验条件进行	联锁保护传动方式不正确，每项扣 1 分	DL/T 1056—2019《发电厂热工仪表及控制系统技术监督导则》第 8.12 条

序号	评价项目	标准分	查评方法及内容	评分标准	查评依据
2.6.3.7.4	联锁保护试验周期要求	10	机组大修后，启动前应进行所有主、辅设备的保护联锁试验	未按规定时间要求开展相关试验不得分，缺少一项扣1分	（1）DL/T 1056—2019《发电厂热工仪表及控制系统技术监督导则》第8.12条；（2）Q/BEH－211.10－18—2019《防止电力生产事故的重点要求及实施导则》表15－1
		10	小修或停用时间超过15天的机组，启动前应进行机炉大联锁、锅炉保护、汽机保护等主保护联锁试验和检修期间变动的以及运行过程中出现异常的保护系统	未按规定时间要求开展相关试验不得分，缺少一项扣1分	
		10	机组停用，距上一次保护试验时间超过三个月，启动前应进行主要保护联锁试验	未按规定时间要求开展相关试验不得分，缺少一项扣1分	
		10	设计有在线保护试验功能的项目，应在确保安全可靠的原则下进行定期保护在线试验	未按规定时间要求开展相关试验不得分，缺少一项扣1分	
2.6.3.8	分散控制系统数据通信网络	60			
2.6.3.8.1	网络通信冗余配置、定期切换试验要求	20	（1）网络通信设备与远程 I/O 设备应采用冗余配置，在单路网络故障情况下能无扰切换，并且有故障报警信息。（2）每年至少进行一次网络冗余切换测试，如机组连续运行超过一年，则下次启动前开展测试	（1）无冗余网络配置或配置不合理扣20分。（2）未定期开展切换测试或无测试报告扣10分。（3）切换测试指标不合格且无整改计划扣10分	Q/BEH－211.10－18—2019《防止电力生产事故的重点要求及实施导则》表15－1
2.6.3.8.2	通信网络负荷率要求	10	分散控制系统中通信网络应保证足够的通信能力一般情况下，数据通信总线负荷率不得超过30%，以太网通信率不得超过20%；同时主系统及与主系统连接的所用相关系统（包括专用装置）的通信负荷率设计必须控制在合理的范围（保证在高负荷运行中不出现"瓶颈"现象）之内，其接口设备（板件）应稳定可靠	每项不符合要求扣2分	Q/BEH－211.10－18—2019《防止电力生产事故的重点要求及实施导则》表15－1
2.6.3.8.3	通信介质铺设线路要求	10	远程控制柜与主系统的两路通信介质不应同层敷设，而应分层敷设	每项不符合要求扣2分	Q/BEH－211.10－18—2019《防止电力生产事故的重点要求及实施导则》表15－1
2.6.3.8.4	公用系统网络配置要求	10	对于两台或多台机组都可以操作公用系统设备时，为了防止误操作，公用分散控制系统网络应分别与每一单元机组网络进行有效的操作隔离措施，防止交叉误操作的发生	每项不符合要求扣5分	Q/BEH－211.10－18—2019《防止电力生产事故的重点要求及实施导则》表15－1

续表

序号	评价项目	标准分	查评方法及内容	评分标准	查评依据
2.6.3.8.5	SIS 或 MIS 等网络与 DCS 网络间隔离要求	10	分散控制系统与 SIS（MIS）接口要符合《电力二次系统安全防护规定》，并按照《火力发电厂厂级监控信息系统技术条例》的要求，配置可靠的隔离措施，信号的传递应该是从分散控制系统向 SIS（MIS）单向传递，严禁将分散控制系统与 SIS（MIS）以及上级公司的信息网络直接互联	每项不符合要求扣 5 分	Q/BEH－211.10－18—2019《防止电力生产事故的重点要求及实施导则》表 15－1
2.6.4	热工就地设备	90			
2.6.4.1	运行中的热控系统外观要求、标志要求	10	热控系统应保持整洁、完好，标识正确、清晰、齐全跳闸保护装置的接线端子应有明显的标识	每一项不符合要求扣 2 分	DL/T 1056—2019《发电厂热工仪表及控制系统技术监督导则》第 8.1 条
2.6.4.2	现场仪表可靠性要求	10	仪表指示误差应符合准确度等级要求，仪表反应灵敏，记录清晰现场仪表需贴有校验合格证，合格证周期真实有效	每一项不符合要求扣 2 分	DL/T 1056—2019《发电厂热工仪表及控制系统技术监督导则》第 8.1 条
2.6.4.3	信号光子牌相关要求	10	信号光子牌上的文字正确、清晰，灯光和音响报警正确、可靠	每一项不符合要求扣 2 分	DL/T 1056—2019《发电厂热工仪表及控制系统技术监督导则》第 8.1 条
2.6.4.4	各类执行机构动作方向标识别要求	10	操作开关、按钮、操作器及执行机构、手轮等操作装置，应有明显的开、关方向标识，操作灵活可靠	每一项不符合要求扣 2 分	DL/T 1056—2019《发电厂热工仪表及控制系统技术监督导则》第 8.1 条
2.6.4.5	热控系统电源使用规范要求	10	热控系统用交、直流电源及熔断器应标明电压、容量、用途，接地可靠，并不得作照明电源、动力设备电源及其他电源使用	每一项不符合要求扣 2 分	DL/T 1056—2019《发电厂热工仪表及控制系统技术监督导则》第 8.1 条
2.6.4.6	热控盘柜要求	10	热控盘内、外应有良好的照明，盘内电缆入口要封堵严密、干净整洁	每一项不符合要求扣 2 分	DL/T 1056—2019《发电厂热工仪表及控制系统技术监督导则》第 8.1 条
2.6.4.7	热控系统信号线、管路标识要求	10	热控系统的电缆、脉冲管路和一次设备，应有明显的标明名称、去向的标识牌	每一项不符合要求扣 2 分	DL/T 1056—2019《发电厂热工仪表及控制系统技术监督导则》第 8.1 条
2.6.4.8	热控设备防寒防冻要求	10	防寒防冻是否存在严重隐患	每一项不符合要求扣 2 分	DL/T 1056—2019《发电厂热工仪表及控制系统技术监督导则》第 8.1 条

续表

序号	评价项目	标准分	查评方法及内容	评分标准	查评依据
2.6.4.9	防爆区域使用设备要求	10	在天然气、氢气区域的仪器仪表、设备、端子排应为防爆型	每一项不符合要求扣2分	GB 50058—2014《爆炸危险环境电力装置设计规范》第 5.2 条
2.6.5	技术管理	260			
2.6.5.1	发电企业是否按国家及行业有关制度、规范、规程和标准等,结合本单位实际情况制定相应的规程和制度	80	（1）热控系统检修、运行维护规程。 （2）工程师站管理规定。 （3）保护投退管理规定。 （4）热控系统调试规程。 （5）试验用仪器仪表操作使用规程。 （6）施工质量验收规程。 （7）安全工作规程。 （8）岗位责任制度。 （9）工作票制度和质量验收制度。 （10）巡回检查制度和文明生产制度。 （11）定期试验、校验和抽检制度。 （12）热控设备缺陷和事故管理制度。 （13）热控设备、备品备件及工具、材料管理制度。 （14）热控设备的反事故措施。 （15）技术资料、图纸管理及计算机软件管理制度。 （16）热控人员技术考核、培训制度。 （17）设备质量监督检查签字验收制度。 （18）热工计量管理制度。 （19）热控技术监督实施细则。 （20）热控技术监督考核奖励制度	每缺少一项扣4分	DL/T 1056—2019《发电厂热工仪表及控制系统技术监督导则》第 11.7.1 条
2.6.5.2	发电企业是否建立健全电力建设和电力生产全过程的热工设备技术档案	40	检查以下内容是否满足要求: （1）各机组热工设备台账、清册及出产说明书。 （2）热工设备的备品备件及零部件清册。 （3）DCS 系统硬件配置清册。 （4）热工参数报警值及保护定值清册。 （5）热工设备系统图、原理图、安装接线图、电源系统图和主要热工参数测点布置图等。 （6）热工设备常用部件、一次原件加工图,流量测量装置设计、计算原始资料和加工图。	每缺少一项扣3分	DL/T 1056—2019《发电厂热工仪表及控制系统技术监督导则》第 11.7.2 条

序号	评价项目	标准分	查评方法及内容	评分标准	查评依据
2.6.5.2	发电企业是否建立健全电力建设和电力生产全过程的热工设备技术档案	40	（7）技术改进资料及图纸。 （8）热工设备运行日志。 （9）热工设备缺陷及处理记录。 （10）热工设备异常、障碍、事故记录。 （11）热工设备检修、调整、检定和试验记录。 （12）计算机系统软件和应用软件备份。 （13）DCS 系统故障记录。 （14）保护定值和逻辑修改记录、保护投退记录	每缺少一项扣 3 分	DL/T 1056—2019《发电厂热工仪表及控制系统技术监督导则》第 11.7.2 条
2.6.5.3	热工计量标准室是否满足有关规定要求	30	（1）检查标准室是否建标及实际环境是否满足要求。 （2）建立本企业的热工计量标准装置及配套设施，根据周期检定计划，按时送检标准器具，保证热工计量标准量值准确	（1）如未建标准室，且计量传递工作未按要求执行，每项扣 10 分，最高扣 30 分。 （2）如已建标准室，且标准室环境不符合要求扣 20 分。 （3）无周期检定计划扣 5 分。 （4）使用超期或不合格计量标准器，本项不得分	DL/T 1056—2019《发电厂热工仪表及控制系统技术监督导则》第 4.2.3 条
2.6.5.4	计量标准装置检定人员是否持证上岗	20	计量检定人员，应按照国家及行业的有关规定进行考核、取证方能进行工作	检定人员无证作业，每人次扣 5 分	DL/T 1056—2019《发电厂热工仪表及控制系统技术监督导则》第 10.1 条
2.6.5.5	热工监督主要指标是否符合相关制度要求	90	现场检查主要监督指标实际情况： （1）主要热工检测参数现场抽检合格率大于或等于 98%。 （2）数据采集系统（DAS）测点完好率大于或等于 99%。 （3）DCS 机组模拟量控制系统投入率大于或等于 95%。 （4）非 DCS 机组模拟量控制系统投入率大于或等于 80%。 （5）模拟量控制系统的可用率大于或等于 90%。 （6）热工保护投入率达等于 100%。 （7）热工保护正确动作率等于 100%。 （8）顺序控制系统投入率大于或等于 90%。 （9）全年标准仪器送检率等于 100%	（1）每项统计数不实扣 10 分。 （2）每项统计指标达不到要求扣 5 分	DL/T 1056—2019《发电厂热工仪表及控制系统技术监督导则》附录 A.1

续表

序号	评价项目	标准分	查评方法及内容	评分标准	查评依据
2.6.6	防止热工保护系统误动、拒动原则	400			
2.6.6.1	机炉主保护信号控制优先原则	20	触发停机停炉的保护信号测量仪表应单独设置，当与其他系统合用时，其信号应首先进入优先级最高的保护联锁回路，其次是模拟量控制，顺序控制最低（汽包水位除外）控制指令应遵循保护优先原则，热工保护系统输出的操作指令应优先其他任何指令	不符合要求扣20分	Q/BEH-211.10-18—2019《防止电力生产事故的重点要求及实施导则》表15-1
2.6.6.2	保护回路投切功能设计要求	20	保护回路中不应设置运行人员可投切的操作运行功能，但应该制定有合理可行的针对热工专业人员投切保护的措施，并且应具备正确向运行人员及热工人员正确显示保护投切状态的显示功能	不符合要求扣20分	Q/BEH-211.10-18—2019《防止电力生产事故的重点要求及实施导则》表15-1
2.6.6.3	重要保护信号取样回路设计要求	20	对于重要的热工保护信号如润滑油压、真空、抗燃油压、定子冷却水流量等保护信号，一次元件及取压回路均应独立、冗余设置	每项不符合要求扣10分	Q/BEH-211.10-18—2019《防止电力生产事故的重点要求及实施导则》表15-1
2.6.6.4	润滑油压低联锁启动回路设计要求	20	润滑油压力低信号应直接送入电气启动回路，确保事故润滑油泵在没有分散控制系统控制的情况下能够自动启动，保证汽轮机的安全	不符合要求扣20分	Q/BEH-211.10-18—2019《防止电力生产事故的重点要求及实施导则》表15-1
2.6.6.5	主辅机保护逻辑时序设计要求	20	主机及主要辅机保护逻辑组态时应合理配置逻辑页面和正确的执行时序，注意相关保护逻辑间的时间配合，防止由于取样延迟和延迟时间设置不当而导致保护联锁动作不当的情况发生	由于时序设计明显不合理导致设备故障、跳闸，每发生一次扣10分	Q/BEH-211.10-18—2019《防止电力生产事故的重点要求及实施导则》表15-1
2.6.6.6	特别设备控制逻辑脉冲信号使用要求	20	受分散控制系统控制且在停机停炉后不应马上停运的设备，如重要辅机的油泵等，必须采用脉冲信号控制，防止分散控制系统失电导致停机停炉时，引起这些设备误停运，造成重要主设备或辅机的损坏	每项不符合要求扣10分	Q/BEH-211.10-18—2019《防止电力生产事故的重点要求及实施导则》表15-1
2.6.6.7	模拟量控制系统切除条件要求	20	热工自动调节回路应具备指令反馈偏差大、测量值品质坏、被调量与设定值偏差大切除自动的功能，当重要的调节回路切至手动状态时，应有声光报警	（1）每项切除自动条件设计不符合要求扣2分。 （2）自动切至手动状态无声光报警，每项扣1分	Q/BEH-211.10-18—2019《防止电力生产事故的重点要求及实施导则》表15-1

序号	评价项目	标准分	查评方法及内容	评分标准	查评依据
2.6.6.8	气动阀的失气、失电、失信号的安全原则设计	20	具有故障安全要求的气动阀,必须按失气、失电、失信号的安全原则设计	每项不符合要求扣 10 分	Q/BEH-211.10-18-2019《防止电力生产事故的重点要求及实施导则》表 15-1
2.6.6.9	模拟量执行机构保位功能设计要求	20	当分散控制系统模拟量控制系统的输出指令采用标准的 4~20mA 信号控制时,电动执行机构应根据对象特点和工艺系统安全要求选择保位或者按预定方式动作	每项不符合要求扣 10 分	Q/BEH-211.10-18-2019《防止电力生产事故的重点要求及实施导则》表 15-1
2.6.6.10	机组报警功能设计要求	20	机组应具备完善的报警系统分级、声光报警以及报警切除功能	每项不符合要求扣 5 分	Q/BEH-211.10-18-2019《防止电力生产事故的重点要求及实施导则》表 15-1
2.6.6.11	后备监视仪表配置要求	20	单元机组至少应设计独立于分散控制系统的后备监视仪表(如:锅炉汽包电接点水位表或水位电视监视器、双后备操作按钮和单后备操作按钮)	每项不符合要求扣 10 分	Q/BEH-211.10-18-2019《防止电力生产事故的重点要求及实施导则》表 15-1
2.6.6.12	汽包水位装置配置及控制逻辑可靠性要求	20	汽包水位测量及控制要求应满足 Q/BEH-211.10-18-2019《防止电力生产事故的重点要求及实施导则》要求(具体参见 15.2.11)	每一项不符合要求扣 5 分	Q/BEH-211.10-18-2019《防止电力生产事故的重点要求及实施导则》表 15-1
2.6.6.13	保护信号防误动和拒动设计要求	20	所有重要的主、辅机保护都应采用"三取二"的逻辑判断方式,保护信号应遵循从取样点到输入模件全程相对独立的原则,确因系统原因测点数量不够,应有防保护误动措施	每项不符合要求扣 5 分	Q/BEH-211.10-18-2019《防止电力生产事故的重点要求及实施导则》表 15-1
2.6.6.14	机组跳闸回路硬接线要求	20	热工保护系统输出的指令应优先于其他任何指令机组应设计硬接线跳闸回路,分散控制系统的控制器发出的机、炉跳闸信号应冗余配置;机炉主保护回路中不应设置供运行人员切(投)保护的任何操作手段	不符合要求扣 20 分	Q/BEH-211.10-18-2019《防止电力生产事故的重点要求及实施导则》表 15-1

序号	评价项目	标准分	查评方法及内容	评分标准	查评依据
2.6.6.15	汽机跳闸系统巡检及保护信号冗余设计要求	20	汽轮机紧急跳闸系统和汽轮机监视仪表应加强定期巡视检查，所配电源应可靠，电压波动值不得大于±5%，且不应含有高次谐波汽轮机监视仪表及重要保护信号和卡件必须冗余配置，输出继电器必须可靠	不符合要求扣20分	Q/BEH-211.10-18—2019《防止电力生产事故的重点要求及实施导则》表15-1
2.6.6.16	汽轮机跳闸回路设计要求	20	汽轮机紧急跳闸系统跳机继电器应设计为失电动作，硬手操设备本身要有防止误操作、动作不可靠的措施手动停机保护应具有独立于分散控制系统（或可编程逻辑控制器 PLC）装置的硬跳闸回路配置有双通道四跳闸线圈汽轮机紧急跳闸系统的机组，应定期进行汽轮机紧急跳闸系统在线试验	每项不符合要求扣10分	Q/BEH-211.10-18—2019《防止电力生产事故的重点要求及实施导则》表15-1
2.6.6.17	三断保护设计要求	20	重要控制回路的执行机构应有三断保护（断气、断电、断信号）功能，特别重要的执行机构，还应设有可靠的机械闭锁措施	每项不符合要求扣10分	Q/BEH-211.10-18—2019《防止电力生产事故的重点要求及实施导则》表15-1
2.6.6.18	重要保护信号取样装置防护要求	20	重要控制、保护信号根据所处位置和环境信号的取样装置应有防堵、防振、防漏、防雨、防抖动措施，触发机组跳闸的保护信号的开关量仪表和变送器应单独设置，当确有困难而需与其他系统合用时，其信号应首先进入保护系统	每项不符合要求扣5分	Q/BEH-211.10-18—2019《防止电力生产事故的重点要求及实施导则》表15-1
2.6.6.19	保护装置故障或退出保护的处理要求	20	（1）若发生热工保护装置、系统（包括一次检测设备）故障，应开具工作票，经批准后方可处理。（2）汽包水位和汽轮机超速、轴向位移、机组振动、低油压等重要保护装置在机组运行中严禁退出，当其故障被迫退出运行时，应制定可靠的安全措施，并在 8h 内恢复；其他保护装置被迫退出运行时，应在 24h 内恢复	（1）未要求开票作业，不得分。（2）重要保护的退出和恢复不符合要求的，每次扣10分	Q/BEH-211.10-18—2019《防止电力生产事故的重点要求及实施导则》表15-1
2.6.6.20	润滑油、密封油系统备用投运要求	20	润滑油泵、密封油泵不设计联锁投退按钮	不符合要求扣20分	Q/BEH-211.10-18—2019《防止电力生产事故的重点要求及实施导则》表15-1

序号	评价项目	标准分	查评方法及内容	评分标准	查评依据
2.6.7	热工设备检修管理	85			
2.6.7.1	检修项目、计划	20	检查各专业检修项目及计划执行情况： （1）检查检修计划是否合理，检修目标、进度、备件、材料、人工和费用安排是否合理。 （2）检修项目是否完善，是否有缺项、漏项。 （3）检查修前、修后试验项目，是否有缺项、漏项和不合格项。 （4）检查重大检修项目的专用工器具台账，是否在存在工器具应检未检项目	（1）检修计划不完善，检修目标、进度、材料、人工和费用安排不合理，每发现一处扣 2 分。 （2）检修项目不完善，存在缺项、漏项和不合格，每发现一处扣 2 分。 （3）修前、修后试验项目，存在缺项、漏项和不合格项，每发现一处扣 2 分。 （4）专用工器具存在工器具应检未检项目，每发现一处扣 2 分	Q/BJCE－218.17－45—2019《燃气发电企业检修管理规定》
2.6.7.2	检修质量管理	20	查看设备检修管理制度及标准作业文件： （1）实行标准化检修管理，编制检修作业文件包，对重大项目制定安全组织措施、技术措施及施工方案。 （2）严格工艺要求和质量标准，实行检修质量控制和监督三级验收制度，严格检修作业中停工待检点和见证点的检查签证	（1）未编制检修作业文件包，每项扣 2 分。 （2）检修作业文件包编制不完整或者内容粗糙，每项扣 2 分。 （3）对重大项目未制定安全组织措施、技术措施及施工方案，每项扣 5 分。 （4）质量控制未严格执行三级验收制度，每项扣 5 分；执行不到位和验收资料不完整，每项扣 2 分	（1）Q/BJCE－218.17－45—2019《燃气发电企业检修管理规定》； （2）Q/BJCE－218.17－40—2019《燃气发电企业检修作业文件管理规定》
2.6.7.3	检修记录	15	（1）对照检修记录，查阅总结文本；查阅设备台账、安全阀台账等。 （2）检查设备大小修记录是否完整，有关技术资料是否齐全；安全阀等设备是否定期检验	（1）设备检修记录不完善，每项扣 2 分，重要节点未能需要提供原始记录，扣 5 分。 （2）锅炉安全阀未按照相关要求进行检验检查或解体检修，每项扣 5 分；锅炉压力容器安全阀整定值不符合要求或数据不全，每项扣 2 分，单项最高扣 10 分。 （3）作业人员和单位资质不符合 TSG ZF001 的规定的，每处扣 5 分，最高扣 10 分	（1）DL/T 838—2017《燃煤火力发电企业设备检修导则》； （2）DL/T 959—2014《电站锅炉安全阀技术规程》第 8.4.1、8.4.7 条； （3）制造厂有关规定； （4）TSG ZF001《安全阀安全技术监察规程》
2.6.7.4	施工现场管理	20	检查以下内容是否符合要求： （1）施工人员是否正确使用合格的劳保用品和工器具。 （2）施工现场的井、坑、沟及开凿的地面孔洞，是否设牢固围栏、照明及警示标志。 （3）施工现场是否落实易燃易爆危险物品和防火管理。 （4）现场作业是否履行工作票手续	（1）施工人员使用不合格的劳保用品和工器具，每项扣 10 分。 （2）施工现场无安全防护措施，不得分；安全措施不完善，每项扣 5 分。 （3）施工现场储存易燃易爆危险物品，不得分；施工现场有吸烟或有烟头，每例扣 10 分。 （4）现场施工未使用工作票，不得分；工作时工作负责人（监护人）不在现场，不得分	（1）Q/BJCE－218.17－24—2019《工作票管理规定》； （2）Q/BEIH－219.10－08—2013《ERP系统工作票、操作票管理实施细则》

续表

序号	评价项目	标准分	查评方法及内容	评分标准	查评依据
2.6.7.5	修后设备技术资料管理	10	（1）现场检查档案室对修后设备的技术资料归档情况。 （2）30天内的设备管理软件更新情况	（1）修后技术资料未及时归档，每项扣2分。 （2）未在规定时间内完成设备更新录入，每项扣2分	Q/BJCE－218.17－45—2019《燃气发电企业检修管理规定》
2.6.8	热工技术监督	40			
2.6.8.1	技术监督制度	30	（1）检查是否建立了本单位的热工监督制度。 （2）检查各级热工监督岗位责任制是否明确，责任制是否落实	（1）无本单位制度不得分，制度内容不全或有明显错误的，每项扣2分。 （2）每缺一级责任制扣1分，每一级责任制不落实扣2分	Q/BJCE－219.17－20—2019《热工技术监督导则》
2.6.8.2	年度计划	10	检查是否本单位的热工监督年度计划、总结	无计划、总结，每项扣5分	Q/BJCE－219.17－20—2019《热工技术监督导则》
2.6.9	能源计量	40			
2.6.9.1	能源计量器具配备率及检测合格率	20	进厂燃料、水量，供出电、热、汽、水量以及厂内用电、用热必须100%配备计量器具；计量设备完好率100%，周期受检率100%： （1）查看能源计量器具配备台账，核实配备、完好情况。 （2）查看能源计量器具周期检定报告或检定合格证书。 （3）现场查看计量检测有效期标识。 （4）查看能源计量器具周期受检率台账	（1）无能源计量器具配备、统计台账不得分。 （2）进厂燃料、水量，供出电、热、汽、水量的计量器具配备率每降低1%扣10分。 （3）发现台账与实际配备的计量器具不符，每项扣5分。 （4）计量器具完好率每降低1%扣5分。 （5）周期受检率每降低1%扣5分	Q/BJCE－218.17－26—2019《节能管理办法》第5.2.9条、附录A1.5
2.6.9.2	标准计量装置校验率	20	能源计量表计要有定期校验、超标（误差）报告： （1）检查校验装置等器具的校验报告（计量器具必须经质量技术监督局授权部门定期检定）。 （2）按管理规定检查对热工、电能（包括综保装置）表计周检和异常报告情况	（1）每缺一份有效校验报告，扣5分。 （2）发生异常后无异常报告，每次扣2分。 （3）送出能源表计出现负偏差，送入能源表计出现正偏差，超出合格范围，每项扣5分	Q/BJCE－218.17－26—2019《节能管理办法》第5.2.9条、附录A1.5

2.7 信息网络安全

序号	评价项目	标准分	查评方法及内容	评分标准	查评依据
2.7	**信息网络安全**	**600**			
2.7.1	公共规范	130			
2.7.1.1	公共制度设置	50			
2.7.1.1.1	网络安全等级保护管理制度设置情况	10	检查网络安全等级保护管理制度是否设置,检查等级保护责任人、等级保护工作责任制是否明确	(1)设置了网络安全等级保护管理制度,但未明确责任人或未落实责任制的,扣5分。 (2)未设置网络安全等级保护管理制度的,不得分	公安部《网络安全等级保护条例(征求意见稿)》第二十条
2.7.1.1.2	网络安全预警与信息通报制度设置情况	10	检查网络安全预警与信息通报制度是否设置,制度内容是否齐全、合理	(1)设置了网络安全预警与信息通报制度,但内容不全或不合理的,扣5分。 (2)未设置网络安全预警或未设置信息通报制度的,不得分	国能安全〔2014〕317号《电力行业网络与信息安全管理办法》第十三条
2.7.1.1.3	网络与信息安全应急预案编制情况	10	检查是否编制网络与信息安全应急预案,预案内容是否齐全、合理	(1)编制了网络与信息安全应急预案,但预案内容不合理的,扣5分。 (2)未编制网络与信息安全应急预案的,不得分	国能安全〔2014〕317号《电力行业网络与信息安全管理办法》第十四条
2.7.1.1.4	网络与信息系统容灾备份制度设置情况	10	检查本单位网络与信息系统容灾备份制度是否设置,制度内容是否齐全、合理	(1)设置了网络与信息系统容灾备份制度,但内容不全或不合理的,扣5分。 (2)未设置网络与信息系统容灾备份制度的,不得分	国能安全〔2014〕317号《电力行业网络与信息安全管理办法》第十六条
2.7.1.1.5	信息安全事件处置和上报	10	检查是否建立本单位信息安全事件处置流程和上报制度,流程是否齐全、无缺陷	(1)建立了信息安全事件处置流程和上报制度,但流程存在缺陷或上报制度不全的,扣5分。 (2)未设置信息安全事件处置流程的,不得分	国能安全〔2014〕317号《电力行业网络与信息安全管理办法》第十五条
2.7.1.2	机构与人员管理	50			
2.7.1.2.1	网络安全管理机构设置情况	10	检查是否设置网络与信息安全管理机构,机构职责是否明确	(1)设置了网络与信息安全管理机构,但未明确机构职责的,扣5分。 (2)未设置网络与信息安全管理机构的,不得分	国能安全〔2014〕317号《电力行业网络与信息安全管理办法》第七条

续表

序号	评价项目	标准分	查评方法及内容	评分标准	查评依据
2.7.1.2.2	网络与信息安全专兼职岗位	10	检查网络与信息安全专兼职岗位设置、职责分工和技能要求	（1）设置了网络安全专兼职岗位，职责分工和技能要求未明确的，扣5分。 （2）未设置网络安全专兼职岗位，扣10分	国能安全〔2014〕317号《电力行业网络与信息安全管理办法》第七条
2.7.1.2.3	网络安全意识教育、安全技术培训和安全技能考核	10	检查对全员进行安全意识教育、安全技术培训和安全技能考核的记录：是否对职工进行网络安全意识教育、安全技术培训和安全技能考核	（1）对全员进行过网络安全意识教育、对信息系统运维使用人员进行过安全技术培训和安全技能考核，但参加人员不全或记录不全的，扣5分。 （2）未进行过全员网络安全意识教育或未对信息系统运维使用人员进行过安全技术培训和安全技能考核的，不得分	《中华人民共和国网络安全法》第三十四条
2.7.1.2.4	人员录用、离岗相关的信息安全管理制度	10	检查人员录用、离岗相关的信息安全管理制度：是否设置了人员录用、离岗相关的信息安全管理制度	（1）设置了人员录用、离岗相关的信息安全管理制度，但内容存在明显缺陷的，扣5分。 （2）未设置人员录用、离岗相关的信息安全管理制度的，不得分	公安部《网络安全等级保护条例（征求意见稿）》第二十一条
2.7.1.2.5	外部人员安全管理制度	10	检查针对提供网络设计、建设运维、技术服务等外部人员的安全管理制度；是否设置了外部人员安全管理制度，对为其提供网络设计建设运维和技术服务的机构和人员进行安全管理	（1）设置了针对提供网络设计、建设运维、技术服务等外部人员的安全管理制度，但内容不合理或不完整的，扣5分。 （2）未设置针对提供网络设计、建设运维、技术服务等外部人员的安全管理制度的，不得分	公安部《网络安全等级保护条例（征求意见稿）》第二十一条
2.7.1.3	建设与运维管理	30			
2.7.1.3.1	电力信息系统安全等级测评	10	检查开展电力信息系统安全等级测评的记录：是否定期开展电力信息系统安全等级测评	（1）开展了电力信息系统安全等级测评，但存在部分重要系统未及时测评或测评记录不全的，扣5分。 （2）未开展过电力信息系统安全等级测评的，不得分	国能安全〔2014〕318号《电力行业信息安全等级保护管理办法》第十二条
2.7.1.3.2	网络与信息系统安全应急演练	10	检查开展网络与信息系统安全应急演练的记录：是否定期开展网络与信息系统安全应急演练	（1）开展了网络与信息系统安全应急演练，但开展间隔过长或记录不完备的，扣5分。 （2）未开展网络与信息系统安全应急演练的，不得分	国能安全〔2014〕317号《电力行业网络与信息安全管理办法》第十四条

序号	评价项目	标准分	查评方法及内容	评分标准	查评依据
2.7.1.3.3	信息技术产品服务	10	检查关键的信息技术产品服务选型是否符合国家有关规定，是否满足本单位网络与信息安全要求，是否签订安全保密协议	（1）关键信息产品及服务选型符合国家规定，部分满足信息安全需求，且签订了保密协议的，扣5分。 （2）关键信息产品及服务选型不符合国家规定，或不满足信息安全需求，或没有签订保密协议的，不得分	国能安全〔2014〕317号《电力行业网络与信息安全管理办法》第九条
2.7.2	机房安全	100			
2.7.2.1	日常维护管理	20			
2.7.2.1.1	机房巡检	10	检查机房巡检制度和巡检记录	（1）设置了机房巡检制度，但历史巡视记录或维护记录存在缺失的，扣5分。 （2）未设置机房巡检制度，或历史巡视记录或维护记录全部缺失的，不得分	GB/T 22239—2019《信息安全技术 网络安全等级保护基本要求》第6.1.9条
2.7.2.1.2	人员出入管理	10	检查机房人员出入管理制度和记录	（1）设置了机房出入管理制度，但历史出入记录存在缺失的，扣5分。 （2）未设置机房出入管理制度，或历史出入记录全部缺失的，不得分	GB/T 22239—2019《信息安全技术 网络安全等级保护基本要求》第6.1.9条
2.7.2.2	技术管理	80			
2.7.2.2.1	机房设置地理位置、物理条件	20	检查机房设置地理位置、物理条件合理性	（1）机房设置地理位置及建筑结构基本合理，不满足机房设置的最低限度的温湿度、电磁干扰、粉尘等条件要求，或未设置合理的防雷击、静电措施，但有改善可能的，每项扣5分。 （2）机房设置地理位置或建筑结构不合理，且无法满足机房设置的最低限度的温湿度、电磁干扰、粉尘等条件要求的，不得分	GB 50174—2017《数据中心设计规范》第4、5、6章
2.7.2.2.2	机房供电系统、不间断电源情况	10	检查机房供电系统、不间断电源情况	（1）机房供电系统采用专用配电变压器或专用回路供电，配备了不间断电源但容量不足或未正确设置旁路装置，或未使用专用配电柜的，扣5分。 （2）未采用专用配电变压器或专用回路供电，或未配备不间断电源的，不得分	GB 50174—2017《数据中心设计规范》第8章

序号	评价项目	标准分	查评方法及内容	评分标准	查评依据
2.7.2.2.3	机房视频监控和门禁系统的设置情况	10	检查机房视频监控和门禁系统的设置情况	（1）机房设置了视频监控和门禁系统，系统未正确配置或运行异常的，扣5分。 （2）机房未设置视频监控或门禁系统的，不得分	GB 50174—2017《数据中心设计规范》第11章
2.7.2.2.4	机房空调情况	10	检查机房空调的设置和运转情况	（1）机房安装了空调且运转正常但密度过低不符合冗余要求，扣5分。 （2）机房未安装空调或空调运转不正常的，不得分	GB 50174—2017《数据中心设计规范》第7章
2.7.2.2.5	机房装修、消防安全	10	检查机房装修、消防安全	（1）机房装修未使用耐火材料，或未设置物理隔离区，但配备了正确类型的灭火装置的，扣5分。 （2）未配备灭火装置或灭火装置类型不正确的，不得分	GB 50174—2017《数据中心设计规范》第12、13章
2.7.2.2.6	机房电力线和网络线缆布线和机柜设置情况	10	检查机房电力线和网络线缆布线和机柜设置情况	（1）机房布线符合线缆分类要求但标识不全或不清，或未按照需要设置屏蔽系统或使用光缆系统，或机柜布置合理但未妥善固定的，扣5分。 （2）机房布线不符合线缆分类要求，或机柜布置不合理的，不得分	GB 50174—2017《数据中心设计规范》第10章
2.7.2.2.7	机房环境监控和设备监控系统运转情况和历史记录	10	检查机房环境监控（温度、湿度、烟感报警）和设备监控系统运转情况和历史记录	（1）机房环境及设备监控正常运转但历史记录不全或无历史记录，或监控仪器设备未定期核准的，扣5分。 （2）未设置机房环境及设备监控系统或上述系统运转异常的，不得分	GB 50174—2017《数据中心设计规范》第11章
2.7.3	网络设备	85			
2.7.3.1	日常维护管理	20			
2.7.3.1.1	网络设备台账	10	检查网络设备台账，抽查实际设备状况	（1）网络设备台账信息（设备接入、变更、故障、备品备件信息）部分缺失，或部分与抽查情况不相符的，扣5分。 （2）无台账或台账与抽查结果不相符的，不得分	GB/T 22239—2019《信息安全技术　网络安全等级保护基本要求》第7.1.10.2条

序号	评价项目	标准分	查评方法及内容	评分标准	查评依据
2.7.3.1.2	网络设备巡检情况	10	检查网络设备巡检记录	（1）未对网络设备运行状态进行定期巡视，或网络设备巡视及维护记录不完整的，扣 5 分。 （2）未对网络设备运行状态进行过巡视，或无网络设备的巡视及维护记录的，不得分	GB/T 22239—2019《信息安全技术 网络安全等级保护基本要求》第 7.1.10.4 条
2.7.3.2	技术管理	65			
2.7.3.2.1	电厂生产控制大区和管理信息大区的网络拓扑结构	15	检查电厂生产控制大区和管理信息大区的网络结构： 电厂生产控制大区和管理信息大区的网络拓扑结构是否合理	（1）合理划分生产控制大区和管理信息大区，生产控制大区内部正确划分控制区和非控制区，妥善设置安全接入区的，但没有正确的拓扑图，或管理人员无法正确区分各设备、系统所属大区的，扣 10 分。 （2）生产控制大区与管理信息大区划分错误，或控制区与非控制区划分错误，或应当设置而未设置安全接入区的，不得分	国能安全〔2015〕36 号《国家能源局关于印发电力监控系统安全防滑总体方案等安全防护方案和评估规范的通知》附件 4《发电厂监控系统安全防护方案》第 3 章
2.7.3.2.2	电厂安全接入区的设置情况	15	检查电厂安全接入区的设置情况	（1）生产控制大区的业务系统在与其终端的纵向连接中使用无线通信网、电力企业的其他数据网（非电力调度数据网）或外部公用数据网 VPN 等方式进行通信，设置了安全接入区，但部分通道未纳入安全接入区的，扣 10 分。 （2）生产控制大区的业务系统在与其终端的纵向连接中使用无线通信网、电力企业的其他数据网（非电力调度数据网）或外部公用数据网 VPN 等方式进行通信，未设置安全接入区的，不得分	国家发展改革委令第 14 号《电力监控系统安全防护规定》第八条
2.7.3.2.3	生产控制大区的无线接入情况	15	检查生产控制大区的拓扑及逻辑上的无线接入情况，而非检查电厂生产区域内设置无线热点的情况	（1）生产控制大区内安全接入区以外未设立无线接入热点，但使用了具有无线通信功能的设备，且未实际进行无线通信的，扣 10 分。 （2）生产控制大区内安全接入区以外设立了无线接入热点，或使用了具有无线通信功能的设备，且实际进行了无线通信的，不得分	国家发展改革委令第 14 号《电力监控系统安全防护规定》第十三条

序号	评价项目	标准分	查评方法及内容	评分标准	查评依据
2.7.3.2.4	穿越生产控制大区和管理信息大区边界的E-mail、Web、Telnet、Rlogin、FTP等通用网络服务	10	检查是否存在穿越生产控制大区和管理信息大区边界的通用网络服务	（1）存在穿越生产控制大区与管理信息大区边界的通用网络服务，但因为正反向单向隔离装置的存在而无法运行，且能够关闭的，扣10分。 （2）存在运行中的穿越生产控制大区与管理信息大区边界的通用网络服务，不得分	国家发展改革委令第14号《电力监控系统安全防护规定》第十一条
2.7.3.2.5	网络设备配置备份情况	10	检查网络设备配置备份记录	记录和保存了网络设备的配置参数、拓扑结构等信息，未进行网络设备配置备份的，不得分	GB/T 22239—2019《信息安全技术 网络安全等级保护基本要求》第7.1.10.8条
2.7.4	安全设备	80			
2.7.4.1	日常维护管理	20			
2.7.4.1.1	安全设备台账	10	检查安全设备台账，抽查实际设备状况	（1）安全设备台账信息（设备接入、变更、故障、备品备件信息）部分缺失，或部分与抽查情况不相符的，扣5分。 （2）无台账或台账与抽查结果不相符的，不得分	GB/T 22239—2019《信息安全技术 网络安全等级保护基本要求》第7.1.10.2条
2.7.4.1.2	安全设备巡检情况	10	检查安全设备巡检记录	（1）未对安全设备运行状态进行定期巡视，或安全设备巡视及维护记录不完整的，扣5分。 （2）未对安全设备运行状态进行过巡视，或无安全设备的巡视及维护记录的，不得分	GB/T 22239—2019《信息安全技术 网络安全等级保护基本要求》第7.1.10.4条
2.7.4.2	技术管理	60			
2.7.4.2.1	纵向加密认证装置设置情况	20	现场检查生产控制大区与广域网的纵向连接处是否设置了经认证的纵向加密认证装置或加密认证网关	（1）生产控制大区与广域网的纵向连接处设置了电力专用的纵向加密认证装置或者加密认证网关，配置正确但产品未经国家指定部门检测认证的，扣10分。 （2）未设置纵向加密认证装置或者加密认证网关，或设备未正确配置无法实现纵向加密认证功能的，不得分	国家发展改革委令第14号《电力监控系统安全防护规定》第十条

序号	评价项目	标准分	查评方法及内容	评分标准	查评依据
2.7.4.2.2	管理信息大区的通用安全防护设备设置情况	10	检查管理信息大区的通用安全防护设备设置情况：管理信息大区是否统一部署了防火墙、IDS以及桌面终端控制系统等通用安全防护设备	（1）管理信息大区统一部署了防火墙、IDS以及桌面终端控制系统等通用防护设备，但未妥善配置或运行存在问题，但有修复可能的，每项不符合要求扣2分，最高扣5分。 （2）管理信息大区未部署防火墙、IDS以及桌面终端控制系统等通用防护设备的，不得分	国能安全〔2015〕36号《国家能源局关于印发电力监控系统安全防滑总体方案等安全防护方案和评估规范的通知》附件1《电力监控系统安全防护总体方案》第2.1.6条
2.7.4.2.3	生产控制大区外设接口控制情况	10	抽查生产控制大区设备的USB、光驱等外部设备接口控制情况	（1）抽查的生产控制大区设备的USB、光驱等外设接口部分未采取软硬件管控措施的，扣5分。 （2）抽查的生产控制大区设备的USB、光驱等外设接口均未采取软硬件管控措施的，不得分	
2.7.4.2.4	安全设备访问控制策略配置情况	10	检查安全设备配置情况，抽查实际设备状况	（1）网闸、防火墙、路由器、交换机等安全设备中存在多余或无效的访问控制规则，每条冗余访问控制规则扣5分。 （2）无访问控制策略配置的，不得分	
2.7.4.2.5	安全设备配置备份情况	10	检查安全设备配置备份记录	记录和保存了安全设备的配置参数等信息，未进行安全设备配置备份的，不得分	GB/T 22239—2019《信息安全技术 网络安全等级保护基本要求》第7.1.10.8条
2.7.5	服务器	35			
2.7.5.1	日常维护管理	20			
2.7.5.1.1	服务器台账	10	检查服务器台账，抽查实际设备状况	（1）服务器设备台账信息（设备接入、变更、故障、备品备件信息）部分缺失，或部分与抽查情况不相符的，扣5分。 （2）无台账或台账与抽查结果不相符的，不得分	GB/T 22239—2019《信息安全技术 网络安全等级保护基本要求》第7.1.10.2条
2.7.5.1.2	服务器巡检	10	检查服务器巡检记录	（1）未对服务器运行状态进行定期巡视，或服务器巡视及维护记录不完整的，扣5分。 （2）未对服务器运行状态进行过巡视，或无服务器的巡视及维护记录的，不得分	GB/T 22239—2019《信息安全技术 网络安全等级保护基本要求》第7.1.10.4条

序号	评价项目	标准分	查评方法及内容	评分标准	查评依据
2.7.5.2	技术管理	15			
2.7.5.2.1	服务器数据备份	15	检查关键服务器操作系统和数据定期备份情况	（1）对关键服务器进行过操作系统和数据的备份，但未定期进行或备份间隔过长，或未进行备份恢复测试的，扣10分。 （2）未对关键服务器进行操作系统或数据备份的，不得分	GB/T 21028—2007《信息安全技术 服务器安全技术要求》第4.2.4 a）条
2.7.6	数据存储	50			
2.7.6.1	日常维护管理	10			
2.7.6.1.1	数据存储介质的控制和保护情况	10	检查数据存储介质的控制和保护情况	（1）数据存储介质存放环境安全，但未定期盘点或登记记录不全的，扣5分。 （2）数据存储介质未妥善存放的，不得分	GB/T 22239—2019《信息安全技术 网络安全等级保护基本要求》第7.1.10.3条
2.7.6.2	技术管理	40			
2.7.6.2.1	用户身份鉴别	10	检查登录到数据库管理系统的用户身份鉴别情况：是否对登录到数据库管理系统的用户进行了身份鉴别	（1）对登录到数据库管理系统的用户进行了身份鉴别，但未设置身份鉴别失败次数上限的，扣5分。 （2）未对登录到数据库管理系统的用户进行身份鉴别的，不得分	GB/T 20273—2019《信息安全技术 数据库管理系统安全技术要求》第5.1条
2.7.6.2.2	数据库用户口令输入和存储情况	10	检查数据库的用户口令输入和存储方法	（1）用户口令输入时可见或未进行加密存储的，扣5分。 （2）用户口令输入时可见且未进行加密存储的，不得分	GB/T 20273—2019《信息安全技术 数据库管理系统安全技术要求》第5.1条
2.7.6.2.3	数据存储的容灾备份情况	10	检查数据存储的容灾备份情况：是否定期对关键业务的数据进行了备份，并异地保存历史归档数据	（1）定期进行容灾备份，但历史归档数据未异地保存的，扣5分。 （2）未定期进行容灾备份的，不得分	国能安全〔2015〕36号《国家能源局关于印发电力监控系统安全防护总体方案等安全防护方案和评估规范的通知》附件4《发电厂监控系统安全防护方案》第5.6条

序号	评价项目	标准分	查评方法及内容	评分标准	查评依据
2.7.6.2.4	退运的电力信息系统存储介质清除或销毁	10	检查退运的电力信息系统存储介质清除或销毁情况	（1）对退运的存储介质（包括磁带、磁盘、打印结果、文档等）进行了信息清除处理，但介质内仍存在敏感信息的，扣5分。 （2）未对退运的存储介质进行信息清除或销毁处理的，不得分	GB/T 37138—2018《电力信息系统安全等级保护实施指南》第8.4条
2.7.7	应用系统	40			
2.7.7.1	技术管理	40			
2.7.7.1.1	非控制区的接入交换机是否支持HTTPS的纵向安全Web服务	10	检查非控制区的接入交换机对HTTPS纵向安全Web服务支持情况	（1）非控制区的接入交换机支持HTTPS协议，但未开启协议，扣5分。 （2）非控制区的接入交换机不支持HTTPS协议，不得分	国能安全〔2015〕36号《国家能源局关于印发电力监控系统安全防滑总体方案等安全防护方案和评估规范的通知》附件1《电力监控系统安全防护总体方案》第3.7条
2.7.7.1.2	用户身份鉴别	10	检查是否对登录到应用系统的用户进行了身份鉴别	（1）对登录到应用系统的用户进行了身份鉴别，但未设置身份鉴别失败次数上限的，扣5分。 （2）未对登录到应用系统的用户进行身份鉴别的，不得分	GB/T 20271—2006《信息安全技术 信息系统通用安全技术要求》第6.1.3条
2.7.7.1.3	应用系统用户口令管理情况	10	（1）检查应用系统口令复杂度和有效期要求：如果系统不支持设置口令复杂度或有效期要求，检查系统管理账号口令复杂度和替换记录，并抽查非管理账号口令复杂度和替换记录。 （2）检查系统管理账户口令存储方式及加密情况。 （3）检查系统用户口令输入时是否可见	（1）无专人负责应用系统管理账户口令的，扣5分。 （2）应用系统未设置口令复杂度要求或口令复杂度要求低于标准（8位以上，兼具大小写英文字母、数字及符号，未曾使用）的，扣5分。 （3）应用系统未设置口令有效期要求或口令有效期要求低于标准（不长于6个月）的，扣5分。 （4）应用系统用户口令输入时可见或未进行加密存储的，扣5分	（1）GB/T 20271—2006《信息安全技术 信息系统通用安全技术要求》第6.1.3条； （2）GB/T 22239—2019《信息安全技术 网络安全等级保护基本要求》第7.1.10.6条

序号	评价项目	标准分	查评方法及内容	评分标准	查评依据
2.7.7.1.4	退运信息系统的退运情况	10	检查退运信息系统的退运情况和记录	（1）对退运信息系统实施了下线处理，迁移或退运的设备及系统内不存在敏感信息，但退运相关的流程文件不全或无法说明退运流程的，扣 5 分。 （2）退运信息系统仍可以访问，或迁移、退运的设备及系统内存在未清理的敏感信息的，不得分	GB/T 37138—2018《电力信息系统安全等级保护实施指南》第 8.3 条
2.7.8	终端办公设备	60			
2.7.8.1	日常维护管理	10			
2.7.8.1.1	终端设备台账	10	检查终端设备台账，抽查实际设备状况	（1）终端设备台账信息（设备接入、变更、维修信息）部分缺失，或部分与抽查情况不相符的，扣 5 分。 （2）无台账或台账与抽查结果不相符的，不得分	
2.7.8.2	技术管理	50			
2.7.8.2.1	系统加固情况	10	检查终端计算机是否及时安装了系统补丁	系统未安装全部补丁（兼容性等合理理由除外），不得分	GB/T 37094—2018《信息安全技术 办公信息系统安全管理要求》第 4.2.5.2 条
2.7.8.2.2	防病毒软件安装情况	10	检查终端计算机是否安装了有效的防病毒软件	（1）系统安装了有效的防病毒软件，但并未更新至最新的病毒库，或未定期扫描的，扣 5 分。 （2）系统未安装有效的防病毒软件，不得分	
2.7.8.2.3	用户口令设置情况	10	检查终端计算机是否设置了满足复杂度要求的用户口令，是否设置了定时锁定	（1）系统设置了用户登录口令和定时锁定，但复杂度不符合要求或未定期更换，扣 5 分。 （2）系统未设置登录口令或未设置定时锁定的，不得分	

序号	评价项目	标准分	查评方法及内容	评分标准	查评依据
2.7.8.2.4	终端计算机操作系统及软件正版化情况	10	检查终端计算机操作系统及软件正版化情况	（1）安装了正版操作系统或 OEM 系统和部分正版办公系统，但存在盗版办公软件，扣5分。 （2）安装盗版操作系统的，不得分	
2.7.8.2.5	终端设备物理与网络地址绑定情况	10	检查终端设备物理与网络地址绑定情况	（1）办公计算机的物理地址与网络地址进行了绑定，但网络打印机等终端设备未进行绑定，或记录不完整的，扣5分。 （2）办公计算机未进行物理地址与网络地址绑定的，不得分	
2.7.9	电力监控系统	20			
2.7.9.1	技术管理	20			
2.7.9.1.1	电力监控系统设备	5	检查选用的电力监控系统设备中是否存在经国家能源局通报存在漏洞和风险的系统和设备	（1）选用了经国家能源局通报存在漏洞和风险的系统和设备，但通过技术手段修复或经过具有资质的安全认证机构检测，上述漏洞和风险可以消除的，扣5分。 （2）选用了经国家能源局通报存在漏洞和风险的系统和设备，且缺陷无法消除的，不得分	国家发展改革委令第 14 号《电力监控系统安全防护规定》第十三条
2.7.9.1.2	生产控制大区监控系统的安全审计功能	5	检查生产控制大区监控系统是否具备安全审计功能	（1）生产控制大区监控系统具备安全审计功能，但重要操作记录不全或远程登录行为记录不全，或不能对重要操作进行记录分析，或不能对远程登录行为进行审计的，扣5分。 （2）生产控制大区监控系统不具备安全审计功能，不得分	国能安全〔2015〕36 号《国家能源局关于印发电力监控系统安全防滑总体方案等安全防护方案和评估规范的通知》附件 4《发电厂监控系统安全防护方案》第 5.4 条
2.7.9.1.3	电力监控系统口令管理情况	10	（1）检查电力监控系统口令复杂度和有效期要求；如果设备不支持设置口令复杂度或有效期要求，检查系统管理账号口令复杂度和替换记录。 （2）检查系统管理口令存储方式及加密情况。 （3）检查系统用户口令输入时是否可见	（1）无专人管理电力监控系统管理账户口令，扣5分。 （2）电力监控系统未设置口令复杂度要求或口令复杂度要求低于标准（8位以上，兼具大小写英文字母、数字及符号，未曾使用）的，扣5分。 （3）电力监控系统未设置口令有效期要求或口令有效期要求低于标准（不长于3个月）的，扣5分。 （4）口令输入时可见或未进行加密存储的，扣5分	GB/T 22239—2019《信息安全技术　网络安全等级保护基本要求》第 8.1.10.6 条

2.8　电站化学

序号	评价项目	标准分	查评方法及内容	评分标准	查评依据
2.8	电站化学	**1300**			
2.8.1	水处理设备	330		（1）水处理设备按系统评分。 （2）同一类设备中，有此无彼者，按其中之一评分。 （3）同一类设备标准分应分割成子项评价，单独列出内容为关键评分项，应独立扣分。 （4）扣分累加直至扣完本项全部标准分	
2.8.1.1	常规过滤设备（多介质过滤器、PCF过滤器等）、超滤、微滤等预处理设备	40	通过现场查看、问询，查阅运行、检修规程、记录及运行表单，查阅设备缺陷及消缺记录等方法，重点检查以下内容： （1）滤器（池）、管路系统是否存在渗漏缺陷。 （2）加药、取样装置是否运行正常。 （3）水洗、气洗、加强洗、化学洗等系统、设备（罗茨风机、反洗水泵、清洗泵）是否有缺陷。 （4）转动设备、内部构件（配水、配气装置）是否有缺陷。 （5）各中间水箱污染、防腐层破损脱落等原因影响水质时是否及时检查清理，或者一个大修周期内是否进行了相应检查。 （6）池顶巡检通道是否有防止落水的警示标；爬梯是否满焊、牢固，无腐蚀；排水沟上沟盖板是否完整。 （7）滤料介质（石英砂、无烟煤、活性炭）是否有流失、板结、串流现象，填充前的检测验收是否合格。 （8）膜元件使用寿命是否正常。 （9）膜元件是否存在严重污堵、断丝现象，跨膜压差是否超过规定。 （10）系统出力是否明显下降	（1）按系统设备的缺陷对人身、设备安全及对出水水质的影响程度进行评定，每项缺陷扣1分，可累加直至扣完本项全部标准分。 （2）设备存在缺陷导致出力大幅下降影响后续工艺运行的或自身系统不能运行的，不得分。 （3）膜元件更换频繁或寿命过短（低于设计寿命或低于5年）的，扣10分。 （4）有滤料流失、使用5年之内出现污堵、断丝严重的，扣10分。 （5）设备内部构件变形损坏或产水不合格的，扣10分。 （6）中间水箱污染、防腐层破损脱落未及时检查清理的，或者一个大修周期内未进行检查的，扣5分	（1）DL 5068—2014《发电厂化学设计规范》； （2）DL 5190.6—2019《电力建设施工技术规范 第6部分：水处理和制（供）氢设备与系统》； （3）DL/T 952—2013《火力发电厂超滤水处理装置验收导则》

序号	评价项目	标准分	查评方法及内容	评分标准	查评依据
2.8.1.2	预脱盐设备（RO）	45	通过现场查看、问询，查阅运行、检修规程、记录及运行表单，查阅设备缺陷及消缺记录等方法，重点检查以下内容： （1）膜壳、管路系统是否存在渗漏缺陷。 （2）加药、取样、在线监测（压力、流量、化学仪表）、自动控制装置是否运行正常。 （3）在线化学清洗、水冲洗、前处理（保安过滤器、清洗过滤器）等系统、设备是否有缺陷。 （4）转动设备（高压泵、增压泵、计量泵、清洗泵、电动慢开门、能量回收装置）、内部构件（密封装置）是否有缺陷。 （5）产水箱污染、防腐层破损脱落等原因影响水质时是否及时检查清理，或者一个大修周期内是否进行了相应检查。 （6）泵、框架是否安装牢固，无腐蚀，框架下能否正常排水；排水沟上沟盖板是否完整。 （7）膜元件使用寿命是否正常（五年内），填充前的检测验收是否合格。 （8）膜元件是否存在严重氧化、污堵现象，段间压差是否超过规定；保安过滤器滤芯更换是否频繁；在线化学清洗频率是否频繁，所使用清洗工艺方案是否有针对性，清洗后入口压力、段间压差的恢复情况。 （9）高压泵进水低压保护、出水高压保护、变频控制；产水防爆膜、超压保护设施；浓水流量控制阀是否有缺陷。 （10）系统出力、脱盐率、系统回收、产水水质是否明显下降。 （11）药剂存放是否符合规定，氧化性药剂和还原性药剂是否有效隔离	（1）按系统设备的缺陷对人身、设备安全及对出水水质的影响程度进行评定，每项缺陷扣1分，可累加直至扣完本项全部标准分。 （2）设备存在缺陷导致出力大幅下降影响后续工艺运行的或自身系统不能运行的，不得分。 （3）膜元件更换频繁或寿命过短（低于设计寿命或低于5年）的，扣10分；保安过滤器滤芯更换频繁的，扣5分。 （4）膜通量、脱盐率、回收率下降严重的，扣10分。 （5）设备内部构件变形损坏影响产水水质的，扣5分。 （6）产水箱污染、防腐层破损脱落未及时检查清理的，或者一个大修周期内未进行检查的，扣5分。 （7）膜元件氧化、污堵严重，化学清洗频繁的，扣5分。 （8）系统安全保护有缺陷的，扣5分。 （9）氧化性药剂和还原性药剂未有效隔离的，扣5分	（1）DL 5068—2014《发电厂化学设计规范》； （2）DL 5190.6—2019《电力建设施工技术规范 第6部分：水处理和制（供）氢设备及系统》； （3）DL/T 951—2019《火电厂反渗透水处理装置验收导则》； （4）GB/T 19249—2017《反渗透水处理设备》
2.8.1.3	化学除盐设备	45			

序号	评价项目	标准分	查评方法及内容	评分标准	查评依据
2.8.1.3.1	再生系统	10	通过现场查看、问询，查阅运行、检修规程、记录，查阅设备缺陷及消缺记录等方法，重点检查以下内容： （1）酸、碱卸输、储存及配制计量系统是否有滴、漏、洒、溅等泄漏情况；是否设置安全通道、围堰、冲排水安全防护及应急处理措施；通排风及安全淋浴装置、洗眼器等安全设备是否有缺陷。 （2）浓盐酸储存罐、计量箱的排气是否引至酸雾吸收装置，浓碱储存罐、计量箱的排气口是否设置二氧化碳吸收器，浓硫酸储存罐排气口是否设置除湿器。 （3）酸、碱储存罐及附属设备（缓冲罐、酸碱泵、液位计、排污等）是否齐全完好。 （4）再生酸喷射器、计量泵等是否设有备用，是否有缺陷，是否设置再生液取样装置；盐酸计量系统是否单独密闭布置。 （5）浓酸、碱输送、储存、计量系统不能存在直接取放点，经常有人通行的上方不应有浓酸、碱管道布置，浓酸碱不应采用压缩空气输送。 （6）再生管道与除盐水管道是否完全隔绝，是否出现酸碱再生液渗透污染除盐水的情况。 （7）酸、碱储存及计量间建（构）筑、钢平台（扶梯）、设备（管道）外表面以及酸碱储存罐、计量箱内表面是否采取防腐措施。 （8）管道法兰等连接是否有安全防护措施，垫片使用是否合规。 （9）酸、碱储存及计量间的醒目位置是否有强腐蚀伤害、严禁烟火的警示、教育牌；值班室是否存放有效的急救药品、试剂、用品，个人酸碱防护用具。 （10）浓硫酸、浓碱储存罐是否有低温防凝固措施	（1）按系统设备的缺陷对人身、设备安全的影响程度进行评定，每项缺陷扣1分，可累加直至扣完本项全部标准分。 （2）酸碱储存系统、设备存在影响再生效果缺陷的，扣10分。 （3）无安全淋浴装置、洗眼器或不能正常使用的，不得分；酸、碱储存及计量间不能有效通排风的，扣5分。 （4）再生管道与除盐水管道隔绝不完全，酸碱再生液渗透污染除盐水的，不得分。 （5）浓酸碱输送、储存、计量系统存在直接取放点，人行通道上方有浓酸碱泄漏隐患的而未采取安全措施的，扣5分	（1）DL 5068—2014《发电厂化学设计规范》； （2）DL 5190.6—2019《电力建设施工技术规范　第6部分：水处理和制（供）氢设备及系统》； （3）DL 5053—2012《火力发电厂职业安全设计规程》

序号	评价项目	标准分	查评方法及内容	评分标准	查评依据
2.8.1.3.2	离子交换器	10	通过现场查看、问询，查阅运行、检修规程、记录及运行表单，查阅设备缺陷及消缺记录等方法，重点检查以下内容： （1）有无沟道防腐损坏导致的交换器基础下沉、倾斜。 （2）设备管路系统是否存在渗漏缺陷。 （3）设备罐体内部装置（进配水、中间排水、出水装置及树脂垫层、多孔板、水帽等）有无污堵、变形，内部防腐层有无鼓包、脱落；进出口压差是否超过规程规定。 （4）出水管上是否设有树脂捕捉器，树脂捕捉器的过滤精度是否小于水帽缝隙。 （5）排水装置采用石英砂垫层的，装填前是否经验收检测合格，其级配是否符合设计规范要求。 （6）除碳器出水口是否设置水封管，排气口是否设置水气分离装置，是否有防雨水及尘土的措施；风机入口是否有滤尘措施。 （7）新树脂装填前是否经验收检测合格，树脂的选型装填比例及预处理是否符合设计要求。 （8）树脂有无流失现象（上部或下部），树脂是否有污染、降解、破碎等问题。 （9）树脂使用年限是否过短（小于5年）、年补充率是否过大（大于20%）；树脂是否存在因经多次聚合而引起的使用年限过短问题（小于2年）	（1）按系统设备的缺陷对人身、设备安全的影响程度进行评定，每项缺陷扣1分，可累加直至扣完本项全部标准分。 （2）设备存在缺陷导致产水不合格或不能运行的，不得分。 （3）沟道防腐损坏导致交换器基础下沉、倾斜的，不得分。 （4）罐体内部装置损坏、变形，防腐层有无鼓包、脱落，树脂污染、降解、破碎的，扣5分。 （5）新树脂存在因经多次聚合引起的使用年限小于2年的，扣5分。 （6）新树脂、石英砂无验收报告，树脂使用年限小于5年或树脂年补充率大于20%的，扣5分	（1）DL 5068—2014《发电厂化学设计规范》； （2）DL 5190.6—2019《电力建设施工技术规范 第6部分：水处理和制（供）氢设备及系统》； （3）DL/T 771—2014《发电厂水处理用离子交换树脂选用导则》； （4）DL/T 519—2014《发电厂水处理用离子交换树脂验收标准》； （5）DL/T 673—2015《火力发电厂用001×7强酸性阳离子交换树脂报废标准》； （6）DL/T 807—2019《火力发电厂用201×7强碱性阴离子交换树脂报废技术导则》
2.8.1.3.3	除盐水箱及排水沟道	10	通过现场查看、问询，查阅检修记录等方法，重点检查确认： （1）除盐水箱有无柔性浮顶等空气隔绝措施，使用效果是否正常，检修检查是否有破损。 （2）水箱内壁防腐层是否完整，有无脱落；是否有因防腐层溶出而污染除盐水水质的问题。 （3）水箱液位指示是否真实，是否设两套，液位计是否有防冻措施。 （4）水箱呼吸装置是否正常，有无换气失效、堵塞、水箱污染等问题。 （5）除盐水箱是否采用下进下出方式。 （6）沟道防腐有无损坏，盖板是否完整、牢固	（1）按系统设备的缺陷对人身、设备安全的影响程度进行评定，每项缺陷扣1分，可累加直至扣完本项全部标准分。 （2）设备存在缺陷影响除盐水箱水质的，不得分。 （3）除盐水箱无有效空气隔绝措施影响水质的，扣5分。 （4）水箱内壁防腐层脱落或因防腐层溶出而污染除盐水水质的，扣5分。 （5）由于沟道贴面或勾缝侵蚀影响到地基的，扣5分	（1）DL 5068—2014《发电厂化学设计规范》； （2）DL 5190.6—2019《电力建设施工技术规范 第6部分：水处理和制（供）氢设备及系统》

续表

序号	评价项目	标准分	查评方法及内容	评分标准	查评依据
2.8.1.3.4	电除盐（EDI）设备	15	通过现场查看、问询，查阅运行、检修规程、记录及运行表单，查阅设备缺陷及消缺记录等方法，重点检查以下内容： （1）预处理是否合理（应配备二级 RO）。 （2）设备模块是否可靠接地；各模块浓水管、淡水管、极水管的连接是否正确，是否设置有隔离阀。 （3）是否设计有断流自动断电保护。 （4）膜间是否有结垢、腐蚀现象，进出口压差是否超标，出力是否下降，膜堆报废寿命是否合理，回收率是否低于 90%。 （5）极水、浓水排放是否合理	（1）按系统设备的缺陷对人身、设备安全的影响程度进行评定，每项缺陷扣 1 分，可累加直至扣完本项全部标准分。 （2）设备存在缺陷导致产水不合格或不能运行的，不得分。 （3）五年之内膜堆出现污堵、老化等 EDI 设备出力下降或产水水质变差的，扣 5 分。 （4）膜堆寿命过短小于 2 年的，不得分；更换周期小于 5 年的，扣 5 分。 （5）工艺系统设计不合理的，扣 5 分。 （6）浓水未回收至中间水箱，极水没引至室外或无通风措施的，扣 5 分	（1）DL 5068—2014《发电厂化学设计规范》； （2）DL 5053—2012《火力发电厂职业安全设计规程》； （3）DL 5190.6—2019《电力建设施工技术规范 第 6 部分：水处理和制（供）氢设备及系统》
2.8.1.4	内冷水系统、辅机冷却水系统与热网水系统	40			
2.8.1.4.1	内冷水处理系统	20	通过现场查看、问询，查阅运行、检修规程、记录及运行表单，查阅设备缺陷及消缺记录等方法，重点检查以下内容： （1）是否设有水质净化、pH 值调节的措施。 （2）离子交换器的检查参考 2.8.1.3.2。 （3）加药转动设备有无缺陷。 （4）系统是否设置进出水压力、流量、温度测量装置，进出水是否设置取样点。 （5）补水管进水过滤器是否设置排污阀；内冷水箱是否采用了防空气漏入措施。 （6）内冷水过滤器（网）是否选择不锈钢板激光打孔制品，如采用化纤绕丝或喷绒制品的，则应选用纯 PE 或 PP 制品，不应选用含添加剂或再生混料制品。 （7）是否使用防渗漏垫片，不得使用石棉纸板、抗老化性能差（如普通耐油橡胶等）易为水流冲蚀或影响水质的密封垫材料，并应采用加工成型的成品密封垫	（1）按系统设备的缺陷对人身、设备安全的影响程度进行评定，每项缺陷扣 1 分，可累加直至扣完本项全部标准分。 （2）设备存在缺陷导致产水不合格或不能运行的，不得分。 （3）内冷水水质调节装置缺陷导致部分水质指标异常的，扣 5 分。 （4）离子交换器的评分参考 2.8.1.3.2	（1）DL 5068—2014《发电厂化学设计规范》； （2）DL 5190.6—2019《电力建设施工技术规范 第 6 部分：水处理和制（供）氢设备及系统》； （3）DL/T 801—2010《大型发电机内冷却水质及系统技术要求》； （4）DL/T 1039—2016《发电机内冷水处理导则》； （5）DL/T 246—2015《化学监督导则》； （6）DL/T 1164—2012《汽轮发电机运行导则》

序号	评价项目	标准分	查评方法及内容	评分标准	查评依据
2.8.1.4.2	闭式冷却水处理系统	10	通过现场查看、问询,查阅运行、检修规程、记录及运行表单,查阅设备缺陷及消缺记录等方法,重点检查以下内容: (1)是否设计有加药防腐装置。 (2)系统设备冷却水侧是否有结垢、腐蚀、微生物污堵现象。 (3)闭式冷却水用作密封水时,不能应用在机组汽水系统的所有疏水(凝水)泵	(1)按系统设备的缺陷对人身、设备安全的影响程度进行评定,每项缺陷扣1分,可累加直至扣完本项全部标准分。 (2)系统设备存在缺陷影响被冷却设备运行的,不得分。 (3)加药系统设备有缺陷导致闭冷水水质超标的,不得分。 (4)闭式水用作疏水泵的密封水时进入机组汽水循环的,不得分。 (5)换热面结垢、腐蚀渗漏的,扣2分	(1)DL 5068—2014《发电厂化学设计规范》; (2)DL/T 1717—2017《燃气-蒸汽联合循环发电厂化学监督技术导则》
2.8.1.4.3	热网系统	10	通过现场查看、问询,查阅运行、检修规程、记录及运行表单,查阅设备缺陷及消缺记录等方法,重点检查以下内容: (1)厂区内热网交换器是否有结垢、腐蚀及泄漏现象。 (2)换热器选材是否适应热网水质,是否采取合适的停用保护措施。 (3)补充水是否有加碱调节水质的计量加药装置。 (4)疏水侧是否有合适的取样点,是否设置在线化学监测仪表。 (5)是否有明确的疏水水质控制标准;不合格的疏水是否进入热力系统	(1)按系统设备的缺陷对人身、设备安全的影响程度进行评定,每项缺陷扣1分,可累加直至扣完本项全部标准分。 (2)设备存在缺陷导致不能运行的,不得分。 (3)结垢、腐蚀导致换热面穿孔泄漏的,扣5分。 (4)系统泄漏继续运行影响机组水汽品质的,扣5分	
2.8.1.5	循环水处理设备	35			

序号	评价项目	标准分	查评方法及内容	评分标准	查评依据
2.8.1.5.1	阻垢缓蚀处理设备	25	通过现场查看、问询，查阅运行、检修规程、记录及运行表单，查阅设备缺陷及消缺记录等方法，重点检查以下内容： （1）水质稳定剂、碳钢缓蚀剂的储存、配制、加药系统设备是否正常。 （2）采用加硫酸联合处理工艺的，应考察是否对冷却塔混凝土构筑物侵蚀风险；循环水管道、加酸混合器、硫酸输送管及其焊缝、法兰是否有腐蚀泄漏风险；硫酸储存、计量及输送系统设备是否正常；其他安全防护方面参照再生系统中硫酸相关查评条目。 （3）浓缩倍率超过5倍时，应考察循环水悬浮物、浊度是否过高，是否有旁流过滤设备等相关措施。 （4）水塔排污是否正常。 （5）浓硫酸储存区域内应有紧急泄漏处理措施	（1）按系统设备的缺陷对人身、设备安全的影响程度进行评定，每项缺陷扣1分，可累加直至扣完本项全部标准分。 （2）设备存在缺陷影响防垢防腐处理效果的，扣10分；造成换热面严重结垢、腐蚀的，不得分。 （3）硫酸相关系统设备不正常导致人身伤害的，不得分。 （4）未设置浓硫酸紧急泄漏处理措施的，不得分	（1）GB/T 50050—2017《工业循环冷却水处理设计规范》； （2）DL 5068—2014《发电厂化学设计规范》； （3）DL/T 5190.6—2019《电力建设施工技术规范 第6部分：水处理和制（供）氢设备及系统》； （4）DL/T 806—2013《火力发电厂循环水用阻垢缓蚀剂》； （5）DL/T 300—2011《火电厂凝汽器管防腐防垢导则》； （6）DL/T 712—2010《发电厂凝汽器及辅机冷却器管选材导则》
2.8.1.5.2	杀菌灭藻处理设备	10	通过现场查看、问询，查阅运行、检修规程、记录及运行表单，查阅设备缺陷及消缺记录等方法，重点检查以下内容： （1）杀菌灭藻剂的储存是否符合规定要求，氧化剂和还原剂是否有效隔离。 （2）杀菌灭藻剂的标识是否清晰，有无产品说明书及投加方法、注意事项等；是否验收合格后才使用。 （3）现场人工投加的安防措施是否有效，泵计量加药系统是否运行正常。 （4）凝汽器胶球清洗装置是否投用正常，投球数、收球率、投运时间是否符合规程要求	（1）按系统设备的缺陷对人身、设备安全的影响程度进行评定，每项缺陷扣1分，可累加直至扣完本项全部标准分。 （2）设备存在缺陷或药剂性能不足影响处理效果，扣5分；导致换热面严重污堵、黏泥沉积、垢下腐蚀的，不得分。 （3）氧化剂和还原剂没有有效隔离的，扣5分。 （4）胶球装置有缺陷投入不正常的，扣5分	（1）Q/BEH−211.10−18−2019《防止电力生产事故的重点要求及实施导则》； （2）DL 5053—2012《火力发电厂职业安全设计规程》； （3）DL 5068—2014《发电厂化学设计规范》

序号	评价项目	标准分	查评方法及内容	评分标准	查评依据
2.8.1.6	废水处理设备	25	通过现场查看、问询，查阅环保设施验收报告、运行、检修规程、记录及运行表单，查阅设备缺陷及消缺记录等方法，重点检查以下内容： （1）工业废水中和设备的混合是否均匀，pH 值调节控制是否存在问题，酸碱加药设备有无缺陷，酸碱区域通道不能存在泄漏隐患。 （2）通风、酸雾吸收、碱液呼吸器、安全淋浴器等防腐、安全设备是否正常。 （3）酸、碱储存罐及附属设备（缓冲罐、酸、碱泵、液位计、排污等）是否齐全完好。 （4）酸、碱储存及计量间建（构）筑、钢平台（扶梯）及设备（管道）外表面应采取防腐措施。 （5）浓酸、碱输送、储存、计量系统不能存在直接取放点经常有人通行处的上方，不应设浓酸、碱管道。 （6）曝气系统设备有无缺陷，是否运行正常。 （7）外排废水是否对主要指标进行在线监测	（1）按系统设备的缺陷对人身、设备安全的影响程度进行评定，每项缺陷扣 1 分，可累加直至扣完本项全部标准分。 （2）设备存在缺陷导致产水不合格或不能运行的，不得分。 （3）每种废水处理单元有缺陷导致运行产水不合格的，均扣 10 分。 （4）酸碱系统有检查项中不符合的，扣 10 分	（1）DL/T 5046—2018《发电厂废水治理设计规范》； （2）GB/T 18916.1—2012《取水定额 第 1 部分：火力发电》； （3）DL/T 783—2018《火力发电厂节水导则》； （4）DLGJ 102—1991《火力发电厂环境保护设计规定（试行）》； （5）DL/T 5339—2018《火力发电厂水工设计规范》
2.8.1.7	化学处理设备控制系统及仪表	40			
2.8.1.7.1	化学处理设备的控制系统及设备	10	通过现场查看、询问，查阅运行表单，查看校验报告或记录等方法，重点检查确认：下述各系统的控制及设备功能（联锁、保护、调节、程控）是否能够全部实现；如能实现，功能是否合理；如果不合理，对出水水质、出力及药剂消耗的影响。 （1）汽水集中取样装置控制设备有无缺陷，功能是否实现。 （2）锅炉补给水系统控制设备有无缺陷，功能是否实现。 （3）废水处理系统控制设备有无缺陷，功能是否实现。 （4）氢站系统控制设备有无缺陷，功能是否实现。 （5）加药（炉内、炉外、定子内冷水、闭式水、循环水）系统控制设备有无缺陷，功能是否实现	（1）每一单元系统的控制设备的缺陷若影响到产水（氢气）质量或出力的，扣 5 分。 （2）设备不能运行的，不得分	（1）DL 5068—2014《发电厂化学设计规范》； （2）DL/T 1717—2017《燃气–蒸汽联合循环发电厂化学监督技术导则》； （3）运行规程

序号	评价项目	标准分	查评方法及内容	评分标准	查评依据
2.8.1.7.2	化学处理设备的在线监控仪表	20	通过现场查看、询问，查阅运行表单，查看校验报告或记录等方法，重点检查确认：下述各分系统在线化学仪表和热工仪表，包括 pH 表、电导率表、溶氧表、钠表、硅表、磷表、热工仪表（压力、流量、液位、温度、差压）、再生用酸、碱、盐浓度计等是否齐全、投运是否正常。 （1）汽水集中取样装置仪表有无缺陷，是否正常。 （2）内冷水处理系统仪表有无缺陷，是否正常。 （3）锅炉补给水系统仪表有无缺陷，是否正常。 （4）废水处理系统仪表有无缺陷，是否正常。 （5）氢站系统仪表有无缺陷，是否正常。 （6）取样是否有冷却恒温装置，是否正常。 （7）是否进行有效校准	（1）按系统设备的缺陷对设备出力、水汽品质、安全的影响程度进行评定，每项缺陷扣 1 分；每个单元的关键仪表投入不正常导致该单元运行不能正常控制的扣 5 分，可累加直至扣完本项全部标准分。 （2）每一单元系统的仪表缺陷影响水质（氢气）、出力的，扣 2 分。 （3）在线仪表无定期校验、维护的，扣 10 分	
2.8.1.7.3	水汽采样架（高低温）	10	通过现场检查、询问，查阅厂家说明书等方法，重点确认： （1）取样架有无渗漏，进在线监测仪表的水样流量与温度是否符合要求。 （2）水样超温、断水保护、报警装置是否有效。 （3）取样架阀门开关是否灵活；管路和减压阀是否定期冲洗和清理。 （4）高温架防烫伤措施是否有效；高温架排污总管设置是否合理。 （5）取样管选材是否正确，取样点位置设置是否合理	（1）按系统设备的缺陷对人身、设备安全的影响程度进行评定，每项缺陷扣 1 分，可累加直至扣完本项全部标准分。 （2）设备存在缺陷导致水汽不能正常取样的，每项扣 5 分。 （3）管路和减压阀没有定期冲洗和清理的，扣 5 分	（1）DL/T 665—2009《水汽集中取样分析装置验收导则》； （2）DL 5068—2014《发电厂化学设计规范》
2.8.1.8	凝结水、给水、炉水及闭式水加药设备	30	通过现场查看、询问，查阅运行表单等方法，重点检查确认： （1）各分系统加药设备有无缺陷，加药设备是否正常工作，加药点的设置是否合理。 （2）炉水磷酸盐加药系统是否按压力等级分别设置。 （3）配药、计量系统及设备是否有有效的安防措施	（1）按系统设备的缺陷对人身、设备安全的影响程度进行评定，每项缺陷扣 1 分，可累加直至扣完本项全部标准分。 （2）分系统加药设备有缺陷导致不能加药的，每项扣 5 分。 （3）安防措施不到位的，扣 5 分。 （4）炉水磷酸盐加药系统未按压力等级分别设置的，扣 5 分。 （5）设计有自动加药装置未投运的，扣 5 分	DL/T 5068—2014《发电厂化学设计规范》

序号	评价项目	标准分	查评方法及内容	评分标准	查评依据
2.8.1.9	通用系统（2.8.1.1～2.8.1.8 所包含的化学设备区域）	30	通过现场查看，重点检查确认： （1）设备管道涂色是否正确，管道是否标明介质流向。 （2）安全警示、建（构）筑物名称标识是否齐全，阀门及设备是否有标牌编号，标牌编号是否完整准确。 （3）地面是否整洁，有无积存水，有无杂物堆积；设备本身及环境是否整洁无杂物与尘土。 （4）转动设备（泵、风机）有无缺陷。 （5）设备、建筑物有无渗漏和腐蚀损坏，承压设备严密性有无缺陷，是否有渗漏。 （6）管道阀门有无内漏和外漏、堵塞。 （7）设备防腐（防锈漆层、衬胶、衬里、地面、沟道、盘柜等）是否脱落、损害、渗漏；基础是否沉降。 （8）各药品间是否换风畅通，照明设备是否合理，药品气味能否有效排除，药品储存是否合理。 （9）人身安全设施（应急淋浴冲洗、应急药品、应急防护呼吸面具、爬梯、平台、通道等）是否齐全有效。 （10）设备应具备的防寒、防冻、保温、降温设施是否齐全。 （11）落地转动设备及电气、热工盘柜是否设置警戒线。 （12）动力盘、控制柜的上方是否有输送液体介质的管道	（1）按系统设备的缺陷对人身、设备安全的影响程度进行评定，每项缺陷扣 1 分，可累加直至扣完本项全部标准分。 （2）设备、建筑物有渗漏或腐蚀破坏的，扣 5 分。 （3）管道与阀门有内漏、外漏、堵塞的，扣 5 分。 （4）设备防腐（防锈漆层、衬胶、衬里、地面、沟道、盘柜等）脱落、损害、渗漏，基础有沉降的，扣 5 分。 （5）人身安全防护设施（应急淋浴冲洗、应急药品、应急防护呼吸面具、爬梯、平台、通道等）不完备的，每项扣 5 分。 （6）设备标牌、管道颜色、介质流向不规范、无标准的，每项扣 1 分	（1）DL 5454—2012《火力发电厂职业卫生设计规程》； （2）DL 5068—2014《发电厂化学设计规范》； （3）DL 5053—2012《火力发电厂职业安全设计规程》； （4）DL/T 1123—2009《火力发电企业生产安全设施配置》； （5）DL/T 5072—2019《发电厂保温油漆设计技术规程》
2.8.2	化学运行	335		化学运行评价包括两个方面： （1）水汽质量，主要评价合格率，根据合格率的高低扣分。 （2）运行过程中的参数控制，主要评价参数控制的合理性，根据严重程度扣分，并提出相应的改进意见	
2.8.2.1	预处理系统	30			
2.8.2.1.1	常规过滤器（多介质过滤器、PCF 过滤器等）	10	通过现场设备查看及抽查不少于 3 个月的运行表单，并参照运行规程评价，重点确认： （1）过滤器出水浊度、运行压差情况。 （2）过滤器反洗及空气擦洗强度是否合理，运行步序、反洗参数设置是否正确。 （3）反洗周期设置是否合理。 （4）观察窥视孔有无明显藻类附着	按照下述分项评价扣分并累加，直至扣完标准分： （1）运行指标不符合运行规程或者不合理的，每项次扣 1 分。 （2）运行参数控制不当、步序不合理、时间设置不合理，反洗周期设置不合理的，每项扣 1 分。 （3）窥视孔上有明显藻类附着的，扣 2 分	DL 5068—2014《发电厂化学设计规范》

序号	评价项目	标准分	查评方法及内容	评分标准	查评依据
2.8.2.1.2	超滤（微滤）	20	通过现场设备查看及抽查不少于 3 个月的运行表单，并参照运行规程评价，重点确认： （1）正常运行时出水浊度、跨膜压差、入口压力、反洗频率、停用保护是否合理。 （2）反洗、维护性酸洗碱洗等步序中反洗强度、空气擦洗压力，维护性化学清洗加药量等指标控制是否符合厂家技术资料要求。 （3）化学清洗频率、清洗工艺控制参数及清洗过程中化学监督是否合理，化学清洗后能否有效恢复膜通量。 （4）断丝较多引起出水浊度较高时（大于0.2 NTU），能否及时进行堵漏消缺	按照下述分项评价扣分并累加，直至扣完标准分： （1）运行指标不符合运行规程或者不合理的，每项次扣 1 分。 （2）运行、反洗、维护性化学清洗及离线化学清洗参数控制不当、步序不合理或时间设置不合理的，每项扣 1 分。 （3）化学清洗频率过高、化学清洗后运行差压上升较快的，扣 2 分	（1）DL 5068—2014《发电厂化学设计规范》； （2）膜厂家技术说明书
2.8.2.2	预脱盐系统（反渗透）	25	通过抽查不少于 3 个月的运行表单，查阅膜技术说明书、维护记录、运行规程，并参照运行规程评价，重点确认： （1）反渗透入口 SDI、ORP（或余氯）、段间压差、出水电导率、脱盐率、出力、回收率等指标是否合理。 （2）运行控制参数及步序是否合理。 （3）反渗透停机备用保养情况，是否按照膜技术手册进行停机冲洗或者化学保养；清洗工艺控制参数及清洗过程化学监督是否合理。 （4）反渗透脱盐率衰减是否符合膜说明书、技术协议中相关要求。 （5）反渗透系统安全保护情况：启停反渗透时电动慢开门或者高压变频泵相关逻辑的设定能否有效减缓管道水锤现象，程控中是否设置了 ORP 报警值、停机值，高压泵入口是否设置了压力低停机等相关保护逻辑，爆破膜选型是否合适。 （6）药剂是否在有效期内，是否择优选用阻垢缓蚀剂。 （7）保安过滤器重点评价运行压差、滤芯是否定期更换	按照下述分项评价扣分并累加，直至扣完标准分： （1）运行参数控制不当、步序不合理或时间设置不合理的，每项扣 1 分。 （2）未按照运行规程或者膜技术说明书进行停机冲洗或者化学保养的，每次扣 1 分。 （3）化学清洗频率过高、化学清洗后运行差压上升较快的，扣 2 分。 （4）反渗透脱盐率随着运行年限下降过快的，扣 2 分。 （5）反渗透保护逻辑设置不合理或者爆破膜选型不当的，扣 2 分。 （6）药剂失效的，扣 2 分；频繁更换厂家导致反渗透膜运行周期较短的，扣 5 分	（1）DL 5068—2014《发电厂化学设计规范》； （2）膜厂家技术说明书

序号	评价项目	标准分	查评方法及内容	评分标准	查评依据
2.8.2.3	除盐系统	30	通过抽查不少于 3 个月的运行表单,参照监督月报,并参照运行规程评价,重点确认: （1）阴、阳、混床周期产水量、酸碱耗,自用水率等指标。 （2）设备运行、再生参数及步序设置是否合理。 （3）阳床产水钠含量、阴床出水电导率、硅含量是否符合规程要求。 （4）采用离子交换除盐工艺的其混床产水电导率应小于 $0.2\mu S/cm$,采用全膜法处理的水处理工艺的其 EDI 产水电导率应小于 $0.2\mu S/cm$,除盐水箱出水电导率应小于 $0.4\mu S/cm$;补给水水质异常时是否及时对混床产水、EDI 产水及除盐水箱出水 TOC 等进行排查。 （5）EDI 运行控制参数、步序及浓水、极水流量低等相关报警设置是否合理。 （6）EDI 除盐装置进出水差压超过膜说明书中化学清洗规定值,制水能力明显下降是否及时进行化学清洗以恢复出力	按照下述分项评价扣分并累加,直至扣完标准分: （1）离子交换器运行过程参数如周期水量过低、酸碱耗过大、自用水率过高、再生参数控制不合理的,每项扣 2 分。 （2）离子交换器或 EDI 除盐装置出水指标不合格的,每次扣 2 分;锅炉补给水水质异常未及时排查的,每次扣 2 分。 （3）EDI 控制参数、步序及报警参数设置不合理的,每项扣 2 分。 （4）EDI 差压上升达到化学清洗要求而未及时清洗的,扣 5 分。 （5）除盐水月合格率低于 100%,单项每降低 1%扣 1 分	（1）DL/T 1717—2017《燃气-蒸汽联合循环发电厂化学监督技术导则》; （2）DL/T 5210.6—2019《电力建设施工质量验收规程 第 6 部分:调整试验》; （3）GB/T 12145—2016《火力发电机组及蒸汽动力设备水汽质量》
2.8.2.4	给水	40	通过抽查不少于 3 个月的水汽运行表单、汽水查定记录、监督月报、水汽异常报告并参照运行规程评价,重点确认: （1）机组正常运行时在线化学仪表数据是否符合规程要求,是否按照导则要求的项目和频次对监督指标进行查定。 （2）当在线化学仪表测量值均符合标准时应关注内在合理性,如 pH 值与电导率是否存在逻辑关系、溶氧、氢电导率等指标是否合理。 （3）低压给水氢电导率超过导则规定值时,是否对其偏高的成因进行异常分析。 （4）给水 pH 值控制指标是否合理。 （5）机组启动冷热态冲洗是否符合要求。 （6）给水水质劣化时处理情况	按照下述分项评价扣分并累加,直至扣完标准分: （1）运行指标不符合运行规程或者不合理的,每项次扣 1 分;查定频率、项目不合理的,扣 5 分。 （2）在线仪表测量数据明显不合理而未及时消缺的,每项扣 1 分。 （3）低压给水氢电导率超标成因是不凝结气体溶入导致的,扣 2 分;因热网泄漏或者凝汽器泄漏等原因导致的,扣 5 分。 （4）机组启动时省煤器冲洗不合格即向高、中压汽包供水的,扣 5 分。 （5）未执行三级处理的,扣 5 分;造成严重后果的,不得分。 （6）月报合格率单机单项合格率低于 98%,每降低 1%扣 1 分	（1）DL/T 1717—2017《燃气-蒸汽联合循环发电厂化学监督技术导则》; （2）DL/T 246—2015《化学监督导则》

序号	评价项目	标准分	查评方法及内容	评分标准	查评依据
2.8.2.5	凝结水	30	通过抽查不少于 3 个月的水汽运行表单、汽水查定记录、监督月报、水汽异常报告并参照运行规程评价，重点确认： （1）机组正常运行时在线化学仪表数据是否符合规程要求，是否按照导则要求的项目和频次对监督指标进行查定。 （2）当在线化学仪表测量值均符合标准时应关注内在合理性，如 pH 值与电导率是否存在逻辑关系、溶氧、氢电导率等指标是否合理。 （3）机组启动冷热态冲洗是否符合要求。 （4）凝结水水质劣化时处理情况	按照下述分项评价扣分并累加，直至扣完标准分： （1）运行指标不符合运行规程或者不合理的，每项次扣 1 分；查定频率、项目不合理的，扣 5 分。 （2）在线化学仪表测量数据明显不合理的未及时消缺的，每项扣 1 分。 （3）机组启动时冷态冲洗 pH 值控制不当或者凝结水硬度、铁含量未达标即向除氧器或低压汽包上水的，扣 5 分。 （4）未执行三级处理的，扣 5 分；造成严重后果的，不得分。 （5）月报合格率单机单项合格率低于 98%，每降低 1%扣 1 分	（1）DL/T 1717—2017《燃气－蒸汽联合循环发电厂化学监督技术导则》； （2）DL/T 246—2015《化学监督导则》
2.8.2.6	汽包炉水	40	通过抽查不少于 3 个月的水汽运行表单、汽水查定记录、监督月报、水汽异常报告并参照运行规程评价，重点确认： （1）机组正常运行时在线化学仪表数据是否符合规程要求，是否按照导则要求的项目和频次对监督指标进行查定。 （2）在线化学仪表测量值均符合标准时应关注内在合理性。 （3）是否按电厂实际炉水水质特点选择合理的中、高压炉水的处理方式及加药量，如凝汽器、热网泄漏导致中、高压炉水含有少量硬度时，应适当提高磷酸盐浓度并加强排污；炉水无硬度及 pH 值合格时，炉水磷酸盐含量宜控制在标准值的低限值。 （4）未设计中、高压给水加氨的机组，低压炉水 pH 值控制是否合理，是否与中、高压给水的 pH 值或电导率相吻合。 （5）正常运行时，中、高压炉水电导率应小于 50μS/cm，是否根据炉水电导率及二氧化硅含量及时排污。 （6）机组启动冷热态冲洗是否符合要求，如当高、中压炉水含铁量小于 200μg/L 且中、高压给水水质达标时，机组启动冷态冲洗结束；当炉水铁含量大于 2000μg/L，宜进行整炉放水，当高、中压汽包压力在 1.5MPa 左右，炉水中硬度、pH 值、铁、硅酸根及电导率等达标时，热态冲洗结束。 （7）炉水水质劣化时处理情况	按照下述分项评价扣分并累加，直至扣完标准分： （1）运行指标不符合运行规程或者不合理的，每项次扣 1 分；查定频率、项目不合理的，扣 5 分。 （2）化学测量数据明显不合理的未及时消缺的，每项扣 1 分。 （3）炉水处理方式选择不当的，扣 5 分；造成严重后果的，不得分。 （4）低压蒸发器流动加速腐蚀爆管的、折流挡板腐蚀穿透且存在低压炉水 pH 值控制偏低情况，扣 5 分。 （5）运行阶段中、高压炉水电导率长期超过 50μS/cm 的，扣 10 分；电导率及二氧化硅含量明显偏高未加强排污的，每次扣 2 分。 （6）机组启动未能按照导则要求进行冷态、热态冲洗的，冲洗不合格升温、升压的，扣 5 分。 （7）未执行三级处理的，扣 5 分；造成严重后果的，不得分。 （8）月报合格率单机单项合格率低于 98%，每降低 1%扣 1 分	（1）DL/T 1717—2017《燃气－蒸汽联合循环发电厂化学监督技术导则》； （2）DL/T 246—2015《化学监督导则》

序号	评价项目	标准分	查评方法及内容	评分标准	查评依据
2.8.2.7	饱和蒸汽与过热蒸汽	40	通过抽查不少于 3 个月的水汽运行表单、汽水查定记录、监督月报、水汽异常报告并参照运行规程评价，重点确认： （1）机组正常运行时在线化学数据是否符合规程要求，是否按照导则要求的项目和频次对监督指标进行查定。 （2）机组负荷波动时，中、高压饱和蒸汽氢电导率、钠含量是否存在异常状况。 （3）低压饱和蒸汽氢电导率偏高时，是否对其成因进行异常分析	按照下述分项评价扣分累加，直至扣完标准分： （1）运行指标不符合运行规程或者不合理的，每项次扣 1 分；查定频率、项目不合理的扣 5 分。 （2）化学测量数据明显不合理未及时消缺的，每项扣 1 分。 （3）负荷波动导致中、高压饱和蒸汽水汽指标波动明显的，扣 2 分。 （4）低压饱和蒸汽氢电导率偏高因不凝结气体溶入导致的，扣 2 分	（1）DL/T 1717—2017《燃气－蒸汽联合循环发电厂化学监督技术导则》； （2）DL/T 246—2015《化学监督导则》
2.8.2.8	循环水	30	通过抽查不少于 3 个月的水汽运行表单、汽水查定记录、监督月报、水汽异常报告并参照运行规程评价，重点确认： （1）循环水的浓缩倍率、硬度、钙离子、酚酞碱度、甲基橙碱度、总磷、有机磷、pH 值、氯根、二氧化硅、铁离子、铜离子、氨氮、浊度、细菌总数、唑类、余氯等指标是否经过动态模拟试验验核对，是否符合运行规程的要求；循环水监测项目、频率是否合理。 （2）循环补充水的监测项目是否合理、是否齐全	按照下述分项评价扣分累加，直至扣完标准分： （1）运行指标不符合运行规程或者不合理的，每项次扣 1 分；查定频率、项目不合理的扣 5 分。 （2）化学测量数据明显不合理未及时消缺的，每项扣 1 分。 （3）月报合格率单机单项合格率低于 98%，每降低 1%扣 1 分。 （4）凝汽器管的结垢、腐蚀评价为二类的扣 10 分，评价为三类的不得分	（1）GB/T 50050—2017《工业循环冷却水处理设计规范》； （2）运行规程
2.8.2.9	发电机内冷水、热网循环水、热网补充水及热网疏水	40			
2.8.2.9.1	发电机内冷水	20	通过抽查不少于 3 个月的运行表单及运行查定记录，重点确认： （1）pH 值、电导率、含铜量是否符合规程要求，是否按照导则要求的项目和频次对监督指标进行查定。 （2）发电机内冷水处理工艺选用情况	按照下述分项评价扣分并累加，直至扣完标准分： （1）运行指标不符合运行规程或者不合理的，每项次扣 1 分；查定频率、项目不合理的扣 5 分。 （2）化学监测数据明显不合理的未及时消缺的，每项扣 1 分。 （3）pH 值、电导率明显不符合逻辑关系的，扣 5 分。 （4）发电机内冷水处理工艺选用不当，导致水质控制指标长期超标的，不得分	（1）GB/T 7064—2017《隐极同步发电机技术要求》； （2）DL/T 801—2010《大型发电机内冷却水质及系统技术要求》； （3）DL/T 1039—2016《发电机内冷水处理导则》； （4）DL/T 1164—2012《汽轮发电机运行导则》

续表

序号	评价项目	标准分	查评方法及内容	评分标准	查评依据
2.8.2.9.2	热网循环水及热网疏水	20	通过抽查不少于 3 个月的汽水查定表单、厂家设备材质资料及导则中相关要求，重点评价： （1）热网补水硬度、pH 值等日常监督与查定情况。 （2）热网循环水硬度、氯离子、pH 值等指标是否符合规程要求。 （3）热网疏水氢电导率、硬度及铁含量是否影响机组水汽品质。 （4）热网疏水钠离子含量大于 5μg/L 或者检测其氯离子含量大于 5μg/L、脱气氢电导率大于 0.2μS/cm 的，是否能够及时切换热网加热器进行查漏、堵漏处理	按照下述分项评价扣分并累加，直至扣完标准分： （1）热网循环水、热网疏水指标不符合运行规程规定或者不合理的，每项次扣 1 分；查定频率、项目不合理的扣 5 分。 （2）热网疏水水质异常未及时消缺处理的扣 5 分	（1）DL/T 1717—2017《燃气−蒸汽联合循环发电厂化学监督技术导则》； （2）CJJ 34—2010《城镇供热管网设计规范》
2.8.2.10	废水运行	20	通过抽查不少于 3 个月的运行表单、查定记录、监督月报、异常分析报告，并参照运行规程，重点评价： （1）各类废水处理后的产水是否符合受纳系统要求，是否符合国家或地方相关排放标准。 （2）工业废水重点评价排水中 pH 值、石油类及悬浮物。 （3）循环冷却水重点评价排水中氨氮、COD_{Cr} 及 pH 值。 （4）生活污水处理工艺是否合理，产水指标是否达标，主要考核 BOD_5、COD_{Cr}	按照下述分项评价扣分累加，直至扣完标准分： （1）按规程要求的控制工艺的运行指标考核，月平均合格率每项指标每降低 1%扣 1 分。 （2）没有进行处理直接排放或设备断续运行的，每项扣 5 分。 （3）厂总排放口有不合格的，每项扣 5 分	（1）GB 8978—1996《污水综合排放标准》； （2）GB 3838—2002《地表水环境质量标准》； （3）地方相关排放标准
2.8.2.11	运行表单、日志	10	通过抽查不少于 3 个月的水汽、预处理、化学除盐等运行报表及运行日志，重点确认： （1）运行表单所列控制指标及范围是否合理，单位是否规范，主要监督项目是否齐全。 （2）运行日志的记录是否规范、是否能够记录完整并连续归档。 （3）记录应纸面整洁、字体工整、涂改的是否规范	按照下述分项评价扣分并累加，直至扣完标准分： （1）标准有误的，每项扣标准 1 分；单位符号使用不规范，每项扣 1 分。 （2）表单、日志未归档的，不得分；归档但不连续的，扣 5 分。 （3）字迹潦草、涂改不规范，每处扣 1 分	DL/T 246—2015《化学监督导则》
2.8.3	制氢设备(包括氢气质量监督)	180		制氢站查评 2.8.3.1～2.8.3.10，设置供氢站的查评 2.8.3.11	

序号	评价项目	标准分	查评方法及内容	评分标准	查评依据
2.8.3.1	电解槽及氢氧压力调整装置	30			
2.8.3.1.1	电解槽	20	通过现场查看、询问，查阅记录、资料，参照国能安全〔2014〕161号《防止电力生产重大事故的二十五项重点要求》中的2.6 防止氢气系统爆炸事故、7.2 防止氢罐爆破事故，重点确认： （1）电解装置外观是否整洁，垫片处是否有泄漏。 （2）电解槽温度是否过高，电解槽出口氢氧两管气液混合体温度差是否符合标准。 （3）氢中氧和氧中氢含量是否符合标准。 （4）碱液循环泵运行是否正常，是否选用屏蔽式电机。 （5）冷却水系统运行是否正常。 （6）电压、电流调节装置是否正常。 （7）电解液是否有定期化验记录。 （8）电解槽出力是否达到设计要求。 （9）碱液更换和碱液添加剂是否进行环保处理。 （10）小室隔间电压是否正常。 （11）氢气排放管口处是否设置阻火器，排放管是否引至室外，出口是否高出屋顶2m以上，是否有防雨雪侵入和杂物堵塞的措施。 （12）安全措施是否符合要求	按系统设备的缺陷对人身、设备安全的影响程度进行评定，可累加直至扣完本项全部标准分（本项如有不得分时，必须停机检修）： （1）氢气、氧气纯度（99.7%、99.2%）都不合格的，不得分；氢纯度合格而氧纯度不合格的，扣15分。 （2）电解槽产出氢、氧侧运行温度差在合格范围内，不满足要求，扣5分。 （3）电解槽有电解液渗漏的，不得分。 （4）小室隔间电压有异常的，扣5分。 （5）碱液循环泵出力不足，电解槽温度高的，扣5分。 （6）电解槽出力低于额定出力的，扣10分。 （7）更换碱液没有进行环保处理的，扣5分。 （8）其他检查项有异常的，每项扣5分	（1）GB 26164.1—2010《电业安全工作规程 第1部分：热力和机械》； （2）GB 50177—2005《氢气站设计规范》； （3）GB 4962—2008《氢气使用安全技术规程》； （4）GB/T 19774—2005《水电解制氢系统技术要求》； （5）DL 5068—2014《发电厂化学设计规范》； （6）国能安全〔2014〕161号《防止电力生产重大事故的二十五项重点要求》
2.8.3.1.2	氢、氧分离器，压力调整装置（阀）	10	通过现场检查、询问，查阅记录、台账等资料，并参照《防止电力生产重大事故的二十五项重点要求》中的相关条款查证，重点确认： （1）氢氧压力调整装置是否有卡涩、漏气现象。 （2）氢氧压力调整装置的水位差是否在允许范围内	按系统设备的缺陷对人身、设备安全的影响程度进行评定，可累加直至扣完本项全部标准分（本项如有不得分时，必须停机检修）： （1）氢气分离器发现有鼓包、渗漏的，不得分。 （2）氢氧压力调整装置液位差大于30mm小于50mm的，扣5分；超过50mm小于100mm的，扣10分；大于100mm的，不得分。 （3）压力调整阀门动作不灵活或漏气的，不得分。 （4）用隔膜阀自动调整水位的电解槽，氢、氧侧不应出现液位报警，有报警的参照（2）扣分	（1）GB 50177—2005《氢气站设计规范》； （2）GB/T 19774—2005《水电解制氢系统技术要求》； （3）国能安全〔2014〕161号《防止电力生产重大事故的二十五项重点要求》

序号	评价项目	标准分	查评方法及内容	评分标准	查评依据
2.8.3.2	监测仪表、保护报警装置	10	通过现场查看、询问等方法，查阅记录及资料等，重点确认： （1）自动保护装置是否可靠并正确动作，是否进行定期试验。 （2）液位报警及远程显示装置是否正常，是否进行定期试验。 （3）各种远程显示仪表工作是否可靠。 （4）仪表是否齐全并有效计量和检定；氢中氧表、氧中氢表及氢气湿度（露点）表是必备仪表，如缺应补齐，并应选用可靠的在线仪表	按系统设备的缺陷对人身、设备安全的影响程度进行评定，可累加直至扣完本项全部标准分（本项如有不得分时，必须停机检修）： （1）信号传输与显示偏差大或仪表显示不准确，每项扣 5 分。 （2）设备损坏未修复的，扣 10 分。 （3）自动保护装置不正确动作的，不得分。 （4）无有效计量检定的，扣 10 分。 （5）不设置氢中氧表和氧中氢表的，不得分。 （6）保护报警没有进行定期实验的，扣 10 分	GB 50177—2005《氢气站设计规范》
2.8.3.3	氢气储罐	10	通过现场查看、询问、查阅记录及压力容器台账等方法，参照国能安全〔2014〕161 号《防止电力生产重大事故的二十五项重点要求》中的 7.2 查证，重点确认： （1）氢罐监管情况，外观、漆层是否有脱落。 （2）特别关注已服役 10 年以上的氢罐以及 3MPa 氢气储罐，了解其封头有无鼓包现象，查看并联氢罐压力是否相同。 （3）了解选用材质是否合格，全部焊缝是否均进行过无损探伤，是否进行定期检验。 （4）储罐场地是否整洁，是否有空气管与罐体连接。 （5）高寒地区及氢气湿度不合格的制氢设备（有结露现象），是否有防冻措施。 （6）是否有定期排污记录	按系统设备的缺陷对人身、设备安全的影响程度进行评定，可累加直至扣完本项全部标准分（本项如有不得分时，必须停机检修）： （1）氢罐漆色不正确，漆层起皮脱落的，扣 10 分。 （2）未定期进行压力容器检验的，扣 10 分。 （3）发现有鼓包变形缺陷的，不得分。 （4）无定期底部排污记录的，扣 10 分。 （5）其他检查项有不符合的，扣 5 分	（1）DL 5068—2014《发电厂化学设计规范》； （2）TSG 21－2016《固定式压力容器安全技术监察规程》第八章； （3）国能安全〔2014〕161 号《防止电力生产重大事故的二十五项重点要求》
2.8.3.4	制氢室及储氢间通风	20	通过现场查看、询问、查阅资料等方法，参照国能安全〔2014〕161 号《防止电力生产重大事故的二十五项重点要求》中的 2.6 防止氢气系统爆炸事故查证，重点确认： （1）通风孔及百叶窗换气孔是否被遮挡；室顶有隔梁的，是否设置屋顶通风孔。 （2）门窗是否向外开启，是否使用木质及其他不会产生静电及火花材质的门窗。 （3）机械辅助通风是否是防爆型，排风机是否置于通风孔的高点，是否下进风、上排风。 （4）室内屋顶内平面是否平整、有无凹处	按系统设备的缺陷对人身、设备安全的影响程度进行评定，可累加直至扣完本项全部标准分（本项如有不得分时，必须停机检修）： （1）未设置顶部通风的，不得分。 （2）其他检查项有不符合的，扣 5 分	（1）GB 4962—2008《氢气安全使用技术规程》； （2）GB 50177—2005《氢气站设计规范》； （3）DL/T 5094—2012《火力发电厂建筑设计规程》； （4）国能安全〔2014〕161 号《防止电力生产重大事故的二十五项重点要求》

序号	评价项目	标准分	查评方法及内容	评分标准	查评依据
2.8.3.5	安全阀、压力表	20	通过现场查看、询问等方法，查阅压力容器台账、维护记录，重点确认： （1）安全阀的开启压力是否与氢罐设计压力相当，并与校验结果相符。 （2）安全阀、压力表等是否有校验记录，是否有资质单位在规定周期内进行校验、校对。 （3）氢气罐顶部最高点是否设氢气放空管。 （4）氢气罐是否设氮气吹扫置换接口，氮气纯度不低于99.5%。 （5）为便于定期校验，安全阀、压力表前是否安装截门，并制定防止截门误操作措施	按系统设备的缺陷对人身、设备安全的影响程度进行评定，每项缺陷扣5分，可累加直至扣完本项全部标准分（本项如有不得分时，必须停机检修）： （1）安全阀未进行校验而长期（连续三个校验期）使用的，不得分。 （2）安全阀、压力表未做定期校验的，每块扣2分。 （3）安全阀、压力表前无截门及防止截门误操作措施的，扣10分	（1）GB 50177—2005《氢气站设计规范》； （2）TSG 21—2016《固定式压力容器安全技术监察规程》
2.8.3.6	除湿干燥装置	10	通过现场检查、询问等方法，查阅表单、资料，重点确认： （1）制氢设备是否配置氢气除湿干燥装置，除湿后是否满足要求，是否设置备用。 （2）除湿干燥装置的冷却部分工作是否正常，干燥剂是否有效地工作	按照下述分项评价扣分并累加，直至扣完标准分（本项如有不得分时，必须停机检修）： （1）未配置除湿干燥装置的，不得分。 （2）干燥装置有缺陷，湿度未达标的，扣10分	（1）DL/T651—2017《氢冷发电机氢气湿度技术要求》； （2）国能安全〔2014〕161号《防止电力生产重大事故的二十五项重点要求》； （3）厂家技术说明书
2.8.3.7	设备定期检修及日常维护	20	通过现场检查、询问，查阅资料及记录等方法，重点确认： （1）氢罐、氢氧分离器经常进行外观检查，每两年是否进行内部（隔膜阀调节除外）检查，定期应进行液压试验。 （2）是否定期对电解装置和氢罐安全阀进行校验，对电解槽压力调整器等故障能否及时排除。 （3）压力漏点的消除情况。 （4）如有非严重缺陷时，是否按时消缺	按系统设备的缺陷对人身、设备安全的影响程度进行评定，每项缺陷扣5分，可累加直至扣完本项全部标准分（本项如有不得分时，必须停机检修）： （1）没有严格执行压力容器监督管理规定的，不得分。 （2）设备缺陷影响正常制氢、影响氢气纯度或有安全隐患的，不得分。 （3）运行中发现有压力漏点继续运行的，不得分	（1）TSG 21—2016《固定式压力容器安全技术监察规程》； （2）国能安全〔2014〕161号《防止电力生产重大事故的二十五项重点要求》

序号	评价项目	标准分	查评方法及内容	评分标准	查评依据
2.8.3.8	安全防爆	20	通过现场检查、询问等方法，重点确认： （1）制氢室的灯具、门铃、电话、空调等是否均为防爆型。 （2）制氢室门旁是否装有静电释放器。 （3）进入氢站人员是否按规定登记，并交出携带的火种、无线通信设备。 （4）有爆炸危险房间内，应设氢气检漏报警装置，并应与相应的事故排风机联锁当空气中氢气浓度达到 0.4%（体积比）时，事故排风机应能自动开启。 （5）所使用的工器具是否有可能撞击产出火花。 （6）制氢室周围是否有明显的安全警示标志。 （7）围墙 10m 为防火间距；制氢室及氢罐 30m 内动火是否有严格审查的工作票。 （8）制氢站与散发明火地点的间距是否符合规定。 （9）接地、防雷、绝缘等电气要求是否合格。 （10）氢站围栏外是否有消防通道。 （11）管沟应为不能产生火花材质的活动盖板。 （12）氢气管道最低点是否设放水点并引至室外安全处。 （13）氢气系统停运后是否用盲板或其他有效隔离措施隔断与运行设备的联系，氢气系统是否设氮气吹扫置换接口，氮气纯度不低于 99.5%。 （14）其他安全事项是否符合要求	按系统设备的缺陷对人身、设备安全的影响程度进行评定，每项缺陷扣 5 分，可累加直至扣完本项全部标准分： （1）动火操作有不符合的，不得分。 （2）在有爆炸危险房间内，无氢气检漏报警装置、不与事故排风机联锁、空气中氢气浓度设置不合理的，每项扣 10 分	（1）GB 50177—2005《氢气站设计技术规范》； （2）DL5027—2015《电力设备典型消防规程》； （3）DL 5053—2012《火力发电厂职业安全设计规程》； （4）DL 5454—2012《火力发电厂职业卫生设计规程》； （5）DL 5068—2014《发电厂化学设计规范》
2.8.3.9	人员培训、考核	10	通过查阅资料，询问及交流，重点确认： （1）制氢站值班人员是否定期参加培训并持证上岗。 （2）是否开展适合本厂的有关氢气安全、运行的专业技术培训工作。 （3）培训计划、记录、考核情况	按照下述分项评价扣分并累加，直至扣完标准分： （1）未进行严格培训考核或未获得相应的资格证明而值班的，不得分。 （2）没有培训相关记录或记录不完整的，扣 5 分	GB 4962—2008《氢气使用安全技术规程》

序号	评价项目	标准分	查评方法及内容	评分标准	查评依据
2.8.3.10	氢站值班员个人安防护具	10	通过现场检查、询问，重点确认： （1）氢站值班员是否穿着阻燃、防静电服、靴。 （2）在制氢站内是否使用非防爆电子设备、有火种（无线通信设备应处在关机状态或放在火种箱内）。 （3）电解液配制及转输时是否戴防护眼镜、橡胶手套等护具	按照分项评分累加，直至扣完标准分： （1）发现未穿防静电服装鞋靴的，不得分。 （2）在制氢站使用无线通信设备的，不得分。 （3）未使用护具操作电解液的，扣 5 分	（1）GB 12014—2009《防静电服》； （2）GB/T 11651—2008《个体防护装备选用规范》； （3）DL 5068—2014《发电厂化学设计规范》
2.8.3.11	未设置制氢站，设置供氢站的	160	通过现场检查、询问，重点确认：氢瓶汇流排设计是否合理，系统是否严密，安全是否合乎规范（相关内容参照 2.8.3.1～2.8.3.10）： （1）供氢站是否为单层建筑，耐火等级设计是否低于二级。 （2）氢瓶供氢系统的汇流排是否设置两组，当一组氢气汇流排倒换钢瓶或检修时是否影响另一组正常供气要求。 （3）供氢站是否设置氢瓶集装格起吊、运输设施，起吊、运输设施是否采取防爆措施。 （4）氢气瓶是否布置在通风良好、远离火源和热源的封闭或半敞开式建筑物内，是否避免暴露在阳光直射处，汇流排及电控设施是否分别布置在室内。 （5）空瓶、实瓶是否明确标注，两者的间距是否小于 0.3m；空（实）瓶与汇流排的间距是否小于 2m；通道净宽是否小于 1.5m；是否有防倒瓶措施。 （6）是否按 GB 50057—2016《建筑物防雷设计规范》和 GB 50058—2014《爆炸危险环境电力装置设计规范》的要求设置防雷防静电接地设施，是否按要求定期检测	参照（2.8.3.1～2.8.3.10）分项评价，扣分累加，直至扣完标准分	（1）GB 12014—2009《防静电服》； （2）GB/T 11651—2008《个体防护装备选用规范》； （3）GB 4962—2008《氢气使用安全技术规程》； （4）DL 5068—2014《发电厂化学设计规范》； （5）GB 50058—2014《爆炸危险环境电力装置设计规范》； （6）GB 50057—2016《建筑物防雷设计规范》

序号	评价项目	标准分	查评方法及内容	评分标准	查评依据
2.8.3.12	氢气质量安全监督	10	通过现场检查和查阅表单、记录等方法，重点确认： （1）检修工作时的漏氢监测情况。 （2）氢气置换时氢纯度监督情况。 （3）机组运行时内冷水箱氢含量监督情况。 （4）运行中的氢气湿度、纯度检测情况。 （5）实验室氢纯度表、露点仪计量检定是否有效。 （6）监督用仪器仪表是否有效检定。 （7）单机日补氢量统计情况、氧气纯度变化情况。 （8）制氢及相关系统运行中定期查漏。 （9）外购氢气纯度检测情况。 （10）碱液质量情况	按照下述分项评价扣分累加，直至扣完标准分： （1）查评项中未检测的，每项扣 2 分。 （2）检测记录不全面或有超标的，每项扣 1 分	（1）GB 4962—2008《氢气使用安全技术规程》； （2）GB/T 7064—2017《隐极同步电机技术要求》； （3）DL/T 651—2017《氢冷发电机氢气湿度技术要求》
2.8.3.13	运行表单与日志	10	通过抽查不少于 3 个月的运行报表及运行日志，重点确认： （1）运行表单所列控制指标及范围是否合理，单位是否规范，主要监督项目是否齐全。 （2）运行日志的记录是否规范、是否能够记录完整并连续归档。 （3）记录应纸面整洁、字体工整、涂改的是否规范	按照下述分项评价扣分并累加，直至扣完标准分： （1）标准有误的，每项扣 1 分；单位符号使用不规范的，每项扣 1 分。 （2）表单、日志未归档的，不得分；归档但不连续的，扣 5 分。 （3）字迹潦草、涂改不规范，每处扣 1 分	DL/T 246—2015《化学监督导则》
2.8.4	化学监督	320			
2.8.4.1	机组水汽在线化学仪表与实验室	60			
2.8.4.1.1	在线化学仪表	25	通过现场检查、观察、询问，查阅维护、校验记录、仪表台账等资料，重点确认： （1）各台机组在线化学仪表的配备率、投入率和准确率情况。 （2）重点考察炉内外（氢）电导率表、溶氧表、钠表、pH 表、硅表、磷表的运行、维护（日常维护、停机维护）、校验情况	按照下述分项评价扣分并累加，直至扣完标准分： （1）氢电导率、电导率表测量值偏差较大、未定期校验、维护不及时的或未投入的，每项扣 1 分。 （2）pH 表、钠表、溶氧表测量值偏差较大、未定期校验、维护不及时的或未投入的，每项扣 1 分。 （3）炉内外其他的在线化学表计，未定期校验、维护不及时的、有缺陷的，每块表扣 0.5 分	（1）DL 5068—2014《发电厂化学设计规范》； （2）DL/T 1717—2017《燃气－蒸汽联合循环发电厂水汽化学监督技术导则》； （3）DL/T 246—2015《化学监督导则》

序号	评价项目	标准分	查评方法及内容	评分标准	查评依据
2.8.4.1.2	在线化学仪表的比对查定	10	通过现场检查、观察、询问，查阅维护、校验记录、仪表台账等资料，重点确认： （1）是否定期进行在线化学仪表的手工比对查定试验。 （2）查定数据和在线仪表示值的比对结果偏差情况	按照下述分项评价扣分并累加，直至扣完标准分： （1）在线化学仪表未进行定期比对查定试验的，不得分。 （2）比对查定结果超过运行误差的，每项扣1分	DL/T 246—2015《化学监督导则》
2.8.4.1.3	化学实验室	25	通过现场检查、观察、询问，查阅设备台账等资料，重点确认： （1）试验用仪器仪表是否进行有效校准或检定，标准物质是否能够进行有效管理。 （2）实验室环境和设施是否对检测结果产生负面影响。 （3）人员培训及持证情况。 （4）危险化学品管理是否有效。 （5）试验记录（原始记录、报告等）是否有效受控	按照下述分项评价扣分并累加，直至扣完标准分： （1）实验室仪器未进行有效校准、检定或标准物质过期的，每项扣3分。 （2）实验室环境杂乱、温湿度不符合要求、设施老化等影响测试结果的，扣3分。 （3）人员未经培训、无证上岗的，每人次扣3分。 （4）无危险化学品管理制度或管理混乱的，扣3分。 （5）记录不完整、数据涂改严重或管理混乱的，扣3分	DL/T 1717—2017《燃气－蒸汽联合循环发电厂水汽化学监督技术导则》
2.8.4.2	凝汽器管腐蚀、结垢、泄漏情况	30			
2.8.4.2.1	凝汽器管腐蚀情况	10	通过现场检查、询问，查阅水质资料与运行表单，了解循环水设计浓缩倍率、控制指标及实施情况，重点确认： （1）凝汽器管材选型是否合理。 （2）凝汽器管汽水侧表面有无腐蚀，检查水室、端板有无腐蚀。 （3）依据DL/T 1717—2017《燃气－蒸汽联合循环发电厂化学监督技术导则》进行分类评价	按照下述分项评价扣分并累加，直至扣完标准分： （1）凝汽器管设计时选材考虑不周的，扣3分。 （2）存在应力腐蚀断裂现象的，扣3分。 （3）运行过程中控制不当，引起结垢腐蚀的，扣5分。 （4）若凝汽器管腐蚀减薄严重，未进行全面涡流探伤检查的，扣5分。 （5）评价一类不扣分，评价二类扣2分，评价三类扣全部分	（1）DL/T 1717—2017《燃气－蒸汽联合循环发电厂水汽化学监督技术导则》； （2）DL/T 712—2010《发电厂凝汽器及辅机冷却管选材导则》； （3）DL/T 1115—2019《火力发电厂机组大修化学检查导则》

续表

序号	评价项目	标准分	查评方法及内容	评分标准	查评依据
2.8.4.2.2	凝汽器结垢及污堵情况	10	通过现场检查、询问，查看试样，查阅水质资料、设计资料、运行规程并结合日常监督化验记录，了解机组真空、端差及凝汽器检查情况，重点确认： （1）是否严格按动态模拟试验确定的参数（浓缩倍率、pH值、碱度、氯根、有机磷、硬度等）进行循环水处理水质控制，凝汽器是否结垢。 （2）如果发现汽机真空下降或凝汽器端差上升，应检查是否凝汽器管结垢或污堵所致，必要时，利用停机机会实际检查以确定其程度。 （3）如果发现机组凝汽器端差超过运行规定值或端差大于8℃，凝汽器管水侧垢厚大于0.5mm，以上或存在严重沉积物垢下腐蚀时，应考虑循环水水质是否控制不当或循环水药剂试验提供的指标是否存在问题，是否进行化学清洗；凝汽器管内有黏泥或者软垢附着时，是否采用水冲洗、胶球擦洗方式清除。 （4）是否存在悬浮物、浊度大幅增加引起的淤泥沉积，检修时未清理循环水池和各个换热面的沉积物。 （5）凝汽器胶球投运率应大于95%，收球率应大于90%。 （6）依据DL/T 1717—2017《燃气-蒸汽联合循环发电厂化学监督技术导则》分类评价	按照下述分项评价扣分并累加，直至扣完标准分： （1）没有进行循环水动态模拟试验或没有执行循环水控制试验指标的不得分。 （2）循环水pH值低于7.0逾72h、pH值低于6.0逾24h、低于5.0逾4h的均不得分。 （3）有结垢倾向或运行倍率超标超过8h的不得分。 （4）如果确认由于凝汽器管结垢或污堵引起真空、端差变化，不得分。 （5）胶球"投运率"或"回收率"不合格的扣2分。 （6）检修时没有清理水池和换热面的扣5分；凝汽器管应进行化学清洗、水冲洗或者胶球擦洗，未及时处理的扣5分。 （7）评价一类不扣分，评价二类扣5分，评价三类不得分	（1）DL/T 300—2011《火电厂凝汽器管防腐防垢导则》； （2）DL/T 957—2017《火力发电厂凝汽器化学清洗及成膜导则》； （3）DL/T 1115—2019《火力发电厂机组大修化学检查导则》； （4）DL/T 1717—2017《燃气-蒸汽联合循环发电厂化学监督技术导则》
2.8.4.2.3	凝汽器泄漏情况	10	通过查看试样，了解检修检查情况，查阅化学运行记录，了解凝汽器泄漏与堵漏情况，确认： （1）凝汽器是否发生过泄漏；若发生，凝汽器泄漏后是否能严格按照三级处理原则进行处理，是否存在以锯末堵漏代替查漏现象，是否因此而延长了凝结水质不合格时间（含持续或断续），并统计累计不合格时间。 （2）凝汽器管泄漏堵管数量及比率	按照下述分项评价扣分累加，直至扣完标准分： （1）没有发生泄漏不扣分，发生泄漏的，按照三级处理规定及时消除缺陷的，扣2分。 （2）超过三级处理时限继续运行的，扣10分	（1）DL/T 1115—2019《火力发电厂机组大修化学检查导则》； （2）DL/T 1717—2017《燃气-蒸汽联合循环发电厂化学监督技术导则》

序号	评价项目	标准分	查评方法及内容	评分标准	查评依据
2.8.4.3	四管腐蚀结垢情况	40			
2.8.4.3.1	蒸发器管和省煤器管	30	通过查看管样，了解检修检查情况，查阅化学检查报告，了解四管爆漏情况，重点确认： （1）是否按照行标检查导则要求进行割管、试样加工及标注。 （2）是否对垢量、垢成分（A级检修）测试，并计算结垢速率。 （3）是否对管内壁腐蚀形貌进行判定，如点蚀、流动加速、介质浓缩腐蚀、蠕胀鼓包等现象。 （4）是否对易发生腐蚀部位(低压蒸发器汽液两相区、低压蒸发器进入上联箱的最后一个弯头处、中压省煤器入口处、低压省煤器气侧受热面等)进行专项腐蚀检查。 （5）更换蒸发器、省煤器时是否对内壁有效清理。 （6）依据 DL/T 1717—2017《燃气-蒸汽联合循环发电厂化学监督技术导则》分类评价	按照下述分项评价扣分并累加，直至扣完标准分： （1）割管位置、管样加工、标准等不符合导则设计规定的，每项扣 3 分。 （2）检修报告中未对垢量、成分进行分析测试，对管内腐蚀形貌判断不准确的，每项扣 3 分。 （3）没有进行专项腐蚀检查的，扣 5 分。 （4）换管时不进行内壁清理，扣 5 分。 （5）评价一类不扣分，评价二类扣 10 分，评价三类不得分	（1）DL/T 1717—2017《燃气-蒸汽联合循环发电厂化学监督技术导则》； （2）DL/T 794—2012《火力发电厂锅炉化学清洗导则》； （3）DL/T 1115—2019《火力发电厂机组大修化学检查导则》分类评价
2.8.4.3.2	过热器、再热器管	10	查看过热器、再热器管样，重点确认： （1）是否按照导则要求进行割管、试样加工、标注。 （2）是否对垢量、垢成分（A级检修）测试，并计算结垢速率。 （3）是否对管内壁腐蚀形貌进行判定。 （4）是否对过热器、再热器内壁氧化皮、管内积盐情况进行检查	按照下述分项评价扣分并累加，直至扣完标准分： （1）割管位置、管样加工、标准等不符合导则设计规定的，每项扣 3 分。 （2）检修报告中未对垢量、成分进行分析测试，对管内腐蚀形貌判断不准确的，每项扣 3 分。 （3）没有进行积盐、氧化皮检查或没有检查记录文件的，扣 5 分。 （4）过热器、再热器管内有严重积盐的，扣 5 分	（1）DL/T 1717—2017《燃气-蒸汽联合循环发电厂化学监督技术导则》； （2）DL/T 1115—2019《火力发电厂机组大修化学检查导则》

续表

序号	评价项目	标准分	查评方法及内容	评分标准	查评依据
2.8.4.4	热力系统容器	20	通过查看管样，查阅化学检查报告及照片，重点确认： （1）机组检修期间，是否对各个容器包括汽包、除氧器、凝汽器、油箱、加热器等容器进行化学检查，有无腐蚀、沉积物情况，沉积量较大时是否进行了物相或化学成分分析。 （2）机组检修期间，是否对各个容器包括汽包、除氧器、凝汽器、油箱、加热器等容器的沉积物彻底清理。 （3）机组检修期间，是否对低压汽包折流挡板、低压汽包饱和蒸汽上升管口等部位的流动加速腐蚀状况进行内窥镜检查	按照下述分项评价扣分并累加，直至扣完标准分： （1）没有进行化学检查或没有检查记录文件的，不得分；检查有漏项，每项扣 2 分，最高扣 10 分。 （2）没有清理各个容器的沉积物的或沉积量明显异常未进行物相或化学成分分析的，不得分。 （3）未进行流动加速腐蚀专项检查的，扣 5 分	（1）DL/T 1717—2017《燃气–蒸汽联合循环发电厂化学监督技术导则》； （2）DL/T 1115—2019《火力发电厂机组大修化学检查导则》
2.8.4.5	汽轮机结盐垢及腐蚀情况	20	通过查看垢样，了解检修情况，查阅大、小修化学检查报告及照片，重点确认： （1）查看汽轮机各级缸体、隔板、转子叶片的积盐情况、腐蚀情况和水蚀情况。 （2）查看蒸汽初凝区酸腐蚀情况，叶根部位腐蚀情况的描述和照片。 （3）检查分析汽轮机垢量、垢成分（A 级检修）测试，沉积速率计算。 （4）依据 DL/T 1717—2017《燃气–蒸汽联合循环发电厂化学监督技术导则》进行分类评价	按照下述分项评价扣分并累加，直至扣完标准分： （1）没有检查记录或记录不完整的，扣 10 分。 （2）评价一类的，不扣分；评价二类的，扣 5 分；评价三类的，不得分	（1）DL/T 1717—2017《燃气–蒸汽联合循环发电厂化学监督技术导则》； （2）DL/T 1115—2019《火力发电厂机组大修化学检查导则》
2.8.4.6	启动水质和疏水水质	20			

序号	评价项目	标准分	查评方法及内容	评分标准	查评依据
2.8.4.6.1	启动水质	10	通过查阅启动水汽监督表单及水汽异常记录，了解有关情况，重点确认： （1）启动时水汽质量监督检测情况。 （2）启动时是否能按规定进行冷、热态冲洗，汽轮机并汽及带负荷等阶段水汽质量是否达标。 （3）水汽异常时的水质及处理对策。 （4）检查启动时水质合格时间	按照下述分项评价扣分并累加，直至扣完标准分： （1）启动时凝结水未达标回收的或并汽时蒸汽质量不符合启动标准的，扣5分。 （2）启动时发生水汽品质异常，未执行"三级处理"的，扣5分；造成严重后果的，不得分。 （3）无启动水汽质量监督记录的，不得分	（1）DL/T 1717—2017《燃气－蒸汽联合循环发电厂化学监督技术导则》； （2）DL/T 956—2017《火力发电厂停（备）用热力设备防锈蚀导则》
2.8.4.6.2	疏水	10	通过查阅并统计近1年的运行表单，重点确认： （1）疏放水回收时水质是否达到规程要求。 （2）疏水回收后汽水系统氢电导率、硬度及含铁量是否增大。 （3）当热网疏水氢电导率大于1.0μS/cm，钠含量大于5μg/L时，应进行换热器泄漏故障诊断，若存在泄漏应及时采取查漏、堵漏处理	按照下述分项评价扣分并累加，直至扣完标准分： （1）回收水质一项不达标的，扣3分，逐项累加。 （2）疏水回收后汽水系统氢电导率、硬度和含铁量长期增大的，不得分。 （3）热网疏水水质明显异常，未及时对换热器进行查漏、堵漏处理的，扣5分。 （4）热网水质影响蒸汽品质的，不得分	DL/T 1717—2017《燃气－蒸汽联合循环发电厂化学监督技术导则》
2.8.4.7	停用保护	20	通过查看停用保护措施，了解措施实施情况，查阅机炉检修检查报告，重点确认： （1）停用保护措施是否合理完善，是否针对机组的参数和类型、停（备）用时间的长短、实际需保护的设备部位及现场加药条件等实际情况采用合理的防锈蚀保护方法。 （2）停用保护措施除机组汽水循环系统外，是否包括循环水系统。 （3）保护措施实施后是否详细记录启动用水量、冲洗时间、水汽品质等数据及重要部位停用腐蚀情况等以对不同保护工艺的效果进行评价对比分析。 （4）采用十八烷胺预膜保护的机组启动时，是否充分冲洗、溶解、排放热力系统中的十八烷胺	按照下述分项评价扣分并累加，直至扣完标准分： （1）停用保护措施存在明显疏漏的，扣10分。 （2）没有对循环水系统换热面采取保护措施的，扣10分。 （3）保护效果差扣5分或没有检查保护效果的，扣5分。 （4）采用十八烷胺膜法保护的机组启动时，没有充分冲洗、溶解、排放热力系统中的十八烷胺的，扣10分	（1）DL/T 956—2017《火力发电厂停（备）用设备防锈蚀导则》； （2）DL/T 1115—2019《火力发电厂机组大修化学检查导则》

序号	评价项目	标准分	查评方法及内容	评分标准	查评依据
2.8.4.8	规程、制度及技术管理	20	通过查阅必备的资料，询问、是否符合国家能源局〔2014〕161号《防止电力生产重大事故的二十五项重点要求》的有关规定，吸纳最新的标准，从严选用标准，重点确认： （1）所订规程、制度，是否符合国能安全〔2014〕161号《防止电力生产重大事故的二十五项重点要求》中对化学专业的要求。 （2）是否建立健全的化学监督网络；是否明确各级监督人员的责任分工，各级监督人员是否按照相应职责开展工作，水汽劣化时是否能按照三级处理原则及时处理并编写相应事故分析报告。 （3）技术档案资料是否完整、连续并与实际相符；资料与档案管理是否规范；是否有设备台账、系统图及其他相关资料，是否准确使用术语与法定计量单位。 （4）是否根据本厂实际设备情况及京能清洁能源公司要求编制化学检修规程、化学运行规程等规章制度。 （5）是否根据本厂实际情况编制化学监督实施细则，编制内容除符合 DL/T 246—2015《化学监督导则》外，还应包括定期维护和定期检查、运行分析等内容。 （6）是否建立引用的国家及行业技术标准清单，技术标准是否齐全有效。 （7）是否根据最新的导则、标准及时更新运行表单、技术规程、监督实施细则、查定记录及试验方法等相关内容。 （8）定期工作应包括：化学指标（酸碱耗、周期水量、自用水率、浓缩倍率等）及设备状况定期分析、循环水动态模拟试验、PCF 纤维过滤器纤维束运行状况定期检查、超滤膜丝断裂情况定期检查、设备内部构件（腐蚀、老化）定期检查、膜设备定期清洗、运行树脂的定期性能检测、除盐设备布水装置及出水装置定期检查、各水箱（池）定期清理、滤网定期（氢站碱液滤网、绕丝缝隙、纤维滤柱）清理、取样间滤芯定期更换、电解槽定期清洗等	按照下述分项评价扣分并累加，直至扣完标准分： （1）没有将国能安全〔2014〕161号《防止电力生产重大事故的二十五项重点要求》化学专业内容吸收到规程、制度中的，扣10分。 （2）未建立明确的监督网络的，扣10分；监督网络不健全的，每缺一级扣5分；职责分工不明确或者异常情况时未及时上报处理的，扣5分；水汽劣化不能按照三级处理原则及时处理的，扣5分；未编制事故异常分析报告的，扣5分。 （3）化学运行规程、化学检修规程、化学监督实施细则未结合本厂实际情况及导则的，每项扣5分；制度不全的，每缺少一个制度扣5分。 （4）编制的规程或监督实施细则内容不全面或与实际设备不符的，每个制度扣2分。 （5）未建立有效的标准清单、使用作废或过期标准的，扣5分；未及时使用最新的导则、标准对化学监督相关资料进行更新的，每项扣2分。 （6）定期工作未按要求进行的，每项扣2分。 （7）技术档案不齐全、不完整、不连续的、不规范、与实际不相符的，每项扣1分	（1）DL/T 1717—2017《燃气－蒸汽联合循环发电厂化学监督技术导则》； （2）DL/T 246—2015《化学监督导则》； （3）国能安全〔2014〕161号《防止电力生产重大事故的二十五项重点要求》

序号	评价项目	标准分	查评方法及内容	评分标准	查评依据
2.8.4.9	入厂药剂及水处理材料质量检验	20	通过查阅入厂化学药剂及水处理材料检测报告及原始记录，重点确认： （1）再生剂（盐酸、液碱）与循环冷却水处理药剂（水质稳定剂、硫酸、缓蚀剂）等大宗药剂含量是否合格，杂质含量是否超标。 （2）树脂、滤料等水处理材料的验收是否合格。 （3）直接向锅炉机组投加的药剂（磷酸三钠、氢氧化钠、氨水）质量是否验收，质量是否合格	按照下述分项评价扣分并累加，直至扣完标准分： （1）未对大宗药剂、化学材料每批次都进行质量验收的或验收不合格仍使用的，不得分。 （2）直接入炉药剂未使用化学纯及以上的试剂的，不得分。 （3）单项不合格的，每项扣 1 分	（1）GB 320—2006《工业用合成盐酸》； （2）GB/T 534—2014《工业硫酸》； （3）GB/T 11199—2006《高纯氢氧化钠》； （4）DL/T 771—2014《火电厂水处理用离子交换树脂选用导则》； （5）DL/T 519—2014《发电厂水处理用离子交换树脂验收标准》； （6）DL/T 806—2013《火力发电厂循环水用阻垢缓蚀剂》； （7）HG/T 2517—2009《工业磷酸三钠》
2.8.4.10	人员培训工作	15	通过查阅资料，询问及交流，重点确认： （1）化学实验人员、化学仪表维护人员、化学监督人员、化学运行人员是否定期参加培训并持证上岗。 （2）是否开展适合本厂的专业技术培训工作。 （3）培训计划、记录、考核情况	按照下述分项评价扣分并累加，直至扣完标准分： （1）有上岗人员未持证上岗的，每人次扣 2 分。 （2）没有培训相关记录或记录不完整的，扣 5 分	DL/T 246—2015《化学监督导则》
2.8.4.11	油品管理与油质监督	55			
2.8.4.11.1	油品管理	20	通过查阅用油设备台账、检验报告、原始记录、询问等方法，重点确认： （1）新油到货后和注入设备前是否均采样验收、检测合格。 （2）设备补油时，是否选择与设备内的油同品牌、同牌号、同黏度等级、同添加剂类型，如果确实需要补油，补油前应进行油泥析出试验，油样的混合比例应与实际比例相同，试验合格后方可补加。	按照下述分项评价扣分累加，直至扣完标准分： （1）国产汽轮机油品按 GB 11120—2011《涡轮机油》标准进行验收，缺一项扣 1 分并累加（进口油品不应低于上述指标）；新油不验收或主要指标不合格而使用的，扣 10 分。 （2）新抗燃油应符合 DL/T 571—2014《电厂用磷酸酯抗燃油运行维护导则》的要求，缺一项扣 1 分并累加（进口油品不应低于上述指标）；新油不验收或主要指标不合格而使用的，扣 10 分。	（1）GB 11120—2011《涡轮机油》； （2）GB 11118.1—2011《液压油》； （3）GB 5903—2011《工业闭式齿轮油》； （4）GB 12691—1990《空气压缩机油》； （5）GB/T 2536—2011《电工流体变压器和开关用的未使用过的矿物绝缘油》；

序号	评价项目	标准分	查评方法及内容	评分标准	查评依据
2.8.4.11.1	油品管理	20	（3）是否按 GB 7597—2007《电力用油（变压器油、汽轮机油）取样方法》进行取样	（3）新变压器、开关用油应符合 GB/T 2536—2011《电工流体 变压器和开关用的未使用过的矿物绝缘油》的要求，缺一项扣 1 分并累加（进口油品不应低于上述指标或按合同规定的标准验收）；新油不验收或主要指标不合格而使用的，扣 10 分。 （4）新液压油应符合 GB 11118.1—2011《液压油》的要求，新齿轮油应符合 GB 5903—2011《工业闭式齿轮油》的要求，新空气压缩机油应符合 GB 12691—1990《空气压缩机油》的要求（进口油品不应低于上述指标或按合同规定的标准验收），缺一项扣 1 分并累加；新油不验收或主要指标不合格而使用的，扣 10 分。 （5）未按 GB 7597—2007《电力用油（变压器油、汽轮机油）取样方法》取样的，每次扣 2 分并累加。 （6）设备补油未按要求进行的，每次扣 2 分并累加	（6）GB/T 7597—2007《电力用油（变压器油、汽轮机油）取样方法》； （7）DL/T 571—2014《电厂用磷酸酯抗燃油运行维护导则》
2.8.4.11.2	油质监督	35	通过查阅用油设备台账、检验报告、原始记录、询问等方法，重点确认： （1）汽轮机油应按 GB/T 7596—2017《电厂运行中矿物涡轮机油质量》的要求进行维护管理，检验项目及周期应符合 GB 14541—2017《电厂用矿物涡轮机油维护管理导则》要求，新机组投运 24h 后应检测外观、色度、水分、泡沫性、抗乳化性、颗粒污染等级；油系统检修后应检测运动黏度、酸值、颗粒污染等级、水分、泡沫性、抗乳化性；投运一年后检测外观、色度每周一次，酸值两月一次，颗粒污染等级、水分每季一次；运动黏度、抗乳化性、液相锈蚀、抗氧化剂含量每半年一次，泡沫性每年一次，必要时检测闪点、空气释放值、旋转氧弹，补油后应在油系统循环 24h 后进行油质全分析。	按照下述分项评价扣分累加，直至扣完标准分： （1）汽轮机油、抗燃油、变压器油、辅机用油不按规定周期或漏项监督监测的，每项（次）扣 1 分并累加；油质不合格而未采取有效措施的，每项（次）扣 2 分。 （2）仪器仪表未进行定期检定的，每台扣 1 分并累加；所使用标准气体、标准溶液超过有效期的，扣 5 分。	（1）GB/T 7596—2017《电厂运行中矿物涡轮机油质量》； （2）GB/T 14541—2017《电厂用矿物涡轮机油维护管理导则》； （3）DL/T 571—2014《电厂用磷酸酯抗燃油运行维护导则》； （4）GB/T 7595—2017《运行中变压器油质量》； （5）GB/T 14542—2017《变压器油维护管理导则》；

续表

序号	评价项目	标准分	查评方法及内容	评分标准	查评依据
2.8.4.11.2	油质监督	35	（2）抗燃油的检验项目及周期应按 DL/T 571—2014《电厂用磷酸酯抗燃油运行维护导则》的规定执行,新机组投运前油系统冲洗过滤过程中应检测颗粒污染度,直至合格;投运两个月后检测电阻率、颜色、外观、水分、酸值每月一次,颗粒污染度、运动黏度三个月一次,泡沫特性、空气释放值、矿物油含量六个月一次,颜色、外观、密度、闪点、倾点、自燃点、水分、酸值、运动黏度、颗粒污染度、氯含量、泡沫特性、电阻率、空气释放值、矿物油含量机组检修重新启动前或每年一次;机组启动 24h 复查颗粒污染度;补油后测运动黏度、密度、闪点、颗粒污染度。 （3）变压器油的运行监督应按 GB/T 7595—2017《运行中变压器油质量》、GB/T 14542—2017《变压器油维护管理导则》的规定执行,油色谱监督应按 DL/T 722—2014《变压器油中溶解气体分析和判断导则》的规定进行新油注入前应检测水分、颗粒污染度合格;热循环后应检测水分、颗粒污染度、油中含气量合格;新设备通电投运前应按标准规定检验合格;运行中变压器油、电抗器油、互感器油、断路器油应根据设备的电压等级,按标准规定的检测周期和项目执行。 （4）辅机用油质量监督及运行维护应按 DL/T 290—2012《电厂辅机用油运行及维护管理导则》、DL/T 1461—2015《发电厂齿轮用油运行及维护导则》的规定进行。 （5）是否建立符合上述标准要求的厂内油品质量监督实施细则或相关技术规程。 （6）油品试验检测用仪器、仪表所使用标准物质是否进行有效管理。 （7）实验室管理:油品是否进行有效质量监控,是否对危险化学品进行有效管理,实验室环境和设施是否对检测结果产生负面影响,技术记录(用油设备台账、试验原始记录、检测报告、检修检查记录、再生处理记录)是否有效受控。 （8）试验人员的上岗资质、班组技术培训情况	（3）未编制厂内油务监督实施细则或相关技术规程的,扣 5 分。 （4）实验室管理中有不符合的,每项扣 2 分。 （5）人员上岗资质,缺一人扣 1 分可累加;班组技术培训无记录的,扣 2 分	（6）DL/T 722—2014《变压器油中溶解气体分析和判断导则》; （7）DL/T 290—2012《电厂辅机用油运行及维护管理导则》; （8）DL/T 1461—2015《发电厂齿轮用油运行及维护导则》; （9）DL/T 246—2015《化学监督导则》

序号	评价项目	标准分	查评方法及内容	评分标准	查评依据
2.8.5	余热锅炉及凝汽器化学清洗	20	通过查阅文件、记录、询问等方法,重点确认: (1)负责化学清洗的单位是否取得电力行业颁发的化学清洗相应级别的资质证书,参加清洗的人员是否取得相应的资格证书。 (2)电厂开展此项工作时,化学清洗技术方案是否经由相关技术监督部门审查,厂内主管领导批准,并报上级公司生产管理部门审批、备案。 (3)是否进行化学清洗现场监督、技术安全交底记录、化学清洗记录是否齐全。 (4)化学清洗结果是否达到 DL/T 794—2012《火力发电厂锅炉化学清洗导则》、DL/T 957—2017《火力发电厂凝汽器化学清洗及成膜导则》的相关要求。 (5)化学清洗后所涉及的系统设备(上下联箱、汽包等容器)部位内的残液、残渣是否清除干净,并应有照片记录。 (6)化学清洗后的废液处理方案是否合理,废液排放是否符合国家及地方的环保要求	按照下述分项评价扣分累加,直至扣完标准分: (1)清洗单位不具有相应资质的,扣 5 分;参加清洗的人员未取得资格证书的,每人扣 1 分。 (2)化学清洗技术方案未经审批、备案的,扣 5 分;未进行化学清洗现场监督、没有技术安全交底记录、清洗记录或记录不全的,扣 5 分。 (3)清洗结果不符合要求或造成清洗事故、损坏系统设备部件的,本项不得分。 (4)清洗后所涉及的系统设备未进行清理的,扣 5 分。 (5)没有清洗废液处理方案的,扣 5 分;废液排放不符合国家及地方的环保要求的,此项不得分	(1)DL/T 977—2013《发电厂热力设备化学清洗单位管理规定》; (2)DL/T 794—2012《火力发电厂锅炉化学清洗导则》; (3)DL/T 957—2017《火力发电厂凝汽器化学清洗及成膜导则》
2.8.6	化学设备检修管理	85			
2.8.6.1	检修项目、计划	20	检查各专业检修项目及计划执行情况: (1)检查检修计划是否合理,检修目标、进度、备件、材料、人工和费用安排是否合理。 (2)检修项目是否完善,是否有缺项、漏项。 (3)检查修前、修后试验项目,是否有缺项、漏项和不合格项。 (4)检查重大检修项目的专用工器具台账,是否在存在工器具应检未检项目	(1)检修计划不完善,检修目标、进度、材料、人工和费用安排不合理;每发现一处,扣 2 分。 (2)检修项目不完善,存在缺项、漏项和不合格,每发现一处,扣 2 分。 (3)修前、修后试验项目,存在缺项、漏项和不合格项,每发现一处,扣 2 分。 (4)专用工器具存在工器具应检未检项目,每发现一处,扣 2 分	Q/BJCE－218.17－45—2019《燃气发电企业检修管理规定》
2.8.6.2	检修质量管理	20	查看设备检修管理制度及标准作业文件。 (1)实行标准化检修管理,编制检修作业文件包,对重大项目制定安全组织措施、技术措施及施工方案。 (2)严格工艺要求和质量标准,实行检修质量控制和监督三级验收制度,严格检修作业中停工待检点和见证点的检查签证	(1)未编制检修作业文件包,每项扣 2 分。 (2)检修作业文件包编制不完整或者内容粗糙,每项扣 2 分。 (3)对重大项目未制定安全组织措施、技术措施及施工方案,每项扣 5 分。 (4)质量控制未严格执行三级验收制度,每项扣 5 分;执行不到位和验收资料不完整,每项扣 2 分	(1)Q/BJCE－218.17－45—2019《燃气发电企业检修管理规定》; (2)Q/BJCE－218.17－40—2019《燃气发电企业检修作业文件管理规定》

序号	评价项目	标准分	查评方法及内容	评分标准	查评依据
2.8.6.3	检修记录	15	（1）对照检修记录，查阅总结文本；查阅设备台账、安全阀台账等。 （2）检查设备大小修记录是否完整，有关技术资料是否齐全；安全阀等设备是否定期检验	（1）设备检修记录不完善，每项扣 2 分；重要节点未能需要提供原始记录，扣 5 分。 （2）锅炉安全阀未按照相关要求进行检验检查或解体检修每项扣 5 分；锅炉压力容器安全阀整定值不符合要求或数据不全，每项扣 2 分，单项最高扣 10 分。 （3）作业人员和单位资质不符合 TSG ZF001《安全阀安全技术监察规程》的规定的，每处扣 5 分，最高扣 10 分	（1）DL/T 838—2017《燃煤火力发电企业设备检修导则》； （2）DL/T 959—2014《电站锅炉安全阀技术规程》第 8.4.1、8.4.7 条； （3）制造厂有关规定； （4）TSG ZF001《安全阀安全技术监察规程》
2.8.6.4	施工现场管理	20	（1）检查施工人员是否正确使用合格的劳保用品和工器具。 （2）检查施工现场的井、坑、沟及开凿的地面孔洞，是否设牢固围栏、照明及警示标志。 （3）检查施工现场是否落实易燃易爆危险物品和防火管理。 （4）检查现场作业是否履行工作票手续	（1）施工人员使用不合格的劳保用品和工器具，每项扣 10 分。 （2）施工现场无安全防护措施，不得分；安全措施不完善，每项扣 5 分。 （3）施工现场储存易燃易爆危险物品，不得分；施工现场有吸烟或有烟头，每例扣 10 分。 （4）现场施工未使用工作票，不得分；工作时工作负责人（监护人）不在现场，不得分	（1）Q/BJCE-218.17-24—2019《工作票管理规定》； （2）Q/BEIH-219.10-08—2013《ERP系统工作票、操作票管理实施细则》
2.8.6.5	修后设备技术资料管理	10	（1）现场检查档案室对修后设备的技术资料归档情况。 （2）检查 30 天内的设备管理软件更新情况	（1）修后技术资料未及时归档，每项扣 2 分。 （2）未在规定时间内完成设备更新录入，每项扣 2 分	Q/BJCE-218.17-45—2019《燃气发电企业检修管理规定》
2.8.7	化学技术监督	30			
2.8.7.1	技术监督制度	30	（1）检查是否建立了本单位的化学监督制度。 （2）检查各级化学监督岗位责任制是否明确，责任制是否落实	（1）无本单位制度不得分，制度内容不全或有明显错误的，每项扣 5 分。 （2）每缺一级责任制扣 5 分，每一级责任制不落实扣 5 分	Q/BJCE-219.17-02—2019《化学技术监督导则》

2.9 环境保护设备及系统

序号	评价项目	标准分	查评方法及内容	评分标准	查评依据
2.9	**环境保护设备及系统**	**1200**			
2.9.1	脱硝系统	550			
2.9.1.1	氨水储存及氨气制备	300			
2.9.1.1.1	日常维护管理	90			
（1）	运转设备运行状况	10	现场检查、运行表盘及记录，噪声、振动、油位、温度、压力及电流等是否符合设计要求	运转设备运行状况：噪声、振动油位、温度、压力及电流等不符合设计要求或异常，每项扣2分，最高扣10分	
（2）	氨水管道、氨气管道、烟道等	10	现场检查烟道、管道及阀门是否严密无泄漏	氨水管道、氨气管道、烟道及阀门等有泄漏，每次不符合扣2分	
（3）	泄压阀及安全阀门	10	现场检查及查阅资料，相关泄压阀及安全阀应在检验有效期内，运行可靠	系统相关的泄压阀及安全阀门不在有效期内，每次不符合扣5分	
（4）	氨泄漏报警系统	10	现场检查及查阅检验报告,氨泄漏报警系统应运行正常及定期校验	氨泄漏报警系统运行不正常及未定期检验，每次不符合扣5分	（1）DL/T 335—2010《火电厂烟气脱硝（SCR）系统运行技术规范》； （2）DL/T 1695—2017《火力发电厂烟气脱硝调试导则》
（5）	系统废气、废水处理	10	现场检查及查阅资料,系统运行、故障及检修期间产生的废氨水、废氨气应按照相关标准及规范进行处理及回收	每次不符合扣5分	
（6）	巡检制度	10	查阅相关制度，应执行定期的巡检制度，制度内容应翔实全面	编写不全面、不完善，执行不力扣5分；无定期的巡检记录扣10分；巡检记录不全或错误，每次扣3分	
（7）	系统的防爆、防雷、防静电措施	10	现场查看，查阅资料，应符合相关规定要求	防爆、防雷、防静电措施不完善扣5分；没有系统防爆、防雷、防静电措施，不符合相关规定要求扣10分	

续表

序号	评价项目	标准分	查评方法及内容	评分标准	查评依据
（8）	阀门编号、开关方向及设备转动方向标示；烟气管道涂色、色环、介质名称、流向标示；主要设备名称、编号	10	现场查看，应符合相关电厂及标准规定，标示齐全、清晰	阀门编号、开关方向及设备转动方向标示，烟气管道涂色、色环、介质名称、流向标示，主要设备名称、编号、标示等有脱落及不清晰的，每项扣3分	
（9）	检查控制盘柜、仪表柜等标识	10	现场查看，是否符合相关规定，标示齐全、清晰，显示正常	标识齐全、清晰、准确，显示正常，每项扣3分	
2.9.1.1.2	技术管理	70			
（1）	设备及系统台账	10	查阅台账，设备及系统台账管理是否完善，台账中的设备参数是否完整及详细	设备及系统台账管理不完善扣5分，台账中的设备型号及参数不完整及详细扣5分	
（2）	设备及系统的出力	10	查阅资料，现场运行观察，系统是否满足运行最大出力要求	设备及系统出力不满足运行要求扣5分	
（3）	还原剂品质	10	查阅检测报告，氨水（或尿素）中氨含量及品质是否满足运行要求	氨水中氨含量及品质不满足运行要求扣10分	
（4）	还原剂接卸及储存安全措施、接卸记录	10	查阅记录，记录应完整，接卸安全措施到位、还原剂的消耗统计齐全	每项不满足扣5分	（1）DL/T 1050—2016《电力环境保护技术监督导则》； （2）DL/T 1655—2016《火电厂烟气脱硝装置技术监督导则》； （3）DL/T 296—2011《火电厂烟气脱硝技术导则》
（5）	技术培训及考核	10	查阅资料，定期进行相关的技术培训及考核（有培训计划、培训资料、定期考核、岗位设置齐全、接氨及卸氨应专业培训合格）	不满足要求的，每项扣3分	
（6）	故障分析、处理及统计	10	查阅记录，故障分析、处理及统计报告齐全，能够分析解决出现的问题	分析不清，无处理措施、无故障统计，每项扣3分	
（7）	设备及系统的安全管理制度、紧急事故预案及演练	10	查阅相关制度，编制设备及系统的安全管理制度、紧急事故预案及演练实施等应完整齐全，针对性强	（1）设备及系统的安全管理制度、紧急事故预案不全面、未进行演练，每项不满足扣3分。 （2）事故预案及演练实施等不完整齐全，针对性不强，每项扣2分	

续表

序号	评价项目	标准分	查评方法及内容	评分标准	查评依据
2.9.1.1.3	运行管理	70			
（1）	设备及系统就地仪表	10	现场检查，仪表显示数据是否真实有效是否在校验有效期内	每项不满足扣2分，最高扣10分	
（2）	存储及蒸发系统	10	查看表盘，存储及蒸发系统的各个设备运行参数是否显示正常	每项不满足扣2分，最高扣10分	
（3）	设备及系统运行台账	5	查阅台账，系统的运行台账及记录是否齐全、记录详细	运行台账记录不齐全及详细扣5分	
（4）	系统运行逻辑联锁保护	15	检查系统联锁保护投入及检测仪表等是否达到设计要求	系统联锁保护投入及检测仪表等每项不满足扣3分，最高扣15分	（1）DL/T 335—2010《火电厂烟气脱硝（SCR）系统运行技术规范》；（2）DL/T 1695—2017《火力发电厂烟气脱硝调试导则》
（5）	系统严密性	5	现场检查，运行期间系统各种介质是否无泄漏	运行期间系统各种介质有泄漏扣5分	
（6）	氨水储存罐的安全释放阀门	10	查看校验报告，氨水储存罐的安全释放阀门校验是否合格	氨水储存罐的安全释放阀门等每项不合格扣5分，最高扣10分	
（7）	氨水储罐四周设置的防火堤及集水坑	5	现场检查，氨水储罐四周设置的防火堤及集水坑是否满足设计要求	氨水储罐四周设置的防火堤及集水坑不满足设计要求扣5分	
（8）	氨水计量控制系统	5	查看表盘，氨水计量控制系统运行是否投入正常	氨水计量控制系统运行不正常扣5分	
（9）	无组织排放	5	检查氨逃逸是否在控制标准范围内	高于控制标准设计值扣5分	
2.9.1.1.4	检修管理	70			
（1）	检修项目及检修周期计划	20	查阅检修项目及检修计划，制定设备及系统的检修项目及检修周期计划应齐全详细	制定设备及系统的检修项目及检修周期计划无法满足生产需要，每项扣5分	（1）DL/T 5257—2010《火电厂烟气脱硝工程施工验收技术规程》；（2）DL/T 1695—2017《火力发电厂烟气脱硝调试导则》
（2）	检修及管理规程、设备台账	20	查阅规程及台账，制定设备及系统检修及管理规程、设备台账应齐全，记录详细	制定设备及系统检修及管理规程、设备台账不齐全，每项扣5分	

续表

序号	评价项目	标准分	查评方法及内容	评分标准	查评依据
（3）	检修工艺及质量标准	30	查阅资料，制定主要设备检修工艺规程及质量要求应全面，与现场设备相符	制定主要设备检修工艺及质量要求不具体翔实、没有针对性、无法指导检修、质量标准及验收制定不严谨，每项扣5分	
2.9.1.2	脱硝反应器设备及系统	250			
2.9.1.2.1	日常维护管理	65			
（1）	运转设备运行情况	15	现场检查运转设备（再循环风机等）运行状况：噪声、振动、压力及电流是否满足设计要求	运转设备（再循环风机等）的噪声、振动、压力及电流等，每项不满足扣5分	
（2）	系统显示流量及阀门调节性	15	观察表盘，检查喷氨流量、稀释风流量、调节阀门数据显示应准确，调节阀门动作灵活及有良好线性	检查的喷氨流量、稀释风流量、调节阀门数据显示不准确，调节阀门动作不灵活及没有良好线性等，每项不满足扣5分	（1）DL/T 335—2010《火电厂烟气脱硝（SCR）系统运行技术规范》；（2）DL/T 1695—2017《火力发电厂烟气脱硝调试导则》
（3）	设备及系统就地仪表	10	现场检查，反应器就地仪表应显示正常	反应器就地仪表显示不正常，每项扣2分	
（4）	巡检制度	10	查阅制度资料，制定巡检制度完善、齐全	巡检制度不完善、不具体，每项扣5分	
（5）	反应器壳体保温及散热	5	现场检查及查阅资料，反应器保温及散热应符合技术要求	反应器保温及散热不符合技术要求扣5分	
（6）	催化剂层及模块严密性	10	查阅资料，检修期间的催化剂模块定期检查记录，催化剂模块之间、催化剂与壳体之间的严密性检查记录	无停炉期间的催化剂模块定期检查及记录扣5分，未进行严密性检查不得分	
2.9.1.2.2	技术管理	65			
（1）	反应器入口烟道及内部烟气流场情况	10	脱硝改造前或新装催化剂层时，查阅脱硝反应器物模、数模或喷氨格栅喷氨混合及流场相关测试数据，气流分布应满足设计要求	脱硝反应器物模、数模及喷氨格栅喷氨混合及气流分布不满足设计要求，或未进行喷氨调整试验及无法提供资料扣10分；提供资料有明显错误，每处扣3分	（1）DL/T 1050—2016《电力环境保护技术监督导则》；（2）DL/T 1655—2016《火电厂烟气脱硝装置技术监督导则》；（3）DL/T 296—2011《火电厂烟气脱硝技术导则》
（2）	污染物排放浓度及脱硝效率统计情况	10	查阅相关报告，应定期进行脱硝效率、出口浓度、污染物排放等统计工作	没有定期进行脱硝效率、出口浓度、污染物排放等统计及分析，不得分	

序号	评价项目	标准分	查评方法及内容	评分标准	查评依据
（3）	催化剂寿命管理及性能检测	10	查阅相关催化剂的采样模块的定期化验报告，或制定催化剂的寿命周期管理（确定更换催化剂的运行时间；活性降低催化剂应按照相关规定进行更换）	无催化剂的采样模块的定期化验报告，或没有制定催化剂的寿命周期管理（确定更换催化剂的运行时间，活性降低催化剂未及时按照相关规定进行更换）等，每项扣5分	
（4）	设备及系统台账	10	检查台账，建立反应器系统的设备台账管理应完善，台账中的设备参数完整及详细	反应器系统的设备台账管理不完善，台账中的设备参数不完整及详细，每项扣2分	
（5）	设备及系统的出力	10	运行观察及查阅运行记录，设备及系统的最大出力应满足运行要求	反应器设备及系统的出力不满足运行要求，不得分	
（6）	废旧催化剂处理及再生、存储	15	检查相关文件及资料，应委托具有危废许可证及危废运输许可证资质的第三方处理及再生废旧催化剂，其资质在有效期内，存储应按相关规定执行	委托第三方处理废旧催化剂是否具有危废许可证及危废运输许可证，并在有效期内，存储满足相关规定，没有满足其中任意项，不得分	（1）国务院令第 408 号《危险废物经营许可证管理办法》； （2）国家环境保护局令第 48 号《危险废物经营单位编制应急预案指南》； （3）国家环境保护局令第 5 号《危险废物转移联单管理办法》； （4）环办函〔2014〕990 号《关于加强废烟气脱硝催化剂监管工作通知》； （5）环境保护部公告〔2014〕54 号《废烟气脱硝催化剂危险废物经营许可证审查指南》
2.9.1.2.3	运行管理	55			
（1）	反应器系统运行参数	20	查看运行表盘，反应器系统的各个设备运行参数（出入口温度、出入口 NO_x 浓度、脱硝效率、阻力、流量、含湿量、氨逃逸浓度、氨氮比等）应显示正常	显示不正常，每次扣5分	（1）GB/T 34340—2017《燃煤烟气脱硝装备运行效果评价技术要求》； （2）DL/T 1695—2017《火力发电厂烟气脱硝调试导则》； （3）DL/T 260—2012《燃煤电厂烟气脱硝装置性能验收试验规范》； （4）DL/T 5480—2013《火力发电厂烟气脱硝设计技术规程》； （5）DL/T 335—2010《火电厂烟气脱硝（SCR）系统运行技术规范》

序号	评价项目	标准分	查评方法及内容	评分标准	查评依据
（2）	系统主要逻辑联锁保护	10	查阅资料，系统逻辑联锁保护投入及检测仪表等应达到设计要求	系统逻辑联锁保护投入及检测仪表等未达到设计要求，扣 10 分	（1）DL/T 335—2010《火电厂烟气脱硝（SCR）系统运行技术规范》；（2）DL/T 1695—2017《火力发电厂烟气脱硝调试导则》；（3）DL/T 5480—2013《火力发电厂烟气脱硝设计技术规程》
（3）	脱硝运行及调整适应性	10	查阅资料，满足宽负荷脱硝的运行要求，调整控制的负荷适应性强，自动控制调节可靠及运行稳定	不满足宽负荷脱硝的运行要求，负荷适应性差，自动控制调节不可靠及不稳定，每次扣 5 分	（1）GB/T 34340—2017《燃煤烟气脱硝装备运行效果评价技术要求》；（2）DL/T 1695—2017《火力发电厂烟气脱硝调试导则》；（3）DL/T 5480—2013《火力发电厂烟气脱硝设计技术规程》；（4）DL/T 335—2010《火电厂烟气脱硝（SCR）系统运行技术规范》
（4）	NO_x 达标排放	15	检查历史曲线及相关记录，排放 NO_x 浓度应满足地方及国家环保要求；排放 NO_x 浓度小时均值不超标	排放 NO_x 浓度不满足地方及国家环保要求、排放 NO_x 浓度小时均值超标扣 15 分	（1）DL/T 260—2012《燃煤电厂烟气脱硝装置性能验收试验规范》；（2）GB/T 34340—2017《燃煤烟气脱硝装备运行效果评价技术要求》
2.9.1.2.4	检修管理	65			
（1）	检修项目及检修计划	15	查阅检修资料，制定设备及系统的检修项目及检修周期计划应全面、周密、详细，满足检修工期及需求	制定设备及系统的检修项目及检修周期计划无法满足检修需要，每项扣 5 分	（1）DL/T 322—2010《火电厂烟气脱硝（SCR）装置检修规程》；（2）DL/T 5257—2010《火电厂烟气脱硝工程施工验收技术规程》
（2）	检修及管理规程、设备台账	15	查阅台账及规程，制定设备及系统检修管理规程、设备台账应全面及详细	制定设备及系统检修及管理规程、设备台账不齐全，每项扣 2 分	
（3）	检修工艺规程及质量标准	15	查阅规程，制定主要设备检修工艺规程及质量要求应详细及全面	制定主要设备检修工艺及质量要求不具体翔实、没有针对性、无法指导检修、质量标准及验收制定不严谨，每项扣 5 分	
（4）	催化剂模块	10	查阅检修记录：催化剂层是否有磨损、冲刷以及破损	催化剂层有磨损、冲刷及破损的记录，每项扣 5 分	

序号	评价项目	标准分	查评方法及内容	评分标准	查评依据
（5）	检修质量验证	10	查阅检修报告及试验报告，检修前后应进行相应的运行参数的对比	检修前后没有进行相应的数据对比及分析每项扣5分	
2.9.2	CEMS 在线监测系统	280			
2.9.2.1	日常维护管理	140			
2.9.2.1.1	CEMS 运行管理要求	20	查阅相关规程，应根据 CEMS 使用说明书和 HJ 75—2017《固定污染源烟气（SO_2、NO_x、颗粒物）排放连续监测技术规范》的要求编制仪器运行管理，确定系统运行操作人员和管理维护人员的工作职责运维人员应熟练掌握烟气排放连续监测仪器设备原理、使用和维护方法	运行管理不完善、系统运行操作人员和管理维护人员的工作职责不清楚、运维人员不熟练掌握烟气排放连续监测仪器设备原理、使用和维护方法等，每项扣5分	（1）HJ 75—2017《固定污染源烟气（SO_2、NO_x、颗粒物）排放连续监测技术规范》；（2）HJ 76—2017《固定污染源烟气（SO_2、NO_x、颗粒物）排放连续监测系统技术要求及检测方法》
2.9.2.1.2	CEMS 巡检要求	20	查阅相关规程，应有制定相应的 CEMS 巡检规程，并严格按照规程开展日常巡检工作且做好记录日常工作（应包括检查项目、检查日期、被检项目运行状态等内容），每次巡检应记录归档，CEMS 日常巡检时间间隔不超过 7 天	制定相应的 CEMS 巡检规程不清晰，并没有按照规程开展日常巡检工作并做好记录日常工作的检查项目、检查日期、被检项目运行状态等内容有漏查或漏记录，每次巡检没有记录归档，CEMS 日常巡检时间间隔超过 7 天等现象，每项扣5分	
2.9.2.1.3	CEMS 维护	20	查阅相关记录：（1）对 CEMS 日常维护内容、维护周期或耗材更换周期等作出明确规定，每次保养情况应记录并归档。（2）每次进行备件或材料更换时，更换的备件或材料的品名、规格、数量等应记录并归档如更换有证标准物质或标准样品，还需记录新标准物质或标准样品的来源、有效期和浓度等信息。（3）对日常巡检或维护中发现的故障或问题，系统管理维护人员应及时处理并记录	不满足以上要求，每项扣5分	

序号	评价项目	标准分	查评方法及内容	评分标准	查评依据
2.9.2.1.4	CEMS 校准和校验	20	查阅相关记录，应制定相关的 CEMS 的校准和校验日常校准和校验操作制度，定期进行校准及校验，相关记录应及时归档，在线监测仪表校准周期应按照 HJ 75—2017《固定污染源烟气（SO$_2$、NO$_x$、颗粒物)排放连续监测技术规范》的相关规定执行，地方环保部门有具体要求的可按照地方环保的规定执行	未制定相关的 CEMS 的校准和校验日常校准和校验操作不规范、校准及校验没有定期执行或记录未及时归档，每项扣 5 分；未按要求进行定期校准和检查的，不得分	
2.9.2.1.5	CEMS 日常运行维护	10	（1）现场检查，查阅记录，CEMS 日常运行应正常稳定运行、持续提供有质量保证监测数据，当 CEMS 不能满足技术指标而失控时，应及时采取纠正措施，并应缩短下一次校准、维护和校验的间隔时间。 （2）应按照标准规定严格执行定期校准、定期维护、定期校验、常见故障分析及排除工作	（1）当 CEMS 不能满足技术指标而失控时，未及时采取纠正措施，并没有缩短下一次校准、维护和校验的间隔时间的，扣 5 分。 （2）未按照标准规定严格执行定期校准、定期维护、定期校验、常见故障分析及排除工作，扣 5 分	
2.9.2.1.6	CEMS 数据失效时段的管理	10	查阅记录，应进行 CEMS 定期校准校验技术指标要求及数据失效时段的管理	未进行 CEMS 定期校准校验技术指标要求及未进行数据失效时段的管理，扣 10 分	
2.9.2.1.7	CEMS 系统数据审核和处理	5	查阅记录，必要时进行 CEMS 系统数据审核和处理	未进行 CEMS 系统数据审核，扣 5 分	
2.9.2.1.8	CEMS 运行工况情况	10	现场检查 CEMS 运行状况及显示是否正确	现场检查 CEMS 运行状况显示不准确或失真，每项扣 5 分	
2.9.2.1.9	CEMS 系统的测量量程设置	5	现场确认在线 CEMS 系统的测量量程设置应与测试实际数据相对应	现场检查在线 CEMS 系统的测量量程设置应与测试实际数据不相对应，扣 5 分	
2.9.2.1.10	CEMS 标气配置	10	现场检查，CEMS 标定的各种标气应齐全，并在有效期内，同时标气浓度应与测试浓度量程设置相对应	CEMS 标定的各种标气不齐全，并有的未在有效期内，同时标气浓度不与测试浓度量程设置相对应，每项扣 5 分	
2.9.2.1.11	CEMS 系统数据联网	5	现场检查，CEMS 系统输出数据联网传送（环保部门、电网企业、集团）应正常稳定，数据真实有效	检查 CEMS 系统数据联网传送（环保部门、电网企业、集团）输出不稳定及不正常，扣 5 分	

续表

序号	评价项目	标准分	查评方法及内容	评分标准	查评依据
2.9.2.1.12	检查 CEMS 取样管路	5	现场检查及查阅记录，CEMS 系统的取样管道应无泄漏，伴热温度达到设计要求	CEMS 系统的取样管道有泄漏，或伴热温度未达到设计要求，扣 5 分	
2.9.2.2	技术管理	90			
2.9.2.2.1	CEMS 管理制度	10	查阅相关制度，CEMS 系统各项制度健全，针对 CEMS 系统的相关管理制度应在 CEMS 监测站房上墙公示，便于操作及查询	制度不齐全或 CEMS 系统的相关管理制度未在 CEMS 监测站房上墙公示、不全或更新，不得分	
2.9.2.2.2	CEMS 系统有效性比对	10	CEMS 系统需通过有效性确认或比对	CEMS 系统未通过有效性确认或比对，不得分	
2.9.2.2.3	CEMS 现场卫生条件	5	现场检查 CEMS 系统的现场环境卫生是否满足相关要求	现场检查 CEMS 系统的现场环境卫生较差，不得分	
2.9.2.2.4	CEMS 供电设计	10	现场检查，系统供电应具备多路切换功能	系统供电未具备多路切换功能，不得分	
2.9.2.2.5	CEMS 监测站在线监测仪器运行环境	10	现场检查，CEMS 监测站房内环境温度湿度应满足 CEMS 系统运行要求	CEMS 监测站房环境温度湿度不满足 CEMS 系统设备运行要求，扣 10 分	（1）HJ 75—2017《固定污染源烟气（SO_2、NO_x、颗粒物）排放连续监测技术规范》； （2）HJ 76—2017《固定污染源烟气（SO_2、NO_x、颗粒物）排放连续监测系统技术要求及检测方法》
2.9.2.2.6	CEMS 运行维护人员管理	10	现场检查及查阅相关制度，对 CEMS 维护的人员应有相应的资质，如采用第三方单位运维，电厂对第三方单位应有相应管理运维人员资质以及第三方营业执照等复印件等应公示在就地 CEMS 监测站房内	对 CEMS 维护的人员未提供有相应的资质，同时电厂没有相应配套管理；第三方运行维护人员资质以及营业执照等复印件等未公示在就地 CEMS 监测站房，每项扣 2 分	
2.9.2.2.7	CEMS 现场取样位置	5	现场检查，CEMS 就地取样位置满足监测条件，现场步道平台符合相关规定要求	CEMS 就地取样位置不满足测试条件，现场步道平台不符合相关规定要求，扣 5 分	
2.9.2.2.8	CEMS 系统故障处理及时性	15	查阅相关预案，有完善详细相应故障处理及时性、演练及事故突发的上报程序及处理方法	制定相应故障处理不及时不全面、没有事故突发的上报程序及应急处理措施，扣 15 分	
2.9.2.2.9	CEMS 培训及考核	5	查阅培训记录，应制定相关人员定期的培训及考核制度，并且执行	未制定相关人员定期的培训及考核制度，或未按照执行，无培训及考核记录，扣 5 分	

序号	评价项目	标准分	查评方法及内容	评分标准	查评依据
2.9.2.2.10	污染物排放口设置标示牌	5	应在电厂污染物排放口设有明显标示牌,重点为烟囱及废水排放	电厂污染物排放口未有明显标示牌扣 5 分	
2.9.2.2.11	CEMS 历史数据存储	5	现场检查,CEMS 历史数据存储及时间应满足环保部门规定不少于 3 年	CEMS 历史数据存储时间不满足环保部门规定扣 5 分	
2.9.2.3	检修管理	50			
2.9.2.3.1	CEMS 备品备件	20	现场检查,准备的 CEMS 消耗品、备品备件应满足 CEMS 连续正常运行要求	准备的 CEMS 系统的消耗品、备品备件不满足 CEMS 连续正常运行要求,造成较大环保事故,出现影响生产运行情况,每次扣 10 分	（1）HJ 75—2017《固定污染源烟气（SO_2、NO_x、颗粒物）排放连续监测技术规范》； （2）HJ 76—2017《固定污染源烟气（SO_2、NO_x、颗粒物）排放连续监测系统技术要求及检测方法》
2.9.2.3.2	CEMS 应急检修措施	15	制定及采取的相关 CEMS 传输、显示问题、仪表故障等突发性问题的应急检修措施得力	CEMS 传输、显示、仪表故障等突发性问题的应急检修措施不及时,影响环保数据传输失真,造成较大影响,每次扣 10 分	
2.9.2.3.3	第三方维护的检修范围及责任	15	查阅资料,制定的针对第三方维护的检修范围及责任的技术要求应全面详细,责任明确	针对第三方维护的检修范围及责任的技术要求不全面,出现设备维护不及时处理及出现环保事故的,每次扣 10 分	
2.9.3	环境保护生产管理体系建设	330			
2.9.3.1	环境保护管理企业职责	140			
2.9.3.1.1	贯彻执行相关的方针政策、法律法规、部门规章、规程、标准、规范	10	查阅资料及制度,应全面贯彻执行国家环境保护方针政策和有关法律法规、部门规章、规程标准、规范性文件、地方政府相关要求和集团总部、清洁能源的环境保护管理制度、标准、规划和年度工作计划,定期跟踪识别国家和地方环保相关要求的变化	不符合要求,每项扣 3 分	（1）Q/BEH－218.10－05—2019《环境保护工作管理办法》第 4.7 条； （2）Q/BEH－218.10－10—2019《环境保护巡视检查管理办法》
2.9.3.1.2	企业环保管理体系	10	查阅相关资料,应建立健全的企业环保管理体系,应明确环保工作企业分管领导、分管部门,分管部门中应至少配置 1 名专职环保管理人员,负责全面环保检查工作	不满足要求,不得分	

续表

序号	评价项目	标准分	查评方法及内容	评分标准	查评依据
2.9.3.1.3	企业环境保护管理制度、工作计划	10	查阅相关制度，制定的企业环境保护管理制度、工作计划满足企业环保管理需求	（1）未制定企业环境保护管理制度、工作计划扣10分。 （2）制度及计划不详细、不全面及针对性不强，每项扣3分	
2.9.3.1.4	执行环保"三同时"工作	10	查阅资料，应执行环保提效技术改造项目和环保"三同时"的规定	未全面执行环保提效技术改造项目和环保"三同时"的规定不得分	
2.9.3.1.5	年度环保指标完成情况	15	查阅资料，应完成清洁能源下达的年度环保指标任务	未完成清洁能源下达的年度环保指标任务，不得分	
2.9.3.1.6	企业环境保护设施运行、维护、监督等管理工作	10	现场检查及查阅资料，应负责本企业环境保护设施运行、维护、监督等管理工作，各类污染物达标排放且满足总量控制要求，固体废物、危险废物、危化学品、放射源、废爆品等的收集、运输、储存、处置符合国家和地方政府要求	不满足要求，扣10分	
2.9.3.1.7	企业排污许可证管理	10	（1）查阅许可证，应及时对本企业排污许可证的申领、变更和延续相关工作排污许可证到期前及时办理新证。 （2）企业按实际生产情况和污染物排放量进行排污许可申报，并从企业投产的第二年开始排污量申报	（1）未及时按排放量进行申报、申请信息变更、提交执行报告，扣10分。 （2）企业排污许可证的申领、变更和延续未能及时办理，影响企业生产，扣10分	
2.9.3.1.8	企业环保相关应急预案	10	查阅资料，负责本企业环保相关应急预案的编制、备案工作，并根据情况及时启动相关预案	未及时进行企业环保相关应急预案的编制、备案工作，出现问题未及时启动相关预案，应急扣10分	
2.9.3.1.9	空气重污染应急预案	10	（1）负责本企业空气重污染应急预案的编制和修编，确保应急预案的科学规范性、适用针对性、可操作性、时效性。 （2）根据各企业所在地方政府发布的预警信息，自动启动空气重污染现场处置方案	（1）企业空气重污染应急预案的编制和修编不科学规范，并且适用性、针对性、可操作性、时效性不强，每项扣3分。 （2）未及时自动启动空气重污染现场处置方案，扣10分	
2.9.3.1.10	企业环境信息公开情况	10	查阅记录，按要求应及时、真实有效公开本企业环境信息	未按要求公开本企业环境信息扣10分，信息公开不全扣5分，公开环保信息与实际不符扣5分	

序号	评价项目	标准分	查评方法及内容	评分标准	查评依据
2.9.3.1.11	企业环保台账及信息统计的管理	10	查阅资料，应负责好本企业环保档案的管理，做好环境信息统计工作，按时向有关部门报送	（1）企业环保台账不完整齐全扣 5 分。 （2）环境信息统计工作未按时向有关部门报送扣 5 分	
2.9.3.1.12	环境事件解决处理	10	查阅记录，负责调查本企业发生的环境事件及引发的纠纷，应及时提出解决方案并上报	（1）发生环境污染事件后瞒报、未及时处理解决、报送信息弄虚作假扣 5 分，迟报每次扣 1 分。 （2）与周边企业及居民发生环保纠纷未产生严重后果，瞒报、报送信息弄虚作假每次扣 2 分，发生严重后果每次扣 5 分。 （3）月度报表未按规定报送每次扣 1 分，季度报表未按规定报送每次扣 1 分，年度工作总结未按规定报送扣 2 分。 （4）接受环保监管部门监督检查未及时报送每次扣 1 分，因延误时间导致发生重大问题扣 5 分。 （5）接受新闻媒体环保采访报道，采访前及结束后未及时报送相关信息，每次扣 2 分	
2.9.3.1.13	企业环保宣传和培训	5	查阅相关资料，应积极进行环保宣传和培训工作	环保宣传或培训未执行扣 5 分	
2.9.3.1.14	环保管理监督、检查、考核	10	查阅相关制度，应对本企业的环境保护管理工作落实情况进行全面的监督、检查、考核	企业的环境保护管理工作落实情况未能进行全面的监督、检查、考核被国家及地方环保检查发现一般问题扣 5 分，发现严重问题扣 10 分	
2.9.3.2	环境保护管理组织机构	15	（1）检查是否设置环保管理机构及专职环保管理人员，企业是否成立由企业主要负责人、分管生产副总经理或总工程师、部门（车间）、班组组成的环境保护管理体系。 （2）检查是否实行归口管理和各部门分工负责制，全面覆盖工作中每一个环节，实行全方位、全过程的环保管理	（1）未按要求成立环境保护管理体系的，不得分。 （2）未实行归口管理和各部门分工负责制，不能覆盖工作中每一个环节，不能实行全方位、全过程的环保管理，出现任何一项问题扣 10 分	Q/BEH-218.10-05—2019《环境保护工作管理办法》第 5.1.5 条
2.9.3.3	环境保护目标管理	60			

续表

序号	评价项目	标准分	查评方法及内容	评分标准	查评依据
2.9.3.3.1	杜绝环境污染、生态环境破坏事件	15	不发生环境污染、生态环境破坏事件	发生环境污染、生态环境破坏事件扣 15 分	Q/BEH－218.10－05—2019《环境保护工作管理办法》第 5.2.1.1 条
2.9.3.3.2	杜绝企业责任造成的突发环境事件	15	不发生因本企业责任造成的突发环境事件	发生因本企业责任造成的突发环境事件扣 15 分	
2.9.3.3.3	杜绝违规处罚事件	15	不发生违规处罚事件	发生违规处罚事件扣 15 分	
2.9.3.3.4	污染物排放及固废管理	15	现场检查，废气、废水、粉尘等污染物达标排放、危化品、噪声、光辐射、电磁辐射、无组织排放等污染物排放以及固废（含危废）管理应符合国家及地方标准的要求	不符合要求的，每项扣 5 分	
2.9.3.4	环境保护基础管理	30			
2.9.3.4.1	环境保护管理目标监督	10	检查是否对企业的环境保护管理目标的落实情况进行监督	未进行全面有效监督，不得分	Q/BEH－218.10－05—2019《环境保护工作管理办法》第 5.3 条
2.9.3.4.2	环境保护管理制度	10	检查是否建立完善环境保护管理制度，是否编制环保工作计划（污染防治），是否明确企业负责人和相关人员的责任并按要求逐级上报审批或备案并组织实施	（1）未编制环境保护管理制度或环保工作计划的，不得分。（2）环境保护管理制度不全面完善，不明确企业负责人和相关人员的责任，未按要求逐级上报审批或备案并组织实施，每项扣 5 分	
2.9.3.4.3	环境保护设施纳入企业生产经营管理	5	检查环境保护设施作为主要生产设备是否纳入企业生产经营管理范围	未纳入企业生产经营管理范围，扣 5 分	
2.9.3.4.4	人员资质	5	重点监控企业并开展自行监测工作的实体企业，应具有两名以上持有相关部门组织培训的、与监测事项相符的培训证书的人员（或相关部门认可）	未按要求设置的，扣 5 分	
2.9.3.5	生产过程环境保护管理	85			

序号	评价项目	标准分	查评方法及内容	评分标准	查评依据
2.9.3.5.1	企业污染物排放总量控制	10	实行排污许可证管理的企业必须取得排污许可证并按照要求排放污染物,生产过程中产生的污染物必须达标排放有污染物排放总量控制任务的企业,必须遵守核定的污染物排放总量要求	不满足要求,不得分	
2.9.3.5.2	环保处罚及通报	15	环境保护设施应正常运行和维护,不得擅自降低运行效率、停运或拆除不能发生正常生产运行过程中的环保处罚及通报	(1)擅自降低运行效率、停运或拆除,扣5分。 (2)发生正常生产运行过程中的环保处罚及通报,扣5分。 (3)受到国家环保部通报、督办,每次扣10分。 (4)受到省、自治区环保厅通报、处罚,每次扣5分。 (5)受到市、县级环保通报、处罚,每次扣2分。 (6)受到集团、平台公司通报、处罚、督办,未完成每次扣2分。 (7)受到新闻媒体负面曝光,每次扣2分,最高扣10分	(1)电监安全〔2011〕23号《发电企业安全生产标准化规范及达标评级标准》; (2)Q/BEH-218.10-05—2019《环境保护工作管理办法》第5.5条
2.9.3.5.3	废水处理管理	15	(1)检查是否做好废水处理管理工作,处理后的废水是否回收利用。 (2)环评要求厂区不得设置废水排放口的企业,一律不准设置废水排放口;环评允许设置废水排放口的企业,其废水排放口应规范化设置,满足环保部门的要求。 (3)应按相关技术规范安装废水自动监控设施,并确保正常运行。 (4)禁止通过暗管、渗井、渗坑、灌注排放污染物或者篡改、伪造监测数据等逃避监管的违法行为	(1)废水处理管理不全面、不完善,处理后的废水不能全部回收利用,扣5分。 (2)不得设置废水排放口的企业,如设置废水排放口;允许设置废水排放口的企业,其废水排放口未规范化设置,不满足环保部门的要求,扣5分。 (3)未按相关技术规范安装废水自动监控设施,不能确保正常运行,扣5分。 (4)出现通过暗管、渗井、渗坑、灌注排放污染物或者篡改、伪造监测数据等逃避监管的违法行为,每项扣5分	
2.9.3.5.4	无组织排放管理	15	现场检查,运输、装卸和存储物料应按照国家和地方的相关防治扬尘污染的规定执行,并采取有效措施	发现运输、装卸和存储物料有扬尘污染的情况并未采取有效措施,扣15分	

序号	评价项目	标准分	查评方法及内容	评分标准	查评依据
2.9.3.5.5	危废管理	20	（1）产生危险废物的必须按有关规定申报登记，执行联单转移制度，严格管理和处置，防止污染环境。 （2）按照脱硝环评批复要求设置废弃催化剂暂存场所，库房位置、防水防渗、运行管理应符合《危险废物贮存污染控制标准》，且通过环保验收。 （3）催化剂回收、再生或处置单位应具备"HW50"资质，严禁将废烟气脱硝催化剂提供或委托给无经营资质的单位处置，转移时严格执行环保部门危险废物联单制度，并向相关环境保护主管部门申报	（1）产生危险废物的未按有关规定申报登记，执行联单转移制度，未严格管理和处置，扣10分。 （2）按照脱硝环评批复要求未设置废弃催化剂暂存场所，库房位置、防水防渗、运行管理未符合《危险废物贮存污染控制标准》，且未通过环保验收；催化剂回收、再生或处置单位未具备"HW50"资质，将烟气脱硝催化剂提供或委托给无经营资质的单位处置，转移时未执行环保部门危险废物联单制度，并未向相关环境保护主管部门申报，每项扣10分。 （3）危废管理种类不全，没有实现危险废物未分类收集、分区存放，扣10分，未签订委托处置合同、转移接收单位无资质或资质过期本项不得分	（1）电监安全〔2011〕23号《发电企业安全生产标准化规范及达标评级标准》； （2）Q/BEH-218.10-05-2019《环境保护工作管理办法》第5.5条； （3）GB 18597-2001《危险废物贮存污染控制标准》
2.9.3.5.6	企业厂界噪声管理	5	加强企业厂界噪声的管理，厂界现场检测噪声达到标准要求	无全厂厂界噪声监督管理制度、无全厂厂界噪声定期记录，每项扣2分，最高扣5分，噪声不达标扣5分	（1）电监安全〔2011〕23号《发电企业安全生产标准化规范及达标评级标准》； （2）Q/BEH-218.10-05-2019《环境保护工作管理办法》第5.5条
2.9.3.5.7	清洁生产审核工作	5	应按照地方环保部门的要求开展清洁生产审核工作	未按照地方环保部门的要求开展清洁生产审核工作，扣5分	
2.9.4	环境保护监督	40			
2.9.4.1	技术监督制度	30	（1）检查是否建立了本单位的环境保护监督制度。 （2）检查各级环境保护监督岗位责任制是否明确，责任制是否落实	（1）无本单位制度不得分，制度内容不全或有明显错误的，每项扣5分。 （2）每缺一级责任制扣5分，每一级责任制不落实扣5分	Q/BJCE-219.17-07-2019《环境保护技术监督导则》
2.9.4.2	技术监督会议	10	环保技术监督专责工程师应参加大修项目的制定会、协调会、总结会	（1）不参加大修项目的制定会扣3分。 （2）不参加大修协调会扣3分。 （3）不参加大修总结会扣3分。 （4）三会无记录不得分	

2.10 金属材料及承压设备

序号	评价项目	标准分	查评方法及内容	评分标准	查评依据
2.10	**金属材料及承压设备**	**750**			
2.10.1	金属监督管理	70			
2.10.1.1	各专责人监督和检验的管理职责	30	（1）金属技术监督、锅监、压力容器、压力管道应设置专人负责，并根据工作需要取得相应资格证书。 （2）应设立金属技术监督网，监督网成员应有金属监督专责人，金属检测、焊接、锅炉、汽轮机、燃机、电气专业技术人员和金属材料供应部门的主管人员与金属监督相关的人员应熟悉金属监督规程，根据实际情况组织培训学习。 （3）金属技术监督专责工程师应参加大修项目的制定会、协调会、总结会。 （4）编制本单位金属监督、锅炉压力容器、压力管道实施细则。 （5）建立金属监督技术档案、锅炉主要承压部件档案、压力容器档案、压力管道档案、安全阀档案。 （6）金属承压部件检验前应制定检验方案，检验方案由编制单位审核批准并签字检验结束后应出具检验报告，报告内容应清晰准确，结论明确，有检验人员签字，并经相关人员审核批准	（1）未设置金属技术监督、锅监、压力容器、压力管道专责管理人员的不得分，每缺一项扣2分；未取得相应资格证书，每项扣2分。 （2）未设立金属技术监督网不得分，金属监督相关的人员不熟悉金属监督规程，不参加金属专业培训学习扣5分。 （3）金属技术监督专责不参加大修项目的制定会、大修协调会、大修总结会，每项扣3分，三会无记录扣5分。 （4）未编制本单位金属监督、锅炉压力容器、压力管道实施细则，每缺一项扣3分。 （5）未建立金属监督技术档案、锅炉主要承压部件档案、压力容器档案、压力管道档案、安全阀档案的不得分；已建立各项技术档案，但内容不完善，没有达到动态管理，每缺一项扣2分。 （6）金属承压部件检验前未制定检验方案，或检验方案没有编制单位审核批准并签字扣5分；检验结束后没有出具检验报告扣5分，报告内容存在明显错误的，每错一处扣1分，最高扣5分	（1）DL/T 438—2016《火力发电厂金属技术监督规程》第17章； （2）Q/BJCE-219.17-06—2019《燃气发电企业金属技术监督导则》； （3）电监安全〔2011〕23号《发电企业安全生产标准化规范及达标评级标准》

序号	评价项目	标准分	查评方法及内容	评分标准	查评依据
2.10.1.2	金属材料的管理	20	（1）承压部件的钢材、钢管、备品和配件应按质量证明书进行验收质量证明书中一般应包括材料牌号、炉批号、化学成分、热加工工艺、力学性能及金相、无损探伤、工艺性能试验结果等数据不全的应进行补检。 （2）重要的金属部件，如汽包、集箱、主蒸汽管道、再热热段和冷段管道、主给水管道、导汽管、汽轮机大轴、叶轮、叶片、汽缸、高压主汽门和调速汽门、高温螺栓、发电机大轴、护环等应有部件质量保证书，质量保证书中的技术指标应符合相关国家标准、行业标准或订货技术条件。 （3）凡是受监范围的合金钢材及部件，在制造、安装或检修中更换时，应验证其材料牌号，防止错用；安装前应进行光谱检验，确认材料无误，方可使用。 （4）备用金属材料或金属部件不是由材料制造商直接提供时，供货单位应提供材料质量证明书原件或者材料质量证明书复印件并加盖供货单位公章和经办人签章。 （5）备用的锅炉合金钢管，按100%进行光谱、硬度检验，特别注意奥氏体耐热钢管的硬度检验若发现硬度明显高或低，应检查金相组织是否正常，锅炉管和汽水管道材料的金相组织按 GB/T 5310—2017《高压锅炉用无缝钢管》执行。 （6）选用代用材料时，应符合金属监督规程规定。 （7）受监范围内的钢材、钢管和备品、配件，无论是短期或长期存放，都应挂牌，标明材料牌号和规格，按材料牌号和规格分类存放奥氏体钢应单独存放，严禁与碳钢或其他合金钢混放；接触奥氏体钢存放应避免接触地面，管子端部应有堵头。 （8）物资供应部门、各级仓库、车间和工地储存受监范围内的钢材、钢管、焊接材料和备品、配件等，应建立严格的质量验收和领用制度，严防错收错发	（1）备品和配件无合格证和产品质量证明书或产品质量证明书不符合要求，每缺一项扣 2分。 （2）合金材料入库后未进行光谱复检扣2分，安装前未进行光谱检验确认材料无误扣 2分。 （3）材料代用时，代用手续不符合金属监督规程要求规定扣2分。 （4）受监范围内的钢材、钢管和备品、配件存放未挂牌标明材料牌号和规格，未按材料牌号和规格分类存放扣2分。 （5）奥氏体钢没有单独存放，存放未避免接触地面，管子端部没有堵头的，每缺一项扣 2分。 （6）物资供应部门、各级仓库、车间和工地储存受监范围内的钢材、钢管、焊接材料和备品、配件等，没有建立严格的质量验收和领用制度扣5分	（1）DL/T 438—2016《火力发电厂金属技术监督规程》第5章； （2）DL/T 715—2015《火力发电厂金属材料选用导则》； （3）TSG G0001—2012《锅炉安全技术监察规程》； （4）TSG 21—2016《固定式压力容器安全技术监察规程》； （5）TSG D0001—2009《压力管道安全技术监察规程 工业管道》； （6）DL/T 869—2012《火力发电厂焊接技术规程》第3.3条； （7）GB/T 5310—2017《高压锅炉用无缝钢管》

序号	评价项目	标准分	查评方法及内容	评分标准	查评依据
2.10.1.3	焊接管理	20	（1）凡金属监督范围内的锅炉、汽轮机、燃机、压力容器、压力管道和部件的焊接，应由具有相应资质的焊工担任，应建立持证焊工一览表。 （2）承担焊接工作的单位应有按照规定进行的焊接工艺评定，且评定项目能够覆盖承担的焊接工作范围。 （3）焊接材料包含承压设备的焊接材料（焊条、焊丝、焊剂、钨棒、保护气体、乙炔等）的质量应符合相应的国家标准或行业标准，焊接材料均应有制造厂的质量合格证。 （4）焊接材料应设专库储存，保证库房内湿度和温度符合要求，并按相关技术要求进行管理（如有）。 （5）外委焊接工作中对承包商施工资质、焊接质量保证体系、焊接技术人员、焊工、热处理工的资质及检验人员资质证书原件进行见证审核，并留复印件备查归档。 （6）承担焊接工作的单位应具有相应的检验试验能力，或委托有资质的检验单位承担其范围内的检验工作委托方应对焊接过程、焊接质量检验和检验报告进行监督检查工程竣工时，承担单位应向委托单位提供完整的技术报告	（1）无持证焊工一览表扣2分。 （2）承压部件焊接无所承接焊接工程的焊接工艺评定报告扣10分，焊接工艺评定报告有实质性问题的，每一项扣2分。 （3）焊接材料不符合要求的扣2分。 （4）焊接材料库不符合要求，没有焊条烘干箱、保温桶，没有温湿度计，没有按相关技术要求进行管理的，每缺一项扣2分。 （5）外委焊接工作不符合规程要求，每缺一项扣2分。 （6）焊接工作完成后，承担焊接单位没有向委托单位提供完整的焊接质量检验技术报告扣5分；检验报告缺项的，每缺一项扣1分	（1）DL/T 438—2016《火力发电厂金属技术监督规程》第6章； （2）DL/T 869—2012《火力发电厂焊接技术规程》第3、5~9章； （3）DL/T 868—2014《焊接工艺评定规程》； （4）NB/T 47018.1~47018.5—2017、NB/T 47018.6~47018.7—2011《承压设备用焊接材料订货技术条件》； （5）NB/T 47014—2011《承压设备焊接工艺评定》
2.10.2	余热锅炉	200			
2.10.2.1	锅炉使用管理	20	（1）检查锅炉是否按期办理使用登记手续。 （2）检查锅炉是否按要求开展定期检验工作。 （3）检查锅炉定期检验报告是否完整、清晰、符合要求	（1）锅炉未办理使用登记手续不得分。 （2）未按要求开展检验工作，每项扣2分。 （3）检验报告不齐全或报告不符合要求，每项扣2分，最高扣10分	（1）TSG G0001—2012《锅炉安全技术监察规程》第8.1.1条； （2）TSG G7002—2015《锅炉定期检验规则》
2.10.2.2	汽包、汽水分离器	40			

续表

序号	评价项目	标准分	查评方法及内容	评分标准	查评依据
2.10.2.2.1	制造、安装检验	20	（1）汽包、汽水分离器安装前应检查见证制造商的质量保证书是否齐全。 （2）检查汽包、汽水分离器安装前检验项目是否符合规程要求。 （3）检查主降水管、分降水管安装前检验项目是否符合规程要求	（1）制造商未提供原始技术资料的，扣 5 分。 （2）未按相关规程规定的检验项目对汽包进行检查，或提供检验报告不齐全，每项扣 2 分，最高扣 10 分。 （3）检验中发现的超标缺陷未消缺或未见处理通知单的，每项扣 2 分，最高扣 10 分	（1）DL/T 438—2016《火力发电厂金属技术监督规程》第 10.1.2、10.1.3 条； （2）DL/T 612—2017《电力行业锅炉压力容器安全监督规程》第 6.2 条； （3）DL 647—2004《电站锅炉压力容器检验规程》第 4.8 条
2.10.2.2.2	在役机组的检验	20	（1）检查锅炉是否按期办理使用登记手续。 （2）检查机组每次 A 级检修汽包、汽水分离器是否按规程要求进行检验。 （3）检查锅炉是否按规程要求进行定期外部检验、内部检验、水压试验。 （4）检查检验结果有问题时是否采取处理措施	（1）锅炉未办理使用登记手续不得分。 （2）未按相关规程规定的检验项目对汽包进行检查，或检验报告和处理措施不齐全，每项扣 2 分，最高扣 10 分。 （3）没有开展锅炉各项定期检验不得分；检验项目每缺一项扣 2 分，最高扣 10 分。 （4）检验中发现的超标缺陷未消缺或没有采取处理措施的，每项扣 2 分，最高扣 10 分	（1）DL/T 438—2016《火力发电厂金属技术监督规程》第 10.2 条； （2）DL/T 612—2017《电力行业锅炉压力容器安全监督规程》； （3）DL 647—2004《电站锅炉压力容器检验规程》； （4）TSG G0001—2012《锅炉安全技术监察规程》； （5）TSG G7002—2015《锅炉定期检验规则》
2.10.2.3	四大管道及导汽管	40			
2.10.2.3.1	制造、安装检验	20	（1）检查四大管道材料的选择是否符合要求。 （2）检查直管道、弯头、三通和异径管制造是否符合要求。 （3）检查工厂化配管前制造质量检验是否符合要求。 （4）检查管道及管件安装前检验是否符合要求。 （5）检查管道保温层表面是否有焊缝位置的标志。 （6）检查主蒸汽管道和高温再热蒸汽管道监督段设置是否合理，是否提供监督段金相、硬度、测厚等原始检验记录。 （7）检查管道设计单位是否向电厂提供管道立体布置图。 （8）检查管道安装监理单位是否向电厂提供钢管、管件原材料检验、焊接工艺执行监督以及安装质量检验监督等相应的监理资料	（1）四大管道材质不符合要求，或者材质不合格的，不得分。 （2）管道和管件制造质量不符合要求不得分；制造质量有缺陷的，每项扣 2 分，最高扣 10 分。 （3）管道及管件安装前未按相关规程规定的检验项目检查，或提供检验报告不齐全，每项扣 2 分，最高扣 10 分。 （4）检验中发现的超标缺陷未消缺或未见处理通知单的，每一项扣 2 分，最高扣 10 分。 （5）管道保温层表面没有焊缝位置标志的，扣 2 分。 （6）安装单位提供检验资料内容不全的，每缺一项扣 2 分，最高扣 10 分。 （7）监理单位未提供监理见证资料的，扣 10 分。 （8）监理单位提供监理见证资料内容不全的，每缺一项扣 2 分，最高扣 10 分	（1）DL/T 438—2016《火力发电厂金属技术监督规程》第 7.1 条； （2）DL/T 612—2017《电力行业锅炉压力容器安全监督规程》； （3）DL 647—2004《电力工业锅炉压力容器检验规程》； （4）DL/T 869—2012《火力发电厂焊接技术规程》； （5）DL/T 868—2014《焊接工艺评定规程》； （6）DL/T 695—2014《电站钢制对焊管件》； （7）GB/T 5310—2017《高压锅炉用无缝钢管》； （8）DL/T 515—2018《电站弯管》

序号	评价项目	标准分	查评方法及内容	评分标准	查评依据
2.10.2.3.2	在役机组的检验	20	（1）检查机组第一次 A 级检修或 B 级检修项目完成情况。 （2）检查机组每次 A 级检修项目完成情况。 （3）检查累计运行时间达到或超过 10 万 h 的主蒸汽管道和高温再热蒸汽管道检验项目完成情况。 （4）检查累计运行时间达到或超过 20 万 h 的主蒸汽管道和高温再热蒸汽管道检验项目完成情况。 （5）检查 9%～12%Cr 系列钢制管道、管件的检验监督完成情况。 （6）检查再热蒸汽冷段有缝管焊缝检查时，纵焊缝是否与环焊缝均按要求检查。 （7）检查进行无损探伤检测的焊缝数量及覆盖范围是否符合标准，检查焊接用焊材、焊缝硬度、焊缝壁厚是否符合要求。 （8）检查与管道相连的小口径管道检验工作开展情况	（1）未按相关规程规定的检验项目进行检查，或检验报告和处理措施不齐全，每项扣 2 分，最高扣 10 分。 （2）检验中发现的超标缺陷未消缺或没有采取处理措施的，每项扣 2 分，最高扣 10 分。 （3）再热冷段管道如为有缝管，纵焊缝未检验扣 2 分，纵环焊缝检验比例不满足规程要求扣 2 分。 （4）其余每项不合格扣 1 分，最高扣 10 分	（1）DL/T 438—2016《火力发电厂金属技术监督规程》第 7.1.23、7.2.3、7.3、7.2.3.4 条； （2）DL/T 612—2017《电力行业锅炉压力容器安全监督规程》； （3）DL 647—2004《电力工业锅炉压力容器检验规程》； （4）TSG G7002—2015《锅炉定期检验规则》； （5）DL/T 869—2012《火力发电厂焊接技术规程》； （6）DL/T 868—2014《焊接工艺评定规程》； （7）DL/T 695—2014《电站钢制对焊管件》； （8）GB/T 5310—2017《高压锅炉用无缝钢管》
2.10.2.4	联箱和减温器	40			
2.10.2.4.1	制造、安装检验	20	（1）检查集箱安装前检验项目是否完成。 （2）检查集箱制造质量的技术文件是否进行见证。 （3）检查联箱安装单位向电厂提供与实际集箱相对应的资料是否符合 DL/T 438—2016《火力发电厂金属技术监督规程》的要求。 （4）检查联箱安装监理单位是否向电厂提供集箱筒体、接管原材料检验、焊接工艺执行监督以及安装质量检验监督等相应的监理资料	（1）未按相关规程规定的检验项目对联箱进行检查，或提供检验报告不齐全，每项扣 2 分，最高扣 10 分。 （2）检验中发现的超标缺陷未消缺或未见处理通知单的，每项扣 5 分，最高扣 10 分。 （3）监理单位未提供监理见证资料的，扣 10 分。 （4）监理单位提供监理见证资料内容不全的，每缺一项扣 2 分，最高扣 10 分	（1）DL/T 438—2016《火力发电厂金属技术监督规程》第 8.1 条； （2）DL/T 612—2017《电力行业锅炉压力容器安全监督规程》； （3）DL 647—2004《电力工业锅炉压力容器检验规程》第 4.8 条； （4）DL/T 869—2012《火力发电厂焊接技术规程》； （5）DL/T 868—2014《焊接工艺评定规程》

序号	评价项目	标准分	查评方法及内容	评分标准	查评依据
2.10.2.4.2	在役机组的检验	20	（1）机组每次 A 级检修或 B 级检修，集箱检验项目和内容完成情况。 （2）服役温度在 400～450 ℃范围内的集箱检验是否符合规程要求。 （3）减温器集箱检验是否符合规程要求。 （4）累计运行时间达到或超过 10 万 h 的高温联箱检验项目完成情况。 （5）累计运行时间达到或超过 20 万 h 的高温联箱检验项目完成情况	（1）未按 DL/T 438—2016《火力发电厂金属技术监督规程》规定的检验项目对联箱进行检查不得分，检验项目不全的，每项扣 2 分，最高扣 10 分。 （2）检验中发现超标缺陷未消缺或没有采取处理措施的，每项扣 2 分，最高扣 10 分	（1）DL/T 438—2016《火力发电厂金属技术监督规程》第 8.2、11.2 条； （2）DL/T 612—2017《电力行业锅炉压力容器安全监督规程》； （3）DL 647—2004《电力工业锅炉压力容器检验规程》第 6.24、6.27、6.28 条； （4）TSG G7002—2015《锅炉定期检验规则》
2.10.2.5	受热面管	40			
2.10.2.5.1	制造、安装前、安装过程中质量检验	20	（1）检查受热面管材制造资料见证及制造工艺是否符合要求。 （2）检查受热面安装前见证设计、制作工艺和检验等资料。 （3）检查受热面管安装前应进行的检验是否符合规程要求。 （4）检查受热面的安装质量检验是否符合规程要求。 （5）检查受热面管材主要见证管材质保书等相关资料	（1）未按相关规程规定的检验项目对受热面管进行检查，或提供检验报告不齐全，每项扣 2 分，最高扣 10 分。 （2）检验中发现的超标缺陷未消缺或未见处理通知单的，每项扣 2 分，最高扣 10 分	（1）DL/T 438—2016《火力发电厂金属技术监督规程》第 9.1、9.2 条； （2）DL/T 612—2017《电力行业锅炉压力容器安全监督规程》； （3）DL 647—2004《电力工业锅炉压力容器检验规程》第 4.10 条； （4）DL/T 939—2016《火力发电厂锅炉受热面管监督技术导则》第 4.3、4.5、4.13、5.2、5.4 条； （5）DL/T 869—2012《火力发电厂焊接技术规程》； （6）DL/T 868—2014《焊接工艺评定规程》； （7）GB/T 16507.4—2013《水管锅炉 第 4 部分：受压元件强度计算》
2.10.2.5.2	在役机组的检验	20	（1）检查机组检修时受热面管检验项目完成情况。 （2）检查锅炉运行 5 万 h 后，过热器管、再热器管及与奥氏体耐热钢相连的异种钢焊接接头割管取样情况。 （3）受热面管子更换时，在焊缝外观检查合格后对焊缝进行 100%的射线或超声波探伤，并做好记录	（1）未按相关规程规定的检验项目对受热面管进行检查不得分，检验项目不全的，每项扣 2 分，最高扣 10 分。 （2）检验中发现超标缺陷未消缺或没有采取处理措施的，每项扣 2 分，最高扣 10 分。 （3）受热面管子更换后未对焊缝进行 100%射线或超声波探伤的，扣 10 分	（1）DL/T 438—2016《火力发电厂金属技术监督规程》第 9.3 条； （2）DL/T 612—2017《电力行业锅炉压力容器安全监督规程》； （3）DL 647—2004《电力工业锅炉压力容器检验规程》； （4）DL/T 939—2016《火力发电厂锅炉受热面管监督技术导则》； （5）DL/T 1751—2017《燃气-蒸汽联合循环机组余热锅炉运行规程》

序号	评价项目	标准分	查评方法及内容	评分标准	查评依据
2.10.2.6	钢结构（大板梁、立柱、主要横梁、高强螺栓）	20	新建机组检查情况： （1）锅炉钢结构制造、安装前，对板材、型材进行资料检查见证。 （2）对锅炉大板梁、立柱、主要横梁焊缝的无损检测报告见证。 （3）对锅炉钢结构板材、型材应进行外观检验，板材、型材厚度应符合图纸要求。 （4）对制作的锅炉大板梁、立柱、主要横梁进行外观检查，特别注意焊缝质量的检验。 （5）钢结构表面不应有裂纹、结疤、折叠、夹杂、分层和氧化铁皮。 （6）焊缝应无裂纹、咬边、凹坑、未填满、气孔、漏焊等缺陷	（1）安装前未见证原始资料扣5分；原始资料不全，每缺一项扣1分。 （2）基建期无损检测报告见证不全，每缺一项扣2分。 （3）首次内部检验应检查大板梁挠度，以后每5万h检查一次，未按要求检查，每项扣2分。 （4）发现超标缺陷未及时处理的，每缺一项扣5分	（1）DL/T 438—2016《火力发电厂金属技术监督规程》第16章； （2）DL/T 612—2017《电力行业锅炉压力容器安全监督规程》第6.16条； （3）DL 647—2004《电力工业锅炉压力容器检验规程》第4.13、6.32条
2.10.3	燃气轮机	170	（兼顾：三菱、GE、西门子、上气安萨尔多等燃机）		
2.10.3.1	技术管理	20	（1）查阅金属监督制度和监督报告或者OEM（原制造厂）检修报告；是否严格执行金属监督制度。 （2）查阅A修或B修总结、检修记录、检验报告、设备台账等。 （3）A修或B修时要求检修单位提供检修记录	（1）金属监督制度中没有燃机相关内容的扣10分。 （2）没有严格执行金属监督制度每缺一项扣2分，最高扣10分。 （3）检修单位没有提供A修或B修时金属部件检验记录扣5分	（1）Q/BJCE-219.17-06—2019《燃气发电企业金属技术监督导则》； （2）Q/BJCE-218.17-14—2019《燃气发电企业设备缺陷管理规定》； （3）制造厂有关规定； （4）各电厂检修规程； （5）无损检测相关标准
2.10.3.2	检修管理	150			
2.10.3.2.1	气缸通常含：压气机进气缸、压气机缸、压气机内缸、透平缸、燃烧室缸、排气缸、透平各级护环（复环）、透平轴承座外缸等	30	在役机组A修或B修检查情况： （1）缸体：水平及垂直法兰表面及缸体内部、引气槽及引气腔，固定销孔，压气机内缸密封插槽（GE），检查腐蚀、裂纹、焊缝裂纹、螺栓孔裂纹、凹痕等。 （2）排气室：支撑护板及扩散段、座及支架宏观检查。 （3）结合面大螺栓（M32/400℃及以上）宏观检查，必要时无损探伤复查。 （4）缸体吊耳：针对存在吊耳的缸体，每次检修吊装前应进行缸体吊耳进行宏观检查，必要时进行无损探伤	（1）A级或B级检修未按照规程或制造厂规定进行检验的扣10分；检验不到位，丢项漏项的，每缺一项扣2分，最高扣10分。 （2）发现缺陷未及时处理的，每项扣5分。 （3）透平缸上护环（复环）存在轴向、径向、圆周趋势闭合的崩落裂纹和贯穿性裂纹，烧蚀现象严重，而未及时处理的扣30分。 （4）吊装前未进行缸体吊耳检测的，每项扣5分	（1）Q/BJCE-219.17-06—2019《燃气发电企业金属技术监督导则》； （2）制造厂有关规定； （3）各电厂检修规程； （4）无损检测相关标准

续表

序号	评价项目	标准分	查评方法及内容	评分标准	查评依据
2.10.3.2.2	转子包括：压气机转子、透平转子和联轴器、中心拉杆、拉杆螺母、阻尼环等	30	在役机组 A 修或 B 修检查情况： （1）压气机部分：各级轮盘及赫斯齿（Hirth）、轴颈、前轴头、主轴螺栓的宏观和表面无损探伤检查。 （2）对待无法拆卸的压气机转子，应依据 OEM 厂家进行整段压气机转子宏观检查或无损检测。 （3）透平部分：透平各级盘形销、轴颈、轮盘、后轴头、扭矩管的宏观检查或表面无损探伤检查。 （4）3 级扭力盘（西门子机型）宏观及表面无损探伤检查。 （5）中心拉杆、阻尼环、拉杆螺母的宏观及表面无损探伤检查	（1）A 级或 B 级检修未按相关标准进行金属检验扣 10 分；应检未验，每缺一项扣 2 分，最高扣 10 分。 （2）发现缺陷未及时处理的，每项扣 5 分。 （3）转子或联轴器存在裂纹等缺陷，未按照要求进行处理或处理不彻底，扣 10 分	（1）Q/BEH-211.10-18—2019《防止电力生产事故的重点要求及实施导则》； （2）Q/BJCE-219.17-06—2019《燃气发电企业金属技术监督导则》； （3）制造厂有关规定； （4）各电厂检修规程； （5）无损检测相关标准
2.10.3.2.3	动静叶包括：压气机进口可转导叶（IGV）、压气机动叶、压气机静叶及持环、（EGV/OGV 压气机出口导叶）、透平动叶、透平静叶及持环	30	在役机组 A 修或 B 修检查情况： （1）每次 A 修是否对压气机叶片进行目视检查或无损探伤，是否严格按规定进行各项探伤检查和必要的处理。 （2）压气机部分：IGV、各级动叶、各级轮盘、各级静叶及持环、OGV 隔板（各级静叶及 OGV 隔板）等进行目视检测，检测叶片表面及叶顶是否有划痕损伤现象，必要时进行表面无损探伤。 （3）各级静叶环（各级静叶环）、分割环（隔板）、各级保持环、密封环室及密封（复环）、保持环等检查。 （4）透平部分：各级动叶、静叶、各级静叶环、分割环（动叶的叶顶气封）、级间密封（刀口密封）、保持环、密封环室及密封；透平叶轮锁片等进行目视检测，检测叶片表面及叶顶是否有划痕损伤现象，必要时进行表面无损探伤	（1）A 级或 B 级检修未按照规程或制造厂规定进行检验的扣 10 分，检验不到位，丢项漏项的，每缺一项扣 2 分，最高扣 10 分。 （2）发现缺陷未及时处理的，每项扣 5 分。 （3）透平动叶片裂纹、凹痕、热腐蚀及金属脱落超标，超出厂家标准未及时处理的，扣 10 分	（1）Q/BEH-211.10-18—2019《防止电力生产事故的重点要求及实施导则》； （2）Q/BJCE-219.17-06—2019《燃气发电企业金属技术监督导则》； （3）制造厂有关规定； （4）各电厂检修规程； （5）无损检测相关标准
2.10.3.2.4	燃烧装置	20	（1）检查是否定期进行燃烧装置部件的检查。 （2）检查是否定期进行燃烧装置孔探仪检查和专项检查	（1）应查未查，每缺一项扣 2 分。 （2）发现缺陷未及时处理的，每项扣 5 分	（1）Q/BEH-211.10-18—2019《防止电力生产事故的重点要求及实施导则》； （2）Q/BJCE-219.17-06—2019《燃气发电企业金属技术监督导则》； （3）制造厂有关规定； （4）各电厂检修规程； （5）无损检测相关标准

序号	评价项目	标准分	查评方法及内容	评分标准	查评依据
2.10.3.2.5	轴承、轴瓦	20	查阅检修记录、检验报告和总结、缺陷记录等： （1）是否存在规程有要求，但应检未检的部件。 （2）是否存在轴瓦表面磨损、脱胎、龟裂等尚留有未彻底处理的缺陷。 （3）滑动轴承：护圈、垫、销子和衬垫、轴瓦等，进行宏观检验，必要时超声波探伤。 （4）推力轴承：基环、轴瓦等，检查巴氏合金开裂、脱落、腐蚀	（1）报告、记录不完整的，机组缺一项扣 2 分，最高扣 10 分。 （2）轴承存在应检未检的，每一项扣 2 分，最高扣 10 分。 （3）轴承存在缺陷应处理未处理的，每项扣 2 分，最高扣 10 分	（1）Q/BEH-211.10-18—2019《防止电力生产事故的重点要求及实施导则》； （2）Q/BJCE-219.17-06—2019《燃气发电企业金属技术监督导则》； （3）制造厂有关规定； （4）各电厂检修规程
2.10.3.2.6	联轴器靠背轮螺栓	20	在役机组 A 修或 B 修检查情况： （1）中间轴与压气机转子法兰靠背轮是否表面无损探伤检验。 （2）中间轴与发电机转子法兰靠背轮是否表面无损探伤检验。 （3）联轴器螺栓：检修期间应进行外观检测。 （4）防断销和销孔宏观及无损探伤检查	（1）应查未查，每缺一项扣 2 分。 （2）发现缺陷未及时处理的，每项扣 5 分。 （3）联轴器连接螺栓金属检验不合格，未按照要求进行处理或处理不彻底，扣 10 分	（1）Q/BJCE-219.17-06—2019《燃气发电企业金属技术监督导则》； （2）制造厂有关规定； （3）各电厂检修规程； （4）无损检测相关标准
2.10.4	汽轮机	140			
2.10.4.1	汽轮机大轴	40			
2.10.4.1.1	制造、安装前及安装过程中检验	20	（1）汽轮机转子大轴、轮盘及叶轮、叶片、喷嘴、隔板和隔板套等部件，出厂前资料检查见证。 （2）汽轮机安装前，应由有资质的检测单位进行安装前检验是否完成	（1）未按相关规程规定的检验项目进行检查，每缺一项扣 2 分，最高扣 10 分。 （2）检验报告和处理措施不齐全，每项扣 2 分，最高扣 10 分。 （3）检验中发现的超标缺陷未消缺或没有采取处理措施的，每项扣 2 分，最高扣 10 分	DL/T 438—2016《火力发电厂金属技术监督规程》第 12.1.1、12.1.3 条
2.10.4.1.2	在役机组检验	20	（1）检查机组投运后每次 A 级检修应检项目是否完成。 （2）检查机组运行 10 万 h 后 A 级检修金属检验项目是否完成。 （3）检查运行 20 万 h 的机组 A 级检修金属检验项目是否完成	（1）未按相关规程规定的检验项目进行检查，每缺一项扣 2 分，最高扣 10 分。 （2）检验报告和处理措施不齐全，每项扣 2 分，最高扣 10 分。 （3）检验中发现的超标缺陷未消缺或没有采取处理措施的，每项扣 2 分，最高扣 10 分	DL/T 438—2016《火力发电厂金属技术监督规程》第 12.2 条

序号	评价项目	标准分	查评方法及内容	评分标准	查评依据
2.10.4.2	大型铸件（汽缸、主汽门：汽缸喷嘴、定位键、隔板及隔板套、静叶片）	40	（1）安装前制造资料见证检查。 （2）安装前应由有资质的检测单位进行安装前的检验是否符合规程要求。 （3）在役机组检验：机组每次 A 级检修应检项目是否符合规程要求	（1）未按相关规程规定的检验项目进行检查，每缺一项扣 2 分，最高扣 10 分。 （2）检验报告和处理措施不齐全，每项扣 2 分，最高扣 10 分。 （3）检验中发现的超标缺陷未消缺或没有采取处理措施的，每项扣 5 分，最高扣 20 分	DL/T 438—2016《火力发电厂金属技术监督规程》第 15.1.1、15.1.3、15.2 条
2.10.4.3	高温螺栓和联轴器对轮螺栓	60			
2.10.4.3.1	使用前的检验	20	检查以下内容： （1）是否对大于或等于 M32 的螺栓进行 100%超声检测。 （2）是否对合金钢、高温合金紧固件进行 100%光谱检验。 （3）是否对大于或等于 M32 的螺栓进行 100%布氏硬度检验，检验部位宜为螺栓光杆处当无法使用布氏硬度计测试时，可进行里氏硬度试验。 （4）是否对大于或等于 M32 的螺栓进行金相组织抽验，每种材料、规格的螺栓抽检数量不应少于 1 件，检查部位应在螺栓光杆处。 （5）是否对 20Cr1Mo1VNbTiB、20Cr1Mo1VTiB 钢制螺栓端面进行晶粒级别检验。 （6）螺母材料强度宜比螺栓材料低一级，硬度低 20HBW～50HBW，12%Cr 材质的螺栓可选用相同温度等级的螺母材质	（1）未按相关规程规定的检验项目进行检查，每缺一项扣 2 分，最高扣 10 分。 （2）检验报告和处理措施不齐全，每项扣 2 分，最高扣 10 分。 （3）检验中发现的超标缺陷未消缺或没有采取处理措施的，每项扣 2 分，最高扣 10 分	（1）DL/T 438—2016《火力发电厂金属技术监督规程》第 14 章； （2）DL/T 439—2018《火力发电厂高温紧固件技术导则》第 4.1 条

序号	评价项目	标准分	查评方法及内容	评分标准	查评依据
2.10.4.3.2	投运后的检验	20	（1）A 级检修时，对大于 M32 的高温螺栓应进行 100%无损检测。 （2）A 级检修时，对 M32 及以上的高温螺栓，应根据螺栓的规格和材料，至少抽取 1/3 数量螺栓进行硬度检验硬度检查的部位应在螺栓光杆处。 （3）A 级检修时，对 M32 及以上的高温螺栓，应根据螺栓的规格和材料，至少抽取 10%数量螺栓进行金相组织检验，当金相检验按比例抽查数量不足 1 件时抽取 1 件。 （4）机组每次 A 级检修，应对 20 Cr1Mo1VNbTiB（争气 1 号）、20Cr1Mo1VTiB（争气 2 号）钢制螺栓进行 100%的硬度检查、20%的金相组织抽查；同时对硬度高于 DL/T 439—2018《火力发电厂高温紧固件技术导则》中规定上限的螺栓也应进行金相检查，一旦发现晶粒度粗于 5 级，应予以更换。 （5）问题螺栓是否得到处理，不合格螺栓是否更换	（1）未按相关规程规定的检验项目进行检查，每缺一项扣 2 分，最高扣 10 分。 （2）检验报告和处理措施不齐全，每项扣 2 分，最高扣 10 分。 （3）检验中发现的超标缺陷未消缺或没有采取处理措施的，每项扣 2 分，最高扣 10 分	（1）DL/T 438—2016《火力发电厂金属技术监督规程》第 14.2、14.4 条； （2）DL/T 439—2018《火力发电厂高温紧固件技术导则》第 4.2 条
2.10.4.3.3	联轴器对轮螺栓	20	（1）所有汽轮机、发电机大轴联轴器螺栓安装前应进行外观质量、光谱、硬度检验和表面探伤。 （2）机组每次检修应进行外观质量检验，按数量的 20%进行无损探伤抽查。 （3）规程要求的其他检验	（1）未按相关规程规定的检验项目进行检查，每缺一项扣 2 分，最高扣 10 分。 （2）检验报告和处理措施不齐全，每项扣 2 分，最高扣 10 分。 （3）检验中发现的超标缺陷未消缺或没有采取处理措施的，每项扣 2 分，最高扣 10 分	（1）DL/T 438—2016《火力发电厂金属技术监督规程》第 14.6 条； （2）DL/T 439—2018《火力发电厂高温紧固件技术导则》第 4 章
2.10.5	发电机	40			
2.10.5.1	发电机大轴（转子大轴、护环、风冷扇叶、轴瓦、滑环）	40			
2.10.5.1.1	制造、安装前的检验	20	（1）安装前检查制造厂见证资料。 （2）检查安装前进行的检验是否符合规程要求	（1）未按相关规程规定的检验项目进行检查，每缺一项扣 2 分，最高扣 10 分。 （2）检验报告和处理措施不齐全，每项扣 2 分，最高扣 10 分。 （3）检验中发现的超标缺陷未消缺或没有采取处理措施的，每项扣 5 分，最高扣 20 分。 （4）制造厂见证资料不齐全，每缺一项扣 2 分，最高扣 10 分	（1）DL/T 438—2016《火力发电厂金属技术监督规程》第 13.1 条； （2）Q/BEH−211.10−18—2019《防止电力生产事故的重点要求及实施导则》

续表

序号	评价项目	标准分	查评方法及内容	评分标准	查评依据
2.10.5.1.2	在役机组检验	20	检查以下内容： （1）机组每次 A 级检修应检项目是否符合规程要求。 （2）机组运行 10 万 h 后 A 级检修应检项目是否符合规程要求。 （3）针对 Mn18Cr18 系钢制护环，在机组第三次 A 级检修时开始进行无损检测和晶间裂纹检查（通过金相检查），此后每次 A 级检修进行无损检测和晶间裂纹检验。 （4）针对 18Mn5Cr 系钢制护环，在机组每次 A 级检修时，应进行无损检测和晶间裂纹检查（通过金相检查）；对存在晶间裂纹的护环，应做较详细的检查，根据缺陷情况，确定消缺方案或更换	（1）未按相关规程规定的检验项目进行检查，每缺一项扣 2 分，最高扣 10 分。 （2）检验报告和处理措施不齐全，每项扣 2 分，最高扣 10 分。 （3）检验中发现的超标缺陷未消缺或没有采取处理措施的，每项扣 5 分，最高扣 20 分	（1）DL/T 438—2016《火力发电厂金属技术监督规程》第 13.2 条； （2）Q/BEH－211.10－18－2019《防止电力生产事故的重点要求及实施导则》
2.10.6	压力容器	70			
2.10.6.1	技术管理	10	检查以下内容： （1）压力容器投入使用前或者投入使用后 30 日内，向所在地负责特种设备使用登记的部门申请办理"特种设备使用登记证"。 （2）建立压力容器安全管理制度，巡视检察制度，制定压力容器操作规程。 （3）建立压力容器档案台账，保存历次检验方案、检验报告、检验工作总结等。 （4）各项检查报告及结论是否符合要求；年度检查是否出具年度检查报告，年度检查报告应当由使用单位安全管理负责人或者授权的安全管理人员审批	（1）未办理"特种设备使用登记证"，每缺一个容器扣 2 分。 （2）未建立压力容器各项安全管理制度、台账，每缺一项扣 2 分，最高扣 10 分。 （3）未保存历次检验方案、检验报告，检验工作总结等，每缺一项扣 2 分，最高扣 10 分	（1）DL/T 612—2017《电力行业锅炉压力容器安全监督规程》第 4.6 条； （2）DL 647—2004《电力工业锅炉压力容器检验规程》第 9 章； （3）TSG 21—2016《固定式压力容器安全技术监察规程》第 7 章； （4）TSG 08—2017《特种设备使用管理规则》第 2、3 章
2.10.6.2	检修管理	60			

序号	评价项目	标准分	查评方法及内容	评分标准	查评依据
2.10.6.2.1	定期检查	20	检查以下内容： （1）月度检查是否符合规程要求。 （2）年度检查是否符合规程要求，年度检查由使用单位自行实施时，按照检查项目、要求进行记录，并且出具年度检查报告，年度检查报告应当由使用单位安全管理负责人或者授权的安全管理人员审批。 （3）定期检验：使用单位应当在压力容器定期检验有效期届满的 1 个月以前，向特种设备检验机构提出定期检验申请，并且做好定期检验相关的准备工作。 （4）检验机构应制定检验方案，并由检验机构技术负责人审查批准检验人员应当严格按照批准的检验方案进行检验工作。 （5）定期检验内容是否符合规程要求。 （6）检验中发现的超标缺陷是否得到及时处理，未及时消缺或更换的压力容器是否有监督运行措施	（1）未按相关规程规定的检验项目进行检查，每缺一项扣 2 分，最高扣 10 分。 （2）检验报告和处理措施不齐全，每项扣 2 分，最高扣 10 分。 （3）检验中发现的超标缺陷未消缺或没有采取处理措施的，每项扣 2 分，最高扣 10 分	（1）DL/T 612—2017《电力行业锅炉压力容器安全监督规程》第 14.6 条； （2）DL 647—2004《电力工业锅炉压力容器检验规程》第 9 章； （3）TSG 21—2016《固定式压力容器安全技术监察规程》第 8 章； （4）TSG 08—2017《特种设备使用管理规则》第 2 章
2.10.6.2.2	安全附件及仪表	20	检查以下内容： （1）安全阀是否建立管理档案。 （2）查阅安全阀校验报告，是否在校验有效期内。 （3）爆破片装置、安全联锁装置等的检查，仪表的检查包括对压力表、液位计、测温仪表等的检查是否符合规程要求	（1）安全阀未建档扣 5 分；档案不完善，每缺一项扣 1 分，最高扣 10 分。 （2）安全阀不在校验有效期内不得分；没有正式校验报告扣 2 分；校验报告内容不全，不符合规程要求扣 2 分。 （3）检验中发现的超标缺陷未消缺或没有采取处理措施的，每项扣 2 分，最高扣 10 分。 （4）其他安全附件的日常管理和检验不符合规程要求，每缺一项扣 2 分，最高扣 10 分	（1）TSG 21—2016《固定式压力容器安全技术监察规程》第 7.2.3 条、第 9 章； （2）TSG 08—2017《特种设备使用管理规则》第 2 章； （3）TSG ZF001—2006《安全阀安全技术监察规程》； （4）TSG ZF003—2011《爆破片装置安全技术监察规程》； （5）DL/T 959—2014《电站锅炉安全阀技术规程》
2.10.6.2.3	简单压力容器	10	检查以下内容： （1）是否编制简单压力容器一览表。 （2）制定简单压力容器管理日常管理制度。 （3）日常管理记录。 （4）使用寿命到期压力容器的处理是否符合规程要求	（1）未编制简单压力容器一览表不得分。 （2）未制定简单压力容器管理日常管理制度扣 2 分。 （3）没有日常管理记录扣 2 分。 （4）使用寿命到期简单压力容器的处理不符合规程要求不得分	（1）TSG 21—2016《固定式压力容器安全技术监察规程》第 7.1.11 条； （2）TSG 08—2017《特种设备使用管理规则》第 2 章

续表

序号	评价项目	标准分	查评方法及内容	评分标准	查评依据
2.10.6.2.4	压力容器缺陷处理	10	检查以下内容： （1）压力容器修理及密封是否符合规定要求。 （2）达到设计使用年限的压力容器（未规定设计使用年限，但是使用超过 20 年的压力容器视为达到设计使用年限）是否按照规定处理	（1）发现超标缺陷未处理不得分；有处理方案，但处理方案不符合规定要求或不完善扣 2 分。 （2）带压堵漏不符合规程要求扣 5 分。 （3）压力容器达到设计使用年限未按规定处理不得分，处理不完善，每缺一项扣 2 分	（1）DL/T 612—2017《电力行业锅炉压力容器安全监督规程》第 13 章； （2）DL 647—2004《电力工业锅炉压力容器检验规程》； （3）TSG 21—2016《固定式压力容器安全技术监察规程》第 7.1.7、7.1.8、7.1.10 条
2.10.7	压力管道	40			
2.10.7.1	日常管理	10	（1）查阅压力管道档案台账建立情况。 （2）查阅压力管道登记注册情况。 （3）查阅是否建立压力管道安全管理制度；巡视检查制度管道使用单位应当在工艺操作规程和岗位操作规程中，明确提出管道的安全操作要求。 （4）使用单位应当建立定期自行检查制度，检查后应当做出书面记录，书面记录至少保存 3 年发现异常情况时，应当及时报告使用单位的有关部门处理。 （5）查阅是否建立管道安全技术档案并且妥善保管，保存历次检验方案、检验报告，检验工作总结等。 （6）查阅是否编制应急救援预案，建立相应的应急救援组织机构，配置与之适应的救援装备，并定期开展演练	（1）压力管道未按要求登记注册扣 2 分。 （2）未建立各项安全管理制度、档案台账，每缺一项扣 1 分，最高扣 5 分。 （3）未保存历次检验方案、检验报告，检验工作总结等，每缺一项扣 1 分，最高扣 5 分。 （4）未编制管道应急预案扣 2 分，应急预案未演练扣 2 分	（1）TSG D0001—2009《压力管道安全技术监察规程　工业管道》； （2）TSG D7005—2018《压力管道定期检验规则　工业管道》； （3）TSG 08—2017《特种设备使用管理规则》
2.10.7.2	检验检修管理	10	（1）查阅压力管道全面检验情况。 （2）查阅安全阀、压力表定期校验情况。 （3）管道检验中发现的超标缺陷是否及时处理。 （4）全面检验时，检验机构应当对使用单位的管道安全管理情况进行检查和评价检验工作完成后，检验机构应当及时向使用单位出具全面检验报告。 （5）A 级或 B 级检修时是否按照金属监督规程要求进行检验	（1）压力管道未按标准开展全面检验工作，每项扣 5 分。 （2）安全阀、压力表未定期校验，每缺一项扣 2 分。 （3）发现超标缺陷未及时处理的，每项扣 2 分。 （4）全面检验工作完成后，检验机构未及时向使用单位出具全面检验报告扣 2 分；检验报告有缺陷时，每缺一项扣 1 分。 （5）A 级或 B 级检修时未按照金属监督规程要求进行检验，每缺一项扣 2 分	（1）GB/T 20801.5—2006《压力管道工业管道 第 5 部分：检验与试验》； （2）TSG D0001—2009《压力管道安全技术监察规程　工业管道》； （3）TSG D7005—2018《压力管道定期检验规则　工业管道》第六章； （4）DL/T 612—2017《电力行业锅炉压力容器安全监督规程》； （5）DL 647—2004《电力工业锅炉压力容器检验规程》； （6）DL/T 438—2016《火力发电厂金属技术监督规程》

序号	评价项目	标准分	查评方法及内容	评分标准	查评依据
2.10.7.3	安全附件	10	检查以下内容： （1）安全保护装置是否建档，是否定期校验。 （2）查阅安全阀校验报告，是否在校验有效期内。 （3）仪表、仪表管、仪表管与管道连接角焊缝和对接焊缝的检查是否符合规程要求	（1）安全阀未建档扣 5 分；档案不完善，每缺一项扣 1 分，最高扣 10 分。 （2）安全阀不在校验有效期内不得分；没有正式校验报告扣 2 分；校验报告内容不全，不符合规程要求扣 2 分。 （3）安全阀检验中发现的超标缺陷未消缺或没有采取处理措施的，每项扣 2 分，最高扣 10 分。 （4）其他安全附件的日常管理和检验不符合规程要求，每缺一项扣 2 分，最高扣 10 分	（1）TSG ZF001—2006《安全阀安全技术监察规程》； （2）DL/T 959—2014《电站锅炉安全阀技术规程》
2.10.7.4	缺陷处理	10	（1）管道内部有压力时，一般不得对受压元件进行重大维修。 （2）不能达到合乎使用要求的管道，使用单位应当及时予以报废，并且及时办理管道使用登记注销手续对停用或者报废的管道采取必要的安全措施。 （3）在用管道发生故障、异常情况，使用单位应当查明原因对故障、异常情况以及检查、定期检验中发现的事故隐患或者缺陷，应当及时采取措施，消除隐患后，方可重新投入使用	（1）发现超标缺陷未处理每项扣 2 分；有处理方案，但处理方案不适合或不完善，每项扣 1 分。 （2）不能达到合乎使用要求的管道未予以报废，未及时办理管道使用登记注销手续不得分；处理不完善，每缺一项扣 2 分	（1）DL/T 438—2016《火力发电厂金属技术监督规程》； （2）DL/T 612—2017《电力行业锅炉压力容器安全监督规程》； （3）DL 647—2004《电力工业锅炉压力容器检验规程》； （4）TSG D0001—2009《压力管道安全技术监察规程 工业管道》； （5）TSG D7005—2018《压力管道定期检验规程 工业管道》； （6）TSG 08—2017《特种设备使用管理规则》
2.10.8	其他汽水管道（压力管道范围以外）	20	（1）查阅管道台账建立情况。 （2）检查机组 A 修或 B 修金属检验报告，与主蒸汽管道、再热蒸汽管道、导汽管、主给水管道、联箱等相连小口径管，应按要求开展检验、割管、更换工作。 （3）检查机组检修报告，是否按要求开展压力油管道检验工作	（1）未建立管道台账扣 2 分，台账不全，每项扣 1 分，最高扣 5 分。 （2）未按要求开展压力油管道检验工作，每项扣 2 分，最高扣 10 分	（1）DL/T 438—2016《火力发电厂金属技术监督规程》第 7.2.3.4 条； （2）Q/BEH—211.10—18—2019《防止电力生产事故的重点要求及实施导则》第 11.2.2.33 条

3 生产管理

3.1 设备管理

序号	评价项目	标准分	查评方法及内容	评分标准	查评依据
3.1	**设备管理**	**420**			
3.1.1	设备基础管理	220			
3.1.1.1	设备分工管理	30	（1）有明确的设备分工，要求各部门、各专业、各设备责任人、外委单位等之间的设备分工明确。 （2）设备分工分界管理标准彻底修订周期一般为两年，一般分工补充或调整分工以补充规定的形式下达，经生产主管领导签发生效若分工因为各种原因需进行重大调整时，可随时修订。 （3）新增设备的分工和相关资料的录入、更新工作新增设备台账责任人应及时录入并更新	（1）无设备责任分工，本项不得分。 （2）设备分工不一致、不明确，每处扣3分。 （3）设备分工未及时更新，未经生产主管领导签发，每项扣3分。 （4）新增设备验收后，设备分工和相关资料为及时更新，每项扣3分	Q/BJCE－218.17－13—2019《燃气发电企业日常维护管理规定》
3.1.1.2	设备台账管理	40	（1）建立完整的设备台账，设备责任人应对设备台账的完善、正确负责。 （2）新增设备验收后，设备台账责任人是否录入并已更新	（1）未建立设备台账，本项不得分。 （2）设备台账记录不准确、不完善，每项扣2分。 （3）新增设备验收后未在规定的时间内及时更新设备台账，每项扣2分	Q/BJCE－218.17－13—2019《燃气发电企业日常维护管理规定》

序号	评价项目	标准分	查评方法及内容	评分标准	查评依据
3.1.1.3	设备质量管理	20	（1）建立设备验收制度。 （2）应严格履行验收制度。 （3）检查设备是否存在质量问题	（1）未建立设备验收制度，扣10分。 （2）未严格履行验收制度，每发现一台扣3分，最高扣10分	电监安全〔2011〕23号《发电企业安全生产标准化规范及达标评级标准》第5.6.1.2条
3.1.1.4	设备管理制度	25	（1）管理类标准应包括：日常维护管理规定、检修管理规定、设备缺陷管理标准、设备定期试验和保养管理标准等。 （2）工作类标准应包括：各级人员岗位工作标准、各专业设备点检路线标准等。 （3）技术类标准应包括：设备A/B/C分类标准、各专业设备技术标准、设备点检标准、检修作业标准、设备维护保养标准等	（1）管理类标准内容不全的，每项扣5分，最高扣20分。 （2）工作类标准内容不全的，每项扣3分，最高扣15分。 （3）技术类标准内容不全的，每项扣3分，最高扣15分	Q/BJCE－218.17－13－2019《燃气发电企业日常维护管理规定》
3.1.1.5	备品、备件管理	25	查备品、备件管理： （1）制定备品、备件储存管理制度。 （2）保证备品、备件满足生产检修需求。 （3）检查备件存储场所，场所和储存技术条件均应满足备件要求，备件定期检查和保养	（1）无备品、备件管理制度，扣10分。 （2）备品、备件储备不能满足生产检修要求，扣5分。 （3）备品、备件未按照技术要求保管，每项扣2分；未进行定期检查和保养，每项扣2分	（1）电监安全〔2011〕23号《发电企业安全生产标准化规范及达标评级标准》第5.6.1.2条； （2）Q/BJCE－218.17－45－2019《燃气发电企业检修管理规定》； （3）Q/BJCE－218.17－13－2019《燃气发电企业日常维护管理规定》
3.1.1.6	设备缺陷管理	80	查设备缺陷管理标准，设备消缺计划的完成情况，查ERP缺陷记录： （1）建立了设备缺陷管理标准，并严格执行。 （2）主、辅设备A、B类缺陷消缺率100%。 （3）主辅设备C1类缺陷有消缺计划和措施。 （4）实行缺陷闭环管理。 （5）不发生重复缺陷（发生2次及以上，间隔时间在1个月内，发生在同一台设备上的具有相同迹象的缺陷，或是同一部位同一原因造成的缺陷或文明生产不合格项）。 （6）设备缺陷填写不规范，缺陷类别错误、内容不全、描述错误。 （7）应定期进行缺陷分析，分析缺陷原因、制定技术措施、验收标准、整改计划及责任人	（1）未按照相关要求建立设备缺陷管理相关制度，扣10分。 （2）A、B类缺陷消缺完成率，每降低1个百分点扣5分。 （3）设备缺陷未及时填报，每项扣2分；设备缺陷隐瞒不填报，每项扣5分。 （4）未实行缺陷闭环管理，扣5分。 （5）发生重复缺陷，每项扣2分。 （6）缺陷填写不规范，缺陷类别错误、内容不全、描述错误，每项扣2分。 （7）未定期进行缺陷分析，每项扣10分。 （8）缺陷原因、技术措施、验收标准、整改计划及责任人不完善，每项扣2分	Q/BJCE－218.17－14－2019《燃气发电企业设备缺陷管理规定》

序号	评价项目	标准分	查评方法及内容	评分标准	查评依据
3.1.2	设备点检管理	90			
3.1.2.1	设备点检制度和相关记录	60	查相关制度和点检记录： （1）企业是否制定设备点检相关规定。 （2）设备点检责任落实是否到位。 （3）抽查现场点检工作和设备点检数据的连续性。 （4）是否定期进行劣化倾向分析	（1）未制定设备点检相关规定，扣 15 分。 （2）设备点检责任落实不到位的，扣 10 分。 （3）对运行设备未进行现场点检，连续一周，扣 10 分。 （4）点检数据不完整，分析记录短缺，每项扣 3 分，最高扣 15 分。 （5）无设备劣化倾向分析，扣 10 分	Q/BJCE－218.17－13—2019《燃气发电企业日常维护管理规定》
3.1.2.2	人员管理	30	查定员资料及现场询问： （1）点检员岗位应实行 A/B 角制。 （2）各岗位应有明确的职责，并认真落实。 （3）点检员进行合理的绩效考核	（1）点检员岗位未实行 A/B 角制，扣 10 分。 （2）未落实岗位职责，查出问题，每项扣 5 分，最高扣 10 分。 （3）无绩效考核，扣 10 分；考核不合理，扣 5 分，最高扣 10 分	Q/BJCE－218.17－13—2019《燃气发电企业日常维护管理规定》
3.1.3	设备异动管理	60	检查设备异动资料、ERP 设备异动台账和相关记录： （1）企业应制定设备异动相关管理制度。 （2）检修部门是否按要求填写设备异动申请单，并履行审批手续。 （3）异动设备投产一个月后，是否要求完成设备异动通知单。 （4）查运行人员是否对所有异动申请单组织学习。 （5）设备异动完成后，应整理并修订相应的规程、规范，修订周期一般不超过 1 年。 （6）查异动通知单是否及时归档	（1）未制定设备异动制度的，扣 10 分。 （2）不按规定填写设备异动申请单的，每项扣 5 分。 （3）未按期完成设备异动通知单的，每项扣 5 分。 （4）运行人员未组织对设备异动通知单进行学习的，扣 10 分。 （5）设备异动完成后，未按规定修订规程、系统图的，每项扣 3 分。 （6）异动申请单未按要求归档，扣 5 分	Q/BJCE－218.17－41—2019《设备异动管理规定》
3.1.4	可靠性管理	50	查可靠性管理相关资料、数据： （1）建立可靠性管理标准。 （2）可靠性管理网络健全。 （3）专责人符合岗位规范要求。 （4）可靠性基础数据必须完整、准确、定期有可靠性分析、可靠性专题报告。 （5）可靠性报告内容完整，应包括：主可靠性指标月度和年累计完成情况、与上年同期对比情况、与目标值的偏差分析；对事件类别、原因和损失等进行分析，并提出相应的措施和建议	（1）未制定可靠性管理标准，扣 15 分。 （2）可靠性管理网络不健全，扣 5 分。 （3）可靠性专责未参加可靠性培训并取得相应证书，扣 10 分。 （4）数据不完善，无可靠性分析、专题报告，每项扣 5 分，最高扣 10 分。 （5）可靠性分析、专题报告内容不全，分析不具体，每处扣 2 分，最高扣 10 分。 （6）虚报、瞒报或提供虚假数据、信息或被中电联通报的，本条不得分	Q/BJCE－218.17－42—2019《可靠性管理规定》

3.2 运行管理

序号	评价项目	标准分	查评方法及内容	评分标准	查评依据
3.2	运行管理	**340**			
3.2.1	运行管理标准	90			
3.2.1.1	运行规程、系统图	50	（1）检查现场运行规程是否已颁布正式版机组投入商业运行 3 个月内应颁布经试运完善的规程及系统图正式版。 （2）检查运行规程是否经过正式审批手续。 （3）检查运行规程、系统图是否按要求进行修订规程、系统图应每年进行一次复查、修订，修订部分经本单位分管生产副总经理（规程、系统图每 3～5 年或设备系统有较大变化时，要进行一次全面修订。 （4）运行规程、系统图内容是否全面，是否有严重错误	（1）运行规程、系统图册未在规定时间内发布正式版，缺一项扣 20 分。 （2）运行规程、系统图未履行审批手续的，扣 10 分。 （3）运行规程、系统图未按要求进行修订的，扣 10 分。 （4）内容不全、存在严重错误每处，扣 5 分，此条最高扣 20 分	
3.2.1.2	运行管理标准、各岗位工作标准和各专业技术标准	40	（1）检查现场检查是否按照要求建立了运行管理各项管理标准、各岗位工作标准和技术标准健全。 （2）查看标准为最新标准；审核、编制、批准、公布时间是否齐全。 （3）检查标准培训、考试记录	（1）现场检查运行各项管理标准、各岗位工作标准和技术标准，不健全的每处，扣 5 分，此条最高扣 20 分。 （2）标准未及时修订的，每项扣 3 分，此条最高扣 10 分。 （3）标准缺少审核、编制、批准、公布时间的，每项扣 3 分，此条最高扣 10 分。 （4）未对发布的新的标准进行培训、考试的，扣 5 分	Q/BJCE－218.17－52—2019《燃气发电企业运行管理规定》第 5.5.6 条
3.2.2	各岗位人员配置及培训	30	现场检查运行各岗位人员配备情况及相关记录： （1）各岗位人员上岗、转岗和重新上岗是否履行公司审批手续。 （2）各岗位人员上岗、转岗和重新上岗是否进行了培训和考评工作。 （3）新入值员工是否开展了入值安全培训记录	（1）各岗位人员上岗、转岗和重新上岗是否履行公司审批手续，扣 10 分。 （2）各岗位工作人员未进行上岗、转岗和重新上岗前的培训和考评工作；每缺一项扣 5 分，最高扣 10 分。 （3）新入值员工未开展入值安全培训，每缺一项扣 3 分，最高扣 10 分	

序号	评价项目	标准分	查评方法及内容	评分标准	查评依据
3.2.3	小指标管理	60	查运行小指标管理规定及竞赛开展情况： （1）运行管理部门有经济指标考核管理办法或小指标竞赛办法，明确规定各运行经济指标的调整目标值和考核办法。 （2）运行部门开展了小指标竞赛工作，奖惩情况在绩效管理中有体现和落实。 （3）是否制定了不同运行工况下的指标调整措施，措施是否科学合理。 （4）运行经济指标的统计和记录科学准确并能及时予以公布	（1）未制定经济指标考核管理办法或小指标竞赛办法，扣20分。 （2）未按规定开展考核和竞赛，扣20分。 （3）未制定不同运行工况下的指标调整措施，不得分；措施不科学合理，每项5分，此条最高扣10分。 （4）未及时公布运行经济指标的统计和记录，扣10分	Q/BJCE－218.17－52—2019《燃气发电企业运行管理规定》第5.8.1条
3.2.4	运行分析	60			
3.2.4.1	运行岗位分析	30	查运行岗位分析记录： （1）是否按规定开展运行岗位分析。 （2）运行岗位分析是否达到1次/（人·月）。 （3）运行岗位分析是否按规定履行审批手续。 （4）运行岗位分析内容是否满足要求，是否能结合本岗位开展分析	（1）未按规定开展运行岗位分析的，本条不得分。 （2）运行岗位分析未达到规定频次的，扣5分。 （3）运行未履行审批手续的，扣10分。 （4）运行岗位分析内容空洞，与本岗位工作结合性不强的，每处扣2分	Q/BJCE－218.17－52—2019《燃气发电企业运行管理规定》第5.7.3.1条
3.2.4.2	运行专业分析	30	查运行专业分析记录： （1）是否按规定开展运行专业分析。 （2）运行岗位分析是否达到1次/（专业·月）。 （3）运行岗位分析内容是否充实，是否能反映机组运行实际情况	（1）未按规定开展运行专业分析的，不得分。 （2）运行专业分析未达到规定频次的，每缺少一个专业扣5分。 （3）运行专业分析专业性不强，不能反映机组运行实际情况，起不到对现场运行的指导作用的，每处扣3分	Q/BJCE－218.17－52—2019《燃气发电企业运行管理规定》第5.7.3.2条
3.2.5	运行事故应急管理	100			

续表

序号	评价项目	标准分	查评方法及内容	评分标准	查评依据
3.2.5.1	事故的处置和应急响应预案及演练	30	查看运行现场及运行部门配置应急处置卡和相关应急预案，查看应急预案培训及演练记录： （1）运行现场应配置公司、部门事故应急方案。 （2）各级岗位人员掌握事故类型辨识和判断、事故的处置和应急响应程序、应急设备设施的使用和信息报送以及善后方法等内容，公司或部门按规定进行演练	（1）运行现场无应急处理卡和运行部门无相关应急预案的，不得分。 （2）应急预案和现场处置方案未按计划进行培训和演练的，扣10分	
3.2.5.2	运行事故预想	30	查运行事故预想记录： （1）运行是否按规定开展事故预想。 （2）运行事故是否达到要求频次，单循环倒班模式不少于1次/（值·轮值），双循环倒班模式不少于2次/（值·轮值）。 （3）运行事故预想是否能够结合现场实际	（1）未按规定开展运行事故预想的，本条不得分。 （2）运行事故预想未达到规定频次的，扣5分。 （3）运行事故预想与现场结合性不强，对运行人员起不到很好的培训作用的，每次扣3分	Q/BJCE－218.17－52—2019《燃气发电企业运行管理规定》第5.10.6条
3.2.5.3	运行应急处置能力	10	现场考问运行人员各级岗位人员消防、触电、中毒、烫伤等急救设施的使用方法	每次不合格扣罚2分	
3.2.5.4	升级监护	10	现场检查升级监护记录台账： （1）有重大操作升级监护记录台账。 （2）各岗位人员能够按规定监护到位	（1）现场无重大操作升级监护记录台账的，不得分。 （2）升级监护记录台账记录不全的，每处扣2分	
3.2.5.5	设备紧停规定	20	查看运行规程、培训记录： （1）运行规程中有紧停规定。 （2）现场考问各级运行人员掌握本岗位设备紧停规定情况	（1）运行规程中缺设备紧停规定，扣10分。 （2）各级岗位人员对本岗位设备紧停规定不能正确掌握的，每次扣3分	

3.3 检修管理

序号	评价项目	标准分	查评方法及内容	评分标准	查评依据
3.3	**检修管理**	**210**			
3.3.1	检修管理体系与制度	80			
3.3.1.1	检修管理体系、制度	40	（1）检查企业检修管理体系、制度健全（管理、工作、技术等）。 （2）检查相关制度是否履行相关审批手续。 （3）检查制度是否得到有效执行。 （4）检查各专业（含金属专业）标准检修项目建立情况，至少应包含检修项目清单、验收级别、修前修后试验标准试验项目等。 （5）建立三年检修滚动规划，最近三年中后两年需要在 A/B 级检修中安排的重大非标项目的预安排计划	（1）检修管理体系、制度不健全，每项扣 5 分。 （2）未按规定审批，每项扣 5 分。 （3）制度执行不到位，每项扣 3 分。 （4）未建立标准检修项目，每项扣 5 分。 （5）未建立三年检修滚动规划，扣 5 分	（1）Q/BJCE－218.17－45－2019《燃气发电企业检修管理规定》； （2）Q/BJCE－218.17－21－2019《生产费用管理规定》
3.3.1.2	检修规程	40	查阅检修规程内容，至少应包含燃机、汽轮机、余热锅炉、热工、电气、化学专业等主辅机检修规程，检查内容与实际是否相符，正确、有效、完善、齐全	（1）未经正式发布的检修规程或发布的规程专业不全，每项扣 10 分。 （2）检修规程未定期修编或设备出现重大变更后未及时修编，每项扣 5 分。 （3）检修规程内容严重缺失、内容与实际设备不符、存在严重错误，每处扣 3 分	（1）电监安全〔2011〕23 号《发电企业安全生产标准化规范及达标评级标准》第 5.6.1.2 条； （2）Q/BJCE－218.17－01－2019《规程及系统图管理规定》
3.3.2	检修过程控制	80			
3.3.2.1	检修策划	40	检查检修策划文件： （1）按照管理规定编制检修策划书，并按照要求进行审批。 （2）检修策划内容至少应包含：检修目标和经济指标、组织机构、分工和职责、过程质量管理与质量验收规划、安健环要求、危废管控、费用管控、考核管理规定、检修项目汇总和工期控制网络图、机组停机保养方案、检修隔离及定置管理图、交叉施工管理、重大项目事故预案、检修重大节点到位管理、机组启动与试验等。 （3）重大技术改造、专修项目，应单独编制项目管理文件包，项目文件包至少应包含：项目立项文件、可研、招投标文件、开工许可、项目三措一案、验收文件、项目总结、项目评价等	（1）检修策划书未按照相关要求进行编制，未编制策划书，扣 15 分；检修策划书未按要求进行审批，每项扣 2 分。 （2）检修策划书内容缺失，每项扣 2 分。 （3）重大技术改造、专修项目项目管理文件包，未编制文件包，每项扣 5 分；内容缺失，每项扣 2 分	（1）Q/BJCE－218.17－45－2019《燃气发电企业检修管理规定》； （2）Q/BJCE－218.17－40－2019《燃气发电企业检修作业文件管理规定》

序号	评价项目	标准分	查评方法及内容	评分标准	查评依据
3.3.2.2	检修过程管理	40	（1）检查检修过程的执行文件，如安全培训、技术交底、开工审批、工作票许可、作业指导书或工艺卡、重大节点监控、原始数据记录表、试运联系单、验收文件、放行批准单或返工通知单和工作联系单等齐全准确，能够准确反映和记录检修过程管理程序和技术工艺实施情况。 （2）检修过程能通过检修日报、违章曝光等形式及时公布相关信息，各类违章现象能够得到及时纠正和制止。 （3）解体重点设备或有严重缺陷、隐患的主要辅助设备时，应实行到位管理制度，主管生产领导应掌握第一手资料，技术部门负责人应在现场，协调有关问题，指导检修工作。 （4）检修过程中发现重大设备问题时，应立即分析原因，制定解决方案，并及时向京能清洁能源公司汇报，如果该问题造成检修工期后延，应及时向所在调度部门申请延期。 （5）严格工艺要求和质量标准，实行检修质量控制和监督三级验收制度，严格检修作业中停工待检点和见证点的检查签证。 （6）检修外委单位管理，检查外委单位、人员资质，安全协议、交叉安全协议、组织机构、安全管控措施等	（1）检查检修过程执行文件，每发现一处不符合扣2分。 （2）未及时发布检修日报、违章等信息，每项扣2分。 （3）检查到位管理执行情况，发现一项未执行，扣2分。 （4）检查检修时缺陷汇总情况，重大问题未及时汇总，扣2分；重大问题未见详细的缺陷分析和处理方案，每项扣2分；重大缺陷未处理，每项扣5分。 （5）设备检修记录不完善，每项扣2分，重要节点未能需要提供原始记录，扣5分。 （6）质量控制未严格执行三级验收制度，每项扣5分；执行不到位和验收资料不完整，每项扣2分。 （7）外委单位、人员资质不全，每缺少一项扣2分；安全协议、交叉作业安全协议、组织机构、安全管控措施等，每缺少一项扣2分	（1）Q/BJCE-218.17-45-2019《燃气发电企业检修管理规定》； （2）Q/BJCE-218.17-40-2019《燃气发电企业检修作业文件管理规定》
3.3.3	检修总结及效果评价	50			
3.3.3.1	检修总结	20	（1）机组B/C/D级检修后45天内完成检修工作总结，机组A级检修后60天内完成检修工作总结，审批后报送京能清洁能源公司。 （2）检查检修总结，内容应包含对检修中的安全、质量、项目、工时、材料消耗、费用进行统计分析，对机组试运行情况进行总结，完成检修经济技术评价。 （3）检修后评价，A修机组检修后应完成修后评价工作	（1）未按时完成检修工作总结的，本条不得分。 （2）未在规定时间内上报检修总结的，扣5分。 （3）检修总结内容不全的，每项扣3分，最高扣15分。 （4）检修未开展修后评价工作，扣5分	Q/BJCE-218.17-45-2019《燃气发电企业检修管理规定》

序号	评价项目	标准分	查评方法及内容	评分标准	查评依据
3.3.3.2	修后评价	30	（1）机组检修后各类主要技术指标要优于检修前。 （2）机组 A/B 级检修后 180 天无非计划停运。 （3）机组检修超过计划工期	（1）设备检修后技术指标低于修前，扣 5 分；技术指标未达到合格标准，扣 10 分。 （2）机组 A/B 级检修后 180 天发生非计划停运，扣 10 分。 （3）检修过程中意外发现重大缺陷造成工期延误及时报送京能清洁能源公司与电网批准，扣 2 分；未报京能清洁能源公司与电网批准，扣 10 分。 （4）检修组织策划原因，造成工期延误，不超过 5 天，扣 5 分；工期延误超过 5 天，扣 10 分	（1）Q/BJCE-218.17-45—2019《燃气发电企业检修管理规定》； （2）Q/BJCE-217.17-58—2019《安全生产五精管理评价考核办法》

3.4 技术监督管理

序号	评价项目	标准分	查评方法及内容	评分标准	查评依据
3.4	**技术监督管理**	**260**			
3.4.1	技术监督体系	130			
3.4.1.1	技术监督网络	60	（1）检查是否建立以主管生产副总经理或总工程师领导下的技术监督网，技术监督网体系是否健全，监督项目覆盖齐全，应包括以下专业：绝缘技术监督、金属技术监督、电测技术监督、化学技术监督、热工技术监督、环境保护监督、继电保护励磁和自动装置及直流系统技术监督、电能质量技术监督、旋转设备振动管理、特种设备管理、节能管理。 （2）检查各级监督岗位责任制是否明确，责任制是否落实。 （3）检查是否及时（人员变化后三个月内）根据人员变化完善	（1）未建立监督网不得分，技术监督网络不全的，每缺一项技术监督扣 5 分。 （2）每缺一级责任制扣 2 分，每一级责任制不落实扣 4 分。 （3）未及时根据人员变化修订技术监督网络的，每项扣 5 分	DL/T 1051—2019《电力技术监督导则》第 5.3.1 条

序号	评价项目	标准分	查评方法及内容	评分标准	查评依据
3.4.1.2	运转情况	30	技术监督体系运转良好	未按技术监督工作制度及细则规定开展工作，每次扣3分	
3.4.1.3	技术监督标准、反措、实施细则	20	查看有关标准目录及细则： （1）国家、行业的有关本专业监督标准、规程、反事故措施及京能集团相关制度和技术标准等资料齐全，最新有效（根据集团颁布的标准清单）。 （2）贯彻执行国家、行业及上级有关技术监督的指示、规定、标准及反措，并结合本单位实际制定具体的实施细则	（1）标准、规程、反措存在过期、作废标准，每份扣2分。 （2）对上级技术监督指示、规定、标准及反措无具体实施细则，扣5分	
3.4.1.4	技术监督资料归档	20	（1）查技术监督档案资料。 （2）建立健全技术监督主要设备档案及技术档案	（1）未建立技术监督档案资料，不得分。 （2）技术监督主要设备档案及技术档案不健全，每项扣5分	
3.4.2	技术监督体系的执行情况及效果	130			
3.4.2.1	技术监督问题整改情况	50	查技术监督发现的问题及整改计划： （1）技术监督发现的问题及设备异常应制定整改措施或计划。 （2）重大问题及监督指标长期异常应制定专项整改措施。 （3）措施是否落实及问题进行闭环处理。 （4）是否存在告警限期内应解决的问题而未解决情况	（1）技术监督发现的问题及设备异常未制定整改措施或计划，每项次扣5分。 （2）重大问题及监督指标长期异常未制定专项整改措施，每项扣10分。 （3）措施未落实及问题未进行闭环处理，每项扣5分。 （4）告警限期应解决的问题，告警类别每项每升一级扣10分，拖延解决每项扣10分	
3.4.2.2	技术监督工作计划	10	查技术监督计划： 应制订公司年度技术监督工作计划，并按计划完成	（1）未制订公司年度技术监督工作计划，不得分。 （2）计划中缺项，每缺一项扣2分。 （3）未按计划完成，每发生一项扣2分	
3.4.2.3	技术监督会议及报告	20	查看每年的技术监督会议记录、监督报告： （1）组织召开本单位技术监督会议（每年至少2次），并有会议记录。 （2）制定监督报告，技术监督报告内容全面	（1）未召开会议，扣10分；无会议记录，扣5分。 （2）无监督报告，扣10分，技术监督报告内容缺失，扣5分	DL/T 1051—2019《电力技术监督导则》第5.3.5、6.1条

序号	评价项目	标准分	查评方法及内容	评分标准	查评依据
3.4.2.4	反措计划及实施	20	查反措计划： （1）查看根据检修和运行计划制订的设备年度反措计划内容及实施情况。 （2）查看上一年度的反措计划	（1）未结合本厂年度检修和运行计划编制设备年度反措计划的，不得分。 （2）反措计划未涵盖全部检修计划内容的，每缺少一项扣 2 分。 （3）上一年度反措计划未完成的，每一项扣 2 分	Q/BJCE－217.17－01－2019《安全生产工作规定》第 5.6.6.1 条
3.4.2.5	设备事故分析及防范措施	30	查看事故分析报告及防范措施： （1）是否发生与技术监督工作不力相关的设备事故。 （2）对本单位设备的重大事故和缺陷组织分析原因并制定防范措施	（1）发生与技术监督工作不力相关设备一类障碍，每项次扣 5 分；一般设备事故扣 10 分；重大设备事故，不得分。 （2）缺事故分析会议记录及相关报告，扣 10 分	

3.5　技术改造管理

序号	评价项目	标准分	查评方法及内容	评分标准	查评依据
3.5	**技术改造管理**	**240**			
3.5.1	技术改造管理标准、体系	30	（1）检查是否编制技术改造管理标准。 （2）检查燃气发电单项资金在 1000 万元及以上的技术改造项目是否成立由生产分管领导负责的专项组织机构；是否按要求开展项目进度计划编制，绘制施工网络图，制定质量要求，起草技术协议，组织施工，定期评估项目实施进展和编制项目竣工报告	（1）未制定本公司技术改造管理标准，扣 10 分；制度内容缺项或有明显错误的，每项扣 2 分，最高扣 10 分。 （2）未按规定成立公司技术改造专项管理机构的，每项扣 5 分；未按要求开展技术改造相关日常管理工作的，每项扣 2 分，最高扣 10 分	Q/BJCE－218.17－20－2019《技改项目管理规定》
3.5.2	技术改造中长期规划	20	查看企业的中长期规划： （1）技术改造中长期规划结合本单位设备情况、内容。 （2）技术改造中长期规划纳入年度工作计划	（1）无规划、计划或内容空洞，不得分。 （2）中长期规划，未纳入企业的年度工作计划的，扣 5 分	Q/BJCE－218.17－20－2019《技改项目管理规定》

序号	评价项目	标准分	查评方法及内容	评分标准	查评依据
3.5.3	技术改造项目过程管理	80	查公司技术改造项目过程文件： （1）各技术改造项目可行性研究报告是否齐全，可行性报告应包括以下项目：项目概况、立项原因及资金计划、设计方案、工程概算、经济效益、社会效益等，指标要具体、翔实。 （2）查技术改造项目是否按要求编写总结报告。 （3）已竣工技术改造项目是否按要求开展项目施工管理，是否按有竣工验收，并编写竣工报告、投运报告	（1）未编制技术改造可行性研究报告的，每个项目扣 10 分；技术改造可研报告内容错误或不全的，每项扣 2 分，最高扣 30 分。 （2）未编制技术改造项目总结报告的，每个项目扣 10 分；报告内容错误或不全的，每项扣 2 分，最高扣 30 分。 （3）未按要求开展竣工验收的，每个项目扣 10 分；未编写竣工报告或投运报告的，每个项目扣 5 分，最高扣 20 分；竣工验收单、竣工报告、投运报告内容错误或不全的，每项扣 2 分，最高扣 30 分	Q/BJCE－218.17－20—2019《技改项目管理规定》
3.5.4	技术改造跨转	40	查 ERP 上一年度技术改造项目跨转情况	上一年度未完成技术改造项目，未在 ERP 上完成跨转的，每项扣 10 分	Q/BJCE－218.17－20—2019《技改项目管理规定》
3.5.5	技术改造后评价	70			
3.5.5.1	项目评价管理	30	已竣工项目是否开展项目验收评价工作，是否按要求编写项目评价报告	（1）已竣工项目未开展项目验收评价工作的，每个项目扣 10 分。 （2）未编写项目评价报告的，每个项目扣 5 分；评价报告内容错误或不全的，每项扣 2 分，最高扣 20 分	Q/BJCE－218.17－20—2019《技改项目管理规定》
3.5.5.2	节能减排、提质增效类项目后评价	20	节能减排、提质增效类项目应在投运一年后（评估工作应在项目竣工后 15 个月内完成）应进行评估工作	未按期完成后评价的，每个项目扣 10 分	Q/BJCE－218.17－20—2019《技改项目管理规定》
3.5.5.3	技术改造效果	20	查看技术改造项目报告和现场调查改造效果是否达到预期	未达到项目预期的，每个项目扣 5 分	Q/BJCE－218.17－20—2019《技改项目管理规定》

3.6 节能管理

序号	评价项目	标准分	查评方法及内容	评分标准	查评依据
3.6	节能管理	**260**			
3.6.1	节能体系、标准	60			
3.6.1.1	节能管理	10	是否配备专职节能专业工程师，职责是否落实	无专职节能专业工程师扣 10 分,职责落实不够扣 5 分	Q/BJCE－219.17－14—2019《节能技术监督导则》
3.6.1.2	月度节能例会	20	查全厂节能工作开展情况，每月节能例会，节能月分析报告和年度节能工作总结	（1）无会议原始记录或会议纪要，扣 10 分。 （2）缺一次会议记录、纪要，扣 2 分。 （3）会议内容不充实，每次扣 2 分。 （4）无节能（监督）年度工作总结扣 5 分，节能总结不全面扣 2 分	（1）Q/BJCE－219.17－14—2019《节能技术监督导则》； （2）Q/BJCE－218.17－22—2019《节能管理办法》附录 A1.1.2
3.6.1.3	节能管理标准	20	检查本公司《节能管理办法》《节能技术监督实施细则》是否齐全、是否有可操作性	（1）未制定 Q/BJCE－218.17－22—2019《节能管理办法》，扣 10 分；制度内容缺项或有明显错误的，每项扣 2 分，最高扣 10 分。 （2）未制定本公司《节能技术监督实施细则》，扣 10 分；制度内容缺项或有明显错误的，每项扣 2 分，最高扣 10 分。 （3）节能管理相关制度无节气、节电、节水相关规定，每项扣 5 分，最高扣 10 分	（1）Q/BJCE－219.17－14—2019《节能技术监督导则》； （2）Q/BJCE－218.17－22—2019《节能管理办法》第 4 章
3.6.1.4	节能计划	10	查看节能三年滚动规划，项目切合实际，具有先进性	（1）无节能滚动规划不得分。 （2）规划未按时滚动扣 5 分。 （3）项目不切合实际，不具有先进性扣 5 分	Q/BJCE－218.17－22—2019《节能管理办法》第 4 章、附录 A 1.4
3.6.2	节能指标管理	200			
3.6.2.1	能耗指标	30	（1）查看能耗原始记录、台账、报表。 （2）能耗指标实行三级管理、三级考核。 （3）有关能耗的各种原始记录、台账、报表齐全准确，定期进行分析	每查出一项不合格，扣 5 分	Q/BJCE－218.17－22—2019《节能管理办法》第 5.2.6 条

续表

序号	评价项目	标准分	查评方法及内容	评分标准	查评依据
3.6.2.2	热力试验	40	查看性能试验报告： （1）机组 A 级检前、后应分别在 60 天内完成性能试验工作。 （2）机组性能试验报告是否进行比对报告。 （3）新投产机组或通流改造后机组是否完成性能试验工作。 （4）查看机组性能考核试验报告	（1）开展 A 级检修机组，未按规定进行热力试验，不得分；未按期进行性能试验的，每次扣 5 分。 （2）没有完成机组性能试验比对报告的，扣 10 分；修后比修前热效率降低的，扣 10 分。 （3）新投产机组或通流改造后机组未开展性能考核试验的，扣 20 分。 （4）机组热耗率试验值超过设计值 3%，每次扣 10 分	（1）Q/BJCE－218.17－22—2019《节能管理办法》第 5.5.2 条、附录 A 2.5.1； （2）Q/BJCE－218.17－45—2019《燃气发电企业检修管理规定》第 5.5.8.5 条
3.6.2.3	能耗分析	20	每年进行单元系统能耗分析	（1）没有开展能耗分析的，此条不得分。 （2）能耗分析内容不完善，有明显错误的，每项都 2 分，最高扣 10 分	
3.6.2.4	气耗分析	20	查气耗计算分析报告： （1）气耗计算方法符合相关规定，有正平衡、反平衡气耗计算办法。 （2）每月开展气耗分析	（1）没有明确气耗计算方法，扣 10 分。 （2）未定期开展气耗分析，扣 5 分；计算、分析出现一项不合格，扣 5 分	Q/BJCE－218.17－22—2019《节能管理办法》第 5.3.1～5.3.3 条
3.6.2.5	水平衡测试	10	检查是否按规定每 5 年开展一次或供水系统发生重大变化进行水平衡测试	未按规定进行水平衡试验，不得分	Q/BJCE－218.17－22—2019《节能管理办法》第 5.2.7、5.5.2、5.7 条
3.6.2.6	补水率	30	（1）现场查验补水率计算方法、过程，补水率统计计算方法应符合标准。 （2）查看是否有统计台账，并定期分析补水率变化。 （3）补水率达考核标准，并与同类型机组补水率先进值对标、本厂前三年平均值对标	（1）补水率统计计算方法不正确不得分。 （2）无原始记录、台账扣 10 分，未开展定期分析，扣 5 分。 （3）全厂补水率超过考核标准（≤1.5%）扣 20 分。 （4）补水率超过前三年机组补水率平均值每升高 0.1%扣 2 分	（1）Q/BJCE－218.17－22—2019《节能管理办法》附录 A 2.4； （2）Q/BJCE－219.17－14—2019《节能技术监督导则》第 5.3.6 条
3.6.2.7	真空严密性试验	30	查看凝汽器真空严密性试验方法及试验记录： （1）是否定期开展真空严密性试验（停机超过 15 天，机组投运后 3 天内应进行严密性试验；机组正常运行每月应进行一次严密性试验）。 （2）现场查看：每月做一次凝汽器漏真空严密性试验，与本厂上一年平均值对标	（1）未定期进行真空严密性试验，扣 10 分。 （2）凝汽器真空严密性达不到标准（小于或等于 270Pa/min），每超过 10Pa 扣 5 分。 （3）对超标的机组应进行专题分析，无分析报告扣 10 分。 （4）高于本厂真空严密性上一年平均值，每升高 5Pa/min 扣 2 分	（1）Q/BJCE－218.17－22—2019《节能管理办法》附录 A 2.5.5； （2）DL/T 932—2019《凝汽器与真空系统运行维护导则》第 5.2 条
3.6.2.8	主要辅机设备单耗考核	20	（1）查主要辅机设备单耗考核定额。 （2）定期对主辅机耗电情况进行分析	（1）未制定主要设备单耗考核定额的，扣 10 分。 （2）主未定期开展主要辅机设备单耗分析的，扣 10 分；分析不全面的，每处扣 2 分，最高扣 10 分	Q/BJCE－218.17－22—2019《节能管理办法》附录 A2.7.1

3.7 文明生产

序号	评价项目	标准分	查评方法及内容	评分标准	查评依据
3.7	文明生产	**140**			
3.7.1	无渗漏管理	50			
3.7.1.1	无渗漏台账和措施	10	（1）查动静密封点台账。 （2）查是否制定无渗漏相关措施	（1）没有企业动静密封点台账，扣5分。 （2）没有制定相关措施，扣5分	
3.7.1.2	主辅机系统漏点	10	现场检查发电设备、公用系统及辅助系统不得有严重漏点（含内漏）	主辅机设备有严重漏点，每处扣3分	
3.7.1.3	水泵房	5	现场检查循环水泵房、供水（暖）泵房	每处渗漏点扣1分	
3.7.1.4	油系统	5	检查现场油系统无渗漏点	每处渗漏点扣1分	
3.7.1.5	化学水系统	5	现场检查化学设备无渗点	每处渗漏点扣1分	
3.7.1.6	厂房、给排水设施	5	现场检查厂房、给排水等设施无滴漏	每处渗漏点扣1分	
3.7.1.7	发电机漏氢率	10	检查发电机漏氢试验数据，机组漏氢符合标准，在额定氢压下，漏氢率≤5%	发电机漏氢率不合格，每台扣3分	
3.7.2	文明生产管理	35			
3.7.2.1	责任制	10	文明生产责任区划分清晰，落实到人	发现一处不合格，扣2分	
3.7.2.2	现场标识	5	设备名称、介质流向、色环、执行机构的操作方向、转动设备转动方向等标志规范、齐全、正确、清晰	发现一处不合格，扣1分	
3.7.2.3	设备本体	5	设备见本色；电源、仪表控制盘内外干净整齐	发现一处不合格，扣1分	
3.7.2.4	电缆沟	5	电缆沟内无积水、杂物	发现一处不合格，扣2分	
3.7.2.5	沟道、孔洞防护	5	沟道、孔洞盖板完好，遮栏、栏杆完好	发现一处不合格，扣2分	
3.7.2.6	保温	5	管道保温良好符合规定	发现一处不合格，扣1分	
3.7.3	生产区域管理	20	控制室、配电室、继电器室、微机室、工具间做到： （1）责任制明确。 （2）清洁整齐，无卫生死角，无杂物，无乱堆放设备材料，地面无积水、积灰、积油	（1）责任制不明确的，每处扣2分。 （2）现场杂乱，物品堆放混乱，卫生条件差的，发现一处扣1分	

序号	评价项目	标准分	查评方法及内容	评分标准	查评依据
3.7.4	办公室、更衣室、班组学习室、休息室定置管理	20	做到"五净"（门窗、桌椅、地面、箱柜、墙壁）、"五整齐"（桌椅、箱柜、桌面用品、墙上图表、规桌内物品）	发现一处不合格，扣2分	
3.7.5	着装管理	15	员工按进入生产现场规定统一着装，着装符合安全、卫生、劳动防护规定要求，并佩戴岗位标识	不符合安全、卫生、劳动防护规定要求，每人次扣1分	

3.8 科技管理

序号	评价项目	标准分	查评方法及内容	评分标准	查评依据
3.8	**科技管理**	**230**			
3.8.1	科技项目储备中长期规划的制定	20	检查是否结合本企业发展及生产实际问题制定科技项目储备中长期规划，规划是否具备一定的可行性	（1）无项目储备规划，不得分。 （2）不符合企业发展、无可行性，扣10分	
3.8.2	科技创新激励机制的建立及落实	20	检查有无企业科技创新制度，制度是否落实	（1）无制度，不得分。 （2）有制度、未进行落实，扣10分	
3.8.3	年度科技工作计划的制定及落实	30	检查是否结合企业承担科技项目制定科技工作制度，内容是否完整、翔实	（1）无年度工作计划，不得分。 （2）有计划、无可行性、未进行落实，扣10分	
3.8.4	科技项目变更率	100	检查企业承担科技项目是否按计划任务书正常开展	（1）集团级科技项目撤销，每项扣40分。 （2）企业级科技项目撤销，每项扣20分。 （3）集团级科技项目延期，每项扣20分。 （4）企业级科技项目延期，每项扣10分	
3.8.5	科技项目验收通过率	60	检查企业承担科技项目是否如期通过验收	（1）集团级科技项目未通过验收，每项扣30分。 （2）企业级科技项目未通过验收，每项扣20分	

4　劳动安全与作业环境

4.1　劳动安全

序号	评价项目	标准分	查评方法及内容	评分标准	查评依据
4.1	劳动安全	**530**			
4.1.1	电气管理	120			
4.1.1.1	电气安全用具使用及管理	30	台账至少包括序号、名称、编号、型号、检验日期、结论、检验人或单位、下次检验时间		
4.1.1.1.1	绝缘操作杆、绝缘手套、绝缘靴、验电器	10	（1）检查企业是否建立电气安全用具相关管理制度及台账。 （2）检查企业是否根据电气系统的电压等级配备相应的电气安全用具。 （3）对照台账按附录A评价检查表（第01号）所列相关内容进行检查，是否符合要求	（1）未建立电气安全用具相关管理制度、未建立台账，不得分；定期检查试验责任制未落实，不得分；台账与实际不符，每件扣2分。 （2）未根据本企业电气系统的电压等级配备齐全的电气安全用具，不得分。 （3）检查1件不符合要求，扣5分；2件及以上不符合要求，不得分	（1）GB 26860—2011《电力安全工作规程　发电厂和变电站电气部分》； （2）DL/T 1476—2015《电力安全工器具预防性试验规程》
4.1.1.1.2	携带型短路接地线	10	（1）检查是否建立携带型短路接地线台账。 （2）对照台账按附录A评价检查表（第01号）所列相关内容进行检查，是否符合要求。 （3）现场检查携带型短路接地线使用情况或抽查相关工作票。 （4）检查是否定期进行热稳定校验计算和试验	（1）未建立携带型短路接地线台账，不得分；台账与实际不符，不得分。 （2）对照检查表所列内容检查，不符合要求，每项扣5分。 （3）现场检查使用中的携带型短路接地线不符合要求（与模拟图、两票、装设地点和接地装置记录不一致）或抽查两票中应挂而未挂携带型接地短路线，不得分。 （4）未进行热稳定校验计算和预防性试验，不得分；热稳定校验计算不符合要求，扣5分	（1）GB 26860—2011《电力安全工作规程　发电厂和变电站电气部分》； （2）GB 14050—2008《系统接地的型式及安全技术要求》； （3）DL/T 879—2004《带电作业用便携式接地和接地短路装置》

序号	评价项目	标准分	查评方法及内容	评分标准	查评依据
4.1.1.1.3	电气安全用具的正确使用	5	现场抽查 3 名运行人员，是否掌握电气安全用具管理要求，按附录 A 评价检查表（第 01 号）判定	1 人不完全掌握扣 3 分；3 人不完全掌握不得分	
4.1.1.1.4	电气安全用具的资料管理	5	（1）抽检电气安全用具的生产厂家资质、质量检测报告等资料；抽查电气安全用具定期试验报告。 （2）检查安全监督部门是否对电气安全用具的采购、验收等环节履行监督管理职责	（1）生产厂家资质不合格、购置产品不合格不得分；无定期试验报告不得分。 （2）安全监督部门未履行监督管理职责，无相关记录，扣 3 分	
4.1.1.2	手持电动工具	15	（1）检查是否建立手持电动工具的相关管理制度和台账。 （2）按台账全数查评，是否合格按附录 A 评价检查表（第 02 号）所列相关内容判定	（1）未建立相关管理制度，不得分；内容不完善，如制度缺少职责或职责不明确，制度缺少采购、验收、使用、试验和报废等管理内容，少一项扣 2 分；无台账不得分；台账与实际不符，每处扣 2 分。 （2）检查表所列内容，发现一件不合格扣 3 分	GB/T 3787—2017《手持式电动工具的管理、使用、检查和维修安全技术规程》
4.1.1.3	潜水泵、其他水泵、砂轮锯、空气压缩机、电焊机等移动式电气设备的状况	5	（1）按台账检查不少于 50%，按附录 A 评价检查表（第 03 号）（增加抽水试验内容）判定其是否合格。 （2）是否定期试验，查阅检查、试验记录	（1）未建立台账不得分；台账与实际不符每处扣 2 分；检查表所列内容，发现一件不合格扣 2 分；3 件及以上不符合要求，不得分。 （2）定期试验、试验记录未落实不得分；检查一件不合格扣 3 分	（1）GB 26164.1—2010《电业安全工作规程　第 1 部分：热力和机械》； （2）GB 50169—2016《电气装置安装工程　接地装置施工及验收规范》； （3）GB/T 20160—2006《旋转电机绝缘电阻测试》
4.1.1.4	剩余电流动作保护装置的使用管理	10	（1）检查是否建立剩余电流动作保护装置相关管理制度；是否建立台账和检查、试验记录。 （2）现场检查移动式、电气设备、工具是否使用剩余电流动作保护装置；各级剩余电流动作保护装置剩余电流选择是否符合规定，采用二级漏电保护时第二级保护额定剩余动作电流不超过 30mA。 （3）现场考问工作人员，使用前如何验证漏电保护装置是否正常	（1）无使用管理制度不得分；无台账不得分；台账内容不完善，每处扣 2 分；无检查及试验记录不得分；职责不明确、制度不完善，每处扣 2 分。 （2）现场检查移动式、电气设备、工具未使用剩余电流动作保护装置或不符合配置要求，每处扣 3 分。 （3）现场考问 3 人，不清楚使用前如何验证漏电保护装置是否正常的，每人扣 5 分	（1）GB 26860—2011《电力安全工作规程　发电厂和变电站电气部分》； （2）GB/T 13955—2017《剩余电流动作保护装置安装和运行》
4.1.1.5	动力、照明配电箱的使用管理	10	（1）检查动力、照明配电箱不少于 10 个，按附录 A 评价检查表（第 04 号）判定是否合格。 （2）配电箱是否有标志，且与实际相符	（1）检查表所列内容，发现不合格每项扣 3 分。 （2）无标志或与实际不符，每个扣 5 分	（1）GB 50054—2011《低压配电设计规范》； （2）GB 50169—2016《电气装置安装工程　接地装置施工及验收规范》

序号	评价项目	标准分	查评方法及内容	评分标准	查评依据
4.1.1.6	保护接地及接零	20			
4.1.1.6.1	现场电气设备接地、接零保护	10	（1）检查是否制定电气设备接地、接零保护相关管理制度；职责是否完善。 （2）现场检查电气设备是否按照规定正确安装接地、接零保护	（1）未建立电气设备接地、接零保护相关管理制度，不得分；制度不完善，扣5分。 （2）电气设备未按规定正确安装接地、接零保护，每处扣3分	（1）GB/T 14050—2008《系统接地的型式及安全技术要求》； （2）GB/T 50065—2011《交流电气装置的接地设计规范》
4.1.1.6.2	接地装置的可靠性	10	（1）现场检查电动机、电气设备等金属外壳是否进行接零或接地，查样品数不少于10个。 （2）检查接零系统中设备单独接地时是否装设剩余电流动作保护器	（1）现场检查电机、电气设备等金属外壳未进行接零或接地，不符合规定的，每处扣2分。 （2）接零系统中设备单独接地未装设剩余电流动作保护器，不得分	GB/T 14050—2008《系统接地的型式及安全技术要求》
4.1.1.7	临时电源使用、管理	10	（1）检查是否建立临时电源使用管理相关制度，职责是否完善。 （2）现场检查按附录A评价检查表（第05号）判定是否符合要求	（1）未建立相关管理规定不得分；制度内容不完善扣3分；职责不清扣5分。 （2）现场检查不符合附录A评价检查表（第05号）规定，每处扣3分	GB 26164.1—2010《电业安全工作规程 第1部分：热力和机械》
4.1.1.8	高、低压电气设备的防护	10	（1）现场检查升压站、主变压器、高压备用变压器等高压设备的围栏是否加锁。 （2）检查高、低压配电室的门是否加锁。 （3）检查锁具是否可靠，是否做到随手锁门	发现不符合要求，每处扣3分	GB 26860—2011《电力安全工作规程 发电厂和变电站电气部分》
4.1.1.9	触电急救及心肺复苏法培训	10	（1）查阅触电急救及心肺复苏法培训及考试记录。 （2）抽查生产人员不少于5人	（1）生产人员普及率不足100%，不得分；未经模拟人培训或无培训记录，不得分。 （2）抽查人员进行触电急救及心肺复苏法不符合要求，每人扣2分	（1）GB 26164.1—2010《电业安全工作规程 第1部分：热力和机械》； （2）GB 26860—2011《电力安全工作规程 发电厂和变电站电气部分》； （3）DL/T 692—2018《电力行业紧急救护技术规范》
4.1.2	高处作业安全	85			
4.1.2.1	安全带、防坠器	15	（1）检查安全带、防坠器是否建立台账，按台账抽查不少于10条，是否合格按附录A评价检查表（第06号）判定。 （2）检查安全带是否定期检查、试验符合规程要求，并做好记录；安全带是否超期使用（使用期为3~5年）。 （3）检查抽查作业人员是否掌握安全带使用前的检查项目。 （4）现场抽查作业人员是否正确使用安全带。 （5）检查防坠器是否进行定期检查和试验	（1）未建立台账，不得分；抽查台账与实际不符，扣5分；发现不合格，每条（个）扣10分；存放、保管不符合要求，扣5分。 （2）安全带未按规程要求进行试验、检查或使用超期，每项扣10分。 （3）抽查作业人员不掌握安全带使用前的检查项目，每人扣2分。 （4）现场发现1人不按要求使用安全带，不得分。 （5）防坠器外观检查不符合要求，扣5分；没有出厂试验报告，不得分	（1）GB 6095—2009《安全带》； （2）GB 26164.1—2010《电业安全工作规程 第1部分：热力和机械》； （3）GB 24544—2009《坠落防护速差自控器》； （4）GB/T 6096—2009《安全带测试方法》

序号	评价项目	标准分	查评方法及内容	评分标准	查评依据
4.1.2.2	脚手架及安全网	40			
4.1.2.2.1	脚手架组件管理	15	（1）重点检查脚手杆（管）、脚手板、扣件、吊架等在用品是否符合安全要求。 （2）检查保管、存放是否符合安全要求	（1）每种组件中 1 个不合格的扣 3 分。 （2）存放混乱或存放地点环境恶劣不得分；在用品中混有应报废品不得分	（1）GB 26164.1—2010《电业安全工作规程 第 1 部分：热力和机械》； （2）GB 15831—2006《钢管脚手架扣件》； （3）JGJ 130—2011《建筑施工扣件式钢管脚手架安全技术规范》
4.1.2.2.2	脚手架管理	15	（1）检查有无脚手架管理制度。 （2）现场在用的脚手架，按附录 A 评价检查表（第 08 号）判定是否合格。 （3）现场检查脚手架底部是否有支撑衬垫；人行通道处的脚手架是否有防碰撞措施。 （4）使用后的脚手架是否及时拆除	（1）无制度不得分；制度内容不完善扣 5 分。 （2）使用中的脚手架未悬挂分级验收合格标志牌，不得分；对照检查表其他项目，检查不符合要求，每项扣 5 分。 （3）脚手架底部无支撑衬垫或人行通道处的脚手架无防碰撞措施，每处扣 5 分。 （4）使用后未及时拆除扣 10 分；评价期内发生因脚手架搭设质量问题发生轻伤、未遂及以上事件，不得分	（1）GB 26164.1—2010《电业安全工作规程 第 1 部分：热力和机械》； （2）JGJ 130—2011《建筑施工扣件式钢管脚手架安全技术规范》
4.1.2.2.3	安全网	10	按附录 A 评价检查表（第 09 号）判定是否合格	对照检查表，检查不符合要求的，每项扣 3 分	GB 5725—2009《安全网》
4.1.2.3	简易登高工具	15	（1）检查是否建立相关管理制度、台账。 （2）按台账抽查，移动梯子、平台、高凳样品数不少于 5 件，按附录 A 评价检查表（第 10 号）判定是否合格。 （3）检查现场使用是否符合要求	（1）无相关管理制度、台账不得分；台账与实际不符扣 5 分。 （2）对照检查表，检查不符合要求的，每件扣 3 分；存在好坏混放现象，扣 10 分。 （3）现场使用不符合要求，每处扣 5 分	（1）GB 26164.1—2010《电业安全工作规程 第 1 部分：热力和机械》； （2）GB/T 17889.2—2012《梯子 第 2 部分：要求、试验和标志》
4.1.2.4	交叉作业的安全防护	10	（1）检查是否建立相关管理制度。 （2）现场实地检查如有交叉作业，查阅交叉作业的危险点预控、安全交底和安全措施等。 （3）现场询问作业人员是否了解交叉作业危险因素和安全措施	（1）无相关管理制度不得分。 （2）交叉作业无危险点预控、安全交底和安全措施，不得分；发现措施不全或一处未落实措施扣 5 分。 （3）人员不了解交叉作业危险因素和安全措施，每人扣 3 分	GB 26164.1—2010《电业安全工作规程 第 1 部分：热力和机械》
4.1.2.5	仓库货架及物品码放	5	（1）检查仓库内货架的码放是否采取了防止引起联锁倾倒的措施。 （2）检查对较重物体的码放是否采取了防止坠落伤人的措施。 （3）检查货架是否进行了承重标识	（1）重物码放存在坠落危险的情况不得分。 （2）发现一处未采取措施或措施不全扣 5 分。 （3）货架无承重标识扣 5 分	（1）GB/T 27924—2011《工业货架规格尺寸与额定荷载》； （2）GB/T 28576—2012《工业货架设计计算》

序号	评价项目	标准分	查评方法及内容	评分标准	查评依据
4.1.3	起重作业安全	70			
4.1.3.1	起重设备的管理	15	（1）检查是否制定起重设备相关管理制度。 （2）检查设备台账，按台账检查设备资料。 （3）检查起重设备是否按规定向负责特种设备安全监督管理的部门办理使用登记，取得使用登记证书登记标志应当置于该特种设备的显著位置并按期检验，设备检验检测报告是否齐全。 （4）检查起重机械、起重机具日常检查维护记录。 （5）检查电站主厂房起重机械，按附录 A 评价检查表（第 11 号）判定是否合格	（1）无相关管理制度，不得分；相关管理制度、职责不完善，扣 8 分。 （2）未建立起重设备台账、设备技术资料不全，扣 10 分。 （3）未向负责特种设备安全监督管理的部门办理使用登记，取得使用登记证书，不得分；未定期检验或检验不合格，每台扣 5 分。 （4）无起重机械、机具日常检查维护记录，不得分；记录不全，每台扣 5 分；未经专责人签字，不得分。 （5）主厂房起重机械不合格，不得分；不符合附录 A 评价检查表（第 11 号）要求，每项扣 5 分	（1）《中华人民共和国特种设备安全法》； （2）GB 26164.1—2010《电业安全工作规程　第 1 部分：热力和机械》； （3）GB 6067.1—2010《起重机械安全规程　第 1 部分：总则》； （4）TSG Q7015—2016《起重机械定期检验规则》
4.1.3.2	载人、载物电梯	10	（1）检查是否制定电梯相关管理制度。 （2）检查设备台账，按台账检查设备资料。 （3）电梯是否按规定向特种设备主管部门备案并按期检验。 （4）现场检查、试验按附录 A 评价检查表（第 29 号）判定是否合格。 （5）检查电梯日常检查、维护记录	（1）无相关管理制度，不得分；制度不完善，每处扣 2 分。 （2）无台账或台账与实际不符，不得分。 （3）未向特种设备主管部门备案，不得分；未定期开展检验，不得分；检验后存在问题未及时整改，不得分。 （4）任一台电梯不合格，不得分。 （5）无电梯检查维护记录，不得分；记录不全，每台扣 5 分；未经专责人签字，每台扣 5 分	（1）GB 50310—2002《电梯工程施工质量验收规范》； （2）GB/T 18775—2009《电梯、自动扶梯和自动人行道维修规范》
4.1.3.3	桥式、门式、流动式起重机	15	起重机械抽查不少于 5 台（不足 5 台全数查评）；是否合格按附录 A 评价检查表（第 11、12 号）判定；易燃易爆场所的起重设备应是使用防爆电气设备	（1）桥式起重机不合格，不得分。 （2）无台账或台账与实际不符，不得分。 （3）不符合附录 A 评价检查表（第 11、12 号）要求，每台扣 5 分	（1）GB 26164.1—2010《电业安全工作规程　第 1 部分：热力和机械》； （2）《特种设备安全监察条例》； （3）GB 6067.1—2010《起重机械安全规程　第 1 部分：总则》； （4）TSG Q7015—2016《起重机械定期检验规则》
4.1.3.4	各式电动葫芦、电动卷扬机、垂直升降机	10	根据台账随机检查，抽查台数不少于 10 台，不足 10 台的全数查评，是否合格按附录 A 评价检查表（第 16 号）判定	（1）无台账或台账与实际不符，不得分。 （2）抽查存在问题，每台扣 3 分。 （3）不符合附录 A 评价检查表（第 16 号）要求，每台扣 3 分	（1）JB/T 9008.1—2014《钢丝绳电动葫芦　第 1 部分：型式与基本参数、技术条件》； （2）JB/T 9008.2—2015《钢丝绳电动葫芦　第 2 部分：试验方法》； （3）TSG Q7015—2016《起重机械定期检验规则》

序号	评价项目	标准分	查评方法及内容	评分标准	查评依据
4.1.3.5	吊钩、钢丝绳、滑轮及卷筒	10	检查各式起重机时，对其吊钩、钢丝绳、滑轮及卷筒进行全面检查，是否合格按附录 A 评价检查表（第13～15号）判定	（1）有一样没有定期检查、试验，扣5分。 （2）评价期内发生由于没有定期检查和试验，造成断绳、断卡等问题，不得分。 （3）不符合附录 A 评价检查表（第13～15号）要求，每台扣5分	（1）GB 26164.1—2010《电业安全工作规程 第1部分：热力和机械》； （2）GB 6067.1—2010《起重机械安全规程 第1部分：总则》； （3）GB/T 5972—2016《起重机钢丝绳保养、维护、检验和报废》
4.1.3.6	手动葫芦(倒链)、吊带、千斤顶	10	查阅制度文本、技术台账、资料，现场检查；是否合格按附录 A 评价检查表（第17号）判定	（1）无台账或台账与实际不符，不得分。 （2）不符合附录 A 评价检查表（第17号）要求，每台扣3分	（1）GB 26164.1—2010《电业安全工作规程 第1部分：热力和机械》； （2）GB 6067.1—2010《起重机械安全规程》； （3）GB/T 27697—2011《立式油压千斤顶》
4.1.4	有限空间作业	60			
4.1.4.1	制度管理	10	（1）检查是否建立管理制度。 （2）检查是否明确有限空间作业场所分类、危险源辨识、控制措施内容和管理流程	（1）无相关管理制度，不得分。 （2）制度内容不完善，管理流程不清晰，各扣5分	（1）GB 26164.1—2010《电业安全工作规程 第1部分：热力和机械》； （2）GB 8958—2006《缺氧危险作业安全规程》； （3）GBZ/T 205—2007《密闭空间作业职业危害防护规范》； （4）国家安监总局令第59号《工贸企业有限空间作业安全管理与监督暂行规定》
4.1.4.2	工作许可和监护	10	（1）进入有限空间作业是否经过许可，查阅工作票，是否办理有限空间作业票。 （2）危险源（点）辨识和控制措施内容是否全面。 （3）检查安全隔离措施是否完备。 （4）检查是否明确安排专人监护且职责明确	（1）有限空间作业未履行许可手续，不得分。 （2）危险源（点）辨识和控制措施内容不全面，扣5分。 （3）安全隔离措施不完备，不得分。 （4）没有安排专人监护或监护人不清楚职责的，不得分	（1）GB 26164.1—2010《电业安全工作规程 第1部分：热力和机械》； （2）GB 8958—2006《缺氧危险作业安全规程》； （3）GBZ/T 205—2007《密闭空间作业职业危害防护规范》； （4）国家安监总局令第59号《工贸企业有限空间作业安全管理与监督暂行规定》

续表

序号	评价项目	标准分	查评方法及内容	评分标准	查评依据
4.1.4.3	防窒息措施	10	（1）检查是否采取通风措施。 （2）进入有限空间作业是否在开工前和工作过程中进行含氧量和有毒有害气体检测,检测结果是否记录且符合要求。 （3）检查是否按照有关规定佩戴有效的呼吸器材。 （4）检查工作现场是否准备应急救援器材、设施	（1）未采取通风措施扣5分。 （2）未进行气体检测或检测参数超标未采取措施不得分；检测记录不全扣5分。 （3）未按要求佩戴呼吸器材扣5分。 （4）工作现场未准备应急救援器材、设施,不得分	（1）GB 26164.1—2010《电业安全工作规程　第1部分：热力和机械》； （2）GB 8958—2006《缺氧危险作业安全规程》； （3）GBZ/T 205—2007《密闭空间作业职业危害防护规范》； （4）国家安监总局令第59号《工贸企业有限空间作业安全管理与监督暂行规定》
4.1.4.4	防火措施	10	（1）在有限空间进行动火作业应使用检修工作票绑定动火工作票,是否采取了防火措施并贯彻执行。 （2）检查是否正确配备灭火器材。 （3）进行有限空间作业是否在开工前和工作过程中进行可燃性气体、易燃易爆性粉尘等检测,检测结果是否记录且符合要求	（1）未履行动火工作许可手续,未采取防火措施或措施落实不到位,不得分。 （2）未正确配备灭火器材,不得分。 （3）没有正确进行气体检测或检测参数超标未采取措施的,不得分；检测记录不全的,扣5分	（1）GB 8958—2006《缺氧危险作业安全规程》； （2）DL 5027—2015《电力设备典型消防规程》； （3）GBZ/T 205—2007《密闭空间作业职业危害防护规范》； （4）国家安监总局令第59号《工贸企业有限空间作业安全管理与监督暂行规定》
4.1.4.5	防触电措施	10	（1）在金属容器内工作是否采取有效的防触电措施。 （2）检查是否使用的是安全电压的电气工具、照明；非安全电压电气工具是否安装了漏电动作电流为10mA的剩余电流动作保护器。 （3）检查剩余电流动作保护装置、电源变压器等是否安装在金属容器外面。 （4）金属容器外（就近）应设置总电源开关,并有专人监护	（1）未制定有效的安全措施,不得分。 （2）未使用安全电压的照明、电气工具或非安全电压的电气工具未安装漏电动作电流为10mA的剩余电流动作保护器,不得分。 （3）剩余电流动作保护装置、电源变压器等没有安装在金属容器外面,不得分。 （4）未设置总电源开关或无专人监护,不得分	（1）GB 26164.1—2010《电业安全工作规程　第1部分：热力和机械》； （2）GB 8958—2006《缺氧危险作业安全规程》； （3）GBZ/T 205—2007《密闭空间作业职业危害防护规范》； （4）国家安监总局令第59号《工贸企业有限空间作业安全管理与监督暂行规定》
4.1.4.6	防止坠落的措施（设备、设施内部安全防护）	10	在设备设施内部如炉膛、烟道、余热利用吸收塔、水箱等内部是否采取了防止人员坠落的防范措施	没有采取了防止人员坠落的防范措施,不得分	（1）GB 26164.1—2010《电业安全工作规程　第1部分：热力和机械》； （2）GBZ/T 205—2007《密闭空间作业职业危害防护规范》； （3）国家安监总局令第59号《工贸企业有限空间作业安全管理与监督暂行规定》

序号	评价项目	标准分	查评方法及内容	评分标准	查评依据
4.1.5	焊接安全	45			
4.1.5.1	电焊机的管理	15	（1）检查是否建立相关管理制度。 （2）检查是否建立电焊机台账。 （3）检查是否定期检查维护并做好记录	（1）无相关管理制度，不得分；相关管理制度内容不完善，扣5分。 （2）未建立电焊机台账或台账与实际不符，扣10分。 （3）未建立定期检查维护记录，不得分；定期检查维护记录不完善，扣5分	GB 26164.1—2010《电业安全工作规程　第1部分：热力和机械》
4.1.5.2	电焊机安全状况	15	（1）按台账抽查不少于5台（少于5台按全数查评），按附录A评价检查表（第18号）判定是否合格。 （2）现场检查电焊机二次线与焊接物接线是否规范	（1）不符合附录A评价检查表（第18号）要求，每台扣5分。 （2）现场检查电焊机二次线与焊接物接线不规范，不符合安全要求，扣10分	GB 26164.1—2010《电业安全工作规程　第1部分：热力和机械》
4.1.5.3	焊接作业安全措施	15	（1）检查现场焊接作业是否开具动火工作票。 （2）检查气焊与电焊是否上下交叉作业。 （3）检查使用中的氧气瓶和乙炔气瓶是否垂直放置并固定，且距离不得小于5m；安设在露天的气瓶，是否采用遮护措施防止阳光曝晒；气瓶是否有防震胶圈，氧气瓶是否有减压阀，乙炔气瓶是否有回火阀。 （4）检查焊接作业现场防火措施是否全面且落实。 （5）检查焊接作业现场是否干燥，是否采取绝缘措施	（1）未履行动火作业审批手续或动火级别管控不符合规定，不得分。 （2）气割（焊）与电焊存在上下交叉作业的，不得分。 （3）气瓶使用不符合规定，每项扣5分。 （4）发现现场一处未采取防火措施或措施不完善，扣5分。 （5）潮湿场所未采取绝缘措施的，不得分	（1）GB 26164.1—2010《电业安全工作规程　第1部分：热力和机械》； （2）DL 5027—2015《电力设备典型消防规程》
4.1.6	机械安全	30			
4.1.6.1	机械安全管理制度	10	（1）各类机加工设备是否制订了安全操作规定，并设置在附近醒目位置。 （2）检查是否建立台账、定期检查试验并做好记录。 （3）抽查2名工作人员是否熟悉和掌握安全操作使用的规定	（1）无安全操作规定，不得分；规定不完善，扣5分。 （2）未建立台账、定期检查试验记录，不得分。 （3）工作人员不熟悉和掌握，每人扣3分	（1）GB 23821—2009《机械安全防止上下肢触及危险区的安全距离》； （2）GB 26164.1—2010《电业安全工作规程　第1部分：热力和机械》
4.1.6.2	各类机械的安全防护	10	检查转动机械的防护罩、围栏等，不少于10台	存在不合格，每台扣3分	（1）GB 23821—2009《机械安全防止上下肢触及危险区的安全距离》； （2）GB 26164.1—2010《电业安全工作规程　第1部分：热力和机械》

序号	评价项目	标准分	查评方法及内容	评分标准	查评依据
4.1.6.3	各类机加工设备管理	10	检查冲、剪、压机械、车床、铣床、刨床、磨床等，按附录 A 评价检查表（第 21、22 号）判定是否合格	（1）无台账，不得分；台账与实际不符，扣 5 分。 （2）不符合附录 A 评价检查表（第 21、22 号）要求，每台扣 2 分	（1）GB 23821—2009《机械安全防止上下肢触及危险区的安全距离》； （2）GB 26164.1—2010《电业安全工作规程　第 1 部分：热力和机械》
4.1.7	生活用锅炉、压力容器	30			
4.1.7.1	相关管理制度	10	（1）查阅生活用锅炉压力容器安全管理规定。 （2）属于特种设备的需按相关规定进行注册、办理使用登记，并按规定进行定期检验	（1）无相关管理制度，不得分；内容、职责不完善，扣 5 分。 （2）未按相关规定进行注册、办理使用登记，未按规定进行定期检验，不得分	（1）TSG G7001—2015《锅炉监督检验规则》； （2）TSG G7002—2015《锅炉定期检验规则》； （3）TSG G0001—2012《锅炉安全技术监察规程》； （4）TSG 21—2016《固定式压力容器安全技术监察规程》； （5）TSG R7001—2013《压力容器定期检验规则》
4.1.7.2	各种小型锅炉安全状况	10	（1）检查是否建立台账。 （2）按附录 A 评价检查表（第 24 号）判定是否合格	（1）无台账，不得分；台账与实际不符，扣 5 分。 （2）不符合附录 A 评价检查表（第 24 号）要求，每台扣 5 分	（1）TSG G7001—2015《锅炉监督检验规则》； （2）TSG G7002—2015《锅炉定期检验规则》； （3）TSG G0001—2012《锅炉安全技术监察规程》
4.1.7.3	小型空气压缩机	10	（1）检查是否建立台账、定期检查试验，并做好记录。 （2）按台账全数查评，按附录 A 评价检查表（第 26 号）判定是否合格	（1）无台账，不得分；台账与实际不符，扣 5 分。 （2）不符合附录 A 评价检查表（第 26 号）要求，每台扣 5 分	GB 26164.1—2010《电业安全工作规程　第 1 部分：热力和机械》
4.1.8	高风险作业管理	20	（1）检查是否制定高风险作业的相关管理制度。 （2）查阅企业是否建立高处作业、易燃易爆等高风险作业的清单。 （3）检查高风险作业是否制定组织措施、技术措施、安全措施和应急救援预案。 （4）检查高风险作业是否对作业人员进行交底，有无交底记录	（1）无相关制度，不得分；内容不完善，扣 10 分。 （2）未建立高风险作业清单，不得分。 （3）高风险作业未制定三措一案，不得分；三措一案未审批扣 10 分；高风险作业的三措一案内容不完善，每项扣 5 分。 （4）未进行交底、无交底记录，每处扣 5 分	（1）《中华人民共和国安全生产法》； （2）《中华人民共和国特种设备安全法》； （3）国务院令第 708 号《生产安全事故应急条例》； （4）GB 26164.1—2010《电业安全工作规程　第 1 部分：热力和机械》

序号	评价项目	标准分	查评方法及内容	评分标准	查评依据
4.1.9	交通安全	70			
4.1.9.1	组织机构	15	（1）检查企业是否成立了交通安全委员会及三级交通安全管理网，是否以正式文件公布。 （2）交通安全委员会职责是否完善并落实。 （3）车辆管理部门是否设置专（兼）职交通管理人员。 （4）是否定期召开交通安全委员会，并有会议记录	（1）未成立交通安全委员会及三级交通安全管理网或未以正式文件公布，不得分。 （2）未明确交通安全委员会职责，不得分；职责、内容不完善、未落实，扣10分。 （3）未设置专（兼）职交通管理人员，扣10分。 （4）未定期召开交通安全委员会，不得分；会议记录不完善，每次扣5分	
4.1.9.2	交通安全管理	15	（1）查阅企业是否制定交通安全、驾驶员和车辆管理的相关制度，其中职责及内容是否完善。 （2）是否有违章考核等奖惩内容和记录。 （3）机动车辆是否安装GPS系统，运行是否正常。 （4）企业是否组织开展交通安全教育培训，记录是否完善	（1）无相关管理制度，不得分；制度职责、内容不完善，每项扣10分。 （2）无违章考核等奖惩内容和记录，扣10分。 （3）机动车辆未安装GPS系统，扣10分；运行不正常，扣5分。 （4）企业未组织开展交通安全教育培训，不得分；培训记录不完善，扣5分。 （5）评价期内发生司机违章造成的交通事故，不得分	《中华人民共和国道路交通安全法》
4.1.9.3	驾驶员管理	10	（1）查阅企业是否建立专职驾驶员和准驾人员档案，并随机抽查不少于2名准驾人员的准驾证是否在有效期内。 （2）检查驾驶员、准驾人员是否定期开展安全日学习，且记录齐全。 （3）检查是否执行派车单制度。 （4）检查是否执行"三检四勤"工作并做好记录	（1）未建立驾驶员和准驾人员档案，不得分。 （2）档案不全或准驾人员准驾证不在有效期内，每人扣5分。 （3）未定期参加安全日学习，未进行补学，每人扣5分。 （4）未执行派车单制度，扣10分。 （5）未执行"三检四勤"工作，不得分；未做好记录，每次扣5分	
4.1.9.4	机动车辆管理（各类机动车辆车况）	10	（1）检查是否建立机动车辆档案、厂内机动车辆档案和车辆维护保养档案等。 （2）检查机动车辆维护保养记录是否完善。 （3）根据台账抽查机动车辆，总数不少于3辆，按附录A评价检查表（第30号）判定是否合格。 （4）检查机动车辆是否定期年检	（1）未建立相关档案，不得分。 （2）机动车辆维护保养记录不完善，每台扣5分。 （3）机动车辆不符合附录A评价检查表（第30号）判定有缺陷，每台扣5分。 （4）机动车辆未定期年检，不得分。 （5）评价期内发生了因车辆不合格造成的交通事故，不得分	GB/T 16178—2011《场（厂）内机动车辆安全检验技术要求》

续表

序号	评价项目	标准分	查评方法及内容	评分标准	查评依据
4.1.9.5	防止重大交通事故措施	10	（1）检查是否制定了冰冻、雨雪、大雾、台风等特殊天气，确保车辆交通安全的保障措施。 （2）检查是否制定相应的应急预案，并进行培训、演练	（1）未制定特殊天气交通安全的保障措施，不得分；措施内容不完善，扣 10 分。 （2）未编制相应的应急预案，不得分；内容有缺失，扣 10 分；未进行培训、演练，扣 10 分；培训、演练记录不完整，扣 5 分；抽查驾驶人员（不少于 2 人）不熟悉保障措施、应急预案，每人扣 3 分	Q/BEH−211.10−18−2019《防止电力生产事故的重点要求及实施导则》
4.1.9.6	厂区道路安全	10	（1）现场检查限速、限高标志、减速带、反光带、凸面镜等。 （2）检查厂区内的道路是否规范、畅通	（1）主干道、路口、转弯处缺少限速标志，每处扣 5 分；管架桥等需要有限高标志处缺少标志，每处扣 5 分；转弯处如视线不清，且缺少凸镜，每处扣 5 分。 （2）厂区内道路不规范，不得分；厂区内道路不畅通（堵塞），每处扣 10 分	GB 4387—2008《工业企业厂内铁路、道路运输安全规程》

4.2 作业环境

序号	评价项目	标准分	查评方法及内容	评分标准	查评依据
4.2	**作业环境**	**365**			
4.2.1	建（构）筑物管理	55			
4.2.1.1	建（构）筑物的布局	15	（1）现场检查易燃、易爆设施、危险品库房与办公楼、宿舍楼等的距离是否符合安全要求。 （2）检查是否在生产场所内安排了员工宿舍	（1）安全距离不符合要求，不得分。 （2）生产场所内安排员工宿舍，不得分；生活区与生产区未分开隔离，不得分	（1）《中华人民共和国安全生产法》； （2）GB 50187—2012《工业企业总平面设计规范》
4.2.1.2	建（构）筑物内、外装修及附着物	15	（1）现场检查建（构）筑物（包括锅炉本体）的化妆板、外墙装修是否存在脱落有伤人的危险。 （2）检查建（构）筑物内、外装修及附着物保温材料是否满足相应防火等级要求。 （3）检查建筑物外爬梯是否符合安全要求	（1）存在问题，每处扣 5 分。 （2）建（构）筑物内、外装修及附着物保温材料不满足相应防火等级要求，不得分。 （3）建筑物外爬梯不符合安全要求，每处扣 5 分	（1）GB 26164.1—2010《电业安全工作规程 第 1 部分：热力和机械》； （2）GB 50016—2018《建筑设计防火规范》； （3）GB 50222—2017《建筑内部装修设计防火规范》； （4）DL 5027—2015《电力设备典型消防规程》

序号	评价项目	标准分	查评方法及内容	评分标准	查评依据
4.2.1.3	建（构）筑物顶部荷载、防漏措施	10	（1）现场检查主要建（构）筑物顶部是否存在积水、杂物，是否存在严重的积雪、冰、灰的现象。 （2）屋顶作为通道或施工场地时，检查是否存在超过设计载荷的现象。 （3）检查是否安装防护栏杆或采取临时措施，以防止人员坠落。 （4）检查设备室是否存在漏水现象等	（1）存在积水，杂物，严重的积雪、冰、灰的现象，不得分。 （2）屋顶作为通道或施工场地时，存在超过设计载荷的问题，不得分。 （3）建（构）筑物顶部有设施或工作，缺少防护措施，不得分。 （4）设备室存在严重漏水现象，不得分；一般问题，扣5分	GB 26164.1—2010《电业安全工作规程 第1部分：热力和机械》
4.2.1.4	人员聚集场所管理	15	（1）现场检查员工宿舍、办公楼、集中控制室、食堂、礼堂等人员聚集场所的疏散通道、安全出口、应急疏散指示标志、应急照明等配置是否符合相关规定。 （2）检查是否张贴应急疏散标志。 （3）应急疏散场地标志是否明显、明确	（1）人员密集场所无两个及以上的门及通道，不得分；在人员集中时门或通道不能保证正常使用，不得分；疏散通道有堆放杂物现象，扣10分。 （2）缺少应急疏散指示、标志，不得分；应急疏散指示、标志损坏，每处扣5分。 （3）无应急疏散场地标志，扣5分	（1）GB 13495.1—2015《消防安全标志 第1部分：标志》； （2）GB 51309—2018《消防应急照明和疏散指示系统技术标准》； （3）DL/T 1123—2009《火力发电企业生产安全设施配置》
4.2.2	生产区域楼板、地面状况	35			
4.2.2.1	栏杆和盖板、楼板	15	（1）现场重点检查楼板、升降口、吊装孔、地面闸门井、坑池、沟等处的栏杆、盖板、护板是否齐全，是否符合国家标准及现场安全要求。 （2）检查临时拆除防护设施是否有补充措施	（1）发现缺栏杆、缺盖板、护板或设计安装不符合要求，每处扣5分。 （2）临时拆除无补充措施，不得分	（1）GB 26164.1—2010《电业安全工作规程 第1部分：热力和机械》； （2）GB 4053.3—2009《固定式钢梯及平台安全要求 第3部分：工业防护栏杆及钢平台》
4.2.2.2	通道及设施	10	（1）地面孔洞盖板必须铺设牢固，检查其表面是否有防止滑跌的警示条纹或防滑措施。 （2）检查平台、消防通道、人行道有无易引起摔跌或碰伤的障碍物等	（1）盖板必须铺设牢固，其表面没有防止滑跌的警示条纹或防滑措施，不得分。 （2）人行道有易引起摔跌或碰伤的障碍物（油水、泥污），不得分；存在一般问题，每处扣2分；消防通道阻塞，不得分	（1）GB 26164.1—2010《电业安全工作规程 第1部分：热力和机械》； （2）DL 5027—2015《电力设备典型消防规程》
4.2.2.3	井盖管理	10	（1）现场检查厂区的井盖是否齐全完整。 （2）检查热水井、污水井是否采取了防止人员坠落的措施	（1）井盖不符合要求，每处扣5分。 （2）热水井、污水井措施不到位，不得分	GB 26164.1—2010《电业安全工作规程 第1部分：热力和机械》
4.2.3	生产区域梯台	15			
4.2.3.1	钢斜梯	5	（1）现场抽查，重点检查踏板有无防滑措施。 （2）检查踏板间距是否过大；护板及护栏尺寸是否合格；钢斜梯的角度是否小于60°	发现不符合安全要求的，每处扣2分	GB 4053.2—2009《固定式钢梯及平台安全要求 第2部分：钢斜梯》

续表

序号	评价项目	标准分	查评方法及内容	评分标准	查评依据
4.2.3.2	钢直梯	5	（1）现场抽查，重点检查踏棍有无防滑措施。 （2）检查踏棍间距是否过大；钢直梯与固定体连接是否可靠；是否设置合格的护笼防护	发现不符合安全要求的，每处扣2分	GB 4053.1—2009《固定式钢梯及平台安全要求 第1部分：刚直梯》
4.2.3.3	钢平台、步道	5	（1）现场抽查，重点检查踏板有无防滑措施。 （2）检查踏板间距是否符合规定；护板及护栏尺寸是否合格，在楼梯的起止级是否有明显的安全警示	发现不符合安全要求的，每处扣2分	（1）GB 4053.3—2009《固定式钢梯及平台安全要求 第3部分：工业防护栏杆及钢平台》； （2）GB 26164.1—2010《电业安全工作规程 第1部分：热力和机械》
4.2.4	生产区域照明	70			
4.2.4.1	控制室照明	15	（1）现场检查照明照度是否满足要求。 （2）检查主控制室是否安装事故照明；应急照明是否良好。 （3）检查是否定期进行事故照明切换	（1）照明照度不符合要求，扣5分。 （2）主控制室未安装事故照明，不得分；应急照明有损坏，扣5分。 （3）未定期进行事故照明切换试验，扣5分	（1）GB 50034—2013《建筑照明设计标准》； （2）GB 26164.1—2010《电业安全工作规程 第1部分：热力和机械》； （3）Q/BJCE－218.17－09—2019《燃气发电企业设备定期轮换与试验管理规定》
4.2.4.2	主厂房、泵房照明	15	（1）现场检查照明照度是否满足要求。 （2）检查是否安装事故照明；应急照明是否良好。 （3）检查是否定期进行事故照明切换	（1）照明照度不符合要求扣5分。 （2）未安装事故照明，不得分；应急照明有损坏，扣5分。 （3）未定期进行事故照明切换试验，扣5分	（1）GB 50034—2013《建筑照明设计标准》； （2）GB 26164.1—2010《电业安全工作规程 第1部分：热力和机械》； （3）Q/BJCE－218.17－09—2019《燃气发电企业设备定期轮换与试验管理规定》
4.2.4.3	母线室、开关室、配电室照明	10	（1）现场检查照明照度是否满足要求。 （2）检查是否安装事故照明；应急照明是否良好。 （3）检查是否定期进行事故照明切换。 （4）检查高度低于2.5m的电缆夹层、隧道是否采用安全电压供电	（1）照明照度不符合要求，扣5分。 （2）未安装事故照明，不得分；应急照明有损坏，扣5分。 （3）未定期进行事故照明切换试验，扣5分。 （4）高度低于2.5m的电缆夹层、隧道未采用安全电压供电，不得分；其中一种装置未采用安全电压供电，扣5分	（1）GB 50034—2013《建筑照明设计标准》； （2）GB 26164.1—2010《电业安全工作规程 第1部分：热力和机械》； （3）Q/BJCE－218.17－09—2019《燃气发电企业设备定期轮换与试验管理规定》
4.2.4.4	升压站照明	10	升压站照明是否符合设计及现场安全要求	照明照度不符合要求，扣5分	（1）GB 50034—2013《建筑照明设计标准》； （2）GB 26164.1—2010《电业安全工作规程 第1部分：热力和机械》

续表

序号	评价项目	标准分	查评方法及内容	评分标准	查评依据
4.2.4.5	楼梯间照明	5	（1）现场检查照明照度是否满足要求。 （2）检查是否安装应急照明，是否良好。 （3）检查照明设备是否完好	（1）照明照度不符合要求，扣5分。 （2）未安装应急照明，不得分。 （3）照明设备存在问题，每处扣2分	（1）GB 50034—2013《建筑照明设计标准》； （2）GB 26164.1—2010《电业安全工作规程 第1部分：热力和机械》
4.2.4.6	燃气调压站、制氢站、储氢站、柴油机房、蓄电池（标准酸性蓄电池）室等	15	（1）现场检查防爆的照明照度是否满足要求。 （2）检查是否安装防爆的事故照明；防爆的应急照明是否良好	（1）照明照度不符合要求，扣5分。 （2）未安装防爆事故照明或应急照明，不得分；应急照明存在问题，每处扣5分	DL 5027—2015《电力设备典型消防规程》第10.6.2条
4.2.5	职业健康管理	130			
4.2.5.1	职业健康管理活动	45			
4.2.5.1.1	制度、清单、记录管理	10	检查以下内容： （1）是否制定了职业病防治责任制、规章制度、操作规程。 （2）是否建立了工作场所职业病危害因素种类清单、岗位分布以及员工接触、被告知情况。 （3）是否建立职业病防护设施、应急救援设施基本信息，以及其配置、使用、维护、检修与更换等记录。 （4）是否将工作过程中可能产生的职业病危害及其后果、职业病防护措施和待遇等如实告知劳动者，并在劳动合同中写明	（1）未建立制度和操作规程，不得分；内容不完善，扣5分。 （2）未建立了工作场所职业病危害因素种类清单，不得分；危害因素清单记录不全，扣5分。 （3）无防护设施、应急救援设施记录，不得分；防护设施、应急救援设施记录不全，扣5分。 （4）未告知或在合同中写明，扣5分	（1）《中华人民共和国职业病防治法》； （2）GBZ 1—2010《工业企业设计卫生标准》； （3）DL/T 325—2010《电力行业职业健康监护技术规范》
4.2.5.1.2	培训、体检	10	检查以下内容： （1）是否开展职工健康与职业病防治知识宣传和培训。 （2）是否按规定定期进行职业健康体检。 （3）是否对接触职业性有害因素的劳动者进行上岗前、在岗期间、离岗时和应急职业健康检查。 （4）是否建立职业病危害事故报告和处理记录。 （5）是否建立员工职业健康检查汇总资料及职业禁忌等人员的安置记录	（1）未定期开展职工健康与职业病防治知识宣传和培训，不得分；无培训记录，扣5分。 （2）未按规定定期进行职业健康体检，不得分。 （3）未进行上岗前、在岗期间、离岗时和应急职业健康检查，不得分；缺其一种健康检查，扣5分。 （4）发生职业病危害事故后，无职业病危害事故报告和处理记录，不得分。 （5）未建立员工职业健康检查汇总资料及职业禁忌等人员的安置记录，扣5分	（1）《中华人民共和国职业病防治法》； （2）GBZ 1—2010《工业企业设计卫生标准》； （3）DL/T 325—2010《电力行业职业健康监护技术规范》； （4）GBZ 188—2014《职业健康监护技术规范》

续表

序号	评价项目	标准分	查评方法及内容	评分标准	查评依据
4.2.5.1.3	劳动防护用品管理	10	检查以下内容： （1）是否制定劳动保护及个体防护用品发放和使用的管理制度。 （2）职工在现场是否正确使用。 （3）防护用品按附录 A 评价检查表（第 27 号）判定是否合格。 （4）是否建立防护用品发放记录	（1）未建立管理制度，不得分；内容不完善，扣 5 分。 （2）发现不正确使用劳动保护用品，每人扣 5 分，2 人次及以上不得分。 （3）不符合附录 A 评价检查表（第 27 号）要求，扣 5 分。 （4）没有防护用品发放记录，扣 5 分；记录不全，每处扣 2 分	GB/T 11651—2008《个体防护装备选用规范》
4.2.5.1.4	标志标识	15	检查以下内容： （1）是否对职业危害因素进行定期检测。 （2）是否建立职业危害因素区域标志的台账。 （3）对职业危害因素区域是否进行有效标志。 （4）对职业危害因素区域超标区域是否进行特殊标志	（1）没有对职业危害因素进行定期检测，不得分；检测内容不全，扣 10 分。 （2）没有建立标志台账，不得分；标志台账不完善，扣 5 分。 （3）对职业危害因素区域未进行有效标志，每处扣 3 分。 （4）对超标区域未进行特殊标志，每处扣 3 分	（1）《中华人民共和国职业病防治法》； （2）GB 5083—1999《生产设备安全卫生设计总则》； （3）GBZ 158—2003《工作场所职业病危害警示标识》
4.2.5.2	安全帽	10	（1）检查是否建立安全帽台账。 （2）抽查总数不少于 20%顶，按附录 A 评价检查表（第 28 号）判定是否合格	（1）未建立台账，扣 5 分。 （2）不符合附录 A 评价检查表（第 28 号）要求，每项扣 2 分	（1）GB 2811—2007《安全帽》； （2）GB/T 30041—2013《头部防护安全帽选用规范》； （3）GB/T 2812—2006《安全帽测试方法》
4.2.5.3	正压式空气呼吸器	15	（1）检查是否建立台账。 （2）检查配备数量、存放地点是否合理。 （3）检查是否完好有效且定期检查。 （4）检查现场人员是否正确掌握使用方法	（1）没有建立台账，扣 10 分。 （2）未配备，不得分；配备数量、存放地点不合理，扣 10 分。 （3）未定期检查，扣 5 分；存在明显缺陷，每台扣 10 分。 （4）现场人员抽查不少于 2 人，不会或不正确使用，每人扣 10 分	（1）GB/T 16556—2007《自给开路式压缩空气呼吸器》； （2）DL/T 5027—2015《电力设备典型消防规程》
4.2.5.4	气体检测仪	15	易燃易爆、有毒有害、含氧量等按以下检查： （1）是否建立台账。 （2）是否完好有效且定期检验。 （3）现场人员是否正确掌握使用方法	（1）没有建立台账，扣 10 分。 （2）未定期校验，扣 5 分；存在明显缺陷，每台扣 10 分。 （3）现场人员抽查不少于 2 人，不会或不正确使用，每人扣 10 分	Q/BJCE－217.17－22—2019《高风险作业管理规定》

序号	评价项目	标准分	查评方法及内容	评分标准	查评依据
4.2.5.5	SF₆气体防护	15	检查以下内容： （1）是否安装 SF₆浓度报警仪，且完好。 （2）GIS 开关室、检修室底部是否安装通风装置，且完好。 （3）是否明确进入室内前先开启通风装置及通风时间	（1）GIS 开关室、检修室未安装报警仪或报警仪不正常，不得分。 （2）GIS 开关室、检修室底部未安装通风装置，不得分；运行不正常，每处扣 5 分。 （3）未明确进入室内前先开启通风装置及通风时间，扣 5 分	（1）《中华人民共和国职业病防治法》； （2）DL/T 639—2016《六氟化硫电气设备运行、试验及检修人员安全防护细则》
4.2.5.6	集中空调系统管理	10	检查以下内容： （1）是否建立集中空调系统相关管理制度，日常维护、清洗消毒及集中空调系统故障处理情况记录、定期切换记录等。 （2）集中空调系统的送、回风口是否装设防鼠装置，出风口是否加装了防尘过滤网、过滤器；是否定期清理。 （3）空调系统是否通过切换可以实现开式供风以防止交叉感染	（1）未建立集中空调系统相关管理制度，不得分；相关管理制度不完善，扣 5 分；未建立日常维护、清洗消毒及集中空调系统故障处理情况记录、定期切换记录等，不得分；缺记录，每种扣 4 分。 （2）集中空调系统的送、回风口未装设防鼠装置，出风口未加装防尘过滤网、过滤器，不得分；未定期清理，不得分。 （3）不具备切换功能可以实现开式供风，不得分	WS 394—2012《公共场所集中空调通风系统卫生规范》
4.2.5.7	噪声控制	10	检查以下内容： （1）重点检查高噪声设备是否采取了降低噪声的有效措施。 （2）区域内是否设置了噪声提示标志。 （3）在此区域作业人员是否配备了耳塞等防护用品	（1）未采取降噪措施，每处扣 3 分。 （2）缺少噪声提示标志，每处扣 5 分。 （3）没有配备防护用品，不得分	GB/T 50087—2013《工业企业噪声控制设计规范》
4.2.5.8	高温、低温作业	10	（1）检查是否制定了异常高温、低温环境下作业的相关管理制度及应急预案。 （2）检查长期有人值班场所是否安装了空调等室内温度调控装置。 （3）检查异常高温、低温环境下作业的劳动防护用品发放和使用是否符合要求	（1）没有制度或应急预案，不得分。 （2）任一处没有温度调控装置，扣 5 分。 （3）异常高温、低温环境下作业的劳动防护用品发放和使用不符合要求，不得分	（1）《中华人民共和国职业病防治法》； （2）WS 394—2012《公共场所集中空调通风系统卫生规范》

续表

序号	评价项目	标准分	查评方法及内容	评分标准	查评依据
4.2.6	安全标志	60			
4.2.6.1	安全标志标准	10	（1）检查是否建立安全标志管理制度和台账。 （2）检查安全标志设置是否符合规定（如是否设在醒目位置；安全标志不应设在可移动的物体上；多个安全标志牌一起设置时，是否按警告、禁止、指令、提示类顺序，先左后右，先上后下排列等）	（1）未建立安全标志管理制度和台账，不得分；标准、台账内容不完善，扣5分。 （2）安全标志安装设置不符合 DL/T 1123—2009《火力发电企业生产安全设施配置》的要求（含模糊不清、破损、缺失等），每处扣2分	（1）GB 2894—2008《安全标志及其使用导则》； （2）GB 13495.1—2015《消防安全标志　第1部分：标志》； （3）GB/T 2893.1—2013《图形符号安全色和安全标志　第1部分：安全标志和安全标记的设计原则》； （4）DL/T 1123—2009《火力发电企业生产安全设施配置》
4.2.6.2	楼板、平台、消防安全标志	10	（1）检查人行通道高度不足1.8m的障碍物上是否标有防止碰撞线。 （2）平台与下行楼梯连接边缘处及人行通道高差30mm以上边缘处，检查是否标有防止踏空线。 （3）检查楼板、平台是否有明显的允许载荷标志。 （4）检查消防标志是否齐全、醒目	（1）人行通道高度不足1.8m的障碍物上未标有防止碰撞线，每处扣2分。 （2）平台与下行楼梯连接边缘处及人行通道高差30mm以上边缘处，未标有防止踏空线，每处扣2分。 （3）楼板、平台无明显的允许载荷标志，不得分；部分无明显的允许载荷标志，每处扣2分。 （4）消防标志损坏、不齐全、不醒目，每处扣2分	（1）GB 13495.1—2015《消防安全标志　第1部分：标志》； （2）DL/T 1123—2009《火力发电企业生产安全设施配置》
4.2.6.3	机房安全标志	10	检查以下内容： （1）机房主要出入口（零米、中间层及运转层）醒目位置是否装设"燃气氢冷机组，严禁烟火""重点防火部位"和"必须戴安全帽"标志牌。 （2）天然气调压站、氢站、燃机前置模块间、燃机隔间、罩壳醒目位置，是否装设"未经许可，不得入内""禁止烟火""禁止带火种""禁止使用无线通信""禁止穿带钉鞋""禁止穿化纤服装"和"防火重点部位"标志牌。 （3）发电机、机、炉运转层醒目的位置是否装设设备的标志牌。 （4）油系统醒目位置是否装设"禁止烟火""重点防火部位"标志牌。 （5）天然气调压站四周围栏或围墙上，是否装设"天然气调压站严禁烟火"标志牌。 （6）氢站四周墙30m内是否装设"氢站严禁烟火"标志牌	安全标志安装位置不符合 DL/T 1123—2009《火力发电企业生产安全设施配置》的标准，每处扣2分	（1）GB 13495.1—2015《消防安全标志　第1部分：标志》； （2）DL/T 1123—2009《火力发电企业生产安全设施配置》

续表

序号	评价项目	标准分	查评方法及内容	评分标准	查评依据
4.2.6.4	电气配电装置安全标志	10	检查以下内容： （1）高压电动机接线盒处安装是否安装"高压危险"标志牌。 （2）配电门外是否安装"止步，高压危险""未经许可，不得入内""禁止烟火"和"防火重点部位"等标志牌；带有微机保护装置的配电室是否安装"禁止使用无线通信设备"。 （3）室外变电站除（2）条外是否安装限高高度、架构爬梯"禁止攀登，高压危险"等标志牌	安全标志安装位置不符合 DL/T 1123—2009《火力发电企业生产安全设施配置》的标准，每处扣 2 分	（1）GB 13495.1—2015《消防安全标志　第 1 部分：标志》； （2）DL/T 1123—2009《火力发电企业生产安全设施配置》
4.2.6.5	加药设备、存储危化品安全标志	10	加药设备、存储危化品旁醒目位置，是否设置与所加药品相对应的"作业场所职业病危害告知卡""当心腐蚀"和"重点防火部位"等标志牌	不合格要求的，每处扣 2 分	（1）GB 13495.1—2015《消防安全标志　第 1 部分：标志》； （2）DL/T 1123—2009《火力发电企业生产安全设施配置》
4.2.6.6	应急疏散标志	10	（1）现场检查场站应急疏散指示标志是否明显。 （2）检查应急疏散场地是否合理	（1）未设置不得分；标志不明显扣 5 分。 （2）场地设置不合理扣 5 分	（1）GB 13495.1—2015《消防安全标志　第 1 部分：标志》； （2）GB 51309—2018《消防应急照明和疏散指示系统技术标准》； （3）GB/T 36291.1—2018《电力安全设施配置技术规范　第 1 部分：变电站》； （4）GB/T 36291.2—2018《电力安全设施配置技术规范　第 2 部分：线路》

4.3　防灾减灾

序号	评价项目	标准分	查评方法及内容	评分标准	查评依据
4.3	防灾减灾	80			
4.3.1	厂区环境	40			
4.3.1.1	应对自然灾害的应急救援预案	20	查阅预案文本，是否结合地域特点建立防止滑坡、泥石流、防台风等应急预案；查阅演练记录	（1）未有自然灾害预案文本，不得分。 （2）预案针对性不强，扣 10 分。 （3）未进行演练，不得分；演练未进行评估，不得分	（1）国务院令第 708 号《生产安全事故应急条例》； （2）国能安全〔2014〕508 号《电力企业应急预案管理办法》

序号	评价项目	标准分	查评方法及内容	评分标准	查评依据
4.3.1.2	地质危害因素	5	查阅相关设计资料，地域是否有采矿情况，厂区、水源地等是否有采空区，熔岩等、存在地质危害因素	资料不齐全或存在相关隐患不得分	（1）国务院令第 708 号《生产安全事故应急条例》； （2）国能安全〔2014〕508 号《电力企业应急预案管理办法》
4.3.1.3	周边环境对企业的影响	5	（1）查阅相关资料，询问相关人员，厂区周边是否存在化工厂等可能产生影响企业安全的情况。 （2）检查对存在的情况是否制订了相应的应急救援预案	（1）没有进行调查不得分。 （2）对存在的情况缺乏有针对性的应急救援预案不得分；缺少相关防护用具不得分	（1）国务院令第 708 号《生产安全事故应急条例》； （2）国能安全〔2014〕508 号《电力企业应急预案管理办法》
4.3.1.4	建（构）筑物沉降管理	10	（1）按规定是否对厂区主要建（构）筑物开展了沉降观测并建立记录。 （2）检查是否对数据的变化趋势定期分析并有结论	（1）缺少对烟囱、冷却塔、主厂房、办公楼、宿舍楼、锅炉、汽机房等主要建筑的任意一处数据，不得分。 （2）有数据但缺少趋势性分析及结论，每项扣 2 分	（1）GB 50026—2007《工程测量规范》； （2）GB 50007—2011《建筑地基基础设计规范》； （3）JGJ 8—2016《建筑变形测量规范》
4.3.2	防汛管理	25			
4.3.2.1	综合管理	15	（1）检查是否建立防汛、防台风管理制度。 （2）受台风影响地区重点检查室外起重设备、建（构）筑物、门窗以及室外电气盘柜、端子箱完好。 （3）汛期前、收到台风预警后，检查是否制定防汛、防台风工作方案，明确责任分工、值班及抢险组织。 （4）检查供水泵房、厂房、零米以下部位等永久性防汛设施是否处于良好状态。 （5）检查厂区排水设施是否完好。 （6）检查是否有防汛应急预案	（1）未建立防汛、防台风管理制度，不得分；内容不完善，扣 5 分。 （2）未制定防汛、防台风工作方案，不得分；内容不完善，扣 5 分。 （3）重要场所、设施任意一处存在问题，不得分。 （4）未开展防汛、防台风检查，不得分。 （5）针对防汛、防台风检查发现问题未按时整改，每项扣 5 分。 （6）没有预案，不得分；不完善，扣 5 分	（1）《中华人民共和国防汛条例》； （2）国务院令第 708 号《生产安全事故应急条例》； （3）国能安全〔2014〕508 号《电力企业应急预案管理办法》
4.3.2.2	防汛器材管理	10	（1）检查是否建立防汛器材台账。 （2）检查防汛器材管理、维护责任制是否落实。 （3）检查防汛器材是否设置到位	（1）未建立台账，不得分；台账与实际不符，扣 5 分。 （2）未建立使用、维护、检查记录，不得分；内容不完善，扣 5 分；防汛器材保管不合格并有损坏、缺失等现象，不得分。 （3）防汛器材应到位未到位，不得分	《中华人民共和国防汛条例》

序号	评价项目	标准分	查评方法及内容	评分标准	查评依据
4.3.3	抗震加固（抗震管理）	15	（1）根据设计资料，现场检查不符合抗震设防烈度的建（构）筑物是否采取了加固措施。 （2）检查企业所在地区发生破坏性地震后，是否组织对建（构）筑物进行全面检查。 （3）根据设计资料，现场检查主变压器、蓄电池及其他有关设备是否已经采取了抗震加固措施。 （4）检查企业是否有防地震灾害应急预案	（1）未加固，不得分；部分加固，扣 10 分。 （2）未组织震后检查的，不得分。 （3）震后未采取加固措施的，不得分。 （4）没有预案扣 10 分；不完善扣 5 分	（1）国务院令第 708 号《生产安全事故应急条例》； （2）GB 50011—2010《建筑抗震设计规范》； （3）GB 50260—2013《电力设施抗震设计规范》； （4）国能安全〔2014〕508 号《电力企业应急预案管理办法》

4.4 电力设施保护

序号	评价项目	标准分	查评方法及内容	评分标准	查评依据
4.4	电力设施保护	55			
4.4.1	治安保卫管理	15	（1）检查是否建立公司治安保卫管理制度（涵盖反恐内容）、岗位责任制及保安员管理制度。 （2）检查是否建立治安保卫组织机构，并设专（兼）职治安保卫人员。 （3）检查是否组织开展治安保卫相关预案演练并记录。 （4）检查是否建立治安保卫工器具台账及检查记录	（1）未制定治安保卫制度、岗位责任制及保安员管理制度，不得分；内容不完善，扣 10 分。 （2）未建立治安保卫组织机构，不得分；未及时调整，扣 5 分；未设专（兼）职治安保卫人员，扣 8 分。 （3）没有预案或未组织开展演练，不得分。 （4）未备有治安保卫工器具，不得分；未建立台账及检查记录，各扣 5 分	（1）《中华人民共和国电力法》； （2）国务院令第 421 号《企业事业单位内部治安保卫条例》； （3）《电力行业反恐怖防范标准（试行）》（火电部分）
4.4.2	治安保卫责任制	10	（1）查阅企业是否制定治安保卫责任制。 （2）检查日常管理工作是否做到规范化、标准化	（1）责任部门或人员不落实，不得分。 （2）评价期内发生电力设备、设施被盗窃的情况，不得分；存在其他问题，扣 2 分	（1）国务院令第 421 号《企业事业单位内部治安保卫条例》； （2）国发〔2011〕10 号《电力设施保护条例实施细则》； （3）《电力行业反恐怖防范标准（试行）》（火电部分）
4.4.3	现场出入管理	15	（1）检查是否建立人员、车辆出入管理制度。 （2）检查出入物品的检查制度是否落实	（1）未建立人员、车辆出入管理制度，不得分；内容不完善，扣 5 分。 （2）出入物品的检查未按制度执行，扣 10 分	（1）国务院令第 421 号《企业事业单位内部治安保卫条例》； （2）国发〔2011〕10 号《电力设施保护条例实施细则》； （3）《电力行业反恐怖防范标准（试行）》（火电/光伏部分）

序号	评价项目	标准分	查评方法及内容	评分标准	查评依据
4.4.4	监控系统管理	10	（1）检查厂区大门、重要生产区域、要害部位是否建立了电子监控系统。 （2）检查监控系统是否正常运行，画面是否完好、清晰。 （3）检查监控设备设施是否建立台账及维护检查记录。 （4）检查监控录像资料是否齐全、清晰	（1）未建立监控系统，不得分。 （2）监控系统未正常运行，不得分；画面不完好、清晰，每处扣5分。 （3）监控设备设施未建立台账，扣5分；未建立维护检查记录，扣5分。 （4）监控录像资料不齐全，质量差，每处扣5分	（1）国务院令第421号《企业事业单位内部治安保卫条例》； （2）国发〔2011〕10号《电力设施保护条例实施细则》
4.4.5	宣传教育	5	是否对周边群众开展电力设施保护的宣传、教育工作	未开展电力设施保护的宣传、教育工作，不得分	国发〔2011〕10号《电力设施保护条例实施细则》

5　消防安全管理

5.1　消防管理

序号	评价项目	标准分	查评方法及内容	评分标准	查评依据
5.1	**消防管理**	**200**			
5.1.1	消防安全管理组织	15	（1）检查是否成立了消防安全委员会，建立消防安全组织机构体系；是否每年或根据人员变化及时进行调整，并配备专职消防安全管理人员。 （2）检查消防管理人员是否经过消防安全专业培训，并取得相应证书。 （3）检查重点防火部位是否建立岗位防火职责和防火责任人	（1）未成立消防安全委员会、建立组织机构，不得分；未明确消防管理部门、消防安全监督部门，不得分；未明确消防安全监督人员、消防安全管理人员相应职责，不得分；每年或根据人员变化未及时进行调整，扣15分。 （2）消防安全管理人员未经过消防安全专业培训持合格证上岗，每人扣3分。 （3）没有明确重点防火部位，不得分；重点防火部位有疏漏，每处扣2分；未建立重点防火部位责任人，扣5分；职责内容不完善，扣3分	（1）《中华人民共和国消防法》； （2）DL 5027—2015《电力设备典型消防规程》； （3）国办发〔2017〕87号《消防安全责任制实施办法》； （4）Q/BJCE－217.17－10—2019《消防安全管理规定》
5.1.2	规章制度	25	（1）检查是否制定消防安全管理规章制度，并明确各级人员的职责。 （2）检查是否贯彻执行消防法规、地方政府和上级单位的相关制度，落实消防安全生产责任。 （3）检查是否建立消防档案，包括消防安全基本情况和消防安全管理情况，消防档案统一保管，根据情况变化是否及时更新。 （4）检查是否制定消防设施、火灾报警装置及特殊消防系统的运行、检修规程。	（1）无消防管理规章制度，不得分；内容不完善，扣10分。 （2）未落实消防安全生产责任制，不得分；消防安全生产责任制落实不到位，扣10分。 （3）未建立消防档案，不得分；消防档案不全，每项扣5分。 （4）未建立消防设施、火灾报警装置及特殊消防系统的运行、检修规程，不得分；消防设备规程内容有缺失不全，每项扣5分。	（1）《中华人民共和国消防法》； （2）DL 5027—2015《电力设备典型消防规程》； （3）公安部令第61号《机关、团体、企业、事业单位消防安全管理规定》；

序号	评价项目	标准分	查评方法及内容	评分标准	查评依据
5.1.2	规章制度	25	（5）检查是否绘制全公司消防系统图册（水消防和特殊消防系统）。 （6）检查是否建立消防记录台账	（5）未建立消防系统图册（水消防和特殊消防系统）扣10分；有缺失不全，每项扣5分。 （6）未按照要求建立消防记录台账，每项扣2分	（4）Q/BJCE－217.17－10—2019《消防安全管理规定》
5.1.3	消防验收	20	查阅相关资料核对新、改、扩工程是否通过消防验收或进行消防竣工验收备案	对新、改、扩工程未通过消防验收或未进行消防竣工验收备案，不得分	（1）公安部〔2012〕119号《建设工程监督管理规定》； （2）厅字〔2019〕34号中共中央办公厅、国务院办公厅《关于深化消防执法改革的意见》
5.1.4	消防队伍和微型消防站	20	（1）检查企业是否建立微型消防站。 （2）检查是否建立志愿消防队伍，且人数是否符合要求	（1）未建立微型消防站，不得分；人数低于6人，不得分。 （2）未组建志愿消防队伍、未以企业文件形式公布志愿消防队伍名单、未明确职责，均不得分；人数不符合要求，扣10分	（1）《中华人民共和国消防法》； （2）DL 5027—2015《电力设备典型消防规程》； （3）公消〔2015〕301号公安部《消防安全重点单位微型消防站建设标准（试行）》
5.1.5	人员教育培训和演练	20	（1）检查是否明确消防安全教育培训要求，并制订年度消防培训计划。 （2）检查是否按计划开展消防培训和有针对性的消防应急演练	（1）未明确消防安全教育培训要求，不得分；教育培训要求不具体、内容不全面，扣10分；未制订年度消防安全培训计划，不得分。 （2）未按照计划完成消防应急演练计划，扣10分；无消防应急演练评估或评估内容存在问题或未制订整改计划，扣10分；整改计划未落实，每项扣5分	（1）《中华人民共和国消防法》； （2）DL 5027—2015《电力设备典型消防规程》； （3）公安部〔2009〕109号《社会消防安全教育培训规定》； （4）Q/BJCE－217.17－10—2019《消防安全管理规定》
5.1.6	消防器材管理	15	（1）检查是否建立消防器材台账。 （2）检查是否定期进行检查和试验并做好记录。 （3）检查备用、待检、废品等消防器材是否分区域分别存放	（1）未建立消防器材台账，不得分。 （2）消防器材配备不满足要求，每处扣5分；台账不完善，每处扣5分。 （3）定期检查、试验无记录，每处扣5分；记录不完善，每处扣5分。 （4）备用、待检、废品等消防器材存放不符合要求，每处扣5分	（1）GB 50229—2019《火力发电厂与变电站设计防火标准》； （2）GB 50140—2005《建筑灭火器配置设计规范》； （3）DL 5027—2015《电力设备典型消防规程》

序号	评价项目	标准分	查评方法及内容	评分标准	查评依据
5.1.7	消防技术服务队伍管理	15	检查消防设备、设施技术服务机构从业条件、人员从业资质是否符合要求	消防技术服务机构从业条件、人员从业资质不满足要求，不得分	（1）厅字〔2019〕34号中共中央办公厅、国务院办公厅《关于深化消防执法改革的意见》； （2）应急〔2019〕88号应急管理部《消防技术服务机构从业条件》； （3）应急〔2019〕154号应急管理部《关于贯彻实施国家职业技能标准〈消防设施操作员〉的通知》； （4）人社厅发〔2019〕63号人力资源社会保障部办公厅、应急管理部办公厅《关于颁布消防设施操作员国家职业技能标准的通知》职业编码4－07－05－04《消防设施操作员》
5.1.8	消防巡查与检查	15	（1）检查是否定期组织有针对性的防火检查活动，及时发现并消除火灾隐患。 （2）检查是否定期检查对火灾隐患的整改以及防范措施的落实情况。 （3）检查是否明确对消防设施和器材的检查周期，并进行检查做好记录。 （4）检查是否对管辖区域内外协单位进行消防安全检查，并形成闭环管理	（1）未组织开展有针对性的防火检查活动扣10分；未明确检查内容扣5分；发现隐患未按时消除，每项扣3分。 （2）未对火灾隐患的整改和防范措施的落实情况进行检查扣10分。 （3）未按期对消防设施和器材进行检查，或未记录存在问题，每次扣5分。 （4）没有对管辖区域内外协单位进行消防安全检查扣5分	（1）DL 5027—2015《电力设备典型消防规程》； （2）Q/BEH－211.10－18—2019《防止电力生产事故的重点要求及实施导则》
5.1.9	火灾应急预案管理	15	（1）检查是否制订灭火和应急疏散预案。 （2）检查是否制订火灾应急处置和应急疏散演练计划，并组织实施	（1）未制订灭火和应急疏散预案，不得分；灭火和应急疏散预案，不全面或存在其他问题，各扣5分； （2）未制订演练计划，不得分；未对演练情况进行评估，扣10分	（1）《中华人民共和国消防法》； （2）GB/T 29639—2013《生产经营单位生产安全事故应急预案编制导则》； （3）DL 5027—2015《电力设备典型消防规程》； （4）Q/BEH－211.10－18—2019《防止电力生产事故的重点要求及实施导则》
5.1.10	火灾事故（事件）通报与奖惩	15	（1）检查发生火灾事故（事件）后是否及时报送。 （2）检查对事件调查是否完整并编写调查报告。 （3）检查事件整改措施及奖惩是否落实。 （4）检查是否组织班组开展对通报进行学习	（1）瞒报、迟报、谎报，不得分。 （2）事件调查不符合规定，不得分。 （3）未落实整改措施，每项扣5分；未落实奖惩，扣5分。 （4）未对通报组织学习，每班扣5分	（1）《中华人民共和国消防法》； （2）DL 5027—2015《电力设备典型消防规程》

序号	评价项目	标准分	查评方法及内容	评分标准	查评依据
5.1.11	现场动火管理	25	（1）检查是否制定动火作业管理制度。 （2）检查动火作业是否履行审批手续。 （3）检查动火作业是否有专人始终监护。 （4）检查安全措施是否落实到位。 （5）检查作业人员是否熟悉消防器材性能和使用方法	（1）未建立动火作业管理制度，不得分；制度内容不完善，扣10分。 （2）动火作业未履行审批手续，不得分。 （3）动火作业现场无监护人，不得分；监护人对防火措施不清楚，扣10分。 （4）动火的安全措施未落实，每项扣10分；防火措施与实际工作不符，不得分。 （5）作业人员不熟悉消防器材性能和使用方法，不得分	（1）DL 5027—2015《电力设备典型消防规程》； （2）Q/BEIH－219.10－08—2013《ERP 系统工作票、操作票管理实施细则》； （3）Q/BEH－211.10－18—2019《防止电力生产事故的重点要求及实施导则》

5.2 消防设施管理

序号	评价项目	标准分	查评方法及内容	评分标准	查评依据
5.2	**消防设施管理**	**90**			
5.2.1	消防设施年度联动试验	15	（1）检查企业消防设施年度检测记录。 （2）检查消防设施是否进行年度联动试验并做好记录。 （3）检查年度联动试验发现的问题是否制订计划进行按时整改	（1）未对消防设施开展检测，不得分；消防检测存在问题未按时整改，每项扣5分。 （2）未进行年度联动试验、未建立检查记录，不得分；部分未进行年度联动试验，每项扣5分。 （3）年度联动试验出的问题未制订整改计划，不得分；未按时整改，每项扣5分	（1）《中华人民共和国消防法》； （2）GB 25201—2010《建筑消防设施的维护管理》
5.2.2	消防水系统	45			
5.2.2.1	消防水系统的可靠性	30	（1）检查 125MW 机组及以上发电厂消防水系统是否设置独立的消防给水系统；100MW 机组及以下发电厂消防水系统可采用与生活或生产用水合用的给水系统。 （2）检查建筑物消防设施布置是否符合规范要求。 （3）检查消防水系统构成及设计流量是否符合规范要求。 （4）检查消防泵是否有远方启动装置和采用自动启动方式。 （5）检查消防泵、稳压泵是否进行定期切换试验。	（1）125MW 机组及以上发电厂消防水系统不是设置独立的消防给水系统，不得分。 （2）建筑物消防设施布置不符合规范要求，每处扣3分。 （3）消防水系统构成及设计流量不符合规范要求，扣10分。 （4）无远方操作功能，每台扣 5 分；消防水泵未在自动启动状态，每台扣5分。 （5）消防泵、稳压泵未做定期试验，每次扣5分。 （6）不能保证全厂停电的情况下不中断消防水源，不得分。	（1）GB 50229—2019《火力发电厂与变电站设计防火标准》； （2）GB 50974—2014《消防给水及消火栓系统技术规范》； （3）GB 50016—2014《建筑设计防火规范（2018 年版）》；

序号	评价项目	标准分	查评方法及内容	评分标准	查评依据
5.2.2.1	消防水系统的可靠性	30	（6）在全厂停电的情况下，检查电动消防泵有无外部电源或采用其他措施保证消防泵电源不中断或柴油消防泵是否能够正常运行。 （7）检查日常消防水系统的压力是否合格。 （8）检查定期做最不利点水压试验并做好记录。 （9）检查柴油消防泵是否定期试验并做好记录	（7）压力不合格每处扣5分；无静、动压力检测记录，每次扣2分。 （8）无最不利点定期试验记录，每次扣5分；最不利点的压力不合格，不得分。 （9）柴油消防泵未定期试验，每次扣5分；未做记录，每次扣5分	（4）DL 5027—2015《电力设备典型消防规程》
5.2.2.2	消防水系统管理	15	（1）检查消防水系统、其竣工验收，与设计图纸是否一致，消防水系统异动后，是否更新相关资料，并按有关规定备案。 （2）检查消防水系统投入、退出是否通过审批。 （3）检查北方地区企业冬季消防水系统管道是否采取防冻措施。 （4）检查消防水系统设备是否按期检查、测试并记录	（1）实际消防水系统与设计不符，未更新相关资料，未按有关规定备案，不得分。 （2）系统投退没有进行审批，扣10分。 （3）消防水系统管道未采取防冻措施，不得分。 （4）未定期开展消防水系统设备检查、测试并记录，扣10分	（1）GB 50229—2019《火力发电厂与变电站设计防火标准》； （2）GB 50974—2014《消防给水及消火栓系统技术规范》； （3）DL 5027—2015《电力设备典型消防规程》
5.2.3	火灾自动报警及自动灭火系统设施管理	15	（1）检查是否建立相关管理制度；（火灾自动报警及自动灭火系统）维护管理责任制是否落实。 （2）检查是否建立特殊消防、火灾报警装置台账。 （3）检查是否建立日巡检、月巡检（单项巡检）记录。 （4）现场检查火灾报警及自动灭火、隔离系统是否正常投入自动运行	（1）无相关管理制度，不得分；维护管理责任制未落实，不得分；责任制落实不到位，扣10分。 （2）没有建立特殊消防、火灾报警装置台账，不得分；不健全，扣10分。 （3）无设备检查、试验记录，扣10分；记录不全，每处扣5分；责任人未签字，每处扣5分。 （4）特殊消防设施、火灾报警装置未投入，不得分；不能正常投入自动运行，不得分；存在缺陷，每处扣5分。 （5）火灾自动报警系统未定期检验，不得分。 （6）火灾自动报警系统运行不正常，存在严重缺陷，不得分。 （7）火灾自动报警系统有故障、隔离等信号，各类火灾探测器、联动控制盘有误报、误动现象，每处扣1分	（1）GB 50229—2019《火力发电厂与变电站设计防火标准》； （2）GB 50116—2013《火灾自动报警系统设计规范》； （3）GB 25201—2010《建筑消防设施的维护管理》； （4）DL 5027—2015《电力设备典型消防规程》

序号	评价项目	标准分	查评方法及内容	评分标准	查评依据
5.2.4	消防中控室管理	15	（1）检查相关管理制度是否落实。 （2）检查消防中控室资料是否齐全，如消防图纸、相关管理制度、规程、检查记录、档案、应急预案、设备说明书等资料。 （3）检查消防中控室是否按照要求做好值班记录。 （4）检查是否至少2人值班	（1）相关管理制度落实不到位，扣10分。 （2）资料不齐全，每项扣5分。 （3）值班记录不完整，扣5分。 （4）值班人员不满足2人，扣5分	（1）GB 25506—2010《消防控制室通用技术要求》； （2）GB 25201—2010《建筑消防设施的维护管理》

5.3 易燃易爆及危险化学品管理

序号	评价项目	标准分	查评方法及内容	评分标准	查评依据
5.3	**易燃易爆及危险化学品管理**	**80**			
5.3.1	易燃、爆物品管理	20	（1）检查是否建立易燃、易爆物品相关管理制度；职责是否明确，管理内容（领用、储存、数量和使用等）是否完善。 （2）检查是否制定应急预案和现场处置方案	（1）未建立易燃、易爆物品相关管理制度，不得分；职责不具体，扣10分；管理内容不完善，扣10分。 （2）未制定应急预案，扣10分；未制定现场处置方案，扣10分	（1）GB 26164.1—2010《电业安全工作规程 第1部分：热力和机械》； （2）DL 5027—2015《电力设备典型消防规程》
5.3.2	易燃、易爆物品存储	20	（1）检查易燃、易爆物品库房通风、防火等级、防雷、接地系统、防爆设施、消防设施是否符合规定。 （2）检查易燃、易爆物品库房是否与员工宿舍在同一建筑物内。 （3）检查易燃易爆物品是否储存在建筑物的地下室、半地下室内。 （4）检查易燃易爆品是否存放在特种材料库房，且安全警示标识醒目	（1）易燃易爆物品库房未有隔热降温及通风措施，不得分；存在问题如建筑防火等级、防雷、接地系统、防爆设施、消防设施不符合规定，不得分。 （2）易燃、易爆物品库房与员工宿舍在同一建筑物内，不得分。 （3）易燃易爆物品储存在建筑物的地下室、半地下室内，不得分。 （4）易燃易爆品存放库房不符合规定，不得分；未设置"严禁烟火"标志，扣2分	（1）GB 26164.1—2010《电业安全工作规程 第1部分：热力和机械》； （2）DL 5027—2015《电力设备典型消防规程》； （3）GA 1131—2014《仓储场所消防安全管理通则》

序号	评价项目	标准分	查评方法及内容	评分标准	查评依据
5.3.3	易燃易爆、高压气瓶管理	15	（1）检查是否制定相应的管理制度。 （2）储存气瓶的仓库是否具有耐火性能，门窗是否向外开，且不应是碰撞时易产生火花材料制成；门窗装配的玻璃是否用毛玻璃或涂以白漆；地面是否平坦光滑，是否采取防倾倒措施；撞击时不会发生火花等。 （3）检查储存气瓶仓库周围10m以内，不得堆置可燃物品，严禁烟火，是否设置"严禁烟火"标志牌与建筑物的防火间距是否符合规定。 （4）检查仓库内是否设架子，使气瓶垂直立放；空、满瓶是否分别存放。 （5）检查液化气瓶存储使用是否符合规定。 （6）供氢站气瓶组装金属框架应可靠接地	（1）没有相关管理制度，不得分。 （2）抽查不符合附录A评价检查表（第31号）和规定，每项扣3分。 （3）储存气瓶仓库周围10m以内，堆置可燃物品，未设置"严禁烟火"标志牌，与建筑物的防火间距不符合规定，不得分；有不符合项，每项扣5分。 （4）仓库内未设架子，使气瓶垂直放，每个扣2分；空、实瓶未分别存放，每个扣2分。 （5）液化气瓶存储使用不符合规定，每项扣5分。 （6）供氢站气瓶组装金属框架没有可靠接地，扣20分	（1）GB 26164.1—2010《电业安全工作规程 第1部分：热力和机械》； （2）GB 11174—2011《液化石油气》； （3）DL 5027—2015《电力设备典型消防规程》
5.3.4	工作人员对易燃、易爆物品特性的掌握	15	现场考问有关工作人员（不少于3人）是否熟悉易燃易爆等物品的物理、化学特性，按附录A评价检查表（第32号）判定是否合格	（1）有1人对有关特性不熟悉，扣3分；3人及以上不熟悉，不得分。 （2）存在其他问题，扣3分	GB 26164.1—2010《电业安全工作规程 第1部分：热力和机械》
5.3.5	建筑、装饰材料管理	10	（1）检查办公室、生产、生活区域的设备间、配电室等等建筑物是否使用建筑材料内部芯材为易燃材质非阻燃型板材作为生产生活建筑用房和设施的。 （2）检查室内装饰、装修满足防火要求	（1）未使用A类阻燃型材料（如岩棉板、酚醛保温板等）作为生产生活建筑用房和设施的，不得分。 （2）室内装饰、装修不满足防火要求，不得分	（1）GB 50222—2017《建筑内部装修设计防火规范》； （2）京能集团办字〔2014〕923号《关于禁止使用苯板等非阻燃型材料作为生产生活建筑设施材料的通知》

5.4 电缆消防管理

序号	评价项目	标准分	查评方法及内容	评分标准	查评依据
5.4	**电缆消防管理**	**65**			
5.4.1	电缆消防管理	25	（1）检查是否制定电缆消防管理制度。 （2）检查电缆和电缆构筑物是否安全可靠，电缆封堵是否符合要求，电缆是否按照要求涂刷防火涂料，现场电缆敷设是否符合安全要求。 （3）检查电缆沟道内的防火隔断、封堵、防火门等是否规范。	（1）未相关电缆消防管理制度，不得分；职责、内容不完善，扣15分。 （2）现场发现封堵不严密，每处扣3分；现场发现未按照要求涂刷防火涂料，每处扣2分。 （3）按要求未设隔断，每处扣4分；隔断或防火门破损，每处扣3分。	（1）DL/T 5707—2014《电力工程电缆防火封堵施工工艺导则》；

序号	评价项目	标准分	查评方法及内容	评分标准	查评依据
5.4.1	电缆消防管理	25	（4）检查感温电缆敷设是否符合要求，是否建立检查、测试记录。 （5）检查施工中动力电缆与控制电缆是否混放，分布不均及堆放在动力电缆与控制电缆之间，是否设置层级耐火隔板。 （6）检查电缆中间接头盒的两侧及其邻近区域是否增加防火包带等阻燃措施	（4）感温电缆敷设不符合要求，每处扣2分；未进行定期检查和试验未建立记录，各扣5分。 （5）动力电缆与控制电缆混放，未设置层级耐火隔板、未采取防范措施，不得分。 （6）电缆中间接头盒的两侧及其邻近区域无防火包、无测温装置，每处扣2分	（2）Q/BEH-211.10-18-2019《防止电力生产事故的重点要求及实施导则》
5.4.2	重要电缆的特殊防护	20	（1）检查对重要的电缆（如直流油泵、消防水泵、蓄电池直流电源线路、操作直流、主保护等电缆）是否采取了的耐火型电缆特殊防火措施。 （2）检查新建、扩建的300MW及以上机组是否采用阻燃电缆等特殊防火措施	（1）重要的电缆未采取耐火型电缆特殊防火措施；不得分；落实不到位，每处扣5分。 （2）未采取阻燃型电缆特殊防火措施，不得分；存在漏洞，每处扣5分。 （3）存在其他问题的，每处扣5分	（1）GB 50229-2019《火力发电厂与变电站设计防火标准》； （2）DL 5027-2015《电力设备典型消防规程》
5.4.3	防火材料	20	（1）检查是否有质量检测报告、合格证。 （2）检查是否有使用说明等资料	（1）没有质量检测报告、合格证扣10分。 （2）没有使用说明扣5分	（1）公安部、工商总局、质检总局令第122号《消防产品监督管理规定》； （2）GB 28374-2012《电缆防火涂料》

5.5 生产设备设施消防管理

序号	评价项目	标准分	查评方法及内容	评分标准	查评依据
5.5	**生产设备设施消防管理**	**65**			
5.5.1	发电机	15	（1）检查发电机是否备有适当的灭火配置。 （2）检查氢冷发电机组是否安装漏氢检测装置，监视机组漏氢情况。 （3）检查设备和阀门等连接点泄漏检查，是否采用肥皂水或合格的携带式可燃气体防爆检测仪，禁止使用明火。 （4）在氢冷发电机及其氢冷系统上不论进行动火作业还是进行检修、试验工作，都必须断开氢气系统,检查是否与运行系统有明确的断开点充氢侧加装法兰短管，并加装金属盲（堵）板。 （5）动火前或检修试验前，检查是否对检修设备和管道用氮气或其他惰性气体吹洗置换。 （6）检查消防水、置换气的压力是否正常	（1）如果没有配置灭火器材，不得分。 （2）未按规定配备、未定期检查和试验、记录不全的，均各扣3分。 （3）氢冷发电机组未安装漏氢检测装置，不得分；漏氢检测装置运行不正常，不得分。 （4）检测氢系统泄漏未采用肥皂水或合格的携带式可燃气体防爆检测，不得分。 （5）未采取可靠的安全措施即动火，不得分。 （6）消防水、置换气的压力不正常，不得分	（1）GB 50229-2019《火力发电厂与变电站设计防火标准》； （2）DL 5027-2015《电力设备典型消防规程》

序号	评价项目	标准分	查评方法及内容	评分标准	查评依据
5.5.2	变压器	15	（1）检查是否制定固定自动灭火系统检查试验管理规定，并定期进行检查和试验并做好记录。 （2）检查燃机电厂单台容量为 90MVA 及以上的油浸变压器是否设置固定自动灭火系统及火灾自动报警系统。 （3）检查户外油浸变压器之间设置防火墙时是否符合规定要求。 （4）变压器事故油坑设有卵石层，检查是否符合规定要求。 （5）检查是否按规定配备移动式灭火器材和沙箱	（1）未制定固定自动灭火系统检查试验管理规定，不得分；未定期试验，扣 5 分；未建立记录或记录不完善，每项各扣 5 分。 （2）未按规定设置配备固定自动灭火系统及火灾自动报警系统，不得分。 （3）户外油浸变压器之间设置防火墙时不符合规定要求，不得分。 （4）变压器事故油坑设有卵石层，不符合规定要求，扣 10 分；已被淤泥、灰渣及积土所堵塞，扣 10 分。 （5）未按规定配备移动式灭火器材和沙箱，每处扣 5 分	（1）GB 50229—2019《火力发电厂与变电站设计防火标准》； （2）DL 5027—2015《电力设备典型消防规程》
5.5.3	氢（储）站	20	（1）检查是否制定氢站出入制度，非值班人员进入氢站是否建立登记记录。 （2）检查制氢站、供氢站是否设氢气探测器；是否接入厂火灾自动报警系统。 （3）检查制氢站、供氢站是否设置不燃烧体的实体围墙，其高度不应小于 2.5m；入口处是否设置人体静电释放器。 （4）检查室内外架空或埋地敷设的氢气管道和汇流排及其连接的法兰间是否有跨接线且可靠接地。 （5）检查氢站门窗、地面、通风设置是否符合要求。 （6）检查氢室（制氢、储氢）电气设备且照明是否防爆型；工器具是否为不产生火花的工具。 （7）检查是否按要求配备移动式灭火器材	（1）未制定氢站出入制度，进入氢站未建立登记记录，不得分；有缺失，扣 10 分。 （2）制氢站、供氢站未设氢气探测器，未接入厂火灾自动报警系统，不得分；制氢站、供氢站安置氢气探测器不符合规定，扣 10 分。 （3）制氢站、供氢站未设置不燃烧体的实体围墙，不得分；其高度小于 2.5m，扣 15 分；未在入口处设置人体静电释放器，不得分。 （4）室内外架空或埋地敷设的氢气管道和汇流排及其连接的法兰间有跨接线且可靠接地有缺失，每处扣 5 分。 （5）氢站门窗、地面、通风、报警设置不符合要求，每处扣 5 分。 （6）氢室（制氢、储氢）电气设备及照明不是防爆型；不得分；工器具不符合安全要求，每件扣 5 分。 （7）未按要求配置灭火器材，每处扣 5 分	（1）GB 50229—2019《火力发电厂与变电站设计防火标准》； （2）DL 5027—2015《电力设备典型消防规程》

续表

序号	评价项目	标准分	查评方法及内容	评分标准	查评依据
5.5.4	氨水罐区	15	（1）检查是否制定氨区出入制度，非值班人员进入氨区是否建立登记记录。 （2）检查氨区是否设氨气探测器是否接入厂火灾自动报警系统。 （3）检查氨区入口处是否设置人体静电释放器是否周围设"严禁烟火"的标志牌。 （4）检查氨区内是否备有洗眼器，并同时配备2%稀硼酸溶液、正压式呼吸器和防护眼镜、橡胶手套、防护面罩等。 （5）检查氨区内是否设置风向标。 （6）检查氨区门窗、地面、通风设置是否符合要求。 （7）检查氨区电气设备且照明是否防爆型；工器具是否为不产生火花的工具	（1）未制定氨区出入制度，进入氨区未建立登记记录，不得分；有缺失，扣10分。 （2）探测器未接入厂火灾自动报警系统，不得分；安置氨气探测器不符合规定，扣10分。 （3）未在入口处设置人体静电释放器，不得分；未在周围设"严禁烟火"的标志牌，扣10分；不完善，扣5分。 （4）氨区内未备有洗眼器，并未同时配备2%稀硼酸溶液、正压式呼吸器和防护眼镜、橡胶手套、防护面罩等，扣10分。 （5）氨区内是否设置风向标，扣5分。 （6）氨区门窗、地面、通风设置不符合要求，每处扣5分。 （7）氨区电气设备及照明不是防爆型，不得分；工器具不符合安全要求，每件扣5分	DL 5027—2015《电力设备典型消防规程》

6 安全管理

6.1 安全目标管理

序号	评价项目	标准分	查评方法及内容	评分标准	查评依据
6.1	**安全目标管理**	**55**			
6.1.1	企业目标	20	（1）检查企业制定的安全目标定位是否准确、全面，是否符合国家和上级单位要求。 （2）检查制定的措施是否符合目标的要求。 （3）检查企业制定的安全目标是否完成。 （4）检查安全生产目标是否经企业主要负责人审批，以正式文件下发	（1）未制定安全目标，不得分；安全生产目标定位不准确扣5分；内容不全面、不符合要求扣5分。 （2）未制定保障措施，不得分；措施制定不全面，不能满足完成目标的要求扣5分。 （3）措施不落实，超过年度目标考核指标，不得分。 （4）安全生产目标未经企业主要负责人审批，不得分；未以正式文件下发扣5分	（1）Q/BEH-211.10-02-2019《安全生产工作规定》； （2）Q/BJCE-217.17-01-2019《安全生产工作规定》； （3）Q/BJCE-217.17-22-2019《安全目标管理规定》
6.1.2	分级控制	20	（1）检查部门安全目标是否符合部门控制人身轻微伤和二类障碍，不发生人身轻伤和人为责任一类障碍的控制原则。 （2）检查部门制定的保障措施是否满足安全目标要求。 （3）检查班组（运行值、专业）安全目标是否符合班组控制未遂和异常，不发生人身轻微伤和二类障碍的控制原则。 （4）检查班组制定的保障措施是否满足安全目标要求。	（1）部门安全生产目标定位不准确扣5分。 （2）部门制定的保障措施不全面、不具体，不能满足完成目标的要求扣5分。 （3）班组安全生产目标定位不准确扣5分。 （4）班组制定的保障措施不全面、不具体，不能满足完成目标的要求扣5分。 （5）个人安全生产目标定位不准确扣5分。 （6）个人制定的保障措施不全面、不具体，不能满足完成目标的要求扣5分。	（1）Q/BEH-211.10-02-2019《安全生产工作规定》； （2）Q/BJCE-217.17-01-2019《安全生产工作规定》； （3）Q/BJCE-217.17-22-2019《安全目标管理规定》；

序号	评价项目	标准分	查评方法及内容	评分标准	查评依据
6.1.2	分级控制	20	（5）检查个人安全目标是否结合本职工作按照个人控制失误和差错，不发生未遂和异常制定。 （6）检查个人制定的保障措施是否满足安全目标要求。 （7）检查各级安全目标是否完成	（7）各级发生事件超过年度目标考核指标，部门、班组、个人分别扣 10 分、8 分、5 分（按类别兑现统计，不重复考核）	（4）司发通〔2013〕146 号《司法部关于认真做好贯彻落实〈人体损伤程度鉴定标准〉工作的通知》
6.1.3	安全目标的奖惩与落实	15	（1）检查企业是否制定安全生产目标奖惩相关规定。 （2）检查企业是否落实安全生产目标奖惩规定	（1）未制定安全生产目标奖惩规定，不得分；奖惩规定内容不完善，扣 10 分。 （2）发生不安全事件未兑现安全生产目标奖惩，每项扣 5 分	（1）Q/BEH－211.10－02—2019《安全生产工作规定》； （2）Q/BJCE－217.17－01—2019《安全生产工作规定》； （3）Q/BJCE－217.17－22—2019《安全目标管理规定》

6.2　组织机构

序号	评价项目	标准分	查评方法及内容	评分标准	查评依据
6.2	**组织机构**	**45**			
6.2.1	安全生产委员会（简称安委会）	15	（1）检查企业是否成立了安委会及常设办公室；成员变更后是否按规定及时调整，是否以正式文件下发。 （2）检查职责是否全面。 （3）检查是否至少每季度组织召开会议。 （4）检查会议讨论的问题是否满足安全职责的要求，记录是否完整	（1）未成立安委会不得分；未设常设办公室扣 10 分；安委会成员变更后未按规定及时调整，扣 5 分；未以正式文件下发扣 5 分。 （2）未明确安委会职责不得分，职责不全扣 5 分。 （3）未按规定每季度至少召开一次安委会，扣 5 分；安委会主任主持会议全年次数少于 70%的，扣 15 分。 （4）会议讨论的问题不满足安全职责的要求，扣 10 分；无会议记录或记录不完整的，每次扣 5 分	（1）《中华人民共和国安全生产法》； （2）Q/BEH－211.10－02—2019《安全生产工作规定》； （3）Q/BJCE－217.17－22—2019《安全目标管理规定》
6.2.2	保障体系	15	（1）检查是否建立安全生产保障体系，保障体系成员人员变化时是否能及时进行调整，是否以正式文件下发。 （2）检查保障体系职责内容是否全面。 （3）检查保障体系职责是否落实	（1）未建立安全生产三级保障体系扣 15 分；保障体系未及时进行调整扣 5 分；保障体系不健全、不完整未由各级第一责任人组成，扣 5 分；每年未以正式文件下发扣 5 分。 （2）未建立保障体系职责，不得分；职责内容不全扣 5 分。 （3）保障体系职责未落实，扣 10 分	（1）《中华人民共和国安全生产法》； （2）Q/BEH－211.10－02—2019《安全生产工作规定》； （3）Q/BJCE－217.17－22—2019《安全目标管理规定》

序号	评价项目	标准分	查评方法及内容	评分标准	查评依据
6.2.3	监督体系	15	（1）检查是否建立安全生产监督体系，监督体系成员人员变化时是否能及时进行调整；是否以正式文件下发。 （2）检查监督体系职责内容是否全面。 （3）检查监督体系职责是否落实	（1）未建立安全生产三级监督体系，不得分；监督体系未及时进行调整扣 5 分；监督体系不健全、不完整未由各级安全员组成，扣 5 分。 （2）未建立监督体系职责，不得分；职责内容不全扣 5 分。 （3）监督体系职责未落实，扣 10 分	（1）《中华人民共和国安全生产法》； （2）Q/BEH－211.10－02—2019《安全生产工作规定》； （3）Q/BJCE－217.17－22—2019《安全目标管理规定》

6.3 安全生产责任制

序号	评价项目	标准分	查评方法及内容	评分标准	查评依据
6.3	**安全生产责任制**	**150**			
6.3.1	五落实五到位	30	（1）检查企业是否落实"党政同责"要求，董事长、党组织书记、总经理对本企业安全生产工作共同承担领导责任。 （2）检查企业是否落实安全生产"一岗双责"，所有领导班子成员是否对分管范围内安全生产工作承担相应职责。 （3）检查企业是否由党组织书记或董事长或总经理任安委会主任。 （4）检查安全生产管理机构中是否配备注册安全工程师等专业安全管理人员。 （5）检查是否落实安全生产报告制度，定期向业绩考核部门报告安全生产情况。 （6）检查企业是否做到安全责任到位、安全投入到位、安全培训到位、安全管理到位、应急救援到位	（1）发生事件没有落实"党政同责"要求，扣 5 分。 （2）所有领导班子成员的安全生产工作职责有缺少、或不符合岗位职责，每项扣 5 分。 （3）不是由党组织书记或董事长或总经理任安委会主任，不得分。 （4）安全生产管理机构中没有配备注册安全工程师及专业安全管理人员，扣 10 分。 （5）未落实安全生产报告制度，未定期向业绩考核部门报告安全生产情况，扣 5 分。 （6）存在安全责任不到位、安全投入不到位、安全培训不到位、安全管理不到位、应急救援不到位的现象，每项扣 3 分	（1）中发〔2016〕32 号《中共中央国务院关于推进安全生产领域改革发展的意见》； （2）安监总办〔2015〕27 号《国家安全生产监督管理总局关于印发企业安全生产责任体系五落实五到位规定的通知》； （3）京能集团〔2015〕363 号《安全生产"党政同责、一岗双责"暂行办法》的通知
6.3.2	主体责任落实	10	检查企业是否每年 1 月和 7 月向京能清洁能源公司按照要求报告安全生产情况	（1）没有定期向京能清洁能源公司报告安全生产情况，不得分。 （2）报告或时间不符合京能清洁能源公司要求，扣 5 分	京能集团〔2014〕237 号《电力企业及主要负责人安全生产主体责任落实情况定期报告》

序号	评价项目	标准分	查评方法及内容	评分标准	查评依据
6.3.3	责任制建立与培训宣贯	20	（1）检查是否建立、健全全员安全生产责任制。 （2）检查安全生产责任制是否做到"一企一岗一标准"。 （3）检查安全生产责任制修编后是否及时向企业员工进行公示，各级人员是否熟知本岗位的安全生产职责	（1）未建立全员安全生产责任制，不得分。 （2）未做到"一企一岗一标准"，扣10分。 （3）未进行公示，扣3分；现场抽查5人，1人不熟悉本岗位安全生产责任制的，扣5分；3人及以上不熟悉本岗位安全生产责任制，不得分	（1）《中华人民共和国安全生产法》； （2）Q/BEH-211.10-02-2019《安全生产工作规定》； （3）Q/BJCE-217.17-02-2019《安全生产工作规定》
6.3.4	领导责任制	15	（1）检查企业领导安全生产责任制是否建立健全，职责内容是否符合本企业安全生产工作规定。 （2）检查是否切实履行各自的安全职责，且能做好重点内容的对照检查	（1）无企业领导人员责任制，不得分；缺少企业领导人员责任制的，扣10分；责任制与岗位不符合，内容覆盖不全面的，扣5分。 （2）领导责任制未落实或部分未履行，扣10分	（1）《中华人民共和国安全生产法》； （2）中发〔2016〕32号《中共中央国务院关于推进安全生产领域改革发展的意见》； （3）Q/BEH-211.10-02-2019《安全生产工作规定》； （4）Q/BJCE-217.17-01-2019《安全生产工作规定》
6.3.5	部门责任制	15	（1）检查各部门、生产单位（含长期外委单位）的安全生产责任制是否建立健全。 （2）检查是否切实履行各自的安全职责，且能做好重点内容的对照检查。 （3）检查是否将外委单位纳入本单位安全管理体系	（1）没有建立部门安全生产责任制，不得分；责任制与岗位不符合，内容覆盖不全面的，扣5分。 （2）责任制未落实或部分未履行，扣10分。 （3）未将外委单位纳入本单位安全管理体系，扣10分	（1）《中华人民共和国安全生产法》； （2）中发〔2016〕32号《中共中央国务院关于推进安全生产领域改革发展的意见》； （3）Q/BEH-211.10-02-2019《安全生产工作规定》； （4）Q/BJCE-217.17-01-2019《安全生产工作规定》
6.3.6	专业人员、管理人员责任制	15	（1）检查各专业人员、管理人员（含长期外委单位）岗位安全生产责任制是否建立健全、健全。 （2）检查是否切实履行各自的安全职责，且能做好重点内容的对照检查	（1）没有建立岗位安全生产责任制，不得分；责任制与岗位不符合，内容覆盖不全面的，扣5分。 （2）责任制未落实、部分未履行，扣10分	（1）《中华人民共和国安全生产法》； （2）中发〔2016〕32号《中共中央国务院关于推进安全生产领域改革发展的意见》； （3）Q/BEH-211.10-02-2019《安全生产工作规定》； （4）Q/BJCE-217.17-01-2019《安全生产工作规定》

序号	评价项目	标准分	查评方法及内容	评分标准	查评依据
6.3.7	班组岗位责任制	15	（1）检查各生产专业室、值、班组、岗位（含长期外委单位）安全生产责任制是否建立、健全。 （2）检查是否切实履行各自的安全职责，且能做好重点内容的对照检查	（1）没有建立岗位安全生产责任制扣20分；内容不完善，覆盖不全面扣8分。 （2）责任制未落实、部分未履行扣10分	（1）《中华人民共和国安全生产法》； （2）中发〔2016〕32号《中共中央国务院关于推进安全生产领域改革发展的意见》； （3）Q/BEH－211.10－02—2019《安全生产工作规定》； （4）Q/BJCE－217.17－01—2019《安全生产工作规定》
6.3.8	五同时	15	（1）查阅年度、月度生产会议记录，在计划、布置、检查、总结、考核生产工作的同时，是否计划、布置、检查、总结、考核安全工作。 （2）检查在布置工作任务时是否布置安全措施、是否有违章指挥和强令冒险作业的行为等	（1）公司级"五同时"工作存在问题，每项扣5分。 （2）部门"五同时"工作存在问题，每项扣4分。 （3）班组"五同时"工作存在问题，每项扣3分	（1）Q/BEH－211.10－02—2019《安全生产工作规定》； （2）Q/BJCE－217.17－01—2019《安全生产工作规定》
6.3.9	三同时	15	（1）检查企业是否制定"三同时"制度。 （2）查阅新建、改建、扩建项目的设计、概算及竣工验收资料、安全设计专篇、安全验收报告等，是否按照"三同时"的要求执行。 （3）检查安全设施投资是否纳入建设项目概算	（1）没有"三同时"制度不得分；缺少职责扣10分；职责不明确，扣5分。 （2）没有贯彻"三同时"不得分。 （3）安全设施投资未纳入建设项目概算不得分	（1）《中华人民共和国安全生产法》； （2）国家安监总局令第77号《建设项目安全设施"三同时"监督管理办法》； （3）GB 26164.1—2010《电业安全工作规程　第1部分：热力和机械》

6.4　法律法规、规程、规章制度与执行

序号	评价项目	标准分	查评方法及内容	评分标准	查评依据
6.4	**法律法规、规程、规章制度与执行**	**100**			
6.4.1	法律法规的收集与公布	15	（1）检查是否制定法律法规的收集与公布的相关制度或文件。 （2）检查是否明确法律法规的管理部门。 （3）检查是否确定法律法规的收集方法。 （4）检查是否定期公布现行有效的法律法规。 （5）检查是否将适用的法律法规传达到相关岗位	（1）没有建立法律法规的收集与公布的相关制度或文件，不得分；缺少职责扣10分；职责不明确，扣5分。 （2）没有明确管理部门不得分。 （3）没有明确收集方法扣5分。 （4）没有定期公布适用有效的法律法规扣10分；存在无效的法律法规扣3分。 （5）没有进行传达、传达中存在缺失扣6分	（1）Q/BEH－211.10－02—2019《安全生产工作规定》； （2）Q/BJCE－217.17－01—2019《安全生产工作规定》

序号	评价项目	标准分	查评方法及内容	评分标准	查评依据
6.4.2	两票三制	85			
6.4.2.1	工作票、操作票	25	（1）检查是否制定了"两票"管理制度（包括动火、有限空间作业）。 （2）检查"两票"执行是否符合规定	（1）没有制定"两票"制度，不得分；制度中没有明确管理部门，不得分；缺少职责，扣10分；职责不明确，扣5分；制度内容不全，扣5分。 （2）抽查执行中或已执行"两票"（不少于15张），存在问题，每张扣2分	（1）GB 26164.1—2010《电业安全工作规程 第1部分：热力和机械》； （2）GB 26860—2011《电力安全工作规程 发电厂和变电站电气部分》； （3）DL 5027—2015《电力设备典型消防规程》； （4）Q/BJCE－218.17－24—2019《工作票管理规定》； （5）Q/BJCE－218.17－25—2019《运行操作票管理规定》； （6）Q/BEIH－219.10－08—2013《ERP系统工作票、操作票管理实施细则》
6.4.2.2	交接班管理制度	15	（1）检查是否制定了交接班管理制度。 （2）检查交接班管理是否符合要求	（1）没有制定交接班管理制度，不得分；制度中没有明确管理部门，不得分；缺少职责，扣10分；职责不明确，扣5分；制度内容不全，扣5分。 （2）交接班执行中存在问题，每次扣2分	Q/BJCE－218.17－05—2019《燃气发电企业运行交接班管理规定》
6.4.2.3	巡回检查制度	15	（1）检查是否制定了巡回检查制度。 （2）检查巡回检查是否符合要求	（1）没有制定运行巡回检查制度，不得分；无维护巡回检查制度，不得分；制度中没有明确管理部门，不得分；缺少职责，扣10分；职责不明确，扣5分；制度内容不全，扣5分。 （2）制度执行中存在问题，每次扣2分	Q/BJCE－218.17－07—2019《燃气发电企业巡回检查管理规定》
6.4.2.4	设备定期试验轮换制度	15	（1）检查是否制定了设备定期试验轮换制度。 （2）检查设备定期试验轮换制度执行是否符合要求	（1）没有制定设备定期试验轮换制度，不得分；制度中没有明确管理部门，不得分；缺少职责，扣10分；职责不明确，扣5分；制度内容不全，扣5分。 （2）制度执行中存在问题，每次扣2分	Q/BJCE－218.17－09—2019《燃气发电企业设备定期轮换与试验管理规定》

序号	评价项目	标准分	查评方法及内容	评分标准	查评依据
6.4.2.5	"两票三制"执行部门的检查	15	（1）检查是否制定"两票三制"检查的相关制度。 （2）检查是否及时进行"两票"分析，对存在的问题是否制定相应整改措施。 （3）检查"三制"执行中的问题，是否对存在的问题制定相应整改措施	（1）未制定有关"两票三制"检查的相关制度，不得分；制度中没有明确管理部门及责任，不得分；缺少职责，扣10分；管理职责、检查重点内容不明确的，扣5分。 （2）没有及时进行"两票"分析，不得分；对具体问题没有分析的，每个扣5分；对存在的问题未制定相应整改措施，扣10分。 （3）"三制"执行中的问题没有制定相应整改措施，扣10分	（1）GB 26164.1—2010《电业安全工作规程　第1部分：热力和机械》； （2）GB 26860—2011《电力安全工作规程　发电厂和变电站电气部分》； （3）DL 5027—2015《电力设备典型消防规程》； （4）Q/BJCE-218.17-07—2019《燃气发电企业巡回检查管理规定》； （5）Q/BJCE-218.17-05—2019《燃气发电企业运行交接班管理规定》； （6）Q/BJCE-218.17-09—2019《燃气发电企业设备定期轮换与试验管理规定》

6.5　反事故措施与安全技术劳动保护措施

序号	评价项目	标准分	查评方法及内容	评分标准	查评依据
6.5	**反事故措施与安全技术劳动保护措施（简称"两措"）**	**85**			
6.5.1	反事故措施（简称反措）	20	（1）检查是否制定本企业的反事故技术措施的实施细则（根据国家和上级颁发的反事故技术措施、需要消除的重大缺陷、提高设备可靠性的技术改进措施以及本企业事故防范对策进行编制）。 （2）检查反事故技术措施实施细则是否全面，是否结合本企业实际。 （3）检查每年的反事故技术措施计划是否满足现场要求	（1）没有制定反措实施细则，不得分；实施细则针对性不强，扣5分。 （2）实施细则内容不全面，扣10分。 （3）反措不能满足现场要求，扣10分；疏于管理造成事故，不得分；疏于管理造成一类障碍，扣10分	（1）电监安全〔2011〕23号《发电企业安全生产标准化规范及达标评级标准》； （2）Q/BEH-211.10-02—2019《安全生产工作规定》
6.5.2	安全技术劳动保护措施（简称安措）	20	（1）检查是否制定本企业的安全技术劳动保护措施和职业病防护措施或实施细则。 （2）检查措施或细则是否全面。 （3）检查每年的安全技术劳动保护措施计划是否满足实际要求	（1）未制定本企业的安全技术劳动保护措施和职业病防护措施或实施细则，不得分；实施细则针对性不强，扣5分。 （2）实施细则内容不全面，扣10分。 （3）安措计划不满足实际要求，扣10分；疏于管理造成人身重伤及以上事故，不得分	（1）电监安全〔2011〕23号《发电企业安全生产标准化规范及达标评级标准》； （2）Q/BEH-211.10-02—2019《安全生产工作规定》

序号	评价项目	标准分	查评方法及内容	评分标准	查评依据
6.5.3	企业"两措"计划	15	（1）检查年度"两措"计划项目是否结合安全性评价、运行分析、事故报告等要求编制。 （2）检查"两措"计划是否做到"四落实"（项目、完成时间、资金、责任单位其责任人）。 （3）检查"两措"计划、未完成的项目是否经有关领导进行审批	（1）"两措"计划未按规定结合安全性评价、运行分析、事故报告等要求编制，扣10分。 （2）计划没有做到"四落实"，每项扣5分。 （3）编制的"两措"计划，未经有关领导审批不得分；未完成的项目未经有关领导进行审批，每项扣5分	（1）电监安全〔2011〕23号《发电企业安全生产标准化规范及达标评级标准》； （2）Q/BEH–211.10–02—2019《安全生产工作规定》
6.5.4	部门"两措"计划	15	（1）检查企业各部门是否根据实际情况，组织制订本部门年度"两措"计划并上报。 （2）检查部门是否落实公司"两措"计划	（1）未根据设备实际情况，制订本部门年度"两措"计划，发生事故，不得分；未根据实际情况，组织制订本部门年度"两措"计划，扣10分。 （2）未落实计划，每项扣3分；未经有关领导进行审批延期，每项扣5分	（1）电监安全〔2011〕23号《发电企业安全生产标准化规范及达标评级标准》； （2）Q/BEH–211.10–02—2019《安全生产工作规定》
6.5.5	"两措"计划的检查	15	（1）检查主管部门是否定期检查"两措"计划的实施情况。 （2）检查公司是否每半年对完成情况进行总结。 （3）检查对未完成项目是否采取应对措施	（1）主管部门负责人未定期检查记录，不得分。 （2）每半年完成情况无总结，不得分。 （3）未完成项目未采取应对措施，每项扣10分	（1）电监安全〔2011〕23号《发电企业安全生产标准化规范及达标评级标准》； （2）Q/BEH–211.10–02—2019《安全生产工作规定》

6.6　教育培训

序号	评价项目	标准分	查评方法及内容	评分标准	查评依据
6.6	**教育培训**	**140**			
6.6.1	制度、计划	20	（1）检查企业是否根据国家、行业有关安全生产教育培训等规定，建立生产教育培训管理制度。 （2）检查是否编制年度安全生产教育培训计划，是否做到"四落实"（项目、资金、责任人、计划完成时间）。 （3）检查计划项目内容是否包括国家、行业、京能集团和京能清洁能源公司的有关安全生产教育培训的要求。 （4）检查安全生产教育培训计划工作是否落实	（1）未建立安全生产教育培训管理制度，不得分；未明确主管部门，不得分；生产教育培训管理制度职责不完善，扣10分；内容不完善、不具体，扣10分。 （2）未编制安全生产教育培训计划、计划未做到"四落实"（项目、资金、责任人、计划完成时间），不得分。 （3）未将安全生产教育培训计划纳入生产培训计划中，不得分；内容有不符合规定，扣10分。 （4）安全生产教育培训计划落实未完成的项目，每项扣2分；未经有关领导进行审批，每项扣5分	（1）国家安监总局令第3号《生产经营单位安全培训规定》； （2）国家安监总局令第44号《安全生产培训管理办法》

序号	评价项目	标准分	查评方法及内容	评分标准	查评依据
6.6.2	主要负责人和安全生产管理人员培训	10	（1）检查是否参加由政府相关部门或专业安全培训机构进行的培训，持证上岗。 （2）检查学时是否达到规定，（初学培训时间不少于 32 学时，每年再培训不少于 12 学时）。 （3）检查是否参加安全知识更新学习	（1）未持证上岗，每人扣 5 分。 （2）学时未达到规定，每人扣 5 分。 （3）未参加安全知识更新学习，每人扣 5 分	（1）《中华人民共和国安全生产法》； （2）Q/BEH－217.10－22—2019《安全培训管理规定》； （3）Q/BJCE－217.17－57—2019《安全培训管理规定》
6.6.3	新任命生产领导人员培训	15	（1）检查新任命的企业分管生产领导、生产部门负责人是否经过有关安全生产的方针、法规、规程制度和岗位安全职责的学习培训。 （2）检查是否取得培训合格证书	（1）有 1 人未按规定培训，不得分。 （2）6 个月没有取培训合格证书，每人扣 10 分	国家安监总局令第 3 号《生产经营单位安全培训规定》
6.6.4	三级安全教育	10	（1）检查准备入职生产岗位的人员（含实习、代培人员等）是否经过三级安全教育（公司、部门、班组。 （2）检查进入生产现场工作人员是否经安规考试合格	（1）未经过三级安全教育，每人扣 5 分。 （2）未经安规考试进入生产现场工作人员，每人扣 5 分；安规考试不及格未进行补考进入生产现场，不得分	国家安监总局令第 3 号《生产经营单位安全培训规定》
6.6.5	上岗培训	10	检查新上岗的运行、检修、试验人员（含技术人员）是否经过有关规程制度的学习、现场见习和跟班学习，且经考试合格后上岗	（1）新上岗人员未经过相关学习，不得分。 （2）未经考试并合格后上岗的，每人扣 5 分	（1）国家安监总局令第 3 号《生产经营单位安全培训规定》； （2）Q/BJCE－218.17－50—2019《生产培训管理规定》
6.6.6	在岗生产人员的培训	10	（1）检查是否定期进行有针对性的现场考问、反事故演习、技术问答、事故预想等现场培训活动；是否定期对涉及重大危险源的人员进行相关法律法规、规章制度、应急预案等内容的培训和考试。 （2）检查离岗 3 个月及以上的生产（运行、检修）人员，是否经过熟悉设备系统、熟悉运行方式的跟班实习，是否经安规考试合格后上岗工作。 （3）检查人员调换岗位，所操作设备或技术条件发生变化，是否进行适应新岗位、新操作方法的安全技术教育和实际操作训练，是否经考试合格后上岗工作	（1）在岗生产人员未定期培训，每人扣 2 分。 （2）离岗 3 个月及以上的生产（运行、检修）人员，未经安规考试合格并上岗，每人扣 5 分。 （3）人员调换岗位，所操作设备或技术条件发生变化，未进行适应新岗位、新操作方法的安全技术教育和实际操作训练，未经考试合格后上岗工作，每人扣 3 分	（1）Q/BEH－217.10－22—2019《安全培训管理规定》； （2）Q/BJCE－217.17－57—2019《安全培训管理规定》； （3）Q/BJCE－218.17－50—2019《生产培训管理规定》
6.6.7	人员持证上岗管理	15	（1）检查企业是否建立安全生产持证上岗相关管理制度，是否建立台账。 （2）检查特种作业、特种设备作业人员是否经过国家规定的专业培训持证上岗	（1）未建立相关制度不得分；未建立台账扣 10 分；内容不完善扣 5 分。 （2）未持证上岗不得分；证件已超期，未定期复审，每人扣 5 分	国家安监总局令第 3 号《生产经营单位安全培训规定》

续表

序号	评价项目	标准分	查评方法及内容	评分标准	查评依据
6.6.8	安全生产法规和规程制度的考试	10	（1）检查企业的正、副职领导，正、副总工程师、安监部门负责人，是否每年进行一次有关安全生产法规和规程制度的考试。 （2）检查部门负责人、专业技术人员及生产班组负责人，是否每年进行一次有关安全生产规程制度的考试。 （3）检查部门的运行、检修、试验人员及特种作业人员、特种设备作业人员，是否每年进行安全生产规程制度的考试	（1）未参加安全生产法规和规程制度的考试，每人扣3分。 （2）部门负责人、专业技术人员及生产班组负责人未参加安全生产法规和规程制度的考试，每人扣3分。 （3）部门的人员每年未进行安全生产规程制度的考试，每人扣2分	（1）国家安监总局令第3号《生产经营单位安全培训规定》； （2）Q/BJCE-217.17-57—2019《安全培训管理规定》
6.6.9	"三种人"资格	10	（1）检查企业每年是否对"三种人"（即工作票签发人、工作负责人、工作许可人）进行培训考试。 （2）检查经考试合格后，是否以正式文件公布资格名单，并印发有关部门和生产岗位	（1）每年未对"三种人"进行培训考试，不得分。 （2）"三种人"未以正式文件公布下发，不得分；类别划分不满足专业要求，每项扣3分；正式文件公布未发到有关部门和生产岗位，每处扣2分	（1）国家安监总局令第3号《生产经营单位安全培训规定》； （2）Q/BJCE-217.17-57—2019《安全培训管理规定》
6.6.10	员工教育培训档案	10	（1）检查企业是否将入职培训、上岗培训、运行规程培训、检修工艺规程培训、安全工作规程的培训考试成绩记入个人教育培训档案。 （2）检查是否对考试不及格的限期补考	（1）企业未建立个人培训档案，不得分；个人培训档案不齐全，每项扣5分。 （2）培训考试不合格，每人扣2分；未限期补考，每人扣5分；补考不及格未下岗，不得分	（1）国家安监总局令第3号《生产经营单位安全培训规定》； （2）Q/BJCE-217.17-57—2019《安全培训管理规定》
6.6.11	安全再教育	10	（1）检查企业是否对违反规程制度造成事故、一类障碍、严重未遂和人身轻伤的责任者重新培训，学习有关规程制度，经考试合格后上岗。 （2）检查是否做到档案、记录齐全	（1）未对责任者进行培训考试重新上岗，每人扣10分。 （2）档案、记录不齐全，每人扣5分	（1）国家安监总局令第3号《生产经营单位安全培训规定》； （2）Q/BJCE-217.17-57—2019《安全培训管理规定》
6.6.12	事故案例教育	5	检查是否将企业内部及外部的典型事故案例及时对有关人员进行教育	（1）企业内部的典型事故案例未及时对相关人员进行教育，扣5分。 （2）外部的典型事故案例未及时对有关人员进行教育，扣5分	（1）国家安监总局令第3号《生产经营单位安全培训规定》； （2）Q/BEH.217.10-22—2019《安全培训管理规定》； （3）Q/BJCE-217.17-57—2019《安全培训管理规定》
6.6.13	安全教育培训资料	5	（1）检查企业是否设置安全教育室（网络、视频等）。 （2）检查是否建立安全教育培训资料库	（1）未设立安全教育室（网络、视频等）不得分；网络、视频不健全，每项扣5分；未有安全教育资料或实物，扣5分。 （2）未建立安全教育资料库，扣5分	（1）Q/BEH.217.10-22—2019《安全培训管理规定》； （2）Q/BJCE-217.17-57—2019《安全培训管理规定》

6.7 安全例行工作

序号	评价项目	标准分	查评方法及内容	评分标准	查评依据
6.7	安全例行工作	**100**			
6.7.1	月度安全生产分析会（企业）	20	（1）检查企业主要负责人或主管生产领导是否每月主持召开一次月度安全生产分析会,由有关部门参加。 （2）检查是否总结安全生产重点工作完成情况,综合分析安全生产情况,总结事件教训及安全生产管理上存在的薄弱环节,研究采取预防事件的措施。 （3）检查是否布置下月安全生产重点工作,并做好记录	（1）主要负责人或主管生产领导未每月主持召开月度安全分析会,每次扣5分;未定期正常召开,每次扣5分。 （2）未总结安全生产重点工作完成情况,扣5分;未综合分析安全生产情况,扣5分;未总结事件教训采取预防性的措施,扣5分。 （3）未布置下月的安全生产重点工作,扣5分;未建立记录,扣5分;记录不全,每次扣2分	（1）Q/BEH-211.10-02—2019《安全生产工作规定》; （2）Q/BJCE-217.17-01—2019《安全生产工作规定》
6.7.2	月度安全生产分析会[部门（车间）]	20	（1）检查生产部门主要负责人是否每月主持召开一次安全生产分析会,由有关人员参加。 （2）检查是否总结安全生产重点工作完成情况,综合分析安全生产情况,总结事件教训及安全生产管理上存在的薄弱环节,研究采取预防事件的措施。 （3）检查是否布置下月安全生产重点工作并做好记录	（1）生产部门主要负责人未每月主持召开月度安全分析会,每次扣3分;未定期正常召开,每次扣5分。 （2）未总结安全生产重点工作完成情况,扣3分;未综合分析安全生产情况,扣3分;未总结事件教训采取预防性的措施,扣5分。 （3）未布置下月的安全生产重点工作,扣5分;未建立记录,扣5分;记录不全,每次扣2分	（1）Q/BEH-211.10-02—2019《安全生产工作规定》; （2）Q/BJCE-217.17-01—2019《安全生产工作规定》
6.7.3	班前会、班后会	15	（1）检查班前会是否结合当天的工作任务、运行方式,做危险点分析,布置安全措施,讲解安全注意事项,并做好记录。 （2）检查班后会是否总结讲评当班工作和安全情况,表扬好人好事,批评忽视安全、违章作业等不良现象,并做好记录	（1）班前会未按规定召开,每次扣3分;内容不全,每次扣2分;缺记录,每次扣2分。 （2）班后会未按规定召开,每次扣3分;内容不全,每次扣2分;缺记录,每次扣2分	（1）Q/BEH-211.10-02—2019《安全生产工作规定》; （2）Q/BJCE-217.17-01—2019《安全生产工作规定》
6.7.4	安全日活动	15	（1）检查安全日活动是否定期开展,做到内容充实、联系实际、讲求实效。 （2）检查是否做好记录。 （3）检查公司分管领导、部门负责人是否定期参加并检查活动情况	（1）未能正常召开,不得分;未联系实际制定安全措施,扣5分。 （2）无记录,不得分;缺记录,每次扣5分。 （3）部门领导无故不参加活动,不得分;未定期检查活动情况并做记录,每次扣10分	（1）Q/BEH-211.10-02—2019《安全生产工作规定》; （2）Q/BJCE-217.17-01—2019《安全生产工作规定》

续表

序号	评价项目	标准分	查评方法及内容	评分标准	查评依据
6.7.5	安全检查	15	（1）检查企业是否根据情况进行综合性安全检查、专项检查、日常检查。 （2）检查是否结合季节特点和事故规律每年进行春、秋季安全检查，检查前是否编制检查提纲或"安全检查表"，经主管领导审批后执行，检查内容是否以查领导、查思想、查管理、查规程制度、查隐患为主。 （3）检查对查出问题是否制订整改计划并监督落实。 （4）检查安全检查后是否进行总结和考核	（1）未进行综合性安全检查、专项检查、日常检查，每次扣5分。 （2）未结合特点、规律开展安全检查，不得分；检查前未编制检查提纲或"安全检查表"，扣10分；未经主管领导审批，扣10分；未以"五查"为主，每项扣5分。 （3）无整改计划，每项扣5分；未监督落实闭环管理，每项扣5分。 （4）无总结、考核，每项扣5分	（1）Q/BEH－211.10－02—2019《安全生产工作规定》； （2）Q/BJCE－217.17－01—2019《安全生产工作规定》； （3）Q/BJCE－217.17－38—2019《安全检查管理规定》
6.7.6	反违章管理	15	（1）检查是否制定违章现象（包括行为性、装置性、管理性、指挥性违章）管理相关规定，执行是否认真，考核是否严格、有无检查记录。 （2）检查是否定期对违章情况进行分析总结、有针对性治理	（1）无相关管理制度，不得分；无职责，扣10分；相关管理制度内容不完善，扣5分；未开展反违章工作，不得分；未建立考核记录，扣10分；未按标准考核，每项扣5分。 （2）无定期相关分析、总结，扣5分；没有针对性治理、未达到闭环管理，每项扣5分	（1）Q/BEH－211.10－02—2019《安全生产工作规定》； （2）Q/BJCE－217.17－01—2019《安全生产工作规定》

6.8　发承包、租赁、外委单位和劳务派遣安全管理

序号	评价项目	标准分	查评方法及内容	评分标准	查评依据
6.8	**发承包、租赁、外委单位和劳务派遣安全管理**	**100**			
6.8.1	制度管理	20	（1）检查企业是否制定了发承包、租赁、外委单位和临时用工安全管理制度，明确发包方和承包方的职责。 （2）检查发承包、租赁、外委单位和劳务派遣用工归口管理部门及其职责是否明确	（1）无管理制度，不得分；未明确归口管理部门，不得分；管理部门职责不清晰，扣10分。 （2）制度中未明确发包方和承包方职责，扣10分；责任条款中有违反相关法律法规和上级规定的，每条扣5分	（1）Q/BEH－211.10－02—2019《安全生产工作规定》； （2）Q/BJCE－217.17－01—2019《安全生产工作规定》； （3）Q/BJCE－217.17－43—2019《外委单位安全管理规定》

序号	评价项目	标准分	查评方法及内容	评分标准	查评依据
6.8.2	资质审核	20	（1）检查企业是否对承包单位、承租单位的资质{营业执照、法人代表资质证书、法人授权委托书、企业安全资质证书、施工资质证书［承装（修、试）电力设施许可证等］}和近三年安全施工（维护）记录进行审核。 （2）检查企业是否对涉及特种设备、消防、危险化学品、建筑等特殊行业的企业资质进行独立审核。 （3）检查企业是否对承包单位、承租单位的人员作业资质证书进行审核，是否满足所从事岗位的安全生产要求。 （4）检查企业是否对外委单位提供的人员身份信息、健康证明、工伤保险（或意外伤害保险）等相关资料进行审核	（1）生产经营项目、场所、设备发包、租赁给不具备资质和安全生产条件的单位或者个人，不得分。 （2）资质审核不符合要求，每项扣10分。 （3）特殊行业的企业资质任一项不符合要求，不得分。 （4）人员资质证书不合格，每人扣5分	（1）Q/BEH—211.10—02—2019《安全生产工作规定》； （2）Q/BJCE—217.17—01—2019《安全生产工作规定》； （3）Q/BJCE—217.17—43—2019《外委单位安全管理规定》
6.8.3	合同及安全协议管理	15	（1）检查企业与承包单位、承租单位是否签订合同（单位法人），同时签订安全管理协议并盖单位公章（或合同专用章）作为合同附件。 （2）检查安全管理协议中是否明确双方安全管理职责、安全责任、安全目标、安全风险辨识和控制、事故应急救援、检查考核条款等；是否经发包方审查签字，并经发包方安全监督部门审核签字后生效。 （3）检查两个以上单位在同一作业区域内开展作业，可能危及对方生产安全的，应签订安全管理协议，且明确各自职责和安全措施。 （4）检查是否对承包单位、承租单位、外委单位的安全工作实行统一协调、管理	（1）未签订安全生产管理协议，不得分。 （2）安全管理协议内容的不符合规定，每项扣5分；未经安监部门审查同意，不得分。 （3）两个以上外委单位在承包项目工作过程中，可能危及对方安全的，未签订安全生产管理协议，不得分；各自的安全生产管理职责和应当采取的安全措施不明确，扣10分；各方没有明确安全管理人员，扣10分。 （4）未对承包单位、承租单位、外委单位的安全生产统一协调、管理，不得分	（1）Q/BEH—211.10—02—2019《安全生产工作规定》； （2）Q/BJCE—217.17—01—2019《安全生产工作规定》； （3）Q/BJCE—217.17—43—2019《外委单位安全管理规定》
6.8.4	劳务派遣工安全管理	15	（1）检查是否与劳务派遣单位签订劳务派遣协议，是否明确双方安全生产管理的权利、义务和责任。 （2）检查是否对劳务派遣用工进行安全教育培训。 （3）检查是否将劳务派遣工纳入企业员工范围进行安全管理。 （4）检查是否按国家标准或行业标准为劳务配备安全防护用品	（1）未签订协议，不得分；双方安全生产管理的权利、义务和责任不明确，扣10分。 （2）未进行安全教育、未考试就上岗，每人扣5分。 （3）未将劳务派遣工纳入企业员工范围进行安全管理，不得分。 （4）未按国家标准或行业标准为劳务配备安全防护用品，每人扣5分	（1）Q/BEH—211.10—02—2019《安全生产工作规定》； （2）Q/BJCE—217.17—01—2019《安全生产工作规定》； （3）Q/BJCE—217.17—43—2019《外委单位安全管理规定》

序号	评价项目	标准分	查评方法及内容	评分标准	查评依据
6.8.5	承包单位、承租单位、外委单位人员、劳务派遣安全培训	15	（1）检查承包单位、承租单位人员、外委单位、临时劳务派遣人员上岗前，是否经过安全生产知识和安全生产规程的培训，且考试合格。 （2）检查是否对外委单位安全生产教育培训工作进行监督检查，是否有相关记录。 （3）检查安全培训档案记录是否齐全	（1）未开展相关安全教育培训，不得分；未经考试合格上岗，不得分。 （2）对外委单位安全生产教育培训工作监督不力，每次扣10分。 （3）安全培训档案记录不齐全，扣10分	（1）Q/BEH－211.10－02—2019《安全生产工作规定》； （2）Q/BJCE－217.17－01—2019《安全生产工作规定》； （3）Q/BJCE－217.17－43—2019《外委单位安全管理规定》
6.8.6	劳务派遣用工的安全统计	15	检查劳务派遣的安全管理、事故统计、考核是否纳入场站正常管理工作范围并符合规定	劳务派遣用工的安全管理、事故统计、考核未纳入场站正常管理工作范围，不得分	（1）Q/BEH－211.10－02—2019《安全生产工作规定》； （2）Q/BJCE－217.17－01—2019《安全生产工作规定》； （3）Q/BJCE－217.17－43—2019《外委单位安全管理规定》

6.9 安全生产监督

序号	评价项目	标准分	查评方法及内容	评分标准	查评依据
6.9	**安全生产监督**	**130**			
6.9.1	安全生产监督机构	20	（1）检查企业是否设独立的安全生产监督机构，其职责、职权是否符合规定。 （2）安全监督机构内必须设专职安全监督人员，原则上不应少于5人，必须配备不少于1名注册安全工程师；人员装备是否满足基本要求。 （3）检查安全监督机构的待遇是否低于主要生产部门的待遇	（1）未设置独立安全监督机构，不得分；职责、职权不符合京能集团、京能清洁能源公司相关规定，扣10分。 （2）安全监督机构中未配备注册安全工程师，扣10分；人员装备未满足基本要求，扣5分；安全监督机构人员配置少于5人，扣10分。 （3）安全监督机构待遇低于主要生产部门的待遇，安全监督人员的待遇低于主要生产部门对应岗位的待遇，不得分	（1）《中华人民共和国安全生产法》； （2）Q/BEH－211.10－03—2019《安全生产监督规定》； （3）Q/BJCE－217.17－26—2019《安全生产监督规定》
6.9.2	三级安全网	20	（1）检查三级安全网是否健全。 （2）检查发电企业主要生产部门（设备部、发电部）设专职安全员，其待遇是否低于其他专业主管，其他部门（车间）和班组是否设兼职安全员	（1）安全网不健全，扣10分。 （2）主要生产部门（车间）未设专职安全员，不得分；专职安全员其待遇低于其他专业主管，不得分	（1）《中华人民共和国安全生产法》； （2）Q/BEH－211.10－03—2019《安全生产监督规定》； （3）Q/BJCE－217.17－26—2019《安全生产监督规定》

续表

序号	评价项目	标准分	查评方法及内容	评分标准	查评依据
6.9.3	安全网活动	15	（1）检查企业安监部门负责人是否每月主持召开安全网例会和活动。 （2）检查是否落实上级有关安全生产监督工作要求，分析安全生产动态。 （3）检查是否研究下一阶段安全监察工作重点，提出建设性意见	（1）安监部门负责人无故每月未主持安全网例会，不得分；安监部门负责人未每月主持安全网例会，每次扣5分；未定期召开安全网例会，每次扣5分。 （2）安全网会未落实职责，扣10分；无会议记录，扣10分。 （3）未布置下一阶段安监工作重点，提出建设性意见，扣10分	（1）《中华人民共和国安全生产法》； （2）Q/BEH－211.10－03－2019《安全生产监督规定》； （3）Q/BJCE－217.17－26－2019《安全生产监督规定》
6.9.4	安全生产监督人员	15	（1）检查安全生产监督人员是否履行所赋予的安全监督职权。 （2）检查安监部门是否建立了监督检查记录，记录监督检查发现问题的时间、地点、内容及其处理情况。 （3）检查发现重大问题和隐患，安监部门是否及时下达"安全生产监督通知"，限期解决，是否经主管领导签发执行	（1）未经常深入现场，对违章制止不力，不得分。 （2）未建立监督检查记录本，不得分；监督检查记录有重要的缺失，每次扣5分。 （3）重大问题和隐患未及时下达主管领导签发的通知书，不得分；未按期完成整改又无相应措施，不得分	（1）《中华人民共和国安全生产法》； （2）Q/BEH－211.10－03－2019《安全生产监督规定》； （3）Q/BJCE－217.17－26－2019《安全生产监督规定》
6.9.5	安全简报	15	（1）检查安全监督部门是否转发上级有关安全通报，并组织认真学习，吸取教训。 （2）检查是否每月至少编制一期本单位的安全简报，总结分析安全生产中存在的问题，提出要求和具体的改进措施，对职工进行安全教育，向有关单位汇报和反馈事故信息	（1）未及时转发上级通报，未组织认真学习，吸取教训，每次扣5分。 （2）未定期编制本单位安全简报，不得分；安全简报内容不符合要求，未定期分析、总结本单位的安全生产工作缺乏指导性，内容空洞，每次扣10分	（1）《中华人民共和国安全生产法》； （2）Q/BEH－211.10－03－2019《安全生产监督规定》； （3）Q/BJCE－217.17－26－2019《安全生产监督规定》
6.9.6	两票管理监督	15	（1）检查安全监督部门是否每月对报送的"两票"评价、合格率统计、考核等管理工作进行监督检查，并按规定进行考核。 （2）检查是否定期对"两票"执行情况分析总结进行检查	（1）未监督、未考核，扣10分。 （2）未对"两票"执行情况分析总结进行检查，扣10分	（1）《中华人民共和国安全生产法》； （2）GB 26164.1－2010《电业安全工作规程 第1部分：热力和机械》； （3）Q/BEH－211.10－03－2019《安全生产监督规定》； （4）Q/BJCE－217.17－26－2019《安全生产监督规定》
6.9.7	两措监督	15	（1）检查安全监督部门是否对"两措"的执行情况进行监督。 （2）检查是否及时向主管领导汇报存在的问题	（1）未对"两措"执行情况进行监督，不得分；"两措"计划项目未按期完成或超期，涉及监督责任不到位的，每项扣10分。 （2）未及时向主管领导汇报存在的问题，不得分	（1）《中华人民共和国安全生产法》； （2）Q/BEH－211.10－03－2019《安全生产监督规定》； （3）Q/BJCE－217.17－01－2019《安全生产工作规定》

序号	评价项目	标准分	查评方法及内容	评分标准	查评依据
6.9.8	监督检查职责	15	（1）检查安全生产监督人员是否依法履行监督检查职责。 （2）检查相关人员是否予以配合，是否拒绝、阻挠。 （3）检查工会是否依法组织员工参加本单位的安全生产民主监督和民主管理	（1）未进行监督检查，不得分；监督检查记录不完整，扣10分。 （2）有一例不予以配合、拒绝、阻挠，不得分。 （3）工会未组织员工参加本单位的安全生产监督和民主管理，不得分	（1）《中华人民共和国安全生产法》； （2）Q/BEH-211.10-03-2019《安全生产监督规定》； （3）Q/BJCE-217.17-01-2019《安全生产工作规定》

6.10 风险预控与隐患排查治理

序号	评价项目	标准分	查评方法及内容	评分标准	查评依据
6.10	**风险预控与隐患排查治理**	**95**			
6.10.1	风险预控	55			
6.10.1.1	基本要求	10	（1）检查是否建立风险预控规章制度。 （2）检查是否将安全风险预控相关培训内容纳入年度安全培训计划，分层次、分阶段组织员工进行安全培训。 （3）检查是否建立安全风险预控组织机构，是否明确公司、部门、班组及岗位各个层级的重点安全风险	（1）未建立风险预控规章制度，不得分。 （2）未将安全风险预控相关培训内容纳入年度安全培训计划或组织员工进行安全培训，扣5分。 （3）未建立安全风险预控组织机构，扣5分；未明确公司、部门、班组及岗位各个层级的重点安全风险，不得分	Q/BJCE-217.17-27-2019《安全风险预控管理规定》
6.10.1.2	风险辨识	10	（1）检查是否在生产作业开始前进行动态风险辨识。 （2）检查是否在作业环境、作业内容、作业人员发生改变，或者工艺技术、设备设施等发生变更，或发生生产安全事故（包括未遂）或事件时，重新进行风险辨识。 （3）检查是否对各对辨识出的风险源进行分类登记。 （4）检查企业是否每年至少进行一次全面辨识	（1）未在生产作业开始前进行动态风险辨识，每次扣5分。 （2）未在作业环境、作业内容、作业人员发生改变，或者工艺技术、设备设施等发生变更，或发生生产安全事故（包括未遂）或事件时，重新进行风险辨识，扣5分。 （3）未对各对辨识出的风险源进行分类登记，扣5分。 （4）企业每年未辨识，不得分；辨识不全面，扣5分	Q/BJCE-217.17-27-2019《安全风险预控管理规定》

序号	评价项目	标准分	查评方法及内容	评分标准	查评依据
6.10.1.3	风险评估	10	（1）检查是否对所有辨识出的危险源逐一进行风险评估。 （2）检查风险分析与评估结果是否形成记录或者报告归档	（1）未对所有辨识出的危险源逐一进行风险评估，每项扣5分。 （2）未形成记录或者报告归档，扣5分	Q/BJCE－217.17－27—2019《安全风险预控管理规定》
6.10.1.4	风险分级管控	10	（1）检查是否建立安全风险分级管控清单。 （2）检查是否确定不同风险的管控层级，风险管控原则和责任主体	（1）未建立安全风险分级管控清单，不得分。 （2）未确定不同的风险管控的层级、原则和责任主体，扣5分	Q/BJCE－217.17－27—2019《安全风险预控管理规定》
6.10.1.5	风险告知	10	（1）检查是否在重点区域的醒目位置设置安全风险公告栏，制作岗位安全风险告知卡，标明作业场所和工作岗存在的主要安全风险。 （2）检查是否将设备设施、作业活动及工艺操作过程中存在的风险及应采取的措施通过培训方式告知各岗位人员及相关方	（1）未在重点区域的醒目位置设置安全风险公告栏，制作岗位安全风险告知卡，每处扣5分。 （2）未将设备设施、作业活动及工艺操作过程中存在的风险及应采取的措施通过培训方式告知各岗位人员及相关方，发现一次扣5分	Q/BJCE－217.17－27—2019《安全风险预控管理规定》
6.10.1.6	监测和预警	5	检查发现事故征兆或现象（发现或辨识较大风险源没有控制措施、控制措施与实际不符等）时，是否立即发布预警信息，落实预防和应急处置措施	未立即发布预警信息或未落实预防和应急处置措施，不得分	Q/BJCE－217.17－27—2019《安全风险预控管理规定》
6.10.2	隐患排查治理	40			
6.10.2.1	制度	10	（1）检查企业是否建立隐患排查治理制度，是否明确职责。 （2）检查是否界定隐患分类、分级标准，明确"排查、登记、定级、监控防范、整治、验收、核销"的流程形成闭环管理。 （3）检查企业是否建立事故隐患报告、举报以及隐患整改完成情况的奖惩机制。 （4）检查是否定期对隐患排查治理情况统计分析，并及时上报	（1）未建立隐患排查治理制度，不得分；未明确管理职责，扣10分。 （2）制度内容有缺失，扣5分。 （3）未隐患排查治理奖惩机制，不得分。 （4）未定期对隐患排查治理情况进行统计分析并上报，扣5分	（1）Q/BEH－217.10－25—2019《事故隐患排查治理管理规定》； （2）Q/BJCE－217.17－13—2019《事故隐患排查治理管理规定》
6.10.2.2	隐患排查	15	（1）检查企业每年是否开展至少一次隐患排查治理专项培训。 （2）检查企业是否制订隐患排查计划和方案，明确排查内容和要求，有针对性地开展日常、专项和综合性隐患排查工作，并记录齐全。 （3）检查企业是否建立隐患排查治理台账，对排查出的隐患分级分类及时登记入册和录入安全管理信息系统。 （4）检查对排查出的重大隐患是否按规定上报	（1）未开展隐患排查专项培训，扣10分。 （2）未制订隐患排查计划和方案，不得分；隐患排查方案执行不到位，扣5分；隐患排查记录不完整，每次扣3分。 （3）未建立企业隐患排查台账，不得分；未对排查出的隐患分级分类管理，扣5分。 （4）对排查出的重大隐患未按规定上报，不得分	（1）Q/BEH－217.10－25—2019《事故隐患排查治理管理规定》； （2）Q/BJCE－217.17－13—2019《事故隐患排查治理管理规定》

序号	评价项目	标准分	查评方法及内容	评分标准	查评依据
6.10.2.3	隐患治理	15	（1）检查排查出的隐患是否及时进行整治。 （2）检查无法立即整治的，是否按照治理原则（定项目、方案、措施、资金、完成时间、应急预案、责任单位、责任人）制定治理方案。 （3）检查隐患消除前或治理过程中，是否采取有效的监控防范措施和安全措施	（1）未对排查出的隐患进行整改，不得分。 （2）无法立即整治的隐患未制定整改方案，每项扣 10 分；制定工作方案缺项，扣 5 分。 （3）消除前或治理过程中未采取有效的监控防范措施和安全措施，扣 10 分；治理过程未进行监督检查，扣 10 分	（1）Q/BEH－217.10－25－2019《事故隐患排查治理管理规定》； （2）Q/BJCE－217.17－13－2019《事故隐患排查治理管理规定》

6.11　危险化学品、重大危险源监控

序号	评价项目	标准分	查评方法及内容	评分标准	查评依据
6.11	危险化学品、重大危险源监控	**35**			
6.11.1	辨识与评估	20	（1）检查企业是否建立危险化学品重大危险源安全管理规章制度，是否组织对本单位的危险化学品经营、储存和使用装置、设施及场所进行重大危险源辨识。 （2）检查企业是否对新建、改建和扩建涉及危险化学品的建设项目在竣工验收前完成重大危险源的辨识、安全评估和分级、登记建档工作，并向所在地县级人民政府安全生产监督管理部门备案。 （3）检查企业是否按《危险化学品重大危险源监督管理暂行规定》和京能集团、京能清洁能源公司有关标准规定，开展重大危险源辨识与评估	（1）未制定危险化学品重大危险源安全相关管理制度，不得分。 （2）新建、改建和扩建危险化学品建设项目在建设项目竣工验收前未完成重大危险源的辨识、评估及备案等，扣 10 分。 （3）未组织开展危险化学品重大危险源辨识，不得分；未提出《重大危险源自查评估报告》，扣 10 分	（1）国家安监总局令第 40 号《危险化学品重大危险源监督管理暂行规定》； （2）GB 18218－2018《危险化学品重大危险源辨识》； （3）Q/BEH－217.10－05－2019《重大危险源安全监察管理规定》； （4）Q/BJCE－217.17－29－2019《重大危险源安全监察管理办法》； （5）《危险化学品名录》（2015）
6.11.2	登记建档与备案	15	（1）检查具有重大危险源的企业是否按规定对重大危险源登记建档，并在现场进行标识，定期检查、检测。 （2）检查具有重大危险源的企业是否按照本单位危险化学品重大危险源的名称、地点、性质和可能造成的危害制定有关安全措施或应急救援预案报京能清洁能源公司及当地人民政府有关部门备案	（1）未对重大危险源登记建档，扣 10 分；未在现场设置明显的安全警示标志或标志内容不全面，扣 5 分；未定期检查、检测，扣 10 分。 （2）未对重大危险源制定安全措施和应急预案，每项扣 10 分。 （3）未将评估报告向京能清洁能源公司及当地政府有关部门备案的，扣 10 分	（1）国家安监总局令第 40 号《危险化学品重大危险源监督管理暂行规定》； （2）GB 18218－2018《危险化学品重大危险源辨识》； （3）Q/BEH－217.10－05－2019《重大危险源安全监察管理规定》； （4）Q/BJCE－217.17－29－2019《重大危险源安全监察管理办法》

6.12 应急救援

序号	评价项目	标准分	查评方法及内容	评分标准	查评依据
6.12	**应急救援**	**65**			
6.12.1	应急管理体系	20	（1）检查企业是否成立由主要负责人任总指挥的应急管理体系，明确以主要负责人对本单位生产安全事故应急工作全面负责的应急工作责任制。 （2）检查是否履行应急管理体系相应的职责	（1）未建立应急管理体系，不得分；未建立由主要负责人任总指挥，扣10分；应急管理体系不健全，扣10分；责任制内容有缺失，每项扣5分。 （2）未履行职责，不得分；职责履行不到位，扣10分	（1）《中华人民共和国安全生产法》； （2）国务院令第708号《生产安全事故应急条例》； （3）GB/T 29639—2013《生产经营单位生产安全事故应急预案编制导则》； （4）Q/BEH-211.10-16—2019《安全生产应急管理办法》； （5）Q/BJCE-217.17-09—2019《安全生产应急管理规定》
6.12.2	应急保障	15	（1）检查企业是否落实通信与信息保障、应急救援队伍（组织、人员）、应急物资装备保障、经费保障等应急保障体系建设。 （2）建立应急物资、装备配备及其使用台账，并对应急物资、装备进行定期检测和维护，使其处于良好备用状态	（1）未落实应急保障体系，不得分；应急保障体系有缺失，每项扣5分。 （2）未建立应急物资、装备配备及其使用台账，扣10分；装配与台账不符，每项扣5分；未对应急物资、装备定期检测和维护，扣10分；应急物资、装备未处于良好备用状态，每项扣5分	（1）《中华人民共和国安全生产法》； （2）GB/T 29639—2013《生产经营单位生产安全事故应急预案编制导则》； （3）Q/BEH-211.10-16—2019《安全生产应急管理办法》； （4）Q/BJCE-217.17-09—2019《安全生产应急管理规定》
6.12.3	应急预案	15	（1）检查企业是否针对本单位可能发生的生产安全事故的特点和危害，进行风险辨识和评估，制定综合应急预案、专项应急预案和现场处置方案；应急预案通过论证、评审后由本单位主要负责人签署公布，并向本单位从业人员公布。 （2）检查是否明确规定应急指挥机构及职责、处置程序和措施等内容。 （3）检查是否建立应急值班制度或配备应急值班人员。 （4）检查应急救援预案是否每三年至少修订一次；是否将应急救援预案报送行业主管部门和所属上级备案	（1）综合应急预案、专项应急预案、现场处置方案不全面、不完善，扣10分；未经主要负责人签署公布，不得分；未向本单位从业人员公布，扣10分；从业人员未知晓，每人扣2分。 （2）未明确应急指挥机构、职责、处置程序和措施，每项扣5分。 （3）未建立值班制度，不得分；未配备应急值班人员，每项扣5分。 （4）应急预案未按规定及时修订，扣15分；未将应急预案报送备案，扣10分	（1）《中华人民共和国安全生产法》； （2）国务院令第708号《生产安全事故应急条例》； （3）GB/T 29639—2013《生产经营单位生产安全事故应急预案编制导则》； （4）Q/BEH-211.10-16—2019《安全生产应急管理办法》； （5）Q/BJCE-217.17-09—2019《安全生产应急管理规定》

续表

序号	评价项目	标准分	查评方法及内容	评分标准	查评依据
6.12.4	培训和演练	15	（1）检查企业是否制订年度演练计划和3年滚动演练计划。 （2）检查是否对从业人员进行应急教育和培训。 （3）检查是否定期组织演练，是否对应急预案进行评估和改进，以提高应急救援能力	（1）未制订年度应急演练计划，不得分；未制订3年滚动演练计划，不得分。 （2）对从业人员进行应急教育和培训执行不到位，扣10分。 （3）未定期组织应急救援演练，扣10分。未完成年度计划，每项扣5分；应急预案未进行评估，扣10分；应急预案的评估为达到提高应急救援能力，每项扣5分；未达到改进闭环管理，每项扣5分	（1）《中华人民共和国安全生产法》； （2）国务院令第708号《生产安全事故应急条例》； （3）Q/BEH-211.10-16-2019《安全生产应急管理办法》

6.13　事件调查处理

序号	评价项目	标准分	查评方法及内容	评分标准	查评依据
6.13	**事件调查处理**	**80**			
6.13.1	制度建设	10	（1）检查企业是否建立相关不安全事件调查处理的制度。 （2）检查是否明确部门、岗位等职责和管理流程	（1）未编制不安全事件调查处理的制度，不得分；制度内容有缺失，扣5分。 （2）未明确职责，扣4分；职责不完善，扣2分；未明确管理流程，扣4分；管理流程有缺失，扣2分	（1）Q/BEH-211.10-11-2019《事故调查管理规定》； （2）Q/BJCE-217.17-11-2019《事故（事件）调查管理规定》
6.13.2	事件上报	15	（1）检查发生事件后，各级领导及事件现场有关人员是否及时、如实按规定上报。 （2）检查是否故意破坏事件现场，隐瞒或销毁有关证据	（1）未及时上报，扣10分；未如实上报，扣10分；隐瞒不报，不得分。 （2）故意破坏现场、隐瞒或销毁证据，不得分	（1）《中华人民共和国安全生产法》； （2）国务院令第599号《电力安全事故应急处置和调查处理条例》； （3）Q/BEH-211.10-11-2019《事故调查管理规定》； （4）Q/BJCE-217.17-11-2019《事故（事件）调查管理规定》
6.13.3	事件资料收集	10	（1）检查发生事件后，事件单位是否立即对事件现场和损坏的设备进行照相、录像、根据需要绘制草图、收集资料。 （2）检查是否按规定整理上报、归档	（1）事件现场资料收集有重要疏漏不完整，不得分。 （2）资料未整理，扣5分；未归档，扣5分	（1）《中华人民共和国安全生产法》； （2）国务院令第599号《电力安全事故应急处置和调查处理条例》； （3）Q/BEH-211.10-11-2019《事故调查管理规定》； （4）Q/BJCE-217.17-11-2019《事故（事件）调查管理规定》

续表

序号	评价项目	标准分	查评方法及内容	评分标准	查评依据
6.13.4	事件报告	15	（1）检查发生不安全事件后，有关领导及专业技术人员是否积极参与或配合事故调查、分析工作，并提出技术原因分析和改进措施。 （2）检查是否按要求填写报告	（1）有关领导及专业人员未参与或配合事故调查，扣 10 分；未提出技术原因分析和改进措施，扣 10 分。 （2）未按要求填写事件报告，不得分	（1）《中华人民共和国安全生产法》； （2）国务院令第 599 号《电力安全事故应急处置和调查处理条例》； （3）Q/BEH－211.10－11—2019《事故调查管理规定》； （4）Q/BJCE－217.17－11—2019《事故（事件）调查管理规定》
6.13.5	记录建档	15	（1）检查发生事故、一类障碍及人身未遂后是否按照规定建立发生事件后的处理、汇报、原始记录的填写、事故现场的保护、事故时记录表纸的档案。 （2）检查相关档案是否齐全	（1）未按规定建立档案，不得分。 （2）档案建立不齐全、不完善，扣 10 分	（1）《中华人民共和国安全生产法》； （2）国务院令第 599 号《电力安全事故应急处置和调查处理条例》； （3）Q/BEH－211.10－11—2019《事故调查管理规定》； （4）Q/BJCE－217.17－11—2019《事故（事件）调查管理规定》
6.13.6	总结提高	15	检查发生不安全事件是否坚持"四不放过"的原则	评价期内频发原因不明的事件，同一原因重复发生的事件，不得分	（1）《中华人民共和国安全生产法》； （2）国务院令第 599 号《电力安全事故应急处置和调查处理条例》； （3）Q/BEH－211.10－11—2019《事故调查管理规定》； （4）Q/BJCE－217.17－11—2019《事故（事件）调查管理规定》

6.14 安全考核与奖惩

序号	评价项目	标准分	查评方法及内容	评分标准	查评依据
6.14	**安全考核与奖惩**	**25**			
6.14.1	制度建设	15	（1）检查企业是否建立安全生产工作奖惩制度。 （2）检查是否认真贯彻执行相关奖惩制度	（1）未建立安全生产工作奖惩制度，不得分；奖惩制度内容不完善，扣 10 分。 （2）未执行奖惩制度，每项扣 5 分	（1）《中华人民共和国安全生产法》； （2）Q/BEH－211.10－17—2019《安全生产工作奖惩办法》； （3）Q/BJCE－217.17－41—2019《安全生产工作奖惩办法》

序号	评价项目	标准分	查评方法及内容	评分标准	查评依据
6.14.2	安全生产奖惩	10	（1）检查是否设立安全生产奖项，如：安全长周期奖、安全生产特殊贡献奖、安全生产目标奖等。 （2）检查是否对事故、障碍、异常等不安全事件的责任人明确考核标准	（1）未设立安全生产奖项，不得分。 （2）未对不安全事件的责任人明确考核标准，不得分；考核内容不全面，每项扣5分	（1）《中华人民共和国安全生产法》； （2）Q/BEH－211.10－17—2019《安全生产工作奖惩办法》； （3）Q/BJCE－217.17－41—2019《安全生产工作奖惩办法》

6.15　企业安全文化建设

序号	评价项目	标准分	查评方法及内容	评分标准	查评依据
6.15	**企业安全文化建设**	**105**			
6.15.1	推进与保障	10	（1）检查企业是否制订安全文化建设中长期规划。 （2）检查是否制定相关制度，是否建立组织机构、职责和流程等。 （3）检查企业是否开展安全生产标准化工作	（1）未制订安全文化建设中长期规划，不得分。 （2）未制定相关制度，不得分；内容中未建立组织机构、职责和流程，每项扣5分。 （3）未开展安全生产标准化工作，扣5分	（1）AQ/T 9004—2008《企业安全文化建设导则》； （2）Q/EBH－211.10－02—2019《安全生产工作规定》； （3）Q/BJCE－217.17－01—2019《安全生产工作规定》； （4）Q/BJCE－217.17－48—2019《安全文化建设管理规定》
6.15.2	安全承诺	15	（1）检查是否制定切合企业特点和实际情况的安全承诺，包括安全价值观、安全愿景、安全使命和安全目标，并以书面形式发布。 （2）检查安全承诺是否由企业主要负责人主持制定和签发。 （3）检查企业安全承诺内容是否被员工和相关方充分理解和接受，并结合工作任务，各岗位是否制定与企业安全承诺相统一的岗位安全承诺	（1）未制定安全承诺，不得分；安全承诺有缺失，每项扣5分。 （2）企业主要负责人未主持制定，扣10分；未签发，扣5分。 （3）员工和相关方未知晓企业安全承诺内容，不得分；各岗位未结合工作任务制定与企业安全承诺相统一的岗位安全承诺，扣10分	（1）AQ/T 9004—2008《企业安全文化建设导则》； （2）Q/EBH－211.10－02—2019《安全生产工作规定》； （3）Q/BJCE－217.17－01—2019《安全生产工作规定》
6.15.3	行为规范与程序	15	（1）检查员工是否了解企业下发的现行有效的规章制度。 （2）检查是否了解生产工作中存在的风险。 （3）检查是否能按照制度掌握行为规范	（1）未了解企业下发的现行有效的规章制度，扣2分。 （2）未了解生产工作中存在的风险，扣5分。 （3）未能按照制度掌握行为规范，每次扣5分	（1）AQ/T 9004—2008《企业安全文化建设导则》； （2）Q/EBH－211.10－02—2019《安全生产工作规定》； （3）Q/BJCE－217.17－01—2019《安全生产工作规定》

序号	评价项目	标准分	查评方法及内容	评分标准	查评依据
6.15.4	安全引导与激励	15	（1）检查是否建立安全生产目标考核奖惩制度和覆盖所有员工安全行为激励机制，安全绩效与工作业绩是否相结合，激励制度并及时兑现。 （2）检查对员工上报发现或认识到潜在的不安全因素，是否能够及时处理和反馈。 （3）检查是否树立安全榜样或典型，发挥安全行为和安全态度的示范作用	（1）未建立安全生产目标考核奖惩制度，不得分；未及时兑现，每次扣10分。 （2）对不安全因素未及时处理和反馈，每次扣5分。 （3）未发挥安全榜样或典型示范作用，扣5分	（1）AQ/T 9004—2008《企业安全文化建设导则》； （2）Q/EBH-211.10-02—2019《安全生产工作规定》； （3）Q/BJCE-217.17-01—2019《安全生产工作规定》； （4）Q/BJCE-217.17-41—2019《安全生产工作奖惩办法》
6.15.5	安全信息传播与沟通	10	（1）检查是否建立安全信息传播系统，利用各种传播途径和方式，提高传播效果。 （2）检查是否优化安全信息的传播内容，组织有关安全经验、实践和概念作为传播内容的组成部分。 （3）检查企业是否就安全事项建立良好的沟通程序，确保企业与政府监管机构和相关方、各级管理者与员工、员工相互之间的沟通	（1）未建立安全信息传播系统，不得分；未利用各种传播途径和方式，提高传播效果，每项扣5分。 （2）未优化安全信息的传播内容，扣5分；未组织有关安全经验、实践和概念作为传播内容的组成部分，每项扣5分。 （3）未建立良好的沟通程序，扣5分；未确保企业与政府监管机构和相关方沟通，扣10分；未确保各级管理者与员工、员工相互之间的沟通，各扣5分	（1）AQ/T 9004—2008《企业安全文化建设导则》； （2）Q/EBH-211.10-02—2019《安全生产工作规定》； （3）Q/BJCE-217.17-01—2019《安全生产工作规定》
6.15.6	自主学习和改进	15	（1）检查企业是否建立有效的安全学习模式，实现动态发展的安全学习过程，保证安全绩效持续改进。 （2）检查企业是否建立岗位适任资格评估标准和培训内容，如聘任和选拔程序，包括违反安全规定的内容。 （3）检查企业是否将发生的不安全事件，吸取经验教训，改进行为和程序使员工知晓。 （4）检查企业是否鼓励员工对安全问题予以关注，提供改进机会，对改进措施提出建议	（1）未建立有效的安全学习模式，保证安全绩效持续改进，扣5分。 （2）未建立岗位适任资格评估标准或未制定培训内容，扣10分。 （3）未将发生的不安全事件，吸取经验教训，改进行为和程序使员工知晓，扣10分。 （4）未建立鼓励员工对安全问题，提供改进机会，对改进措施提出建议，扣10分	（1）AQ/T 9004—2008《企业安全文化建设导则》； （2）Q/EBH-211.10-02—2019《安全生产工作规定》； （3）Q/BJCE-217.17-01—2019《安全生产工作规定》
6.15.7	安全事务参与	15	（1）检查安全规划、安全计划和规章制度的制定是否均有员工参与。 （2）检查是否积极开展"合理化建议"等活动，合理化建议是否及时处理并反馈给员工。 （3）检查员工反映问题渠道是否畅通。 （4）检查是否对安全事务报告和建议者进行表彰奖励	（1）员工未参与安全规划、安全计划和规章制度的制定，扣5分。 （2）未开展合理化建议活动，扣10分；合理化建议未及时处理并反馈给员工，扣5分。 （3）员工反映问题渠道不畅通，扣10分。 （4）没有进行表彰，每项扣5分	（1）AQ/T 9004—2008《企业安全文化建设导则》； （2）Q/EBH-211.10-02—2019《安全生产工作规定》； （3）Q/BJCE-217.17-01—2019《安全生产工作规定》

序号	评价项目	标准分	查评方法及内容	评分标准	查评依据
6.15.8	审评与评估	10	（1）检查企业对自身安全文化建设情况是否进行定期的全面审核。 （2）检查在安全文化建设过程中及审核时，是否采用有效的安全文化评估方法，关注安全绩效下滑的前兆，给予及时的控制和改进	（1）未进行定期的全面审核，不得分。 （2）未采用有效的安全文化评估方法，扣5分；未关注安全绩效下滑的前兆，给予及时的控制和改进，不得分	（1）AQ/T 9004—2008《企业安全文化建设导则》； （2）Q/EBH－211.10－02—2019《安全生产工作规定》； （3）Q/BJCE－217.17－01—2019《安全生产工作规定》

附录 A 燃气-蒸汽联合循环发电企业安全性评价检查表

燃气-蒸汽联合循环发电企业安全性评价检查表（第 01 号）

电气安全用具安全性评价检查表

评 价 标 准	评 价 结 果
不符合下列条件之一者，评价为不合格： 1. 属于经过电力安全工器具质量监督检验检测中心试验鉴定合格的产品。 2. 有统一、清晰的编号。 3. 有试验合格标签和试验记录，未超过有效期使用。	① 查评总件数： ② 抽样件数： ③ 不合格件数： ④ 不合格率：
4. 绝缘部分的表面无裂纹、破损或污渍。 5. 绝缘手套卷曲充气检查不漏气，无机械损伤。 6. 携带型短路接地线导线、线卡及导线护套符合标准要求，固定螺栓无松动现象。 7. 携带型短路接地线的编号应明显，并注明适用的电压等级。 8. 携带型短路接地线的保管应对号入座。 9. 现场放置的工器具中不应有报废品。 10. 验电器的自检功能正常	发现的主要问题： 检查负责人： 检查日期：　　　年　　月　　日

257

燃气–蒸汽联合循环发电企业安全性评价检查表（第02号）

手持电动工具安全性评价检查表

评 价 标 准	评 价 结 果
不符合下列条件之一者，评价为不合格： 1. 有统一、清晰的编号。 2. 电动工具的防护罩、防护盖及手柄应完好，无松动。 3. 电源线使用多股铜芯橡皮护套软电缆或护套软线，无接头及破损。 Ⅰ类工具：单相的采用三芯电缆，三相的采用五芯电缆。 4. 保护接地（零）连接正确（使用绿/黄双色或黑色线芯）、牢固可靠。 5. 电缆线完好无破损。 6. 插头符合安全要求，完好无破损。 7. 开关动作正常、灵活、无破损。 8. 机械防护装置良好。 9. 转动部分灵活可靠。 10. 连接部分牢固可靠。 11. 抛光机等转速标志明显或对使用的砂轮要求清楚、明显。 12. 绝缘电阻符合要求，有定期测量记录，未超期使用。 每半年测量一次绝缘电阻： Ⅰ类工具大于 $2M\Omega$； Ⅱ类工具大于 $7M\Omega$； Ⅲ类工具大于 $1M\Omega$。 13. 必须按作业环境的要求选用手持电动工具。使用Ⅰ类手持电动工具应配用剩余电流动作保护装置，PE 线连接可靠	① 查评总件数： ② 抽样件数： ③ 不合格件数： ④ 不合格率： 发现的主要问题： 检查负责人： 检查日期：　　　　年　　月　　日

燃气−蒸汽联合循环发电企业安全性评价检查表（第 03 号）

移动式电动机具安全性评价检查表

评 价 标 准	评 价 结 果
不符合下列条件之一者，评价为不合格： 1. 有统一、清晰的编号。 2. 电气部分绝缘电阻符合要求，有定期测量记录，未超期使用（额定电压 1000V 以上的机具，应使用 1000V 绝缘电阻表）。 3. 电源线使用多股铜芯橡皮护套电缆或护套软线，且单相设备采用三芯电缆，三相设备使用四芯电缆。 4. 软电缆或软线完好、无破损。 5. 保护接地（零）线连接正确、牢固。 6. 开关动作正常、灵活、无破损。 7. 机械防护装置完好。 8. 外壳、手柄无裂缝，无破损	① 查评总件数： ② 抽样件数： ③ 不合格件数： ④ 不合格率： 发现的主要问题： 检查负责人： 检查日期：　　　　年　　月　　日

259

燃气-蒸汽联合循环发电企业安全性评价检查表（第04号）

动力、照明配电箱安全性评价检查表

评 价 标 准	评 价 结 果
不符合下列条件之一者，评价为不合格： 1. 内部器件安装及配线工艺符合安全要求。 2. 各路配线负荷标志清晰，断路器的遮断容量符合安全要求。 3. 保护接地（零）系统连接符合安全要求。 4. 箱体应接入接地网，单独接地的接地电阻不应大于 4Ω。 5. 引进、引出电缆孔洞封堵严密，且不应存在缺口与电缆接触。 6. 箱门完好，内部无杂物，并能可靠关闭。 7. 室外电源箱防雨设施良好。 8. 箱（柜、板）内装有插座接线正确，并配有剩余电流动作保护器，剩余电流动作保护器安装正确、可靠。 9. 中性线、相线接线端子标志清楚。 10. 开关外壳、消弧罩齐全。 11. 不得将临时线接在开关上口。 12. 各种电器元件及线路接触良好，连接可靠，无严重发热、烧损现象。 13. 外露带电部分屏蔽保护完好	① 查评总件数： ② 抽样件数： ③ 不合格件数： ④ 不合格率： 发现的主要问题： 检查负责人： 检查日期：　　　年　　月　　日

燃气-蒸汽联合循环发电企业安全性评价检查表（第 05 号）

低压临时电源线路安全性评价检查表

评 价 标 准	评 价 结 果
不符合下列条件之一者，评价为不合格： 1. 申报、审批手续完备，不超过使用期限。 2. 接临时电源时，应根据负载容量及负载工作性质配置熔丝容量。 3. 临时电源应安装剩余电流动作保护器，剩余电流动作保护器动作正常，严禁短接剩余电流动作保护器。 4. 装设临时用电线路必须采用护套软线，而且要求其截面积应能满足负荷要求。 5. 导线敷设符合规程要求，使用绝缘导线室内架空高度大于 2.5m，室外大于 4m，跨越道路大于 6m（指最大弧垂）；临时线与其他设备、门、窗、水管等的距离应大于 0.3m；沿地面敷设应有防止线路受外力损坏的保护措施。 6. 开关、保护设备符合要求。 7. 严禁在有爆炸和火灾危险场所架设临时线。 8. 严禁将导线缠绕在护栏、管道及脚手架上，或不加绝缘子捆绑在护栏、管道及脚手架上	① 查评总件数： ② 抽样件数： ③ 不合格件数： ④ 不合格率： 发现的主要问题： 检查负责人： 检查日期：　　年　月　日

261

燃气−蒸汽联合循环发电企业安全性评价检查表（第06号）

安全带安全性评价检查表

评 价 标 准	评 价 结 果
不符合下列条件之一者，评价为不合格： 1. 组件完整，无短缺，无破损。 2. 绳索、编织带无脆裂、断股或扭结。 3. 皮革配件完好、无伤残。 4. 金属配件无裂纹、焊接无缺陷、无严重锈蚀。 5. 挂钩的钩舌咬口平整不错位，保险装置完整可靠。 6. 活梁卡子的活梁灵活，表面滚花良好，与边框间距符合要求。 7. 铆钉无明显偏位，表面平整。 8. 定期检查合格，有记录，未超期使用。 9. 按照国家标准制造的产品，有明确的报废周期。 10. 配备的防坠器应制动可靠	① 查评总件数： ② 抽样件数： ③ 不合格件数： ④ 不合格率： 发现的主要问题： 检查负责人： 检查日期：　　　　年　　月　　日

燃气－蒸汽联合循环发电企业安全性评价检查表（第 07 号）

吊板及升降板安全性评价检查表

评　价　标　准	评　价　结　果
不符合下列条件之一者，评价为不合格： 1. 踏脚板或吊板木质无腐蚀、劈裂等。 2. 绳索无断股、松散。 3. 绳索同踏（吊）板固定牢固。 4. 金属组件无损伤及变形。 5. 定期检查并有记录，未超期使用	① 查评总件数： ② 抽样件数： ③ 不合格件数： ④ 不合格率： 发现的主要问题： 检查负责人： 检查日期：　　　年　　月　　日

燃气－蒸汽联合循环发电企业安全性评价检查表（第 08 号）

脚手架安全性评价检查表

评 价 标 准	评 价 结 果
不符合下列条件之一者，评价为不合格： 1. 脚手架（含依靠的支持物）整体固定牢固，无倾倒、塌落危险。严禁用管道或护栏作支撑物。 2. 脚手架上不得有单板、浮板、探头板。 3. 组件合格。 4. 脚手架工作面的外侧应设 1.2m 高的栏杆并在其下部加设 18cm 高的护板。 5. 附近有电气线路及设备时，应符合《安规》的安全距离，并采取可靠的防护措施。 6. 脚手架上不能乱拉电线，木竹脚手架应加绝缘子，金属管脚手架应另设木横担。 7. 施工脚手架上如堆放材料，其质量不应超过计算载重。 8. 设有工作人员上下的梯子。 9. 用起重装置起吊重物时，不准把起重装置同脚手架的结构相连接。 10. 悬吊式脚手架应符合《安规》的特殊规定。 11. 大型脚手架应有专门设计，并经单位主管生产的领导（总工程师）批准。 12. 作业层面脚手板满铺且固定牢固。 13. 有分级验收合格的书面材料，验收合格脚手架现场悬挂合格标志，未经验收的脚手架不准使用	① 查评总件数： ② 抽样件数： ③ 不合格件数： ④ 不合格率： 发现的主要问题： 检查负责人： 检查日期：　　　年　　月　　日

燃气−蒸汽联合循环发电企业安全性评价检查表（第 09 号）

脚手架组件及安全网安全性评价检查表

评 价 标 准	评 价 结 果
不符合下列条件之一者，评价为不合格： 一、脚手架组件 1. 木、竹制构件无腐蚀、无折裂、无枯节，无严重的化学或机械损伤。 2. 金属组件无裂纹、无严重锈蚀、无严重变形，螺纹部分完好。 3. 木、竹制脚手板厚度不小于 4cm（斜道板及跳板为 5cm），竹脚手板组装牢固。 4. 金属管不得弯曲、压扁或者有裂缝。 5. 有脚手架搭设工作领导人出具的书面证明方可使用。 6. 现场不应存放脚手架组件；若现场存放脚手架组件，应进行承重计算并标识。 二、安全网 1. 由取得生产许可证书的厂家生产，并有生产许可证书复印件和产品合格证。 2. 安全网外观应平整、结构应完好；网绳、边绳、筋绳无断股、散股及严重磨损，连接部分牢固；网体无严重变形。 3. 平网宽度不得小于 3m，立网宽（高）度不得小于 1.2m，网目边长不大于 8cm。 4. 安全网所有节点应固定，固定方式应符合要求。 5. 钢架上的安全网应架高，安全网底部和梁的缓冲距离应小于 1m。 6. 试验绳按规定进行试验合格，不超期使用	① 查评总件数： ② 抽样件数： ③ 不合格件数： ④ 不合格率： 发现的主要问题： 检查负责人： 检查日期：　　　　　年　　月　　日

燃气–蒸汽联合循环发电企业安全性评价检查表（第10号）

移动梯台（含梯子、高凳）安全性评价检查表

评 价 标 准	评 价 结 果
不符合下列条件之一者，评价为不合格： 一、梯子、高凳 1. 有统一、清晰的编号。 2. 定期检查合格，有记录。 3. 木、竹制构件连接牢固无腐蚀、无变形。 4. 金属组件无严重锈蚀，无严重变形，连接牢固可靠（禁止使用钉子）。 5. 防滑装置（金属尖角、橡胶套）齐全可靠。 6. 梯阶的距离不应大于40cm。 7. 人字梯铰链牢固，限制开度拉链齐全。 二、移动式（车式）平台 1. 有统一、清晰的编号，准许荷重标志醒目。 2. 平台四周有护栏，高度为1.2m。 3. 升降机构牢固完好，升降灵活。 4. 电气部分绝缘电阻合格，采取了可靠的防止漏电保护。 5. 液压操动机构完好，无缺陷。 6. 对电气及机械部分定期检查，有检查记录，缺陷能够及时消除。 7. 在检查周期内使用	① 查评总件数： ② 抽样件数： ③ 不合格件数： ④ 不合格率： 发现的主要问题： 检查负责人： 检查日期：　　　年　　月　　日

燃气−蒸汽联合循环发电企业安全性评价检查表（第11号）

桥式、门式起重机安全性评价检查表

评 价 标 准	评 价 结 果
不符合下列条件之一者，评价为不合格： 1. 各种应有的保险装置、闭锁装置功能正常，不得随意解除。 2. 刹车及控制系统灵活可靠。 3. 转动部分及易发生挤绞伤部分防护罩（遮栏）完整、牢固。 4. 车轮踏面和轮缘无明显的磨损和伤痕。 5. 轨道终端的行程开关和缓冲器完好。 6. 室外设备应有可靠的防风措施。 7. 电气设备金属外壳及金属结构应有可靠的接地（零）。 8. 电气设备保护装置及开关设备完好。 9. 司机室装有空调，空调功率满足需要。 10. 司机室铺有绝缘垫，配有灭火器。 11. 警铃完好、有效。 12. 照明良好。 13. 室外设备的电气装置有防雨设施。电气装置定期经专业检测部门检验合格，记录及资料齐全，在检验周期内使用	① 查评总件数： ② 抽样件数： ③ 不合格件数： ④ 不合格率： 发现的主要问题： 检查负责人： 检查日期：　　　　　年　　月　　日

燃气-蒸汽联合循环发电企业安全性评价检查表（第 12 号）

自行式起重机安全性评价检查表

评 价 标 准	评 价 结 果
不符合下列条件之一者，评价为不合格： 1. 各种应有的保护装置、闭锁装置功能正常，不得随意解除。 2. 刹车及控制系统灵活可靠。 3. 转动部分及易发生挤绞伤部分防护罩（遮栏）完整、牢固。 4. 电气设备金属外壳及金属结构应有可靠的接地（零）。 5. 电气设备保护装置及开关设备完好。 6. 悬臂起重的起重特性曲线表应准确清晰。 7. 液压系统无严重渗漏。 8. 定期经专业检测部门检验合格，记录及资料齐全，在检验周期内使用	① 查评总件数： ② 抽样件数： ③ 不合格件数： ④ 不合格率： 发现的主要问题： 检查负责人： 检查日期：　　　年　月　　日

燃气−蒸汽联合循环发电企业安全性评价检查表（第 13 号）

起重机械吊钩安全性评价检查表

评 价 标 准	评 价 结 果
不符合下列条件之一者，评价为不合格： 1. 吊钩不得有裂纹。 2. 危险断面磨损不超过原高度的 10%。 3. 扭转变形不得超过 10°。 4. 危险断面及吊钩颈部不得产生塑性变形。 5. 片式吊钩的衬套、销子（心轴）、小孔、耳环以及其他坚固件无严重磨损，表面不得有裂纹和变形。衬套磨损不超过 50%，销子磨损不得超过名义直径的 3%～5%。 6. 吊钩不得补焊、钻孔。 7. 吊钩上应装有防脱钩装置	① 查评总件数： ② 抽样件数： ③ 不合格件数： ④ 不合格率： 发现的主要问题：
	检查负责人： 检查日期：　　　年　月　日

燃气–蒸汽联合循环发电企业安全性评价检查表（第 14 号）

起重机械钢丝绳安全性评价检查表

评 价 标 准	评 价 结 果
不符合下列条件之一者，评价为不合格： 一、钢丝绳 1. 钢丝绳无扭结、无灼伤或明显的散股，无严重磨损、锈蚀，无断股，断丝数不超过标准要求。 2. 润滑良好。 3. 定期检查和进行静拉力试验。 4. 使用中的钢丝绳禁止与电焊机的导线或其他电线相接触。 5. 通过滑轮或卷筒的钢丝绳不得有接头。 二、钢丝绳索具、钢丝绳连接、绳端固定 　1. 采用编结的方法连接时，编结长度符合规程规定；双头绳索结合段不应小于钢丝绳直径的 20 倍，最短不应小于 30cm，并试验合格。 　2. 用卡子固定的钢丝绳（绳端），卡子数符合规程规定，并不得少于 3 个，卡子应同侧布置，压板应压在长绳侧。 　3. 电动葫芦若采用双钢丝绳起吊，固定在卷筒护套上的一端；采用楔铁固定时，应使用生产厂家专用楔铁。 　4. 在各式起重机卷筒上固定的钢丝绳，当吊钩在最低位置时，卷筒上最少应有 5 圈。 　5. 安装有合格的超重限制器，超重限制器符合 GB 12602—2020《起重机械超载保护装置》的规定	① 查评总件数： ② 抽样件数： ③ 不合格件数： ④ 不合格率： 发现的主要问题： 检查负责人： 检查日期：　　　年　　月　　日

燃气-蒸汽联合循环发电企业安全性评价检查表（第15号）

起重机械滑轮及卷筒安全性评价检查表

评 价 标 准	评 价 结 果
不符合下列条件之一者，评价为不合格： 一、滑轮及滑轮组 1. 轮缘不得有裂纹，无严重磨损。 2. 滑轮直径与钢丝绳直径匹配。 3. 滑轮组轴不得弯曲、变形。 4. 轮槽直径应为绳径的 1.07～1.1 倍。 5. 轮槽平整不得有磨损钢丝绳的缺陷。 6. 应有防止钢丝绳跳出轮槽的装置。 7. 铸造滑轮轮槽不均匀磨损不得超过 3mm。 8. 铸造滑轮轮槽壁厚磨损不得超过原壁厚的 20%。 9. 铸造滑轮轮槽底部直径减少量不得超过钢丝绳直径的 50%。 二、卷筒 1. 卷筒的直径应不小于钢丝绳直径的 20 倍。 2. 卷筒的固定不得随意改动。 3. 卷筒不得有裂纹。 4. 筒壁厚度磨损不得超过原壁厚的 20%	① 查评总件数： ② 抽样件数： ③ 不合格件数： ④ 不合格率： 发现的主要问题： 检查负责人： 检查日期： 年 月 日

271

燃气－蒸汽联合循环发电企业安全性评价检查表（第16号）

各式电动葫芦、电动卷扬机、垂直升降机安全性评价检查表

评 价 标 准	评 价 结 果
不符合下列条件之一者，评价为不合格： 1. 有统一、清晰的编号。 2. 起升限位器动作灵敏可靠，上极限位置与卷筒距离不小于50cm。 3. 制动器及控制系统功能可靠，动作灵敏。 4. 按钮联锁装置功能可靠（即同时按相反按钮，按钮失效）。 5. 轨道上的止挡器完好。 6. 车轮踏面和轮缘无明显的磨损痕迹。 7. 电气设备系统绝缘电阻不小于0.5MΩ，有定期测量记录，未超期使用。 8. 电气设备有可靠的保护接地（零）。 9. 卷扬机固定牢固，钢丝绳与其他物体无明显摩擦痕迹。 10. 电动葫芦的盘绳器齐全、有效。 11. 额定起重负荷标志清晰。 12. 定期机械检验合格，记录齐全，未超期使用。 13. 安装有合格的超重量限制器	① 查评总件数： ② 抽样件数： ③ 不合格件数： ④ 不合格率： 发现的主要问题： 检查负责人： 检查日期：　　　年　月　日

272

燃气-蒸汽联合循环发电企业安全性评价检查表（第 17 号）

手动小型起重设备安全性评价检查表

评 价 标 准	评 价 结 果
不符合下列条件之一者，评价为不合格： 一、各类工具 1. 有统一、清晰的编号。 2. 定期检验合格，有记录，未超期使用。 二、各式千斤顶 1. 千斤顶底座平整、坚固、完整。 2. 螺纹、齿条及其承力部件无明显磨损或裂纹等缺陷。 三、手动葫芦（倒链） 1. 铭牌上制造厂家、制造年月清楚，额定负荷标志清晰。 2. 无负荷上升运转时有棘爪声，下降时制动正常。 3. 吊钩无裂纹、无明显变形或损伤，原有的防脱钩卡子完好。 4. 环链无裂纹、无明显变形、无节距伸长或直径磨损。 四、手动卷扬机和绞磨 1. 制动和逆止安全装置功能正常，部件无明显损伤。 2. 架构及连接部分牢固，无严重缺陷。 五、液压工具 1. 液压缸部分不应有渗漏。 2. 使用人员熟悉工具性能，有防止因用力过大造成设备损坏、伤人的措施	① 查评总件数： ② 抽样件数： ③ 不合格件数： ④ 不合格率： 发现的主要问题： 检查负责人： 检查日期：　　　年　　月　　日

燃气-蒸汽联合循环发电企业安全性评价检查表（第 18 号）

交、直流电焊机安全性评价检查表

评 价 标 准	评 价 结 果
不符合下列条件之一者，评价为不合格： 1. 有统一、清晰的编号。 2. 电源线，电焊机一、二次线，电焊机接线端子有屏蔽罩。 3. 电焊机金属外壳有可靠的保护接地（零）。 4. 焊接变压器一、二次绕组之间、绕组与外壳之间绝缘良好，绝缘电阻不小于 1MΩ，有检验记录，未超期使用。 5. 一次线长度不超过 2m，二次线接头不超过 3 个，接头部分用绝缘材料包好，导线的金属部分不得裸露	① 查评总件数： ② 抽样件数： ③ 不合格件数： ④ 不合格率： 发现的主要问题： 检查负责人： 检查日期：　　　年　　月　　日

燃气–蒸汽联合循环发电企业安全性评价检查表（第 19 号）

钻床安全性评价检查表

评 价 标 准	评 价 结 果
不符合下列条件之一者，评价为不合格： 1. 防护罩完整、可靠。 2. 卡头无缺陷。 3. 电动机外壳保护接地和接零均良好。 4. 备有清除切屑的专用工具。 5. 采用安全电压照明灯具。 6. 设备上或附近有安全操作规定	① 查评总件数： ② 抽样件数： ③ 不合格件数： ④ 不合格率： 发现的主要问题： 检查负责人： 检查日期：　　　年　　月　　日

燃气−蒸汽联合循环发电企业安全性评价检查表（第20号）

砂轮机安全性评价检查表

评 价 标 准	评 价 结 果
不符合下列条件之一者，评价为不合格： 1. 砂轮无裂纹。 2. 法兰盘直径大于砂轮机直径的1/3，并有软垫。 3. 砂轮运行时无明显的跳动。 4. 托架牢固可靠，不超过砂轮轴水平中心线，与砂轮最大间隙不超过3mm。 5. 防护罩安装牢固，最大开口不超过90°，其中轮轴水平中心线以上不超过65°。 6. 电动机外壳保护接地（零）良好。 7. 挡屑板完好。 8. 设备上或附近有明显、准确的安全操作规定	① 查评总件数： ② 抽样件数： ③ 不合格件数： ④ 不合格率：
	发现的主要问题：
	检查负责人： 检查日期：　　　年　月　　日

燃气−蒸汽联合循环发电企业安全性评价检查表（第 21 号）

冲、剪、压机械安全性评价检查表

评 价 标 准	评 价 结 果
不符合下列条件之一者，评价为不合格： 1. 离合器动作灵活、可靠，无连冲。 2. 制动器灵活可靠。 3. 紧急停止按钮灵敏可靠。 4. 外露转动部分防护罩齐全、可靠。 5. 操作脚踏板外露部分的上部及两侧有防护罩。 6. 踏脚板有防滑装置。 7. 各种安全防护装置及安全保护控制装置可靠有效。 8. 电动机外壳保护接地（零）良好。 9. 设备上或附近有明显的安全操作要求	① 查评总件数： ② 抽样件数： ③ 不合格件数： ④ 不合格率： 发现的主要问题：

检查负责人：

检查日期：　　　　年　　月　　日

燃气－蒸汽联合循环发电企业安全性评价检查表（第 22 号）

金属切削机床安全性评价检查表

评 价 标 准	评 价 结 果
不符合下列条件之一者，评价为不合格： 1. 防护（栏、盖等）完好、可靠。 2. 防夹具脱落装置完好。 3. 备有清除切屑的专用工具。 4. 限位、联锁、操作手柄灵敏可靠。 5. 照明灯采用安全电压。 6. 电动机外壳保护接地和接零均良好。 7. 不加罩的旋转连接部位楔子、销子不突出。 8. 设备上或附近有明显的安全操作要求	① 查评总件数： ② 抽样件数： ③ 不合格件数： ④ 不合格率： 发现的主要问题： 检查负责人： 检查日期：　　　年　　月　　日

燃气－蒸汽联合循环发电企业安全性评价检查表（第23号）

主要木工机械安全性评价检查表

评 价 标 准	评 价 结 果
不符合下列条件之一者，评价为不合格： 1. 安全防护装置完好、齐全、可靠。 2. 各转动部分的防护罩齐全、完好、可靠。 3. 锯条、锯片及其他刀具无裂纹、伤痕或其他变形缺陷。 4. 电动机外壳保护接地和接零均良好。 5. 限位装置灵敏可靠。 6. 夹紧装置完好、可靠。 7. 清楚地标出主轴或刀具的旋转、运动方向。 8. 设备上或附近有明显的安全操作要求	① 查评总件数： ② 抽样件数： ③ 不合格件数： ④ 不合格率： 发现的主要问题： 检查负责人： 检查日期： 年 月 日

燃气－蒸汽联合循环发电企业安全性评价检查表（第24号）

工业锅炉安全性评价检查表

评 价 标 准	评 价 结 果
不符合下列条件之一者，评价为不合格： 1. 锅炉"三证"（登记簿、许可证、年检证）齐全。 2. 安全阀灵敏、可靠、定期校验。 3. 水位计清晰、显示正确。 4. 压力表灵敏正常、定期校验。 5. 给水泵可靠。 6. 有水质处理设施和化验仪器（炉内水垢在1.5mm以下）。 7. 停炉采用适当的保养方式。 8. 常压锅炉定期检查排汽管，无结垢。 9. 使用蒸汽为热源的热水锅炉（箱）、茶水炉等，参照压力容器进行评价	① 查评总件数： ② 抽样件数： ③ 不合格件数： ④ 不合格率： 发现的主要问题： 检查负责人： 检查日期：　　　　年　　月　　日

燃气−蒸汽联合循环发电企业安全性评价检查表（第 25 号）

压力容器安全性评价检查表

评 价 标 准	评 价 结 果
不符合下列条件之一者，评价为不合格： 1. 在检验周期内使用，技术资料齐全。 2. 安全附件齐全完好，安全阀可靠，定期校验。 3. 零部件无严重锈蚀。 4. 结构设计合理，焊接工艺符合安全要求。 5. 常压容器汽源压力不超过允许限值，排汽管管径设计合理，直通大气，无阀门。 6. 以蒸汽为热源的热水锅炉（箱）、茶水炉等，参照本表进行评价	① 查评总件数： ② 抽样件数： ③ 不合格件数： ④ 不合格率： 发现的主要问题： 检查负责人： 检查日期：　　　年　月　日

燃气-蒸汽联合循环发电企业安全性评价检查表（第 26 号）

小型空气压缩机安全性评价检查表

评　价　标　准	评　价　结　果
不符合下列条件之一者，评价为不合格： 1. 储气罐定期检验合格，有记录，在检验周期内使用。 2. 安全阀、压力表灵敏可靠，定期检验。 3. 自动装置动作可靠。 4. 防护装置牢固、完好。 5. 电动机外壳保护接地和接零均良好。 6. 运行无剧烈振动	① 查评总件数： ② 抽样件数： ③ 不合格件数： ④ 不合格率： 发现的主要问题：
	检查负责人： 检查日期：　　　年　　月　　日

燃气−蒸汽联合循环发电企业安全性评价检查表（第 27 号）

劳动保护及个体防护用品安全性评价检查表

评 价 标 准	评 价 结 果
不符合下列条件之一者，评价为不合格： 1. 工作服应符合工种的特点，不应使用化纤面料。 2. 劳动保护及个体防护用品应由具有生产许可证的厂家生产。 3. 按照国家、行业配备标准为从业人员配发劳动防护用品，其中检修人员从事特种作业的，应按特种作业的规定配发。 4. 具有出厂合格证书	① 查评总件数： ② 抽样件数： ③ 不合格件数： ④ 不合格率： 发现的主要问题： 检查负责人： 检查日期：　　　年　　月　　日

燃气－蒸汽联合循环发电企业安全性评价检查表（第 **28** 号）

安全帽安全性评价检查表

评　价　标　准	评　价　结　果
不符合下列条件之一者，评价为不合格： 1. 属于有生产许可证的厂家生产的合格产品，并经过安全技术检验，贴有安检标志。 2. 组件完好（包括帽箍、顶衬、后箍、下额带等），符合安全技术要求。 3. 帽舌伸出长度为 10～50mm，倾斜度为 30°～60°。 4. 顶部缓冲空间为 20～50mm。 5. 根据各种材质，有明确的老化、更新年限规定	① 查评总件数： ② 抽样件数： ③ 不合格件数： ④ 不合格率： 发现的主要问题：
	检查负责人： 检查日期：　　　年　　月　　日

燃气－蒸汽联合循环发电企业安全性评价检查表（第 29 号）

电梯安全性评价检查表

评 价 标 准	评 价 结 果
不符合下列条件之一者，评价为不合格： 1. 层门、轿厢门的机械或电气联锁装置功能正常、可靠。 2. 自动平层功能良好，不出现反向自平。 3. 层站呼唤按钮、指层灯完好，功能正常。 4. 安全防护装置功能正常。 5. 电气设备有可靠的接地（零）保护。 6. 电梯井道灯（1 个/10m）正常。 7. 载人电梯的通信设施或紧急呼救装置齐全有效。 8. 电梯间张贴在有效期内的检验合格证。 9. 电梯间须设有灭火器，通风换气装置运行正常。 10. 电梯间内应张贴安全使用规定	① 查评总件数： ② 抽样件数： ③ 不合格件数： ④ 不合格率：
	发现的主要问题：
	检查负责人： 检查日期：　　　年　　月　　日

285

燃气-蒸汽联合循环发电企业安全性评价检查表（第 30 号）

各类机动车辆安全性评价检查表

评 价 标 准	评 价 结 果
不符合下列条件之一者，评价为不合格： 1. 手、脚制动器调整适当，制动距离符合要求。 2. 转动装置调整适当，操作方便、灵活可靠。 3. 离合器分离彻底，结合平稳可靠，无异常响声。 4. 燃油、机油无渗漏。 5. 喇叭、灯光、雨刷和后视镜必须齐全有效；仪器、仪表信号准确，性能良好。 6. 经专业检测部门检测合格，在检测周期内使用。 7. 液化气、油罐车有防静电接地拖链，罐应有防火标志，专用槽车排气管应装在车前。 8. 吊车、斗臂车的起重机械部分符合评价检查表（第 15 号）安全要求。 9. 驾驶员人员应持有质量技术监督局下发的场内动机车辆特种作业操作证。 10. 车辆电气设备装置绝缘状态良好，工作性能正常，不存在破损、过热、漏电等现象。 11. 电瓶车的蓄电池组状态良好，不存在电极腐蚀、漏酸等现象。 12. 机动车辆应配备灭火器	① 查评总件数： ② 抽样件数： ③ 不合格件数： ④ 不合格率： 发现的主要问题： 检查负责人： 检查日期：　　　年　月　日

燃气−蒸汽联合循环发电企业安全性评价检查表（第 31 号）

高压气瓶安全性评价检查表

评 价 标 准	评 价 结 果
不符合下列条件之一者，评价为不合格： 1. 定期检验合格，在检验周期内使用。自备气瓶的检验应经专业检测部门进行检测、检验（以检验标志为准）。 2. 无严重腐蚀或严重损伤。 3. 空瓶剩余压力不小于 0.05MPa。 4. 有明显、正确的漆色和标志，且非改漆色的其他气体气瓶。 5. 安全装置齐全。 6. 氧气瓶、乙炔气瓶、氢气瓶不能同时运输和存放。 7. 气瓶在存放和运输过程中应佩戴防护帽，防振胶圈齐全。 8. 配备开启气瓶的专用工具。 9. 乙炔气瓶使用的工具应为非含铜的防火花操作工具。 10. 各类高压气瓶均应储存在阴凉通风的专用库房，防止阳光直射，温度不超过 30℃。 11. 室内不应有取暖设施，并远离火源。 12. 各类气体应分开存放，库房内不应存放其他易燃、易爆物品。 13. 氢气、乙炔库房不应存有氧化剂。 14. 氧气库房不应有还原剂、油脂、金属粉末。 15. 各类库房应符合防火、防爆等级的要求，并经过专业管理机关或部门验收合格。 16. 专用库房与其他建筑物的间距符合安全要求。 17. 氢气、乙炔气体发生火灾后应使用雾状水或二氧化碳气体灭火。 18. 对新购入的六氟化硫气体要进行抽样复检，复检不合格不准使用。六氟化硫气体应具有制造厂名称、气体净重、灌装日期、批号及质量检验单，否则不准使用。 19. 避免装有六氟化硫气体的钢瓶靠近热源或受阳光曝晒。使用过的六氟化硫气体钢瓶应关紧阀门，戴上瓶帽，防止剩余气体泄漏	① 查评总件数： ② 抽样件数： ③ 不合格件数： ④ 不合格率： 发现的主要问题： 检查负责人： 检查日期：　　　年　　月　　日

燃气－蒸汽联合循环发电企业安全性评价检查表（第32号）

氧气、氢气、乙炔物理、化学特性

评 价 标 准	评 价 结 果
一、氧气 1. 无色、无味、无毒，密度相当于空气密度。 2. 强氧化剂，活泼的助燃气体，与任何可燃气体混合得到较高温度的火焰，高速流动时可以产生静电。 3. 与有机物氧化反应，有放热现象。压缩的气态氧气与油脂、矿物油接触可能自燃。 4. 与所有可燃液体、气体构成爆炸极限很宽的爆炸性混合物。 5. 富氧状态下，燃烧火势凶猛，蔓延极快。 6. 富氧状态下，可以使人窒息。 7. 氧气浓度低于18%时，按缺氧环境的特殊安全措施下才能工作。 二、氢气 1. 无色、无味、最轻的气体。 2. 与空气混合气体爆炸下限为4%，上限75.5%，点火能量为0.019mJ。 3. 与氯气1:1混合在阳光下即发生爆炸。 4. 与氟混合即使在阴暗处也能发生爆炸。 三、乙炔 1. 无色、无味，工业乙炔有臭鸡蛋味，比空气轻。 2. 在空气中燃烧速度为2.87m/s，在氧气中燃烧速度为13.5m/s，与空气混合爆炸下限为2.5%，上限为82%，点火能量与氢气接近。 3. 与铜、汞、银或含有这些物质的金属盐长期接触会产生乙炔铜、乙炔银等爆炸性化合物；与氯、次氯酸盐等化合遇光或加热会燃烧和爆炸。 4. 空气中浓度超过40%时，对人的中枢神经系统有破坏作用，严重的导致意识丧失，呼吸困难、昏迷	① 查评有关人数： ② 考问人数： ③ 不合格人数： ④ 不合格率： 发现的主要问题： 检查负责人： 检查日期：　　　　年　　月　　日

燃气−蒸汽联合循环发电企业安全性评价检查表（第 33 号）

六氟化硫物理、化学特性

评　价　标　准	评　价　结　果
1. 常温、常压下为气态，无毒、无色、无味，微溶于水、乙醇、乙醚。 2. 其密度约为空气的 5.1 倍，如室内有泄漏的气体，多积存在室内底部。若通风条件不良，可能造成工作人员窒息的事故。 3. 在充当绝缘和灭弧介质，在断路器或 GIS 分断操作过程中，在点弧作用、电晕、火花放电和局部放电、高温等因素影响下，SF_6 气体会进行分解，它的分解物遇到水分后变成腐蚀性电解质，尤其是某些高毒性分解物，如 SF_4、S_2F_2、S_2F_{10}、SOF_2、HF 及 SO_2，会刺激皮肤、眼睛、黏膜，如果吸入量大，还会引起头晕和肺水肿，甚至致人死亡。在密闭空间，由于空气流通缓慢，分解物在室内沉积，不易排出，对人员产生极大的危险。 4. SF_6 装置室发生 SF_6 气体泄漏，极有可能造成恶性事故。装有 SF_6 设备的配电装置和气体实验室必须保证 SF_6 气体浓度小于 1000ppm，除须装有强力通风装置外，还必须装有能报警的氧量仪和 SF_6 气体泄漏报警仪。 5. 气瓶储存于阴凉、通风的库房，远离火种、热源，库温不宜超过 30℃，应与易（可）燃物、氧化剂分开存放，切忌混储。储存区应备有泄漏应急处理设备	① 查评有关人数： ② 考问人数： ③ 不合格人数： ④ 不合格率： 发现的主要问题： 检查负责人： 检查日期：　　　年　　月　　日

燃气-蒸汽联合循环发电企业安全性评价检查表（第 34 号）

氨气物理、化学特性

评 价 标 准	评 价 结 果
1. 无色气体，有刺激性气味，密度比空气小（0.91g/cm³）。 2. 氨极易溶于水，在常温常压下 1 体积水可溶解 700 体积的氨气。 　3. 氨很容易液化，方法有在常压下冷却至 −33.5℃或者在常温下加压至 700～800kPa，气态的氨就变成无色液体，同时放出大量的热。液态氨汽化时要吸收大量的热，使周围的温度急剧下降，所以液氨常用作制冷剂。液态氨还会侵蚀某些塑料制品、橡胶和涂层。 　4. 氨与空气混合物爆炸极限为 16%～25%（最易引燃浓度为 17%），氨和空气混合物达到上述浓度范围遇明火会燃烧和爆炸，如有油类或其他可燃性物质存在，则危险性更高。 　5. 与硫酸或其他强无机酸反应放热，混合物可达到沸腾。 　6. 轻度吸入氨表现为咽灼痛、咳嗽、咳痰或咯血、胸闷和胸骨后疼痛等；急性吸入氨表现为呼吸道黏膜刺激和灼伤等；严重吸入中毒可出现喉头水肿、声门狭窄以及呼吸道黏膜脱落，可造成气管阻塞，引起窒息。 　7. 低浓度的氨对眼和潮湿的皮肤能迅速产生刺激作用，潮湿的皮肤或眼睛接触高浓度的氨气能引起严重的化学烧伤	① 查评有关人数： ② 考问人数： ③ 不合格人数： ④ 不合格率： 发现的主要问题： 检查负责人： 检查日期：　　　　年　　月　　日

附录 B 燃气-蒸汽联合循环发电企业安全性评价总分表

燃气-蒸汽联合循环发电企业安全性评价总分表

序号	查评项目	标准分	应得分	实得分	得分率（%）	标准项数	查评项数	扣分项目数	重点问题数	管理问题数	设备问题数
	总分	17 340									
2	生产设备系统	12 400									
2.1	燃气轮机及天然气燃料供应	1000									
2.2	汽轮机设备及系统	1500									
2.3	余热锅炉及附属系统	900									
2.4	电气一次设备	1850									
2.5	电气二次设备及其他	1600									
2.6	热工设备	1700									
2.7	信息网络安全	600									
2.8	电站化学	1300									
2.9	环境保护设备及系统	1200									
2.10	金属材料及承压设备	750									
3	生产管理	2100									
4	劳动安全与作业环境	1030									
5	消防安全管理	500									
6	安全管理	1310									

附录 C 查评发现的问题、整改建议及分项评分结果

查评发现的问题、整改建议及分项评分结果

专业　　　评价人

序号	项目序号	存在问题	标准分	应扣分	实得分	整改建议	重点问题	管理问题	设备问题

附录 D　发电企业查评问题整改计划表

发电企业查评问题整改计划表

单位名称：_____　　　　　　　　　　　　　　　　_____年_____月____日

序号	项目序号	存在问题	专家整改建议	整改计划	责任部门	责任人	计划完成时间	完成情况

附录 E 发电企业查评无法整改问题统计表

发电企业查评无法整改问题统计表

单位名称：_____   ____年____月___日

序号	专业	项目序号	存在问题	专家整改建议	无法整改原因	采取的应对措施	责任部门	责任人	备注